物理学教授　顾樵博士

量子力学Ⅱ

Quantum Mechanics Ⅱ

〔德〕顾樵（Qiao GU） 著

科 学 出 版 社

北 京

内 容 简 介

本书是一部内容丰富、贯通中西的综合性量子力学专著，根据作者 20 多年来在德国和中国开设量子力学讲座和相关研究成果提炼而成。全书共 17 章，划分为六个层次：背景知识，基本理论，基本理论问题的新解法，重要专题讨论，扩展到其他学科，联系到最新进展和前沿课题。全书注重自身理论体系的科学性、严谨性、完整性与实用性。将中国传统教材与国外先进教学内容相结合；将量子力学的纵向演化与知识现状相结合；将基本理论问题与相应的新解法相结合；将概念性表述与专题讨论相结合；将应用实践与其他学科相结合；将基础性知识与最新进展和前沿课题相结合。既为教学所用，又适应科研需要。附有大量不同类型的综合性例题，便于不同层次读者从中学习和掌握分析问题、解决问题的思路与方法。量子力学Ⅰ为前 8 章，量子力学Ⅱ为第 9～第 17 章。

本书适合用作物理学和相关理工科专业的本科生和研究生的教材，可供高等院校教师和科研院所技术人员在理论研究与工程技术中使用，也可供具有一定物理学及数学基础的自学者自修，还可供在国外学习的本科生、研究生及访问学者参考。

图书在版编目(CIP)数据

量子力学Ⅱ＝Quantum MechanicsⅡ(德)顾樵著. —北京：科学出版社，2014.6

ISBN 978-7-03-040972-0

Ⅰ.①量… Ⅱ.①顾… Ⅲ.①量子力学 Ⅳ.①O413.1

中国版本图书馆 CIP 数据核字(2014)第 121817 号

责任编辑：刘凤娟 / 责任校对：胡小洁
责任印制：赵 博 / 封面设计：耕 者

科学出版社出版
北京东黄城根北街 16 号
邮政编码：100717
http://www.sciencep.com

北京市金木堂数码科技有限公司印刷
科学出版社发行 各地新华书店经销

*

2014 年 6 月第 一 版 开本：720×1000 1/16
2025 年 1 月第十四次印刷 印张：20 3/4 插页：1
字数：401 000

定价：88.00 元

(如有印装质量问题，我社负责调换)

前　言

量子力学是描述微观粒子(分子、原子、原子核、基本粒子等)运动规律的理论，它是在量子假设和实验事实的基础上建立起来的。与牛顿力学、麦克斯韦电动力学、爱因斯坦相对论力学的建立方式迥然不同，由于量子理论的复杂性，它不是由一个人而是由多个国家的一群人建立、发展和完善起来的。量子力学的创立，作为多方智慧的融合与结晶，是人类科学发展史上最有魅力、最激动人心的篇章之一。它是一部最有标新立异、最具奇思妙想、最富诗情画意的科学思想史；也是一门严格、自洽、完整、实用的物理学理论。那么，人类的创造力如何超越自身的想象力，从而铸就这一空前辉煌的科学丰碑？

量子论的哲学思想有悖传统的思维方式，它的基本观点至今没有渗透到大众的意识中去，这给它蒙上了一道神秘的面纱，让许多人望而却步。我作为一介学习、研究、应用量子理论长达 30 年之久的“老兵”，面对量子力学的“神奇莫测”曾无数次陷于“迷惑”之中(玻尔语：“If you are not confused by quantum physics then you haven't really understand it.”)；当然也常常因为领悟到它的奥妙与精彩而兴奋不已。我愿意携带着自己的感受，与广大读者一起，一步步地踏入量子力学这座神秘而流光溢彩的科学殿堂，去领略和欣赏由众多大师精心雕琢而成的那一件件具有艺术美感的科学瑰宝。

量子力学的起源可以追溯到 1900 年。这一年德国物理学家马克思·普朗克提出了“量子”概念并建立了著名的黑体辐射公式，这标志着一个新的物理学时代的开始。一个多世纪以来，量子理论已经开辟了极为广阔的科学天地，固体物理学、量子统计力学、量子场论、量子电动力学、量子色动力学、量子电子学、量子光学、量子信息学、量子化学、量子生物学等应运而生(甚至在经济学领域也运用了量子力学测不准原理的思想)。再看看周围的世界，伴随我们这一代人的成长，高科技产业层出不穷：电子显微镜、半导体、激光器、电视、电子计算机、电子通信、光纤通信、超导材料和各种新型材料、核磁共振成像、核能发电等。它们的出现和应用已经极大地推进了人类的物质文明和精神文明。而所有这一切，无一不同量子力学相联系！

20 多年前我来到德国，一直从事生物光子学(属于量子生物学)的研究、应用与开发。由于自身理论物理的学术背景以及研究所的工作需要，也经常开设一些学术讲座，主讲数学物理方法和量子力学。对于所使用的外文教材，作为一个注重严密逻辑推理的中国教授，我感到系统性与缜密性不足。因此，我总是按照自己认定的内容与方式授课，与学生手中的教材大相径庭。

近年来，我常回中国讲学。除了介绍国外科学前沿与高新技术，也讲授数学物理方法和量子力学等基础课程。所用的通常是中文教材，面对母语颇感亲切。但对于一个熟谙西方治学方法的学者，又觉得欠缺灵活性与实用性。所以我的授课依然与学生的课本不相配合。而且不提供课件。学生给我发邮件诉求："说句真心话，听顾老师的课是一种享受，您讲课太棒了！不知您能否把课件上传，这样我们复习就可以节约一些时间。"问题的实质是没有称心如意的教材。许多学生以及听课教师问我为什么不出版自己的教材。我的想法是，有写教材的时间，不如去钻研重要的生物光子学课题。

但是，这样的想法随着听课人数的不断增加发生了改变，授课与课本不相配合产生的负面作用越来越明显，学生普遍感到压力很大。于是，渐渐萌生了写书的念头。就在这时，我发现不少学生已经设法将我的课件复制下来并传到网上。这说明学生们对课件的喜爱，但孰不知其中很多原创内容尚未公开发表。这个情况使写书的念头突然间上升为一种冲动。其实，平心而论，作为一名定居海外多年的学者，在讲学和研究之余，能为祖国留下几本教科书，以飨众多中国读者，也是一件很有意义的事情。

成书后的《量子力学Ⅰ》和《量子力学Ⅱ》是一套综合性专著。按内容分成 17 章，但就知识结构而言可以划分为以下六个层次：

(1) 背景知识。在综述经典物理学(特别注重对量子力学直接有用的知识)的基础上，讲述量子力学的背景知识(附以真实有趣的历史故事)，涉及量子概念与黑体辐射、光电效应与康普顿散射、原子结构与玻尔理论、物质波(波粒二象性)与波动力学。

(2) 基本理论。包括波函数与薛定谔方程，一维束缚态的性质，一维无限深势阱，势垒贯穿，线性谐振子，力学量的算符表示，类氢离子(氢原子)，厄米算符(对易关系和测不准原理)，表象变换与矩阵力学表述，微扰论，光的吸收与发射，散射问题，全同粒子与自旋，二次量子化等。

(3) 基本理论问题的新解法。例如，利用德布罗意关系和亥姆霍兹方程推导定态薛定谔方程，用哈密顿算符的本征方程导出薛定谔方程的形式解，用驻波条件计算一维无限深势阱的本征能量，用傅里叶变换法求解 δ 势阱中的束缚态(包括双 δ 势阱和三重 δ 势阱)，用薛定谔方程的数值解论证谐振子的量子化条件，谐振子问题的算符代数法及本征函数的合流超几何函数表示，类氢离子径向本征函数的合流超几何函数表示，用傅里叶变换法推导测不准关系，用格林函数法求解薛定谔方程进而讨论散射问题的玻恩近似，用算符代数法讨论角动量问题(导出角量子数取整数和半整数两种情况)。

(4) 重要专题讨论。例如，自由粒子波包(包括自由粒子波包的箱归一化处理)，原子核的 α 衰变，量子共振腔，电子流的加速，双势阱模型(中央势垒取低能和高能两种情况)，普薛耳-特勒势(复指标连带勒让德函数、束缚态和无反射势)，双曲正切势(超几何函数和反射系数),惰性气体分子的伦纳德-琼斯势,双原子分子的莫尔斯势与振动能级,普薛耳-特勒势阱(束缚态和极限行为),谐振子高斯波包的周期性振荡,无限深球形势阱(黎卡提-贝塞尔函数),碱金属原子的能级和波函数,密度算符与力学量的平均值,动量波函数(自由粒子的动量波函数、一维无限深势阱的动量波函数、基态氢原子的动量波函数等),利用能量-时间测不准关系讨论激光的相干性,卢瑟福散射的经典与量子理论,无损耗传输线与单模辐射场的量子化,氢原子能级的精细结构(狄拉克方程和相对论量子力学微扰论)。

(5) 扩展到其他学科。例如,分子物理学(克拉策分子势及分子的振动-转动能级),激光物理(光放大机制和激光的量子特性),固体物理(电子气模型和能带论),量子统计力学(玻尔兹曼统计、费米-狄拉克统计、玻色-爱因斯坦统计、化学势与费米能级、光子统计与热辐射、声子与德拜模型、库珀对与超导现象等),半导体物理(载流子、导带、价带、有效质量、迁移率等),量子光学(光子数态、混沌态、相干态、压缩态、非经典光等)和量子信息学(量子通讯和量子计算)。

(6) 联系到最新进展和前沿课题。例如,超材料(负折射),超大分子的波动性,光的波粒二象性的同时观测,宇宙微波背景辐射的探测,有机物的着色机制(共轭链系统中的 π 电子),扫描隧道显微镜和原子力显微镜,双势阱中的周期性势垒贯穿(振荡频率为 10^{14} Hz 的光学钟),中微子振荡(一般双态问题),哈密顿替代法(微扰论),合作自发发射(超荧光和超辐射),光子晶体(光在周期性介质中的传播、色散曲线、光子晶体光纤),石墨烯(具有完美晶格结构的二维材料、能带结构、零带隙半导体、奇异的量子效应),薛定谔猫态(相干态之间的量子干涉),量子纠缠态(一个体系的微观状态与宏观状态的耦合),双粒子纠缠态(一般概念、典型实验、重要应用),量子退相干,杰恩斯-卡明斯模型(单模辐射场与单个二能级原子的相互作用)和穿衣态,腔 QED 和量子计算机,反物质及应用(肿瘤的诊断和治疗、反物质燃料、反物质武器等)。

学习量子力学有一个潜在性问题,即所谓培养“量子空间想象力”。中学学习立体几何的时候,老师经常说培养“空间想象力”。它指的是由一个几何体的数学描述想象它的三维构象。什么是“量子空间想象力”?量子世界是看不见的,在没有量子力学知识的情况下去想象量子世界,一定会下意识地沿袭经典物理学的思路。这样你无法想象下列现象:

- 量子体系的能量不是连续而是分立变化的,基态的能量是非零的,在基态之下没有状态存在;
- 一个微观粒子可以同时处于两个(或多个)量子态;
- 微观粒子在运动中可以贯穿高能量的势垒,出现透射现象;
- 谐振子可以出现在振幅以外的区域;
- 氢原子中的电子可能出现在空间的任何位置(不限于玻尔轨道);
- 电子不但有轨道角动量,还有自旋角动量,而自旋角动量在空间任何方向上的投影只能取两个值,即 $\pm\frac{1}{2}\hbar$;

……

这些经典物理学中不可思议的“奇怪”现象正是量子理论的自然结果。这些知识和理念需要在求解各种量子体系中不断积累，与此同时，一种“量子空间想象力”就在逐渐培养之中。当你认真求解和深入讨论四、五个典型的量子体系之后，你的量子空间想象力就在潜移默化中产生了。你就会努力想象一个微观体系在那个看不见的量子空间所展示的种种特性。

可见，求解量子体系（特别是求解薛定谔方程）是至关重要的。毫无疑问，这中间要用到大量的数学知识。求解物理问题就像工匠干活一样，得心应手的工具可以使操作变得很简单。求解一个量子体系如果没有专用的数学工具而仅凭数学分析之类，就像用螺丝刀装卸汽车轮胎一样。所以学习量子力学之前（或与此同时）必须学习和掌握相关的数学知识。顺便说，本人编著的《数学物理方法》（科学出版社，2012 年）正是这套《量子力学Ⅰ》和《量子力学Ⅱ》的数学基础。它们可谓姊妹篇，内容上密切相关，写作风格也保持一致。当然还有许多优秀的专著可供参考，如柯朗和希尔伯特的专著《数学物理方法》（中译本，科学出版社，2011 年出版）。

与通常的量子力学教科书不同，本书作为一部综合性专著所涉及的内容相当广泛，本科教学中可根据课时和需要加以取舍。书中所述知识绝非一个学期就可以完全掌握，需要长期反复思考与练习，所以本书对硕士生和博士生同样有用。另外，本人根据自己的经历深深感到，即使是从事相关教学、科研或工程技术多年的专业人员，也常常需要查阅量子力学的基础性知识。所以既为教学所用，又适应科研需要，是本书的宗旨。书中列出大量例题，读者可从中感受和领会解决实际问题的思路与方法。却没有像普通教科书那样附上练习题。实际上授课老师寻找一些练习题布置给学生（或者学生自找练习题）并非一件难事。

本专著物理论述及数学推导力求简明、直观、详尽、易懂，可以作为各类人员的自学教材及参考书。

在多年的学术讲座和授课中，国内外不少学生、听课教师和其他听课人员提出许多有意义的问题，使本书内容日臻丰富，在此向他们致谢。另外，作者感谢与 Fritz A. Popp 教授的有益讨论，与他在德国国际生物物理研究所多年的学术合作使我受益匪浅。本人自 1977 年读大学以来，在 30 多年的科学生涯中一直受到妻子张爱华的全力支持和悉心关照，谨此表示由衷的感谢。

顾樵
Prof. Dr. Qiao GU (Chief Scientist)
gu-qiao@gmx. de
International Institute of Quantum Biology
Haßloch, Germany
20 March 2014

目　　录

量子力学 I

第 9 章　测不准原理

我们在第 7 章曾引进量子力学的一个基本假设，即力学量的算符表示。其基本含义是，如果量子力学体系的某个力学量 F 用算符 $\hat{F}$ 表示，那么当这个体系处于 $\hat{F}$ 的本征态 ψ 时，这个力学量有确定值，它就是本征方程 $\hat{F}\psi=\lambda\psi$ 中的本征值 λ。不过这个假设还不能完全解决量子力学的问题。如果体系不是处于 $\hat{F}$ 的本征态 ψ，而是处于一个任意态，这时算符 $\hat{F}$ 所表示的力学量是否还有确定值？该力学量的取值与 $\hat{F}$ 的本征值之间有怎样的关系？这些问题更具一般性。为了从根本上解决这些问题，本章从厄米算符本征函数的正交性和完备性出发，讨论力学量在任意态中的平均值，并随之引入概率幅（分立谱）和动量波函数（连续谱）的重要概念。之后我们介绍量子力学的狄拉克符号表述，并在狄拉克符号的意义上定义密度算符，进而利用密度算符给出量子力学平均值的一般表达式。然后我们一般性地讨论算符的对易关系和两个力学量同时有确定值的条件。在上述讨论基础上，我们进入本章的核心问题——测不准原理。我们将从不同的角度论述这一量子力学最重要的原理，并介绍它在一些典型体系中的应用。

9.1　力学量在任意态中的平均值

9.1.1　分立谱：概率幅

我们在 7.2 节讨论了厄米算符本征函数的正交性和完备性。我们已经知道，若 $\psi_1(x),\psi_2(x),\cdots,\psi_n(x),\cdots$ 是厄米算符 $\hat{F}$ 的归一化本征函数，相应的本征值为 $\lambda_1,\lambda_2,\cdots,\lambda_n,\cdots$，它们满足本征方程 $\hat{F}\psi_n(x)=\lambda_n\psi_n(x)$，则本征函数服从正交性关系式

$$\int\psi_m^*(x)\psi_n(x)\mathrm{d}x=\delta_{mn} \tag{9.1.1}$$

而任一连续函数 $f(x)$ 可以按本征函数集 $\{\psi_n(x)\}$ 展开为

$$f(x)=\sum_n c_n\psi_n(x) \tag{9.1.2}$$

其中，展开系数

$$c_n=\int\psi_n^*(x)f(x)\mathrm{d}x \tag{9.1.3}$$

是复常数。

现在我们考查展开系数 c_n 的物理意义。设 $f(x)$ 已经归一化，利用 $\psi_n(x)$ 的完

备性关系式(9.1.2)和正交性关系式(9.1.1),我们有

$$\begin{aligned}1 &= \int f^*(x)f(x)\mathrm{d}x = \int \sum_m c_m^* \psi_m^*(x) \sum_n c_n \psi_n(x)\mathrm{d}x \\ &= \sum_m \sum_n c_m^* c_n \int \psi_m^*(x)\psi_n(x)\mathrm{d}x \\ &= \sum_m \sum_n c_m^* c_n \delta_{mn} \\ &= \sum_n |c_n|^2 \end{aligned} \tag{9.1.4}$$

由这个结果可以看出,当 $f(x)$满足归一化条件时,$|c_n|^2$ 具有概率的意义。我们先考虑一个特殊情况,如果 $f(x)$是算符 $\hat{F}$ 的某一个本征态,例如 $f(x)=\psi_N(x)$,则式(9.1.4)右边的求和中除$|c_N|^2=1$ 外,其余都等于零。根据第 7 章的假设,在这种情况下测量力学量 F,必定得到确定的结果 λ_N。一般情况下,$|c_n|^2$ 表示在任意态 $f(x)$中发现本征态$\psi_n(x)$的概率(体系处于本征态 $\psi_1(x),\psi_2(x),\cdots,\psi_n(x),\cdots$的概率之和为 1)。换言之,$|c_n|^2$ 表示在 $f(x)$态中测量力学量 F 得到本征值 λ_n 的概率。由此,c_n 通常被称为"概率幅"(probability amplitude),这是量子力学中一个非常重要而有趣的概念。

基于上述讨论,我们引进有关力学量算符表示的另一个基本假设:量子力学中表示力学量 F 的算符 $\hat{F}$ 是厄米算符,它们的本征函数构成完备集,当体系处于任意波函数 $f(x)$所描述的状态时,力学量 F 没有确定的数值,而是有一系列可能的值,这些值就是算符 $\hat{F}$ 的本征值$\lambda_1,\lambda_2,\cdots,\lambda_n,\cdots$,测量力学量 F 得到本征值λ_n 的概率是$|c_n|^2$(由式(9.1.3)确定)。这样一来,力学量 F 在任意态 $f(x)$中的平均值便是

$$\langle F\rangle = \sum_n \lambda_n |c_n|^2 \tag{9.1.5}$$

它具有统计平均的形式。这样的平均值表示式我们之前遇到过,一个典型的例子就是式(2.3.10)。现在我们一般性地证明:式(9.1.5)所示的统计平均值可以简化为式(2.1.32)所示的期待值:

$$\langle\hat{F}\rangle = \int f^*(x)\hat{F}f(x)\mathrm{d}x \tag{9.1.6}$$

事实上,我们有

$$\begin{aligned}\int f^*(x)\hat{F}f(x)\mathrm{d}x &= \int \sum_m c_m^* \psi_m^*(x)\hat{F}\sum_n c_n\psi_n(x)\mathrm{d}x \\ &= \sum_m \sum_n c_m^* c_n \lambda_n \int \psi_m^*(x)\psi_n(x)\mathrm{d}x \\ &= \sum_m \sum_n c_m^* c_n \lambda_n \delta_{mn} \\ &= \sum_n \lambda_n |c_n|^2 \end{aligned} \tag{9.1.7}$$

现在我们可以看出，力学量 F 在任意态 $f(x)$ 中的统计平均值就是算符 $\hat{F}$ 在这个态中的期待值。利用式(9.1.6)可以直接从算符 $\hat{F}$ 和体系所处的状态 $f(x)$ 得出力学量 F 在这个状态中的平均值。

如果体系的状态 $f(x)$ 就是算符 $\hat{F}$ 的一个本征态 $\psi_N(x)$，则式(9.1.6)给出

$$\langle\hat{F}\rangle=\int\psi_N^*(x)\hat{F}\psi_N(x)\mathrm{d}x=\lambda_N \tag{9.1.8}$$

这时力学量 F 的平均值就是确定的本征值 λ_N，这正是第 7 章所讨论的情况。

例　考虑库仑场中的类氢离子，其初始波函数为

$$\Psi(\boldsymbol{r},0)=\frac{1}{\sqrt{A}}(2\psi_{100}+\psi_{210}+\sqrt{2}\psi_{211}+\sqrt{3}\psi_{21,-1}) \tag{9.1.9}$$

其中，本征函数 ψ_{nlm} 由式(8.4.1)表示。

(1) 求归一化常数 A；

(2) 求任意 t 时刻的波函数 $\Psi(\boldsymbol{r},t)$。

解　(1) **方法 1**　由初始波函数 $\Psi(\boldsymbol{r},0)$ 的归一化条件和本征函数 ψ_{nlm} 的正交性关系式(8.4.2)，我们得到

$$\begin{aligned}1&=\int|\Psi(\boldsymbol{r},0)|^2\mathrm{d}\boldsymbol{r}\\&=\frac{1}{A}\int(2\psi_{100}^*+\psi_{210}^*+\sqrt{2}\psi_{211}^*+\sqrt{3}\psi_{21,-1}^*)(2\psi_{100}+\psi_{210}+\sqrt{2}\psi_{211}+\sqrt{3}\psi_{21,-1})\mathrm{d}\boldsymbol{r}\\&=\frac{1}{A}\left(4\int|\psi_{100}|^2\mathrm{d}\boldsymbol{r}+\int|\psi_{210}|^2\mathrm{d}\boldsymbol{r}+2\int|\psi_{211}|^2\mathrm{d}\boldsymbol{r}+3\int|\psi_{21,-1}|^2\mathrm{d}\boldsymbol{r}\right)\\&=\frac{1}{A}(4+1+2+3)\Rightarrow A=10\end{aligned}$$

方法 2　由式(9.1.4)知，体系处于各个本征态的概率之和为 1，即

$$1=\left|\frac{2}{\sqrt{A}}\right|^2+\left|\frac{1}{\sqrt{A}}\right|^2+\left|\frac{\sqrt{2}}{\sqrt{A}}\right|^2+\left|\frac{\sqrt{3}}{\sqrt{A}}\right|^2\Rightarrow A=10 \tag{9.1.10}$$

这一方法更为简单。

(2) 任意 t 时刻的波函数由式(2.3.4)表示为

$$\begin{aligned}\Psi(\boldsymbol{r},t)&=\sum_n c_n\psi_n(\boldsymbol{r})\exp\left(-\frac{\mathrm{i}}{\hbar}E_nt\right)\\&=\frac{1}{\sqrt{10}}\left[2\psi_{100}\exp\left(-\frac{\mathrm{i}}{\hbar}E_1t\right)+(\psi_{210}+\sqrt{2}\psi_{211}+\sqrt{3}\psi_{21,-1})\exp\left(-\frac{\mathrm{i}}{\hbar}E_2t\right)\right]\end{aligned}$$

其中，E_1 和 E_2 由式(8.3.33)给出为

$$E_1=-\frac{mZ^2e^4}{2\hbar^2},\quad E_2=-\frac{mZ^2e^4}{8\hbar^2} \tag{9.1.11}$$

9.1.2　连续谱:动量波函数

以上讨论了 $\hat{F}$ 的本征值组成分立谱的情况。如果 $\hat{F}$ 的本征值组成连续谱,则相应的本征方程为

$$\hat{F}\psi_\lambda(x)=\lambda\psi_\lambda(x) \tag{9.1.12}$$

这时本征值 λ 取连续变化的实数。本征函数的正交性关系式变为

$$\int\psi_{\lambda'}^*(x)\psi_\lambda(x)\mathrm{d}x=\delta(\lambda-\lambda') \tag{9.1.13}$$

任意态 $f(x)$按本征函数集$\{\psi_\lambda(x)\}$的展开则表示为对本征值 λ 的积分:

$$f(x)=\int c(\lambda)\psi_\lambda(x)\mathrm{d}\lambda \tag{9.1.14}$$

其中,$c(\lambda)$即为连续谱情况下的概率幅。为求 $c(\lambda)$,对式(9.1.14)两边同乘以 $\psi_{\lambda'}^*(x)$,然后对 x 积分,并利用正交性关系式(9.1.13),得到

$$\begin{aligned}\int\psi_{\lambda'}^*(x)f(x)\mathrm{d}x&=\int\psi_{\lambda'}^*(x)\left[\int c(\lambda)\psi_\lambda(x)\mathrm{d}\lambda\right]\mathrm{d}x\\&=\int c(\lambda)\left[\int\psi_{\lambda'}^*(x)\psi_\lambda(x)\mathrm{d}x\right]\mathrm{d}\lambda\\&=\int c(\lambda)\delta(\lambda-\lambda')\mathrm{d}\lambda\\&=c(\lambda')\end{aligned} \tag{9.1.15}$$

即

$$c(\lambda)=\int\psi_\lambda^*(x)f(x)\mathrm{d}x \tag{9.1.16}$$

它与分立谱情况下的概率幅(9.1.3)有相同的形式。相应于式(9.1.4),现在有

$$\begin{aligned}1&=\int f^*(x)f(x)\mathrm{d}x\\&=\int\left[\int c^*(\lambda')\psi_{\lambda'}^*(x)\mathrm{d}\lambda'\right]\left[\int c(\lambda)\psi_\lambda(x)\mathrm{d}\lambda\right]\mathrm{d}x\\&=\iint c^*(\lambda')c(\lambda)\left[\int\psi_{\lambda'}^*(x)\psi_\lambda(x)\mathrm{d}x\right]\mathrm{d}\lambda'\mathrm{d}\lambda\\&=\int c(\lambda)\left[\int c^*(\lambda')\delta(\lambda'-\lambda)\mathrm{d}\lambda'\right]\mathrm{d}\lambda\\&=\int c^*(\lambda)c(\lambda)\mathrm{d}\lambda=\int|c(\lambda)|^2\mathrm{d}\lambda\end{aligned} \tag{9.1.17}$$

这个结果显示,$|c(\lambda)|^2$ 具有概率密度的意义(即单位 λ 间隔内的概率),这样 $|c(\lambda)|^2\mathrm{d}\lambda$ 便是 $\mathrm{d}\lambda$ 间隔内的概率。确切说,$|c(\lambda)|^2\mathrm{d}\lambda$ 是在任意态 $f(x)$中测量力学量 F 得到结果在 $\lambda\to\lambda+\mathrm{d}\lambda$ 范围内的概率。于是力学量 F 在 $f(x)$态中的平均值为

$$\langle F\rangle=\int\lambda\,|c(\lambda)|^2\mathrm{d}\lambda \tag{9.1.18}$$

在连续谱情况下，依然可以用式(9.1.6)求平均值。事实上，由式(9.1.6)可以推导出式(9.1.18)的结果，就像分立谱情况下推导出式(9.1.7)一样。

现在我们考虑一种重要的特殊情况，即式(9.1.12)中的 $\hat{F}$ 为一维动量算符：$\hat{F}=\hat{p}_x=-\mathrm{i}\hbar\frac{\partial}{\partial x}$，这时式(9.1.12)中的 $\psi_\lambda(x)$ 是动量本征函数(式(7.3.7))

$$\psi_p(x)=\frac{1}{\sqrt{2\pi\hbar}}\exp\left(\frac{\mathrm{i}}{\hbar}px\right) \tag{9.1.19}$$

则概率幅由式(9.1.16)给出为

$$c(p)=\frac{1}{\sqrt{2\pi\hbar}}\int_{-\infty}^{\infty}\exp\left(-\frac{\mathrm{i}}{\hbar}px\right)f(x)\mathrm{d}x=\frac{1}{\sqrt{2\pi\hbar}}F(\omega) \tag{9.1.20}$$

这里，$\omega=p/\hbar$，而

$$F(\omega)=\int_{-\infty}^{\infty}f(x)\exp(-\mathrm{i}\omega x)\mathrm{d}x \tag{9.1.21}$$

是 $f(x)$ 的傅里叶变换。可见在动量本征函数情况下，概率幅 $c(p)$ 本质上是波函数 $f(x)$ 的傅里叶变换。由连续谱的一般性结果(9.1.17)可知，$|c(p)|^2$ 是动量概率密度(momentum probability density)。由此 $c(p)$ 可以称为动量空间的波函数(momentum space wave function)，简称动量波函数(momentum wave function)。

关于 $|c(p)|^2$ 是动量概率密度的结论，我们还可以从另一个更一般的角度进行论证。为此首先介绍下面的 Parseval 定理和 Plancherel 定理。

设函数 $f(x)$ 和 $g(x)$ 均存在傅里叶变换：

$$F(\omega)=\int_{-\infty}^{\infty}f(x)\exp(-\mathrm{i}\omega x)\mathrm{d}x,\quad G(\omega)=\int_{-\infty}^{\infty}g(x)\exp(-\mathrm{i}\omega x)\mathrm{d}x \tag{9.1.22}$$

它们的反变换为

$$f(x)=\frac{1}{2\pi}\int_{-\infty}^{\infty}F(\omega)\exp(\mathrm{i}\omega x)\mathrm{d}\omega,\quad g(x)=\frac{1}{2\pi}\int_{-\infty}^{\infty}G(\omega)\exp(\mathrm{i}\omega x)\mathrm{d}\omega \tag{9.1.23}$$

Parseval 定理表示为

$$\int_{-\infty}^{\infty}f(x)g^*(x)\mathrm{d}x=\frac{1}{2\pi}\int_{-\infty}^{\infty}F(\omega)G^*(\omega)\mathrm{d}\omega \tag{9.1.24}$$

而 Plancherel 定理表示为

$$\int_{-\infty}^{\infty}|f(x)|^2\mathrm{d}x=\frac{1}{2\pi}\int_{-\infty}^{\infty}|F(\omega)|^2\mathrm{d}\omega \tag{9.1.25}$$

证明　由式(9.1.22)和式(9.1.23)，我们有

$$\begin{aligned}\int_{-\infty}^{\infty}f(x)g^*(x)\mathrm{d}x&=\int_{-\infty}^{\infty}f(x)\left[\frac{1}{2\pi}\int_{-\infty}^{\infty}G(\omega)\exp(\mathrm{i}\omega x)\mathrm{d}\omega\right]^*\mathrm{d}x\\&=\frac{1}{2\pi}\int_{-\infty}^{\infty}f(x)\left[\int_{-\infty}^{\infty}G^*(\omega)\exp(-\mathrm{i}\omega x)\mathrm{d}\omega\right]\mathrm{d}x\end{aligned}$$

$$= \frac{1}{2\pi}\int_{-\infty}^{\infty} G^*(\omega)\left[\int_{-\infty}^{\infty} f(x)\exp(-\mathrm{i}\omega x)\,\mathrm{d}x\right]\mathrm{d}\omega$$

$$= \frac{1}{2\pi}\int_{-\infty}^{\infty} F(\omega)G^*(\omega)\,\mathrm{d}\omega$$

因此式(9.1.24)得证。令 $g=f$,则式(9.1.25)得证。

现在我们设式(9.1.25)中的 $f(x)$表示归一化的量子力学波函数,则

$$\frac{1}{2\pi}\int_{-\infty}^{\infty} |F(\omega)|^2\,\mathrm{d}\omega = 1 \tag{9.1.26}$$

利用式(9.1.20),并注意到 $\omega=p/\hbar$,即得

$$\int_{-\infty}^{\infty} |c(p)|^2\,\mathrm{d}p = 1 \tag{9.1.27}$$

可见$|c(p)|^2$ 确实是动量概率密度。

例　设氢原子处于基态。求电子动量波函数、动量概率密度和相应的动量径向概率密度。

解　我们首先将基态氢原子的波函数(式(8.5.8a))

$$\psi_{100}(r)=\frac{1}{\sqrt{\pi}a^{3/2}}\exp\left(-\frac{r}{a}\right) \tag{9.1.28}$$

按动量算符的本征函数(式(7.3.12))

$$\psi_{\boldsymbol{p}}(\boldsymbol{r})=\frac{1}{(2\pi\hbar)^{3/2}}\exp\left(\frac{\mathrm{i}}{\hbar}\boldsymbol{p}\cdot\boldsymbol{r}\right) \tag{9.1.29}$$

展开为

$$\psi_{100}(r) = \int c(\boldsymbol{p})\psi_{\boldsymbol{p}}(\boldsymbol{r})\,\mathrm{d}\boldsymbol{p} \tag{9.1.30}$$

由式(9.1.16),电子动量波函数为

$$c(\boldsymbol{p}) = \int \psi_{\boldsymbol{p}}^*(\boldsymbol{r})\psi_{100}(r)\,\mathrm{d}\boldsymbol{r} \tag{9.1.31}$$

将式(9.1.28)和式(9.1.29)代入式(9.1.31),得到

$$c(\boldsymbol{p}) = \frac{1}{\pi^2(2a\hbar)^{3/2}}\int \exp\left(-\frac{\mathrm{i}}{\hbar}\boldsymbol{p}\cdot\boldsymbol{r}\right)\exp\left(-\frac{r}{a}\right)\mathrm{d}\boldsymbol{r} \tag{9.1.32}$$

下面在球坐标系(r,θ,ϕ)中计算这个积分。注意在这个积分中矢量 $\boldsymbol{p}$ 是固定的,我们可以将极轴 z 取为 $\boldsymbol{p}$ 的方向(图 9.1.1),这样 $\boldsymbol{p}\cdot\boldsymbol{r}=pr\cos\theta$。于是式(9.1.32)的积分可以写为

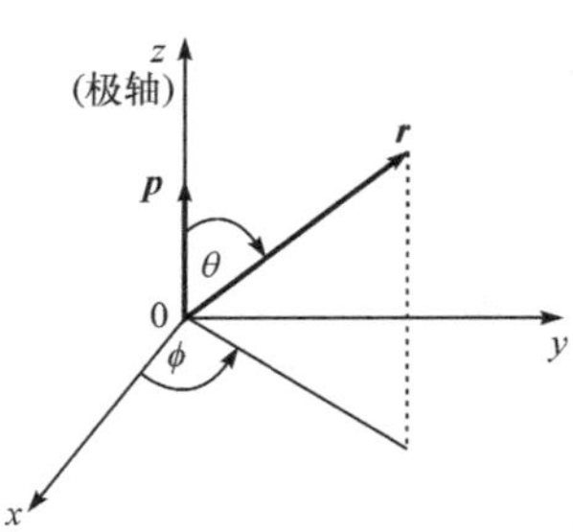

图 9.1.1　球坐标系(r,θ,ϕ):将极轴 z 取为 $\boldsymbol{p}$ 的方向

$$c(p)=\frac{1}{\pi^2(2a\hbar)^{3/2}}\int_{r=0}^{\infty}\int_{\theta=0}^{\pi}\int_{\phi=0}^{2\pi}\exp\left(-\frac{\mathrm{i}}{\hbar}pr\cos\theta\right)\exp\left(-\frac{r}{a}\right)r^2\mathrm{d}r\sin\theta\mathrm{d}\theta\mathrm{d}\phi$$

$$=\frac{1}{\pi^2(2a\hbar)^{3/2}}\int_{r=0}^{\infty}\int_{\tau=-1}^{1}\int_{\phi=0}^{2\pi}\exp\left(-\frac{\mathrm{i}}{\hbar}pr\tau\right)\exp\left(-\frac{r}{a}\right)r^2\mathrm{d}r\mathrm{d}\tau\mathrm{d}\phi\quad(\tau=\cos\theta)$$

先对 ϕ 积分，再对 τ 积分，最后对 r 积分，得到

$$c(p)=\frac{2}{\pi(2a\hbar)^{3/2}}\int_{r=0}^{\infty}\int_{\tau=-1}^{1}\exp\left(-\frac{\mathrm{i}}{\hbar}pr\tau\right)\exp\left(-\frac{r}{a}\right)r^2\mathrm{d}r\mathrm{d}\tau$$

$$=\frac{4\hbar}{\pi(2a\hbar)^{3/2}p}\int_{r=0}^{\infty}\left(\frac{1}{-2\mathrm{i}}\right)\left[\exp\left(-\frac{\mathrm{i}}{\hbar}pr\right)-\exp\left(\frac{\mathrm{i}}{\hbar}pr\right)\right]\exp\left(-\frac{r}{a}\right)r\mathrm{d}r$$

$$=\frac{4\hbar}{\pi(2a\hbar)^{3/2}p}\int_{r=0}^{\infty}\sin\left(\frac{pr}{\hbar}\right)\exp\left(-\frac{r}{a}\right)r\mathrm{d}r$$

$$=\frac{(2a\hbar)^{3/2}\hbar}{\pi(a^2p^2+\hbar^2)^2}\tag{9.1.33}$$

这就是电子动量波函数的表达式，它只与 p 的绝对值有关，与它的方向无关。式(9.1.33)相应于电子坐标波函数(9.1.28)。由此得到电子动量概率密度

$$|c(p)|^2=\frac{8a^3\hbar^5}{\pi^2(a^2p^2+\hbar^2)^4}\tag{9.1.34}$$

它相应于电子坐标概率密度(8.5.8b)。进而用 $|c(p)|^2$ 乘以动量空间的径向体积元 $4\pi p^2\mathrm{d}p$，即得测量电子动量所得结果在球壳 $p\to p+\mathrm{d}p$ 内的概率

$$\frac{8a^3\hbar^5}{\pi^2(a^2p^2+\hbar^2)^4}\cdot 4\pi p^2\mathrm{d}p=\frac{32}{\pi}\frac{\left(\frac{a}{\hbar}p\right)^2}{\left[1+\left(\frac{a}{\hbar}p\right)^2\right]^4}\mathrm{d}\left(\frac{a}{\hbar}p\right)$$

$$=\frac{32}{\pi}\frac{P^2}{(1+P^2)^4}\mathrm{d}P\quad\left(P=\frac{a}{\hbar}p\right)$$

其中，P 是无量纲动量。由此得到无量纲的电子动量径向概率密度

$$W(P)=\frac{32}{\pi}\frac{P^2}{(1+P^2)^4}\tag{9.1.35}$$

它相应于无量纲的电子坐标径向概率密度(式(8.5.9))。利用积分

$$\int_0^{\infty}\frac{x^2}{(1+x^2)^4}\mathrm{d}x=\int_0^{\pi/2}\sin^2\theta\cos^4\theta\mathrm{d}\theta\quad(x=\tan\theta)$$

$$=\frac{1}{16}\int_0^{\pi/2}\left[1+\frac{1}{2}\cos(2\theta)-\cos(4\theta)-\frac{1}{2}\cos(6\theta)\right]\mathrm{d}\theta$$

$$=\frac{\pi}{32}\tag{9.1.36}$$

容易验证动量概率守恒：

$$\int_0^\infty W(P)\mathrm{d}P = 1 \tag{9.1.37}$$

它相应于表征坐标概率守恒的式(8.5.10)。$W(P)$的分布曲线如图 9.1.2 所示(它相应于图 8.5.3)。由 $\mathrm{d}W(P)/\mathrm{d}P=0$ 得到最可几值 $P_\mathrm{m}=\sqrt{3}/3$。这意味着在 $\psi_{100}(r)$态中测量电子动量所得最可几值为

$$p_\mathrm{m}=\frac{\sqrt{3}}{3}\frac{\hbar}{a} \tag{9.1.38}$$

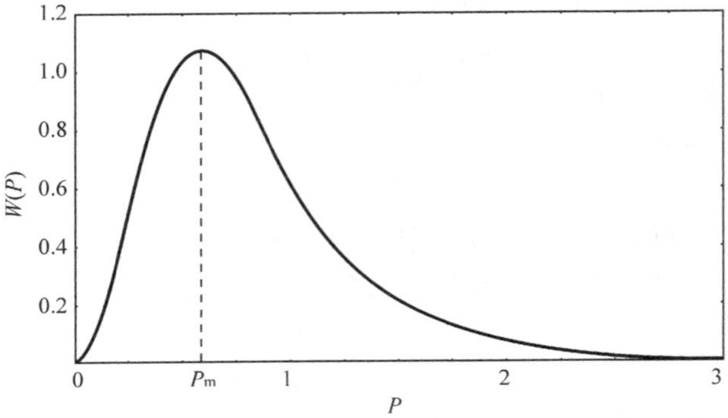

图 9.1.2　基态氢原子：无量纲的电子动量径向概率密度(式(9.1.35))，最可几值为 $P_\mathrm{m}=\sqrt{3}/3$

9.2　狄拉克符号

在几何学或经典力学中，常用矢量形式讨论问题而不指明坐标系。同样，量子力学中的状态波函数，也可以用抽象的态矢量(state vector)来描述。这种描述方式基于一种非常简明的符号，即所谓狄拉克符号(Dirac-notation)。狄拉克符号能非常直观地表达量子力学的概念和量子体系的性质，并能用来非常简捷地处理许多运算过程。本节介绍这种符号的表示、含义和应用。特别是，我们将用狄拉克符号方法处理 9.1 节的一些积分运算。

9.2.1　态矢量的狄拉克符号表示

微观体系的一个状态可以理解为一种矢量，称为态矢量，用狄拉克符号$|\ \rangle$来表示。例如，波函数 Ψ 可以表示为$|\Psi\rangle$，而它的复共轭 Ψ^* 则用$\langle\Psi|$表示。基于这两个基本符号可以构成下列各种表示。

(1) 一个算符的本征态用态矢量$|\psi_n\rangle$表示(称为本征矢)，而它的正交归一性

表示为

$$\int \psi_m^* \psi_n \mathrm{d}x = \langle \psi_m | \psi_n \rangle = \delta_{mn} \tag{9.2.1a}$$

对于连续谱情况，本征矢 $|\psi_\lambda\rangle$ 的正交归一性表示为

$$\int \psi_{\lambda'}^* \psi_\lambda \mathrm{d}x = \langle \psi_{\lambda'} | \psi_\lambda \rangle = \delta(\lambda - \lambda') \tag{9.2.1b}$$

例如，坐标算符 $\hat{x}$ 的本征矢 $|x\rangle$ 的正交归一性为

$$\langle x' | x \rangle = \delta(x - x') \tag{9.2.1c}$$

而动量算符 $\hat{p}$ 的本征矢 $|p\rangle$ 的正交归一性为

$$\langle p' | p \rangle = \delta(p - p') \tag{9.2.1d}$$

本征矢 $|\psi_n\rangle$ 称为基矢(basis vectors)，而 $\langle \psi_m | \psi_n \rangle$ 可以理解为基矢 $|\psi_n\rangle$ 向基矢 $\langle \psi_m |$ 的投影(projection)。这样，式(9.2.1a)所示的本征矢"正交"和"归一"的几何意义(图 9.2.1)是：当 $m \neq n$ 时，二基矢正交，投影为零；当 $m = n$ 时，二基矢重合，投影为 1。

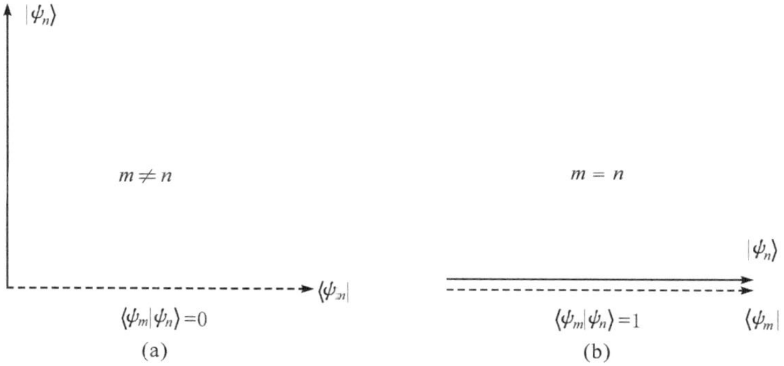

图 9.2.1　本征矢(基矢)的正交性和归一性的几何意义

(2) 一般情况下，任意两个量子态之间的内积(inner product)表示为

$$\int \Psi^* \Phi \mathrm{d}x = \langle \Psi | \Phi \rangle \tag{9.2.2}$$

它可以理解为态矢量 $|\Phi\rangle$ 向态矢量 $\langle \Psi |$ 的投影(图 9.2.2)。其复共轭为

$$\langle \Psi | \Phi \rangle^* = \langle \Phi | \Psi \rangle \tag{9.2.3}$$

(3) 一个任意态矢量 $|\Psi\rangle$ 向坐标本征矢 $\langle x |$ 的投影就是这个态的以 x 为变量的波函数，即

$$\langle x | \Psi \rangle = \Psi(x) \tag{9.2.4a}$$

其复共轭为

$$\langle \Psi | x \rangle = \Psi^*(x) \tag{9.2.4b}$$

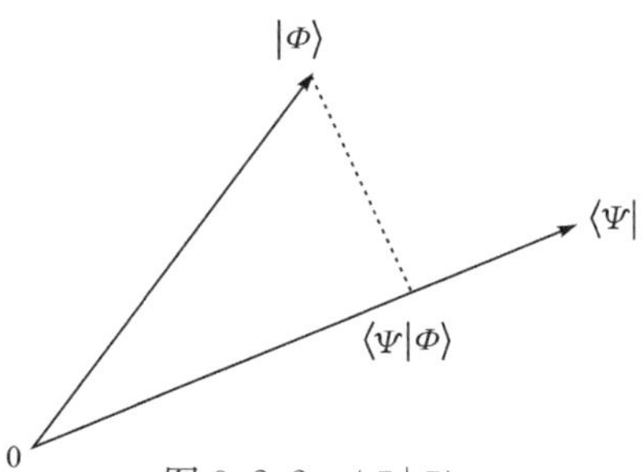

图 9.2.2　$\langle \Psi | \Phi \rangle$：态矢量 $|\Phi\rangle$ 向态矢量 $\langle \Psi |$ 的投影

(4) 算符 $\hat{F}$ 的本征方程写为

$$\hat{F}|\psi_n\rangle=\lambda_n|\psi_n\rangle \tag{9.2.5}$$

而薛定谔方程表示为

$$\frac{\mathrm{d}}{\mathrm{d}t}|\Psi(t)\rangle=-\frac{\mathrm{i}}{\hbar}\hat{H}|\Psi(t)\rangle \tag{9.2.6}$$

这里，$|\Psi(t)\rangle$不包含空间变量。

(5) 一个算符 $\hat{F}$ 作用于态矢量$|\Psi\rangle$，给出新的态矢量$|\Phi\rangle=\hat{F}|\Psi\rangle$，它的复共轭为

$$\langle\Phi|=(\hat{F}|\Psi\rangle)^*=\langle\Psi|\hat{F}^+ \tag{9.2.7}$$

其中，$\hat{F}^+$是算符 $\hat{F}$ 的厄米共轭。

(6) 算符 $\hat{F}$ 在任意态$|\Psi\rangle$中的期待值表示为

$$\int\Psi^*\hat{F}\Psi\mathrm{d}x=\langle\Psi|\hat{F}|\Psi\rangle\equiv\langle\hat{F}\rangle \tag{9.2.8}$$

(7) 利用基矢$|\psi_n\rangle$可以构造一个算符

$$|\psi_n\rangle\langle\psi_n| \tag{9.2.9}$$

它称为投影算符(projection operator)。用这个算符作用于任意态矢量$|\Psi\rangle$给出

$$|\psi_n\rangle\langle\psi_n|\Psi\rangle=\langle\psi_n|\Psi\rangle|\psi_n\rangle \tag{9.2.10}$$

这意味着算符$|\psi_n\rangle\langle\psi_n|$对态矢量$|\Psi\rangle$的作用，是将$|\Psi\rangle$投影到基矢$|\psi_n\rangle$上，给出一个长度为$\langle\psi_n|\Psi\rangle$、沿$|\psi_n\rangle$方向的态矢量(图 9.2.3)。用任意态$|\alpha\rangle$也可以构成一个投影算符$|\alpha\rangle\langle\alpha|$，它作用于$|\Psi\rangle$给出$|\alpha\rangle\langle\alpha|\Psi\rangle$，这是将态矢量$|\Psi\rangle$投影到态矢量$|\alpha\rangle$上，给出一个长度为$\langle\alpha|\Psi\rangle$、沿$|\alpha\rangle$方向的态矢量。投影算符一般定义为$|\alpha\rangle\langle\beta|$，它作用于$|\Psi\rangle$给出$|\alpha\rangle\langle\beta|\Psi\rangle$，这是将态矢量$|\Psi\rangle$投影到态矢量$|\alpha\rangle$上，给出一个长度为$\langle\beta|\Psi\rangle$、沿$|\alpha\rangle$方向的态矢量。

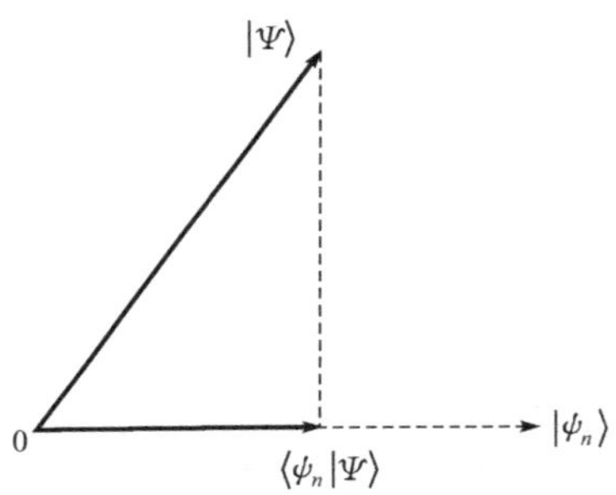

图 9.2.3　投影算符$|\psi_n\rangle\langle\psi_n|$将任意态矢量$|\Psi\rangle$投影到基矢$|\psi_n\rangle$上，给出一个长度为$\langle\psi_n|\Psi\rangle$、沿$|\psi_n\rangle$方向的态矢量

9.2.2　本征矢的完备性关系式

设$|\psi_1\rangle,|\psi_2\rangle,\cdots,|\psi_n\rangle,\cdots$是算符 $\hat{F}$ 的本征矢，相应的本征值为 $\lambda_1,\lambda_2,\cdots,\lambda_n,\cdots$，本征方程为

$$\hat{F}|\psi_n\rangle=\lambda_n|\psi_n\rangle \tag{9.2.11a}$$

它的复共轭为

$$\langle\psi_n|\hat{F}^+=\langle\psi_n|\lambda_n^* \tag{9.2.11b}$$

下面我们建立关于本征矢$|\psi_n\rangle$的完备性关系式。设任一态矢量$|\Psi\rangle$可以按本征矢$|\psi_n\rangle$展开为

$$|\Psi\rangle=\sum_n c_n|\psi_n\rangle \tag{9.2.12}$$

利用式(9.1.3)和式(9.2.2)将概率幅写为

$$c_n=\int\psi_n^*(x)\Psi(x)\mathrm{d}x=\langle\psi_n|\Psi\rangle \tag{9.2.13}$$

它是态矢量$|\Psi\rangle$向本征矢$\langle\psi_n|$的投影。将式(9.2.13)代入式(9.2.12),得到

$$|\Psi\rangle=\sum_n c_n|\psi_n\rangle=\sum_n\langle\psi_n|\Psi\rangle|\psi_n\rangle \tag{9.2.14}$$

因为$\langle\psi_n|\Psi\rangle$是一个数,可以置于本征矢$|\psi_n\rangle$之后,于是

$$|\Psi\rangle=\sum_n|\psi_n\rangle\langle\psi_n|\Psi\rangle \tag{9.2.15}$$

这意味着,算符$\sum\limits_n|\psi_n\rangle\langle\psi_n|$对态矢量$|\Psi\rangle$的作用仍给出$|\Psi\rangle$。由于$|\Psi\rangle$是任意的,故

$$\sum_n|\psi_n\rangle\langle\psi_n|=1 \tag{9.2.16}$$

这是一个单位算符,它是投影算符$|\psi_n\rangle\langle\psi_n|$对本征态$n$的求和。

式(9.2.16)所表示的性质等价于本征矢的封闭性。事实上式(9.2.16)两边分别向$\langle x|$和$|x'\rangle$投影,得到

$$\sum_n\langle x|\psi_n\rangle\langle\psi_n|x'\rangle=\langle x|x'\rangle \tag{9.2.17}$$

利用式(9.2.4)和式(9.2.1c)后,式(9.2.17)变为

$$\sum_n\psi_n^*(x')\psi_n(x)=\delta(x-x') \tag{9.2.18}$$

这正是式(2.4.26)所示的本征态封闭性关系式。不过式(9.2.16)通常称为本征矢完备性(completeness of eigenvectors)关系式,因为利用它可以非常便捷地将任意态矢量$|\Psi\rangle$按本征矢$|\psi_n\rangle$展开:

$$|\Psi\rangle=\sum_n|\psi_n\rangle\langle\psi_n|\Psi\rangle=\sum_n\langle\psi_n|\Psi\rangle|\psi_n\rangle=\sum_n c_n|\psi_n\rangle \tag{9.2.19}$$

而且按照

$$c_n=\langle\psi_n|\Psi\rangle=\int\psi_n^*(x)\Psi(x)\mathrm{d}x \tag{9.2.20}$$

可以直接计算展开系数。

展开式(9.2.19)具有直观的几何学意义。事实上,如同直角坐标系中的矢量$\boldsymbol{A}$可以写成

$$\boldsymbol{A}=A_x\boldsymbol{i}+A_y\boldsymbol{j}+A_z\boldsymbol{k} \tag{9.2.21}$$

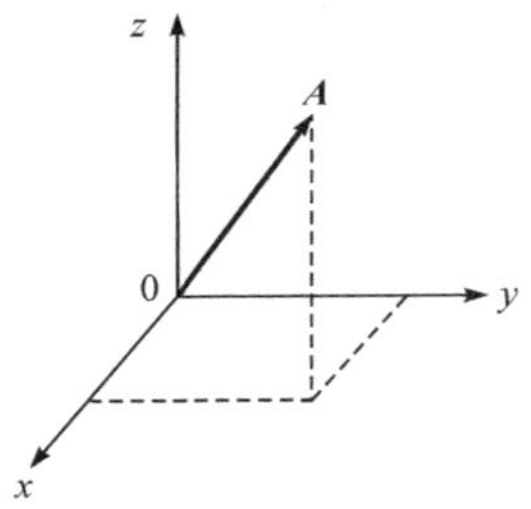

图 9.2.4　直角坐标系中的矢量 $\boldsymbol{A}$

的形式一样(图 9.2.4),态矢量$|\Psi\rangle$可以写成

$$|\Psi\rangle=c_1|\psi_1\rangle+c_2|\psi_2\rangle+c_3|\psi_3\rangle+\cdots \tag{9.2.22}$$

这里的基矢$|\psi_1\rangle$,$|\psi_2\rangle$,$|\psi_3\rangle$,…相当于直角坐标系中的单位矢量$\boldsymbol{i},\boldsymbol{j},\boldsymbol{k}$。不同的是,一个算符的本征基矢$|\psi_n\rangle$可以有无限多个,它们两两正交,张成一个无限维的空间,这就是所谓的希尔伯特空间(Hilbert space)。

9.2.3　应用:典型例题

狄拉克符号的优越性不仅在于能够非常直观地表达量子力学的概念和量子体系的性质,如波函数、内积、期待值、正交性和完备性等,而且能够用来非常便捷地处理许多运算过程。在实际运算中可以灵活地将单位算符(9.2.16)插入适当的位置,进而利用本征方程(9.2.11)和正交性关系式(9.2.1a),使运算过程大大简化。简单起见,甚至可以直接用量子数n表示本征矢$|\psi_n\rangle\equiv|n\rangle$。这样一来,式(9.2.1a)和式(9.2.16)被更加简洁地写为

$$\langle m|n\rangle=\delta_{mn} \tag{9.2.23}$$

$$\sum_n|n\rangle\langle n|=1 \tag{9.2.24}$$

下面通过一些典型例题阐述狄拉克符号的应用。

例 1　用式(9.2.23)和式(9.2.24)处理式(9.1.4)和式(9.1.7)的运算。

解　将两个完备性关系式

$$\sum_n|n\rangle\langle n|=1\ 和\sum_m|m\rangle\langle m|=1 \tag{9.2.25}$$

插入$1=\langle\Psi|\Psi\rangle$中的$\langle\Psi|$和$|\Psi\rangle$之间,并利用正交性关系式(9.2.23),我们有

$$\begin{aligned}1&=\langle\Psi|\Psi\rangle=\langle\Psi|\sum_n|n\rangle\langle n|\sum_m|m\rangle\langle m|\Psi\rangle\\&=\sum_n\sum_m\langle\Psi|n\rangle\langle n|m\rangle\langle m|\Psi\rangle\\&=\sum_n\sum_m c_n^*c_m\delta_{nm}\\&=\sum_n|c_n|^2\end{aligned} \tag{9.2.26}$$

我们再来处理式(9.1.7)的运算,将式(9.2.25)插入$\langle\Psi|\hat{F}|\Psi\rangle$中$\hat{F}$的两侧,并利用本征方程$\hat{F}|m\rangle=\lambda_m|m\rangle$和式(9.2.23),得到

$$\begin{aligned}\langle\Psi|\hat{F}|\Psi\rangle&=\langle\Psi|\sum_n|n\rangle\langle n|\hat{F}\sum_m|m\rangle\langle m|\Psi\rangle\\&=\sum_n\sum_m\langle\Psi|n\rangle\langle n|\hat{F}|m\rangle\langle m|\Psi\rangle\\&=\sum_n\sum_m c_n^*c_m\lambda_m\delta_{nm}\end{aligned}$$

$$= \sum_n |c_n|^2 \lambda_n \tag{9.2.27}$$

上述运算很简便。甚至更简单地在$|\Psi\rangle$之前插一个单位算符(式(9.2.24)),毋须利用$\langle m|n\rangle=\delta_{mn}$,也可以得到式(9.2.26)和式(9.2.27)的结果。由此可见用狄拉克符号处理运算过程的优越性。

例 2　设微观粒子在一维无限深势阱中运动,势阱表示为(图 3.1.1)

$$V(x)=\begin{cases}0 & (0<x<a)\\ \infty & (x\leqslant 0, x\geqslant a)\end{cases} \tag{9.2.28}$$

相应的本征函数与本征能量分别由式(3.1.15)和式(3.1.12)表示。

(1) 设阱内粒子的状态由波函数 $\Psi(x)=Ax$ 描述,求归一化常数 A;

(2) 计算在态 $\Psi(x)$中,测量粒子能量得到 E_1 的概率。

解　(1) 由归一化条件

$$\int_0^a |Ax|^2 \mathrm{d}x = 1 \tag{9.2.29}$$

得到

$$|A|^2\int_0^a x^2 \mathrm{d}x = |A|^2 \frac{a^3}{3} = 1 \Rightarrow A = \sqrt{\frac{3}{a^3}} \tag{9.2.30}$$

因此归一化波函数为

$$\Psi(x)=\sqrt{\frac{3}{a^3}}x \tag{9.2.31}$$

(2) **方法 1**　将式(9.2.31)按一维无限深势阱中的本征函数(式(3.1.15))

$$\psi_n(x)=\sqrt{\frac{2}{a}}\sin\left(\frac{n\pi}{a}x\right) \tag{9.2.32}$$

展开,展开式用狄拉克符号表示为

$$|\Psi\rangle=\sum_n|\psi_n\rangle\langle\psi_n|\Psi\rangle=\sum_n c_n|\psi_n\rangle \tag{9.2.33}$$

这里,$|c_n|^2=|\langle\psi_n|\Psi\rangle|^2$ 表示在态$|\Psi\rangle$中测量粒子能量得到 E_n 的概率。概率幅为

$$\begin{aligned}c_n &=\langle\psi_n|\Psi\rangle=\int_0^a\sqrt{\frac{2}{a}}\sin\left(\frac{n\pi}{a}x\right)\sqrt{\frac{3}{a^3}}x\mathrm{d}x\\ &=\frac{\sqrt{6}}{a^2}\int_0^a x\sin\left(\frac{n\pi}{a}x\right)\mathrm{d}x\\ &=\frac{\sqrt{6}}{a^2}\frac{a^2}{n\pi}=\frac{\sqrt{6}}{n\pi}\end{aligned} \tag{9.2.34}$$

由此得到

$$|c_n|^2=\frac{6}{n^2\pi^2} \tag{9.2.35}$$

于是在态 $\Psi(x)$中测量粒子能量得到 E_1 的概率为$|c_1|^2=\dfrac{6}{\pi^2}\approx 0.6$。

方法 2　直接计算概率幅

$$c_1=\langle\psi_1|\Psi\rangle=\int_0^a\sqrt{\frac{2}{a}}\sin\left(\frac{\pi x}{a}\right)\sqrt{\frac{3}{a^3}}x\mathrm{d}x=\frac{\sqrt{6}}{\pi}\tag{9.2.36}$$

可得相同的结果。

例 3　对于连续谱情况，本征矢$|\psi_\lambda\rangle\equiv|\lambda\rangle$的正交性关系式和完备性关系式用狄拉克符号表示为

$$\langle\lambda'|\lambda\rangle=\delta(\lambda-\lambda')\tag{9.2.37a}$$

$$\int|\lambda\rangle\langle\lambda|\mathrm{d}\lambda=1\tag{9.2.37b}$$

利用式(9.2.37)推导出与分立谱情况下的式(9.2.26)和式(9.2.27)相对应的式子。

解　将任意态$|\Psi\rangle$按本征矢$|\lambda\rangle$展开，我们有

$$|\Psi\rangle=\int|\lambda\rangle\langle\lambda|\mathrm{d}\lambda|\Psi\rangle=\int\langle\lambda|\Psi\rangle|\lambda\rangle\mathrm{d}\lambda=\int c_\lambda|\lambda\rangle\mathrm{d}\lambda\quad(c_\lambda=\langle\lambda|\Psi\rangle)\tag{9.2.38}$$

由态矢量$|\Psi\rangle$的归一化条件、完备性关系式(9.2.37b)以及正交性关系式(9.2.37a)，得到

$$\begin{aligned}1&=\langle\Psi|\Psi\rangle=\langle\Psi|\int_\lambda|\lambda\rangle\langle\lambda|\mathrm{d}\lambda\int_{\lambda'}|\lambda'\rangle\langle\lambda'|\mathrm{d}\lambda'|\Psi\rangle\\&=\int_\lambda\langle\Psi|\lambda\rangle\left[\int_{\lambda'}\langle\lambda|\lambda'\rangle\langle\lambda'|\Psi\rangle\mathrm{d}\lambda'\right]\mathrm{d}\lambda\\&=\int_\lambda c_\lambda^*\left[\int_{\lambda'}\delta(\lambda'-\lambda)c_{\lambda'}\mathrm{d}\lambda'\right]\mathrm{d}\lambda\\&=\int_\lambda c_\lambda^*c_\lambda\mathrm{d}\lambda=\int|c_\lambda|^2\mathrm{d}\lambda\end{aligned}\tag{9.2.39}$$

这就是式(9.1.17)，它相应于分立谱情况下的式(9.2.26)。而期待值为

$$\begin{aligned}\langle\Psi|\hat{F}|\Psi\rangle&=\langle\Psi|\int_\lambda|\lambda\rangle\langle\lambda|\mathrm{d}\lambda\hat{F}\int_{\lambda'}|\lambda'\rangle\langle\lambda'|\mathrm{d}\lambda'|\Psi\rangle\\&=\int_\lambda\int_{\lambda'}\lambda'\langle\Psi|\lambda\rangle\langle\lambda|\lambda'\rangle\langle\lambda'|\Psi\rangle\mathrm{d}\lambda\mathrm{d}\lambda'\\&=\int_\lambda\langle\Psi|\lambda\rangle\left[\int_{\lambda'}\lambda'\langle\lambda|\lambda'\rangle\langle\lambda'|\Psi\rangle\mathrm{d}\lambda'\right]\mathrm{d}\lambda\\&=\int_\lambda c_\lambda^*\left[\int_{\lambda'}\lambda'\delta(\lambda-\lambda')c_{\lambda'}\mathrm{d}\lambda'\right]\mathrm{d}\lambda\\&=\int\lambda\;|c_\lambda|^2\mathrm{d}\lambda\end{aligned}\tag{9.2.40}$$

它就是式(9.1.18)，相应于分立谱情况下的式(9.2.27)。

9.3 密度算符与平均值

密度算符是量子力学中一个极为有用的厄米算符。作为狄拉克符号的应用，本节在本征矢的正交性和完备性的基础上引入密度算符的概念，进而利用密度算符给出量子力学平均值的一般表达式。

9.3.1 算符的迹

我们首先介绍算符迹(operator trace)的概念。算符 $\hat{F}$ 的迹用 $\mathrm{Tr}\hat{F}$ 表示，定义为

$$\mathrm{Tr}\hat{F}=\sum_k\langle k|\hat{F}|k\rangle \tag{9.3.1}$$

其中，$|k\rangle$是一个任意分立谱的本征矢，这意味着 $\mathrm{Tr}\hat{F}$ 的值与本征矢$|k\rangle$的选取无关。我们首先证明这一点。设$|j\rangle$与$|k\rangle$是相互无关的本征矢。现在需要证明

$$\sum_k\langle k|\hat{F}|k\rangle=\sum_j\langle j|\hat{F}|j\rangle \tag{9.3.2}$$

首先写出$|k\rangle$和$|j\rangle$的完备性关系式

$$\sum_k|k\rangle\langle k|=1 \tag{9.3.3a}$$

$$\sum_j|j\rangle\langle j|=1 \tag{9.3.3b}$$

然后将式(9.3.3a)插入$\sum_j\langle j|\hat{F}|j\rangle$中的算符$\hat{F}$之前，将式(9.3.3b)插入$\sum_k\langle k|\hat{F}|k\rangle$中的算符 $\hat{F}$ 之后，分别得到

$$\sum_j\langle j|\hat{F}|j\rangle=\sum_j\langle j|\sum_k|k\rangle\langle k|\hat{F}|j\rangle=\sum_j\sum_k\langle j|k\rangle\langle k|F|j\rangle \tag{9.3.4a}$$

$$\sum_k\langle k|\hat{F}|k\rangle=\sum_k\langle k|\hat{F}\sum_j|j\rangle\langle j|k\rangle=\sum_k\sum_j\langle k|\hat{F}|j\rangle\langle j|k\rangle \tag{9.3.4b}$$

上二式右边相等，即式(9.3.2)成立。这表明 $\mathrm{Tr}\hat{F}$ 的值与式(9.3.1)中本征矢$|k\rangle$的选取无关。这样一来，计算 $\mathrm{Tr}\hat{F}$ 最简单的方式是将(9.3.1)中的$|k\rangle$取作算符 $\hat{F}$ 的本征矢$|n\rangle$，则式(9.3.1)给出

$$\mathrm{Tr}\hat{F}=\sum_n\langle n|\hat{F}|n\rangle=\sum_n\lambda_n \tag{9.3.5}$$

这表示，算符 $\hat{F}$ 的迹等于它的所有本征值之和。这个结果与式(9.2.26)和式(9.2.27)有形式上的联系。

例 1 证明在求迹符号 Tr 下，任意两个算符 $\hat{A}$ 和 $\hat{B}$ 的顺序可以交换，即

$$\mathrm{Tr}(\hat{A}\hat{B})=\mathrm{Tr}(\hat{B}\hat{A}) \tag{9.3.6}$$

证明 在 $\hat{A}$ 和 $\hat{B}$ 对易情况下，式(9.3.6)显然成立(见 9.4.1 节)。对于一般情况，利用算符 $\hat{A}$ 的本征方程 $\hat{A}|a\rangle=a|a\rangle$ 和算符 $\hat{B}$ 的本征方程 $\hat{B}|b\rangle=b|b\rangle$，由

于算符迹与本征矢的选取无关,我们有

$$\begin{aligned}\mathrm{Tr}(\hat{A}\hat{B})&=\sum_b\langle b|\hat{A}\hat{B}|b\rangle=\sum_b b\langle b|\hat{A}|b\rangle\\&=\sum_b b\langle b|\hat{A}\sum_a|a\rangle\langle a|b\rangle=\sum_{b,a}ba\langle b|a\rangle\langle a|b\rangle\\\mathrm{Tr}(\hat{B}\hat{A})&=\sum_a\langle a|\hat{B}\hat{A}|a\rangle=\sum_a a\langle a|\hat{B}|a\rangle\\&=\sum_a a\langle a|\hat{B}\sum_b|b\rangle\langle b|a\rangle=\sum_{a,b}ab\langle a|b\rangle\langle b|a\rangle\end{aligned}$$

上二式右边相等,故式(9.3.6)成立。对于 $\mathrm{Tr}(\hat{A}\hat{B}\hat{C})$,可将 $\hat{A}\hat{B}$ 视为一个算符,则有

$$\mathrm{Tr}(\hat{A}\hat{B}\hat{C})=\mathrm{Tr}(\hat{C}\hat{A}\hat{B})\tag{9.3.7a}$$

它容易推广到多个算符的情况,即

$$\mathrm{Tr}(\hat{A}\hat{B}\cdots\hat{X}\hat{Y}\hat{Z})=\mathrm{Tr}(\hat{Z}\hat{A}\hat{B}\cdots\hat{X}\hat{Y})=\mathrm{Tr}(\hat{Y}\hat{Z}\hat{A}\hat{B}\cdots\hat{X})=\cdots\tag{9.3.7b}$$

例 2 证明算符等式

$$\mathrm{Tr}(\hat{F}|\Psi\rangle\langle\Phi|)=\langle\Phi|\hat{F}|\Psi\rangle\tag{9.3.8}$$

其中,$\hat{F}$ 是任意算符,而$|\Psi\rangle\langle\Phi|$是一个任意的投影算符。

证明 由于算符迹与本征矢的选取无关,我们在 $\hat{F}$ 的本征矢$|n\rangle$中计算算符 $\hat{F}|\Psi\rangle\langle\Phi|$的迹,得到

$$\begin{aligned}\mathrm{Tr}(\hat{F}|\Psi\rangle\langle\Phi|)&=\sum_n\langle n|\hat{F}|\Psi\rangle\langle\Phi|n\rangle=\sum_n\langle\Phi|n\rangle\langle n|\hat{F}|\Psi\rangle\\&=\langle\Phi|\sum_n|n\rangle\langle n|\hat{F}|\Psi\rangle\quad\left(\text{利用}\sum_n|n\rangle\langle n|=1\right)\\&=\langle\Phi|\hat{F}|\Psi\rangle\end{aligned}$$

如果 $\hat{F}=1$,则有

$$\mathrm{Tr}(|\Psi\rangle\langle\Phi|)=\langle\Phi|\Psi\rangle\tag{9.3.9}$$

这是一个很有用的算符公式。

9.3.2 平均值的密度算符表示

我们已经知道,算符 $\hat{F}$ 在任意态$|\Psi\rangle$中的期待值由式(9.2.27)表示:

$$\langle\hat{F}\rangle\equiv\langle\Psi|\hat{F}|\Psi\rangle=\sum_n|c_n|^2\lambda_n\tag{9.3.10}$$

式中,$|c_n|^2$ 是在$|\Psi\rangle$态中测量力学量 F 得到本征值 λ_n 的概率。事实上,这一结果可以推广为更一般的形式:

$$\langle\hat{F}\rangle=\mathrm{Tr}(\hat{F}\hat{\rho})=\mathrm{Tr}(\hat{\rho}\hat{F})\tag{9.3.11}$$

其中,$\hat{\rho}$ 称为密度算符(density operator)。下面我们实施这一推广,并求出 $\hat{\rho}$ 的表示式。

式(9.3.10)中的本征值 $\lambda_n=\langle n|\hat{F}|n\rangle$ 可以推广为期待值$\langle\psi|\hat{F}|\psi\rangle$,这里,$|\psi\rangle$

是一个任意的态矢量，这样式(9.3.10)被推广为

$$\langle\hat{F}\rangle=\sum_{\psi}P_{\psi}\langle\psi\mid\hat{F}\mid\psi\rangle \tag{9.3.12}$$

其中，P_{ψ} 是期待值$\langle\psi|\hat{F}|\psi\rangle$出现的概率，满足归一化条件

$$\sum_{\psi}P_{\psi}=1 \tag{9.3.13}$$

这样一来，式(9.3.12)表示期待值$\langle\psi|\hat{F}|\psi\rangle$的统计平均，它可以理解为量子力学平均值的一般定义式。下面我们对式(9.3.12)作进一步简化。为此在$\langle\psi|\hat{F}|\psi\rangle$中，令$\langle\psi|=\langle\Phi|$、$\hat{F}|\psi\rangle=|\Psi\rangle$，然后利用公式(9.3.9)，由式(9.3.12)得到

$$\langle\hat{F}\rangle=\sum_{\psi}P_{\psi}\langle\psi|\hat{F}|\psi\rangle=\sum_{\psi}P_{\psi}\mathrm{Tr}(\hat{F}|\psi\rangle\langle\psi|) \tag{9.3.14}$$

这里，$\sum\limits_{\psi}$ 与 Tr 都是求和，假定可以交换二者的顺序，于是

$$\langle\hat{F}\rangle=\mathrm{Tr}\sum_{\psi}P_{\psi}(\hat{F}|\psi\rangle\langle\psi|)=\mathrm{Tr}\hat{F}\sum_{\psi}P_{\psi}|\psi\rangle\langle\psi|=\mathrm{Tr}(\hat{F}\hat{\rho}) \tag{9.3.15}$$

其中

$$\hat{\rho}=\sum_{\psi}P_{\psi}|\psi\rangle\langle\psi| \tag{9.3.16}$$

另一种方式是在$\langle\psi|\hat{F}|\psi\rangle$中，令$\langle\psi|\hat{F}=\langle\Phi|$、$|\psi\rangle=|\Psi\rangle$，然后利用公式(9.3.9)，由式(9.3.12)得到

$$\begin{aligned}\langle\hat{F}\rangle&=\sum_{\psi}P_{\psi}\langle\psi|\hat{F}|\psi\rangle=\sum_{\psi}P_{\psi}\mathrm{Tr}(|\psi\rangle\langle\psi|\hat{F})\\&=\mathrm{Tr}\sum_{\psi}P_{\psi}|\psi\rangle\langle\psi|\hat{F}\\&=\mathrm{Tr}(\hat{\rho}\hat{F})\end{aligned} \tag{9.3.17}$$

由式(9.3.15)与式(9.3.17)即得式(9.3.11)。事实上，得到式(9.3.15)之后，直接利用式(9.3.6)，也可得式(9.3.17)。

式(9.3.11)是量子力学中计算平均值的一般表达式，适用于任何量子态$|\Psi\rangle$和表示力学量的任何算符 $\hat{F}$。只要知道体系的密度算符 $\hat{\rho}$，就可以利用它计算 $\hat{F}$ 在该系统中的平均值。而这样的量子力学平均对应经典力学量 F 的统计平均：

$$\langle F\rangle=\sum_{n}P_{n}F_{n} \tag{9.3.18}$$

其中，P_n 是测量力学量 F 得到 F_n 的概率。可见量子力学平均和经典统计平均的对应关系为

$$F_n\leftrightarrow\hat{F},\quad P_n\leftrightarrow\hat{\rho},\quad \sum\leftrightarrow\mathrm{Tr} \tag{9.3.19}$$

这样，平均值表达式(9.3.11)就是经典统计平均(9.3.18)的量子力学对应。

注意到，式(9.3.16)的密度算符是投影算符$|\psi\rangle\langle\psi|$按各种 ψ 态的组合，称为混合态密度算符(mixed state density operator)。如果 $P_{\psi}=P_{\Psi}=1$，而其他的

$P_\psi=0$，则式(9.3.16)约化为

$$\hat{\rho}=|\Psi\rangle\langle\Psi| \tag{9.3.20}$$

它称为纯态密度算符(pure state density operator)。这是一个简单的投影算符。对于式(9.3.20)所示的纯态密度算符，平均值式(9.3.11)给出

$$\langle\hat{F}\rangle=\mathrm{Tr}(|\Psi\rangle\langle\Psi|\hat{F})=\langle\Psi|\hat{F}|\Psi\rangle \tag{9.3.21}$$

这正是式(9.3.10)所示的期待值。事实上，在这种情况下，定义式(9.3.12)的求和只包含$\langle\Psi|\hat{F}|\Psi\rangle$一项，它就是本征值$\lambda_n$的统计平均$\sum_n|c_n|^2\lambda_n$。

9.4 算符的对易关系

力学量的算符表示将导致量子力学的一个重要情况，那就是算符的对易关系。在经典力学中，所有力学量都用函数表示，它们之间都是对易的。而量子力学则不然，例如，最基本的坐标算符与动量算符之间就是不对易的(式(5.4.9a))。这种算符之间的不对易性，带来许多奇妙的结果，它们反映了微观世界特有的性质。本节在阐述算符对易概念的基础上，给出算符对易的条件，并指出两个算符相互对易的物理意义。这些知识将为随后建立测不准原理奠定基础。

9.4.1 算符的对易关系

算符$\hat{A}$和$\hat{B}$之间的对易关系(commutation relation)表示为

$$[\hat{A},\hat{B}]\equiv\hat{A}\hat{B}-\hat{B}\hat{A} \tag{9.4.1}$$

$[\hat{A},\hat{B}]$的运算结果称为对易子(commutator)，它可以是零、常数或算符。如果$[\hat{A},\hat{B}]=0$，称$\hat{A}$和$\hat{B}$是对易的；如果$[\hat{A},\hat{B}]\neq0$，则称$\hat{A}$和$\hat{B}$是不对易的。量子力学中最基本的对易关系是5.4.1节所证明的坐标x和动量$\hat{p}_x$这一对共轭量之间的对易关系(式(5.4.9))

$$[x,\hat{p}_x]=\mathrm{i}\hbar \tag{9.4.2}$$

同理可证

$$[y,\hat{p}_y]=\mathrm{i}\hbar,\quad [z,\hat{p}_z]=\mathrm{i}\hbar \tag{9.4.3}$$

另外容易证明

$$[x,\hat{p}_y]=[x,\hat{p}_z]=0,\quad [y,\hat{p}_z]=[y,\hat{p}_x]=0,\quad [z,\hat{p}_x]=[z,\hat{p}_y]=0 \tag{9.4.4a}$$

$$[\hat{p}_x,\hat{p}_y]=0,\quad [\hat{p}_y,\hat{p}_z]=0,\quad [\hat{p}_z,\hat{p}_x]=0 \tag{9.4.4b}$$

式(9.4.2)～式(9.4.4)表明，坐标和相应的动量之间是不对易的，而其他情况下都是对易的。

例　证明对易关系

$$[x^n, \hat{p}_x] = \mathrm{i}n\hbar x^{n-1} \quad (n=1,2,3,\cdots) \tag{9.4.5a}$$

和

$$[\hat{p}_x, \psi(x)] = -\mathrm{i}\hbar \frac{\partial \psi}{\partial x} \tag{9.4.5b}$$

其中，$\psi(x)$是任意波函数。

证明　当$n=1$时，式(9.4.5a)为$[x,\hat{p}_x]=\mathrm{i}\hbar$，它正是式(9.4.2)。当$n=2$时，利用式(9.4.2)，得

$$\begin{aligned}[x^2, \hat{p}_x] &= xx\hat{p}_x - \hat{p}_x xx = x(\mathrm{i}\hbar + \hat{p}_x x) - \hat{p}_x xx \\ &= \mathrm{i}\hbar x + (x\hat{p}_x - \hat{p}_x x)x = \mathrm{i}2\hbar x\end{aligned}$$

以此类推，便有式(9.4.5a)。

将$\psi(x)$展开成级数

$$\psi(x) = \sum_n C_n x^n \Rightarrow \frac{\partial \psi}{\partial x} = \sum_n C_n n x^{n-1} \tag{9.4.6}$$

利用式(9.4.6)和式(9.4.5a)，得到

$$\begin{aligned}[\hat{p}_x, \psi(x)] &= \hat{p}_x\psi(x) - \psi(x)\hat{p}_x = \sum_n C_n(\hat{p}_x x^n - x^n\hat{p}_x) \\ &= -\sum_n C_n[x^n, \hat{p}_x] = -\mathrm{i}\hbar\sum_n C_n n x^{n-1} \\ &= -\mathrm{i}\hbar\frac{\partial \psi}{\partial x}\end{aligned}$$

即式(9.4.5b)得证。

在经典力学中，力学量都是坐标和动量的函数。在量子力学中，表示力学量的算符都是坐标(算符)和动量算符的函数。例如，式(5.1.6)所示的谐振子的能量算符就是坐标x和动量算符$\hat{p}_x=-\mathrm{i}\hbar(\partial/\partial x)$的函数。另外式(7.5.1)所示的角动量算符$\hat{\boldsymbol{L}}=\boldsymbol{r}\times\hat{\boldsymbol{p}}=-\mathrm{i}\hbar\boldsymbol{r}\times\nabla$也是坐标$\boldsymbol{r}$和动量算符$\hat{\boldsymbol{p}}=-\mathrm{i}\hbar\nabla$的函数。利用坐标和动量之间的对易关系，可以求出其他算符之间的对易关系。现在我们就来计算角动量算符$\hat{L}_x$、$\hat{L}_y$、$\hat{L}_z$之间的对易关系，首先利用式(7.5.3)和式(9.4.2)～式(9.4.4)，我们有

$$\begin{aligned}[\hat{L}_x, \hat{L}_y] &= \hat{L}_x\hat{L}_y - \hat{L}_y\hat{L}_x \\ &= (y\hat{p}_z - z\hat{p}_y)(z\hat{p}_x - x\hat{p}_z) - (z\hat{p}_x - x\hat{p}_z)(y\hat{p}_z - z\hat{p}_y) \\ &= y\hat{p}_z z\hat{p}_x - z\hat{p}_y z\hat{p}_x - y\hat{p}_z x\hat{p}_z + z\hat{p}_y x\hat{p}_z \\ &\quad - z\hat{p}_x y\hat{p}_z + x\hat{p}_z y\hat{p}_z - z\hat{p}_x z\hat{p}_y - x\hat{p}_z z\hat{p}_y \\ &= y\hat{p}_z z\hat{p}_x + z\hat{p}_y x\hat{p}_z - z\hat{p}_x y\hat{p}_z - x\hat{p}_z z\hat{p}_y \\ &\quad + \underbrace{(-z\hat{p}_y z\hat{p}_x - y\hat{p}_z x\hat{p}_z + x\hat{p}_z y\hat{p}_z + z\hat{p}_x z\hat{p}_y)}_{=0}\end{aligned}$$

$$
\begin{aligned}
&=\hat{p}_z zy\hat{p}_x+z\hat{p}_z x\hat{p}_y-z\hat{p}_z y\hat{p}_x-\hat{p}_z zx\hat{p}_y\\
&=(z\hat{p}_z-\hat{p}_z z)(x\hat{p}_y-y\hat{p}_x)\\
&=\mathrm{i}\hbar\hat{L}_z
\end{aligned}
\tag{9.4.7a}
$$

这就是角动量算符的基本对易关系。同理可证

$$
[\hat{L}_y,\hat{L}_z]=\mathrm{i}\hbar\hat{L}_x,\quad [\hat{L}_z,\hat{L}_x]=\mathrm{i}\hbar\hat{L}_y \tag{9.4.7b}
$$

式(9.4.7a)与式(9.4.7b)可合并为

$$
\begin{aligned}
\hat{\boldsymbol{L}}\times\hat{\boldsymbol{L}}&=\begin{vmatrix}\boldsymbol{i} & \boldsymbol{j} & \boldsymbol{k}\\ \hat{L}_x & \hat{L}_y & \hat{L}_z\\ \hat{L}_x & \hat{L}_y & \hat{L}_z\end{vmatrix}\\
&=(\hat{L}_y\hat{L}_z-\hat{L}_z\hat{L}_y)\boldsymbol{i}+(\hat{L}_z\hat{L}_x-\hat{L}_x\hat{L}_z)\boldsymbol{j}+(\hat{L}_x\hat{L}_y-\hat{L}_y\hat{L}_x)\boldsymbol{k}\\
&=[\hat{L}_y,\hat{L}_z]\boldsymbol{i}+[\hat{L}_z,\hat{L}_x]\boldsymbol{j}+[\hat{L}_x,\hat{L}_y]\boldsymbol{k}\\
&=\mathrm{i}\hbar(\hat{L}_x\boldsymbol{i}+\hat{L}_y\boldsymbol{j}+\hat{L}_z\boldsymbol{k})=\mathrm{i}\hbar\hat{\boldsymbol{L}}
\end{aligned}
\tag{9.4.8}
$$

另外，不难证明角动量算符与坐标算符的对易关系：

$$
[\hat{L}_x,y]=\mathrm{i}\hbar z,\quad [\hat{L}_x,z]=-\mathrm{i}\hbar y,\quad [\hat{L}_x,x]=0 \tag{9.4.9a}
$$

$$
[\hat{L}_y,z]=\mathrm{i}\hbar x,\quad [\hat{L}_y,x]=-\mathrm{i}\hbar z,\quad [\hat{L}_y,y]=0 \tag{9.4.9b}
$$

$$
[\hat{L}_z,x]=\mathrm{i}\hbar y,\quad [\hat{L}_z,y]=-\mathrm{i}\hbar x,\quad [\hat{L}_z,z]=0 \tag{9.4.9c}
$$

即一个角动量分量和相应的坐标是对易的，而一个角动量分量和不相应的坐标是不对易的。

现在我们证明关于角动量算符的以下几个对易关系式*。

(1) 证明 L^2 与 L_x,L_y,L_z 都是对易的，即

$$
[L^2,L_x]=[L^2,L_y]=[L^2,L_z]=0 \tag{9.4.10}
$$

证明 对于任意算符 A 和 B，有

$$
[A^2,B]=A[A,B]+[A,B]A \tag{9.4.11}
$$

角动量平方算符定义为

$$
L^2=L_x^2+L_y^2+L_z^2 \tag{9.4.12}
$$

故

$$
[L^2,L_x]=[L_x^2,L_x]+[L_y^2,L_x]+[L_z^2,L_x] \tag{9.4.13}
$$

我们有

$$
[L_x^2,L_x]=0 \tag{9.4.14a}
$$

$$
[L_y^2,L_x]=L_y[L_y,L_x]+[L_y,L_x]L_y=-\mathrm{i}\hbar L_yL_z-\mathrm{i}\hbar L_zL_y \tag{9.4.14b}
$$

$$
[L_z^2,L_x]=L_z[L_z,L_x]+[L_z,L_x]L_z=\mathrm{i}\hbar L_z\hat{L}_y+\mathrm{i}\hbar\hat{L}_yL_z \tag{9.4.14c}
$$

将式(9.4.14)代入式(9.4.13)，得到

$$
[L^2,L_x]=-\mathrm{i}\hbar L_yL_z-\mathrm{i}\hbar L_zL_y+\mathrm{i}\hbar L_zL_y+\mathrm{i}\hbar L_yL_z=0 \tag{9.4.15}
$$

---

* 简洁起见，在本书以后的书写中我们略去算符顶端的符号，只在可能引起混淆时才标出。

同理可证$[L^2,L_y]=[L^2,L_z]=0$。

(2) 证明 L^2 与坐标分量的对易关系：

$$[L^2,x]=2i\hbar(yL_z-zL_y-i\hbar x) \tag{9.4.16a}$$

$$[L^2,y]=2i\hbar(zL_x-xL_z-i\hbar y) \tag{9.4.16b}$$

$$[L^2,z]=2i\hbar(xL_y-yL_x-i\hbar z) \tag{9.4.16c}$$

证明　我们首先证明式(9.4.16c)。按照式(9.4.13)可以写出

$$[L^2,z]=[L_x^2,z]+[L_y^2,z]+[L_z^2,z] \tag{9.4.17}$$

利用式(9.4.11)和式(9.4.9)，式(9.4.17)右边的三个对易关系为

$$[L_x^2,z]=L_x[L_x,z]+[L_x,z]L_x=-i\hbar L_xy-i\hbar yL_x \tag{9.4.18a}$$

$$[L_y^2,z]=L_y[L_y,z]+[L_y,z]L_y=i\hbar L_yx+i\hbar xL_y \tag{9.4.18b}$$

$$[L_z^2,z]=L_z[L_z,z]+[L_z,z]L_z=0 \tag{9.4.18c}$$

代入式(9.4.17)，得到

$$\begin{aligned}[L^2,z]&=-i\hbar L_xy-i\hbar yL_x+i\hbar L_yx+i\hbar xL_y\\&=2i\hbar xL_y-2i\hbar yL_x-i\hbar(L_xy-yL_x)+i\hbar(L_yx-xL_y)\\&=2i\hbar(xL_y-yL_x-i\hbar z)\end{aligned} \tag{9.4.19}$$

即式(9.4.16c)得证，同理可证式(9.4.16a)和式(9.4.16b)。

(3) 对于矢径 $\boldsymbol{r}$，动量 $\boldsymbol{p}$ 和角动量 $\boldsymbol{L}$，我们有

$$\boldsymbol{r}\cdot\boldsymbol{L}=\boldsymbol{r}\cdot(\boldsymbol{r}\times\boldsymbol{p})=0 \tag{9.4.20}$$

这是因为矢量$(\boldsymbol{r}\times\boldsymbol{p})$与 $\boldsymbol{r}$ 正交。利用式(9.4.20)证明对易关系式

$$[L^2,[L^2,\boldsymbol{r}]]=2\hbar^2(\boldsymbol{r}L^2+L^2\boldsymbol{r}) \tag{9.4.21}$$

证明　我们首先计算

$$\begin{aligned}[L^2,[L^2,z]]&=[L^2,2i\hbar(xL_y-yL_x-i\hbar z)]\\&=2i\hbar\{L^2xL_y-L^2yL_x-xL_yL^2+yL_xL^2-i\hbar L^2z+i\hbar zL^2\}\\&=2i\hbar\{[L^2,x]L_y+x\underbrace{[L^2,L_y]}_{=0}-i\hbar L^2z-[L^2,y]L_x-y\underbrace{[L^2,L_x]}_{=0}+i\hbar zL^2\}\\&=2i\hbar\{2i\hbar(yL_z-zL_y-i\hbar x)L_y-2i\hbar(zL_x-xL_z-i\hbar y)L_x+i\hbar(zL^2-L^2z)\}\\&=-2\hbar^2\{2(yL_z-zL_y-i\hbar x)L_y-2(zL_x-xL_z-i\hbar y)L_x+(zL^2-L^2z)\}\\&=-2\hbar^2\{-zL^2-L^2z+2(zL_z^2+L_zyL_y+L_zxL_x)\}\\&=2\hbar^2(zL^2+L^2z)-4\hbar^2L_z(xL_x+yL_y+zL_z)\\&=2\hbar^2(zL^2+L^2z)-4\hbar^2L_z(\boldsymbol{r}\cdot\boldsymbol{L})=2\hbar^2(zL^2+L^2z)\end{aligned} \tag{9.4.22}$$

它可以直接推广到式(9.4.21)。

由以上结果可以看出，当两个算符不对易时，其对易子中均含有普朗克常量 $\hbar$。可见算符的对易关系与普朗克常量一样，都是量子力学的标志。如果 $\hbar\to0$，则坐标和动量、角动量各分量之间都是对易的，这样量子力学就过渡到经典力学。

9.4.2　算符对易的物理意义

以上我们讨论了算符之间的对易关系。我们看到，这种关系可以分成两类：一类是相互对易的，一类是不对易的。现在分析算符对易的物理意义。我们首先证明一个定理：如果两个算符 A 和 B 有共同的本征矢 $|n\rangle$，且它们构成完备集 $\{|n\rangle\}$，则算符 A 和 B 对易。

证明　设算符 A 和 B 有共同的本征矢 $|n\rangle$，则它们的本征方程可以写为

$$A|n\rangle=a_n|n\rangle,\quad B|n\rangle=b_n|n\rangle \tag{9.4.23}$$

其中，a_n 和 b_n 依次是 A 和 B 的本征值。我们将任意态 $|\Psi\rangle$ 按照 $\{|n\rangle\}$ 展开，得到

$$|\Psi\rangle=\sum_n|n\rangle\langle n|\Psi\rangle=\sum_n\langle n|\Psi\rangle|n\rangle=\sum_n c_n|n\rangle\quad(c_n=\langle n|\Psi\rangle) \tag{9.4.24}$$

然后分别用算符 AB 和 BA 作用于式(9.4.24)，得到

$$AB|\Psi\rangle=\sum_n c_n a_n b_n|n\rangle,\quad BA|\Psi\rangle=\sum_n c_n b_n a_n|n\rangle \tag{9.4.25}$$

上二式右边相等，于是 $AB|\Psi\rangle=BA|\Psi\rangle$。由于 $|\Psi\rangle$ 是任意态，所以

$$AB-BA=[A,B]=0 \tag{9.4.26}$$

即算符 A 和 B 对易。

这个定理的逆定理也成立：如果两个算符 A 和 B 对易，则它们有共同的本征矢。

证明　设算符 A 有本征矢 $|n\rangle$，现在需要证明，当 A 和 B 对易(即满足式(9.4.26))时，$|n\rangle$ 也是算符 B 的本征矢。

设算符 A 的本征方程为

$$A|n\rangle=a_n|n\rangle \tag{9.4.27}$$

用算符 B 作用于式(9.4.27)两边，得到

$$BA|n\rangle=Ba_n|n\rangle=a_nB|n\rangle \tag{9.4.28}$$

由于 A 和 B 对易，故式(9.4.28)可以写为

$$AB|n\rangle=a_nB|n\rangle \tag{9.4.29}$$

式(9.4.29)表示，状态 $B|n\rangle$ 是算符 A 的本征态，且本征值亦为 a_n。故 $B|n\rangle$ 和 $|n\rangle$ 描述同一个量子态，这样它们之间只能相差一个常数，用 b_n 表示，即

$$B|n\rangle=b_n|n\rangle \tag{9.4.30}$$

这表示 $|n\rangle$ 也是算符 B 的本征矢。

上述定理及逆定理可以推广到两个算符以上的情况中去。即如果一组算符有共同的本征矢，而且这些本征矢构成完备集，则这组算符中的任意两个相互对易。这个定理的逆定理也成立。

我们进一步考查算符对易的物理意义。两个算符 $\hat{A}$ 和 $\hat{B}$ 对易时，它们有共同的

本征函数集$\{|n\rangle\}$，这样在本征态$|n\rangle$中，力学量 A 和 B 同时有确定值$\langle n|\hat{A}|n\rangle=a_n$ 和$\langle n|\hat{B}|n\rangle=b_n$，即力学量 A 和 B 能被同时测定。例如，自由粒子的波函数(式(2.2.4))

$$\Psi(\boldsymbol{r},t)=A\mathrm{e}^{\frac{\mathrm{i}}{\hbar}(\boldsymbol{p}\cdot\boldsymbol{r}-Et)} \tag{9.4.31}$$

是能量算符

$$\mathrm{i}\hbar\frac{\partial}{\partial t} \tag{9.4.32}$$

和动量算符

$$\hat{\boldsymbol{p}}=-\mathrm{i}\hbar\,\boldsymbol{\nabla} \tag{9.4.33}$$

共同的本征函数。事实上，

$$\mathrm{i}\hbar\frac{\partial}{\partial t}\Psi(\boldsymbol{r},t)=E\Psi(\boldsymbol{r},t),\quad -\mathrm{i}\hbar\,\boldsymbol{\nabla}\Psi(\boldsymbol{r},t)=\boldsymbol{p}\Psi(\boldsymbol{r},t) \tag{9.4.34}$$

这样在状态(9.4.31)中，能量和动量同时有确定值 E 和 $\boldsymbol{p}$，即自由粒子的能量和动量能被同时测定。注意到自由粒子的能量就是它的动能，因此式(9.4.34)与 7.3.1 节的结论(动量本征函数是动量算符和动能算符共同的本征函数)是一致的。

再比如，类氢离子的本征函数 ψ_{nlm}(式(8.4.1))是哈密顿算符 $\hat{H}$、角动量平方算符 $\hat{L}^2$ 和角动量算符 $\hat{L}_z$ 共同的本征函数(式(8.4.3))，这样在状态 ψ_{nlm} 中，相应的力学量同时有确定值 E_n，$l(l+1)\hbar^2$ 和 $m\hbar$，即体系的能量、角动量平方和角动量能被同时测定。

9.5 测不准原理

现在我们考查两个算符不对易的情况。由上述讨论得知，如果算符 $\hat{A}$ 和 $\hat{B}$ 是不对易的，则它们不具有共同的本征函数。这样在 $\hat{A}$ 的本征态中，力学量 B 不具有确定值；同样在 $\hat{B}$ 的本征态中，力学量 A 不具有确定值。那么在同一个量子态$|\Psi\rangle$中，两个不对易算符所表示的力学量有怎样的不确定行为？本节的重点就是要对这种不确定性(uncertainty)进行公式化描述，建立一个描述力学量不确定行为的关系式，这就是所谓海森伯“测不准关系”(uncertainty relation)。它在理论层面上被称为海森伯“测不准原理”(uncertainty principle)——一个揭示微观世界不确定性本质的物理学原理。

9.5.1 一般性推导

在物理学发展中，揭示自然界运动规律的关系式都是确定性的，它们都是含有“=”(等号)的方程式。例如，牛顿第二定律方程，麦克斯韦电磁场和电磁波方程，爱因斯坦引力场方程(Einstein's gravitational field equation),量子力学薛定谔方程等。而对于微观世界不确定性的描述,将推演出一个与众不同的含有"≥"(不等号)的关系式,这就是量子力学的测不准关系。下面我们首先介绍测不准关系的一般推导方法。

设厄米算符 A 和 B 的对易关系为

$$AB-BA=\mathrm{i}C \tag{9.5.1}$$

这里,C 是一个算符或常数。算符 A 和 B 在一个量子态 $|\Psi\rangle$ 中的期待值分别为

$$\langle A\rangle=\langle\Psi|A|\Psi\rangle\quad\langle B\rangle=\langle\Psi|B|\Psi\rangle \tag{9.5.2}$$

我们定义"偏差算符"(deviation operator):

$$\delta A\equiv A-\langle A\rangle,\quad \delta B\equiv B-\langle B\rangle \tag{9.5.3}$$

这两个算符的对易关系与 $[A,B]$ 相同,事实上

$$\begin{aligned}[\delta A,\delta B]&=\delta A\delta B-\delta B\delta A\\&=(A-\langle A\rangle)(B-\langle B\rangle)-(B-\langle B\rangle)(A-\langle A\rangle)\\&=(AB-\langle A\rangle B-A\langle B\rangle+\langle A\rangle\langle B\rangle)-(BA-\langle B\rangle A-B\langle A\rangle+\langle B\rangle\langle A\rangle)\\&=AB-BA=[A,B]=\mathrm{i}C\end{aligned}$$

现在考虑积分

$$I(\beta)=\int|(\beta\delta A-\mathrm{i}\delta B)\Psi|^2\mathrm{d}\tau\geqslant 0 \tag{9.5.4}$$

式中,β 是一个实参数,积分区域是变量变化的整个空间。因为被积函数是绝对值的平方,故积分 $I(\beta)$ 为非负值。将积分中的平方项展开,我们有

$$\begin{aligned}I(\beta)&=\int|(\beta\delta A-\mathrm{i}\delta B)\Psi|^2\mathrm{d}\tau\\&=\int\Psi^*[\beta(\delta A)^++\mathrm{i}(\delta B)^+](\beta\delta A-\mathrm{i}\delta B)\Psi\mathrm{d}\tau\\&\quad(\delta A\text{ 和 }\delta B\text{ 是厄米的}:(\delta A)=(\delta A)^+,(\delta B)=(\delta B)^+)\\&=\int\Psi^*(\beta\delta A+\mathrm{i}\delta B)(\beta\delta A-\mathrm{i}\delta B)\Psi\mathrm{d}\tau\\&=\beta^2\int\Psi^*(\delta A)^2\Psi\mathrm{d}\tau-\mathrm{i}\beta\int\Psi^*(\delta A\delta B-\delta B\delta A)\Psi\mathrm{d}\tau+\int\Psi^*(\delta B)^2\Psi\mathrm{d}\tau\\&\quad(\delta A\delta B-\delta B\delta A=\mathrm{i}C)\\&=\beta^2\langle\Psi|(\delta A)^2|\Psi\rangle+\beta\langle\Psi|C|\Psi\rangle+\langle\Psi|(\delta B)^2|\Psi\rangle\\&=\beta^2\langle(\delta A)^2\rangle+\beta\langle C\rangle+\langle(\delta B)^2\rangle\end{aligned}$$

这是一个关于 β 的二次三项式,其中

$$\langle C\rangle=\langle\Psi|C|\Psi\rangle \tag{9.5.5}$$

由式(9.5.4)我们有

$$\beta^2\langle(\delta A)^2\rangle+\beta\langle C\rangle+\langle(\delta B)^2\rangle\geqslant 0 \tag{9.5.6}$$

不等式(9.5.6)成立的条件是系数满足关系式$\langle C\rangle^2-4\langle(\delta A)^2\rangle\langle(\delta B)^2\rangle\leqslant 0$,即

$$\langle(\delta A)^2\rangle\langle(\delta B)^2\rangle\geqslant\frac{\langle C\rangle^2}{4} \tag{9.5.7}$$

这是偏差算符 δA 和 δB 所满足的测不准关系。式(9.5.7)还可以进一步被简化。考查算符$(\delta A)^2$ 在态$|\Psi\rangle$中的期待值:

$$\langle(\delta A)^2\rangle=\langle(A-\langle A\rangle)^2\rangle=\langle A^2-2A\langle A\rangle+\langle A\rangle^2\rangle=\langle A^2\rangle-\langle A\rangle^2 \tag{9.5.8}$$

因为$\langle A^2\rangle-\langle A\rangle^2=\langle(\delta A)^2\rangle\geqslant 0$,我们可以引入

$$\Delta A\equiv\sqrt{\langle A^2\rangle-\langle A\rangle^2},\text{以及 }\Delta B\equiv\sqrt{\langle B^2\rangle-\langle B\rangle^2} \tag{9.5.9}$$

则有

$$(\Delta A)^2=\langle A^2\rangle-\langle A\rangle^2,\quad (\Delta B)^2=\langle B^2\rangle-\langle B\rangle^2 \tag{9.5.10}$$

注意,虽然$\langle(\delta A)^2\rangle=(\Delta A)^2$,但是前者是算符的期待值(它的平方根是较复杂的$\sqrt{\langle(\delta A)^2\rangle}$形式),而后者是一个非负数(它的平方根 ΔA 可直接写出)。这样我们可以利用 ΔA 和 ΔB 将式(9.5.7)写为

$$\Delta A\Delta B\geqslant\frac{\langle C\rangle}{2} \tag{9.5.11}$$

这就是厄米算符 A 和 B 所满足的测不准关系(它是一种标准、简洁的形式),由德国科学家海森伯在 1927 年创立。海森堡由于在量子力学领域的这一开创性成就获得 1932 年诺贝尔物理学奖。

式(9.5.11)表明,由于算符 A 和 B 不对易,它们所表示的力学量在同一个量子态$|\Psi\rangle$中不能被同时测定。而力学量的不确定行为表现为不确定度 ΔA 和 ΔB 的乘积不能小于正数$\langle C\rangle/2$。式(9.5.11)中相应于等号的量子态具有最小不确定度乘积 $\Delta A\Delta B=\langle C\rangle/2$(这是测不准关系的极限),称为"最小测不准态"(minimum-uncertainty state)。这意味着,如果力学量 A 的不确定度 ΔA 越大,则力学量 B 的不确定度 ΔB 越小,反之亦然。我们知道,在经典物理学中力学量用函数表示,任意两个力学量之间都是对易的,即 $C=0$。因此相对于 $\Delta A\Delta B>\langle C\rangle/2$ 所描述的量子态而言,满足 $\Delta A\Delta B=\langle C\rangle/2$ 的最小测不准态是最接近经典行为 $C=0$ 的量子态。

将测不准关系(9.5.11)应用于坐标和动量,即 $A=x,B=p$,由于$[x,p]=\mathrm{i}\hbar$,我们有 $C=\hbar$,于是

$$\Delta x\Delta p\geqslant\frac{\hbar}{2} \tag{9.5.12a}$$

这就是坐标与动量这一对共轭量所满足的测不准关系。坐标的不确定范围 Δx 越小,则相应的动量的不确定范围 Δp 越大,反之亦然。Δx 与 Δp 不能同时为零,当一个为零时,另一个必须为无穷大。式(9.5.12a)中取等号的最小测不准态

($\Delta x\Delta p=\hbar/2$)就是众所周知的“相干态”(见 10.3 节)。

另外将关系式(9.5.11)应用于角动量的分量，由对易关系(9.4.7)有

$$\Delta L_x\Delta L_y\geqslant\frac{\hbar}{2}\langle L_z\rangle,\quad \Delta L_y\Delta L_z\geqslant\frac{\hbar}{2}\langle L_x\rangle,\quad \Delta L_z\Delta L_x\geqslant\frac{\hbar}{2}\langle L_y\rangle \tag{9.5.12b}$$

这意味着，如果角动量的一个分量有确定值，则另外两个分量都没有确定值。比如 L_z 有确定值，则 L_x 和 L_y 都没有确定值。试想其中的一个(如 L_x)也有确定值，那么 L_z 和 L_x 之间就是对易的，这与(9.4.7b)的第二式相矛盾，也违背(9.5.12b)第三式所示的测不准关系。简单说，一个微观粒子没有一个确定的角动量矢量，而只有一个确定的分量。因此，L_z 可以直接称为角动量，而不必称为角动量的 z 分量。因为如果有了确定的角动量 L_z，就谈不上确定的角动量 L_x 和 L_y。而动量的情况与角动量不同，由式(9.4.4b)可以看出，p_x、p_y、p_z 之间是相互对易的，因此一个微观粒子可以有一个确定的动量矢量。

9.5.2 矢量模型:狄拉克符号

本节我们用矢量模型推导测不准关系。为此首先证明施瓦茨不等式(Schwarz inequality)：若$|\psi\rangle$和$|\phi\rangle$是任意两个态矢量(均未归一化)，则

$$|\langle\psi|\phi\rangle|^2\leqslant\langle\psi|\psi\rangle\langle\phi|\phi\rangle \tag{9.5.13}$$

式中，等号相应于 $\psi=\phi$。

证明 令$\langle\psi|\psi\rangle=a(a>0)$，$\langle\phi|\phi\rangle=b(b>0)$，$\langle\psi|\phi\rangle=c$(一般为复数)，并引入量子态

$$|\beta\rangle=|\phi\rangle-\frac{c}{a}|\psi\rangle \tag{9.5.14}$$

我们有$\langle\beta|\beta\rangle\geqslant0$，这里等号相应于 $\psi=\phi$。而

$$\begin{aligned}\langle\beta|\beta\rangle&=\left(\langle\phi|-\frac{c^*}{a}\langle\psi|\right)\left(|\phi\rangle-\frac{c}{a}|\psi\rangle\right)\\&=\langle\phi|\phi\rangle-\frac{c^*}{a}\langle\psi|\phi\rangle-\frac{c}{a}\langle\phi|\psi\rangle+\frac{|c|^2}{a^2}\langle\psi|\psi\rangle\\&=b-\frac{c^*c}{a}-\frac{cc^*}{a}+\frac{|c|^2}{a^2}a=b-\frac{|c|^2}{a}\end{aligned}$$

所以

$$|c|^2\leqslant ab \tag{9.5.15}$$

即式(9.5.13)成立。

现在我们利用式(9.5.13)，对于厄米算符 A 和 B(满足对易关系(9.5.1))来推导测不准关系(9.5.11)。为此用算符 $A+\mathrm{i}\lambda B$(λ 是任意实数)作用于任意态矢量$|\psi\rangle$，给出另一个态矢量$|\phi\rangle$：

$$|\phi\rangle=(A+\mathrm{i}\lambda B)|\psi\rangle \tag{9.5.16}$$

它向态矢量$\langle\psi|$投影，得到

$$\begin{aligned}\langle\psi|\phi\rangle&=\langle\psi|(A+\mathrm{i}\lambda B)|\psi\rangle\\&=\langle\psi|A|\psi\rangle+\mathrm{i}\lambda\langle\psi|B|\psi\rangle=\langle A\rangle+\mathrm{i}\lambda\langle B\rangle\end{aligned}\tag{9.5.17}$$

两边取绝对值的平方，有

$$|\langle\psi|\phi\rangle|^2=(\langle A\rangle+\mathrm{i}\lambda\langle B\rangle)(\langle A\rangle-\mathrm{i}\lambda\langle B\rangle)=\langle A\rangle^2+\lambda^2\langle B\rangle^2\tag{9.5.18}$$

这是一个重要的结果。另外式(9.5.16)的复共轭为$\langle\phi|=\langle\psi|(A^+-\mathrm{i}\lambda B^+)$，它与$|\phi\rangle$的内积为

$$\langle\phi|\phi\rangle=\langle\psi|(A^+-\mathrm{i}\lambda B^+)(A+\mathrm{i}\lambda B)|\psi\rangle\tag{9.5.19}$$

因为A和B均为厄米算符：$A^+=A, B^+=B$，进而利用对易关系(9.5.1)，式(9.5.19)变为

$$\begin{aligned}\langle\phi|\phi\rangle&=\langle\psi|(A-\mathrm{i}\lambda B)(A+\mathrm{i}\lambda B)|\psi\rangle\\&=\langle\psi|A^2|\psi\rangle+\lambda^2\langle\psi|B^2|\psi\rangle+\mathrm{i}\lambda\langle\psi|AB-BA|\psi\rangle\\&=\langle A^2\rangle+\lambda^2\langle B^2\rangle-\lambda\langle C\rangle\end{aligned}\tag{9.5.20}$$

这是另一个重要的结果。

以上平均值都是在ψ态中计算的。将式(9.5.20)和式(9.5.18)代入施瓦茨不等式(9.5.13)，得到

$$\langle\psi|\psi\rangle(\langle A^2\rangle+\lambda^2\langle B^2\rangle-\lambda\langle C\rangle)\geqslant\langle A\rangle^2+\lambda^2\langle B\rangle^2\tag{9.5.21}$$

现在不失一般性地取$|\psi\rangle$为归一化态矢量，即$\langle\psi|\psi\rangle=1$，式(9.5.21)变为

$$\langle A^2\rangle-\langle A\rangle^2+\lambda^2(\langle B^2\rangle-\langle B\rangle^2)\geqslant\lambda\langle C\rangle\tag{9.5.22}$$

利用式(9.5.10)，式(9.5.22)写为

$$(\Delta A)^2+\lambda^2(\Delta B)^2\geqslant\lambda\langle C\rangle\tag{9.5.23}$$

在式(9.5.23)中取$\lambda=\Delta A/\Delta B$，即得

$$\Delta A\Delta B\geqslant\frac{\langle C\rangle}{2}\tag{9.5.24}$$

这就是厄米算符A和B的测不准关系，与式(9.5.11)相同。式(9.5.24)中的等号相应于$\psi=\phi$，这时由式(9.5.16)得

$$(A-\mathrm{i}\lambda B)|\psi\rangle=|\psi\rangle\tag{9.5.25}$$

现在$|\psi\rangle$是一个最小测不准态，式(9.5.25)显示它是算符$A+\mathrm{i}\lambda B$的本征态。显然，$A+\mathrm{i}\lambda B$是一个非厄米算符，这类算符的一个典型例子是式(5.4.1a)所示的湮没算符，而湮没算符的本征态(即相干态)正是一个最小测不准态(见 10.3.4 节)。

9.5.3　数学方法：傅里叶变换

本节将对于任意波函数$f(x)$推导出坐标和动量的测不准关系。推导的基础是傅里叶变换理论以及式(9.1.25)所示的 Plancherel 定理。另外我们还需要施瓦茨不等式(9.5.13)的积分形式：

$$\left|\int_{-\infty}^{\infty} f^*(x)g(x)\mathrm{d}x\right|^2 \leqslant \left[\int_{-\infty}^{\infty} |f(x)|^2\mathrm{d}x\right]\left[\int_{-\infty}^{\infty} |g(x)|^2\mathrm{d}x\right] \quad (9.5.26)$$

设波函数 $f(x)$满足

$$\text{当 } x\to\pm\infty \text{ 时}, f(x)\to 0 \quad (9.5.27)$$

首先对$\int_{-\infty}^{\infty} xf^*(x)f'(x)\mathrm{d}x$ 作分部积分,并利用式(9.5.27),得到

$$\begin{aligned}\int_{-\infty}^{\infty} xf^*(x)f'(x)\mathrm{d}x &= \int_{-\infty}^{\infty} xf^*(x)\mathrm{d}[f(x)] \\ &= \left[x\,|f(x)|^2\right]_{-\infty}^{\infty} - \int_{-\infty}^{\infty} f(x)\mathrm{d}[xf^*(x)] \\ &= -\int_{-\infty}^{\infty}\left[|f(x)|^2 + xf(x)\frac{\mathrm{d}f^*(x)}{\mathrm{d}x}\right]\mathrm{d}x\end{aligned}$$

不失一般性地取 $f(x)$为归一化波函数,则

$$1 = \int_{-\infty}^{\infty} |f(x)|^2\mathrm{d}x = -\int_{-\infty}^{\infty}\left[xf^*(x)\frac{\mathrm{d}f(x)}{\mathrm{d}x} + xf(x)\frac{\mathrm{d}f^*(x)}{\mathrm{d}x}\right]\mathrm{d}x \quad (9.5.28)$$

式中,右边的被积函数具有 $z+z^*$ 的形式,这里 $z=xf^*(x)f'(x)$。利用 $z+z^*=2\mathrm{Re}(z)$,我们得到

$$1 = -2\int_{-\infty}^{\infty} \mathrm{Re}[xf^*(x)f'(x)]\mathrm{d}x \quad (9.5.29)$$

式(9.5.29)两边平方,注意到 $\mathrm{Re}(z)\leqslant|z|$,并利用式(9.5.26),得到

$$\begin{aligned}1 &= 4\left\{\int_{-\infty}^{\infty} \mathrm{Re}[xf^*(x)f'(x)]\mathrm{d}x\right\}^2 \leqslant 4\left[\int_{-\infty}^{\infty} |xf^*(x)f'(x)|\,\mathrm{d}x\right]^2 \\ &\leqslant 4\left[\int_{-\infty}^{\infty} x^2\,|f(x)|^2\mathrm{d}x\right]\left[\int_{-\infty}^{\infty} |f'(x)|^2\mathrm{d}x\right] \\ &= 4\langle x^2\rangle\left[\int_{-\infty}^{\infty} |f'(x)|^2\mathrm{d}x\right] \quad (9.5.30)\end{aligned}$$

下面计算式(9.5.30)中的积分$\int_{-\infty}^{\infty} |f'(x)|^2\mathrm{d}x$,为此利用 Plancherel 定理(式(9.1.25))以及导数 $f'(x)$ 的傅里叶变换

$$\int_{-\infty}^{\infty} f'(x)\exp(-\mathrm{i}\omega x)\mathrm{d}x = \mathrm{i}\omega F(\omega) \quad (9.5.31)$$

这里,$F(\omega)$是 $f(x)$的傅里叶变换,并注意到式(9.1.20),我们有

$$\int_{-\infty}^{\infty} |f'(x)|^2\mathrm{d}x = \frac{1}{2\pi}\int_{-\infty}^{\infty} \omega^2\,|F(\omega)|^2\mathrm{d}\omega = \frac{1}{\hbar^2}\int_{-\infty}^{\infty} p^2\,|c(p)|^2\mathrm{d}p = \frac{1}{\hbar^2}\langle p^2\rangle$$

代入式(9.5.30)得到

$$\langle x^2\rangle\langle p^2\rangle \geqslant \frac{\hbar^2}{4} \quad (9.5.32\mathrm{a})$$

这就是我们的结果，它刻画了坐标和动量在任意波函数 $f(x)$ 中的测不准关系。如果 $f(x)$ 使得 $\langle x\rangle=0$ 和 $\langle p\rangle=0$，则式(9.5.32a)给出标准形式

$$\Delta x\Delta p\geqslant\frac{\hbar}{2} \tag{9.5.32b}$$

9.5.4　物理现象：电子单缝衍射

本节我们从一个熟知的物理现象推导出测不准关系。考虑图 9.5.1 所示的电子单缝衍射(electronic single-slit diffraction)。设单缝的宽度是 Δx，它就是电子经过狭缝时坐标的不确定范围。电子从狭缝出射后发生衍射，暂且忽略次级衍射，认为电子都落在中央主极大衍射范围内。单缝衍射条件为

$$\sin\theta=\frac{\lambda}{\Delta x} \tag{9.5.33}$$

其中，λ 是电子的德布罗意波长，则电子的动量为

$$p=\frac{h}{\lambda} \tag{9.5.34}$$

电子由 Δx 间的任意点经过狭缝后，其动量在 x 方向的分量 p_x 限于 $0\leqslant p_x\leqslant p\sin\theta$。故电子动量在 x 方向的不确定范围是

$$\Delta p_x=p\sin\theta \tag{9.5.35}$$

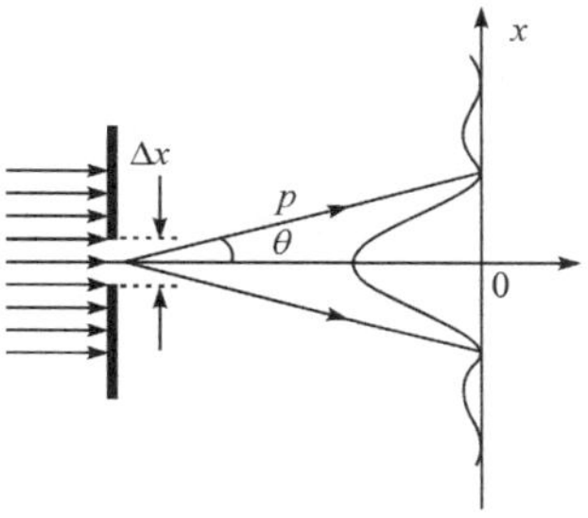

图 9.5.1　电子单缝衍射

以上三式联立便得到电子经过狭缝后其坐标和动量的测不准关系

$$\Delta x\Delta p_x=h \tag{9.5.36}$$

进一步考虑到次级衍射，则有 $\Delta p_x\geqslant p\sin\theta$。于是测不准关系为

$$\Delta x\Delta p_x\geqslant h \tag{9.5.37}$$

这就是电子单缝衍射中坐标和动量的测不准关系，它与一般性结果(9.5.12a)相符合。

9.5.5　几何图像：势阱中的小球

测不准原理有一个非常简单的几何图像(图 9.5.2)。按照经典理论，一个小球停在势阱最低点时，它的位置是严格确定的(其坐标是 $x=0$)。而量子理论不允许一个“量子”小球呆在 $x=0$ 不动，它必须在最低点附近来回不停地运动，其坐标是不确定的(变化范围是 Δx)，因此它的动量也是不确定的(变化范围是 Δp)。而 Δx 和 Δp 的取值要受到测不准关系 $\Delta x\Delta p\sim h$ 的制约。

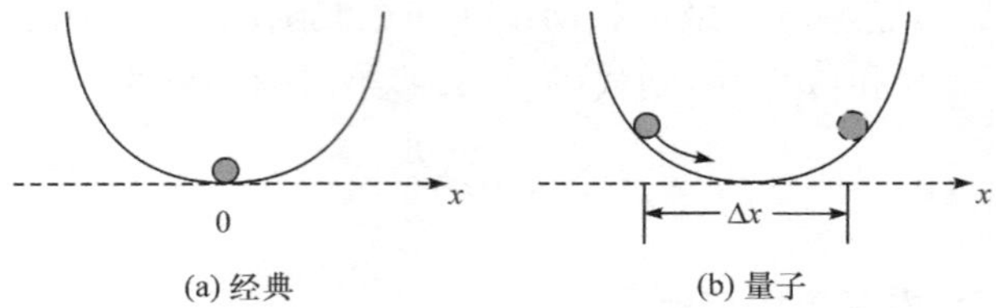

图 9.5.2　测不准原理的几何图像

9.6　测不准原理的应用

测不准原理与微观世界的概率图像是密切相关的。微观粒子的运动不能用轨道描述,需要用概率波来描述。而概率波只能给出粒子在空间出现的概率,所以在任一时刻粒子不具有确定的位置。与此相联系,粒子在任一时刻也不具有确定的动量。换言之,粒子在任意时刻的位置和动量都有一个不确定范围:Δx 和 Δp,而测不准原理要求二者的乘积是以 $\hbar/2$ 为极限的。测不准原理的这样一种能动性(activity)遍及所有量子力学体系。本节介绍测不准原理在一些典型体系中的应用。

9.6.1　自由粒子

一维自由粒子的波函数为

$$\Psi(x,t)=A\mathrm{e}^{\frac{\mathrm{i}}{\hbar}(p_0x-Et)} \tag{9.6.1}$$

其中,E 和 p_0 分别是自由粒子的能量和动量。为考查自由粒子中的测不准关系,我们首先计算自由粒子动量波函数,它由式(9.1.20)给出为

$$\begin{aligned}c(p,t)&=\frac{A}{\sqrt{2\pi\hbar}}\int_{-\infty}^{\infty}\exp\left(-\frac{\mathrm{i}}{\hbar}px\right)\mathrm{e}^{\frac{\mathrm{i}}{\hbar}(p_0x-Et)}\mathrm{d}x\\&=\frac{A}{\sqrt{2\pi\hbar}}\mathrm{e}^{-\frac{\mathrm{i}}{\hbar}Et}\int_{-\infty}^{\infty}\exp\left[\frac{\mathrm{i}}{\hbar}(p_0-p)x\right]\mathrm{d}x\\&=\delta(p-p_0)\mathrm{e}^{-\frac{\mathrm{i}}{\hbar}Et}\quad\left(\text{取 }A=\frac{1}{\sqrt{2\pi\hbar}}\right)\end{aligned}$$

则动量概率密度为

$$|c(p,t)|^2=[\delta(p-p_0)]^2 \tag{9.6.2}$$

可见自由粒子的动量取确定值 $p=p_0$,即 $\Delta p=0$。

不过自由粒子在任意 x 处的概率密度为

$$|\Psi(x,t)|^2=|A\mathrm{e}^{\frac{\mathrm{i}}{\hbar}(p_0x-Et)}|^2=|A|^2(\text{常数}) \tag{9.6.3}$$

这个结果(见式(7.3.5))意味着，一个自由粒子在空间所有位置均可以出现，而且以相同的概率密度出现(与 x 无关)，它的坐标是完全不确定的：

$$\Delta x \to \infty \tag{9.6.4}$$

这样

$$\Delta x \Delta p \sim 常数 \tag{9.6.5}$$

这与坐标-动量测不准关系的一般性结果(9.5.12a)相符合。

9.6.2　一维无限深势阱

我们考查一维无限深势阱中粒子的测不准关系。由粒子的本征函数(式(3.1.15))

$$\psi_n(x) = \sqrt{\frac{2}{a}} \sin\left(\frac{n\pi}{a}x\right) \tag{9.6.6}$$

得到(见式(3.1.31))

$$\langle x \rangle = \frac{a}{2}, \quad \langle p \rangle = 0 \tag{9.6.7}$$

另外我们有

$$\begin{aligned} \langle x^2 \rangle &= \int_0^a x^2 \,|\psi_n(x)|^2 \mathrm{d}x \\ &= \frac{2}{a}\int_0^a x^2 \sin^2\left(\frac{n\pi}{a}x\right)\mathrm{d}x = a^2\left(\frac{1}{3} - \frac{1}{2n^2\pi^2}\right) \end{aligned} \tag{9.6.8a}$$

$$\begin{aligned} \langle p^2 \rangle &= -\hbar^2 \,\frac{2}{a}\int_0^a \sin\left(\frac{n\pi}{a}x\right)\frac{\mathrm{d}^2}{\mathrm{d}x^2}\left[\sin\left(\frac{n\pi}{a}x\right)\right]\mathrm{d}x \\ &= \hbar^2 \,\frac{2}{a}\left(\frac{n\pi}{a}\right)^2 \int_0^a \sin^2\left(\frac{n\pi}{a}x\right)\mathrm{d}x = \left(\frac{n\pi\hbar}{a}\right)^2 \end{aligned} \tag{9.6.8b}$$

故

$$\Delta x = \sqrt{\langle x^2 \rangle - \langle x \rangle^2} = \frac{a}{2\sqrt{3}}\sqrt{1 - \frac{6}{n^2\pi^2}}, \quad \Delta p = \sqrt{\langle p^2 \rangle - \langle p \rangle^2} = \frac{n\pi\hbar}{a} \tag{9.6.9a}$$

从而

$$\Delta x \Delta p = \frac{\hbar}{2\sqrt{3}}\sqrt{n^2\pi^2 - 6} > \frac{\hbar}{2} \quad (n = 1, 2, 3, \cdots) \tag{9.6.9b}$$

这与坐标—动量测不准关系的一般性结果(9.5.12a)相符合。对于基态($n=1$)，$\Delta x \Delta p$ 取最小值：

$$\Delta x \Delta p = \frac{\hbar}{2\sqrt{3}}\sqrt{\pi^2 - 6} \approx 0.57\hbar \tag{9.6.10}$$

现在我们计算一维无限深势阱中粒子的能量，由自由粒子能量与动量的关系式 $E=p^2/(2m)$写出粒子的平均能量，再利用式(9.6.8b)，得到

$$\langle E\rangle=\frac{1}{2m}\langle p^2\rangle=\frac{1}{2m}\left(\frac{n\pi\hbar}{a}\right)^2 \quad (n=1,2,3,\cdots) \tag{9.6.11}$$

它与求解薛定谔方程的结果(3.1.12)相同。

下面进一步讨论粒子的动量特性。我们再次利用自由粒子的动量-能量关系式 $p^2=2mE$，按式(9.6.11)取能量值后，立即得到

$$p=p^{\pm}=\pm\frac{n\pi\hbar}{a} \quad (n=1,2,3,\cdots) \tag{9.6.12}$$

这就是一维无限深势阱中处于本征态 $\psi_n(x)$的粒子的动量。

接下来我们从动量波函数的角度讨论这一问题(这里给出一种近似但简明的处理)。由式(9.1.20)和(9.6.6)得到动量波函数

$$c(p)=\frac{1}{\sqrt{\pi\hbar a}}\int_{-\infty}^{\infty}\exp\left(-\frac{\mathrm{i}}{\hbar}px\right)\sin\left(\frac{n\pi}{a}x\right)\mathrm{d}x \tag{9.6.13}$$

由于势阱外的波函数为零，需要将式(9.6.13)的积分限缩小为$[0,a]$。现在本征函数(9.6.6)是一个定义在$[0,a]$上的解析函数(analytic function)，我们对它在$(-\infty,\infty)$区间作周期性延拓(这本质上是一种近似)，便得到积分式(9.6.13)。按照这样的思路，利用正弦函数 $\sin(kx)$的傅里叶变换

$$\int_{-\infty}^{\infty}\sin(kx)\mathrm{e}^{-\mathrm{i}\omega x}\mathrm{d}x=\mathrm{i}\pi[\delta(\omega+k)-\delta(\omega-k)] \tag{9.6.14}$$

我们立即得到

$$c(p)=\mathrm{i}\sqrt{\frac{\pi}{\hbar a}}\left[\delta\left(\frac{p}{\hbar}+\frac{n\pi}{a}\right)-\delta\left(\frac{p}{\hbar}-\frac{n\pi}{a}\right)\right] \tag{9.6.15a}$$

于是粒子动量概率密度为

$$|c(p)|^2=\frac{\pi}{\hbar a}\left[\delta\left(\frac{p}{\hbar}+\frac{n\pi}{a}\right)-\delta\left(\frac{p}{\hbar}-\frac{n\pi}{a}\right)\right]^2 \tag{9.6.15b}$$

它有非零值的条件正是式(9.6.12)。可见一维无限深势阱中处于本征态 $\psi_n(x)$的粒子确实取(9.6.12)所示的动量值。在物理上它们代表势阱中沿正、反方向传播的行波(traveling wave)，正是这两个行波的叠加构成了式(9.6.6)所示的驻波。

下面我们利用动量概率密度$|c(p)|^2$计算平均值$\langle p\rangle$和$\langle p^2\rangle$。首先我们有

$$\begin{aligned}\int_{-\infty}^{\infty}|c(p)|^2\mathrm{d}p&=\int_{-\infty}^{\infty}\frac{\pi}{\hbar a}\left[\delta\left(\frac{p}{\hbar}+\frac{n\pi}{a}\right)-\delta\left(\frac{p}{\hbar}-\frac{n\pi}{a}\right)\right]^2\mathrm{d}p\\&=\int_{-\infty}^{\infty}P(\omega)\mathrm{d}\omega\ \left(\omega=\frac{p}{\hbar}\right)\\&=1\end{aligned} \tag{9.6.16}$$

其中

$$P(\omega)=\frac{\pi}{a}\left[\delta\left(\omega+\frac{n\pi}{a}\right)-\delta\left(\omega-\frac{n\pi}{a}\right)\right]^2 \tag{9.6.17}$$

是一个定义在$-\infty<\omega<\infty$范围内的归一化分布函数，只在$\omega=\omega^{\pm}=\pm\frac{n\pi}{a}$取非零值，它是关于$\omega$的偶函数，如图9.6.1所示。这样

$$\langle p\rangle=\hbar\int_{-\infty}^{\infty}\omega P(\omega)\mathrm{d}\omega=0 \tag{9.6.18}$$

它与式(9.6.7)的第二式相同，而

$$\begin{aligned}\langle\omega^2\rangle&=\int_{-\infty}^{\infty}\omega^2P(\omega)\mathrm{d}\omega\\&=\int_{\omega^--\varepsilon}^{\omega^-+\varepsilon}\omega^2P(\omega)\mathrm{d}\omega-\int_{\omega^+-\varepsilon}^{\omega^++\varepsilon}\omega^2P(\omega)\mathrm{d}\omega\ (\varepsilon\text{ 是正的小量})\\&=(\omega^-)^2\int_{\omega^--\varepsilon}^{\omega^-+\varepsilon}P(\omega)\mathrm{d}\omega+(\omega^+)^2\int_{\omega^+-\varepsilon}^{\omega^++\varepsilon}P(\omega)\mathrm{d}\omega\\&=\left(\frac{n\pi}{a}\right)^2\left[\int_{\omega^--\varepsilon}^{\omega^-+\varepsilon}P(\omega)\mathrm{d}\omega+\int_{\omega^+-\varepsilon}^{\omega^++\varepsilon}P(\omega)\mathrm{d}\omega\right]\\&=\left(\frac{n\pi}{a}\right)^2\int_{-\infty}^{\infty}P(\omega)\mathrm{d}\omega=\left(\frac{n\pi}{a}\right)^2\end{aligned}$$

即

$$\langle p^2\rangle=\left(\frac{n\pi\hbar}{a}\right)^2 \tag{9.6.19}$$

它与利用坐标概率密度所得的结果(式(9.6.8b))相同。

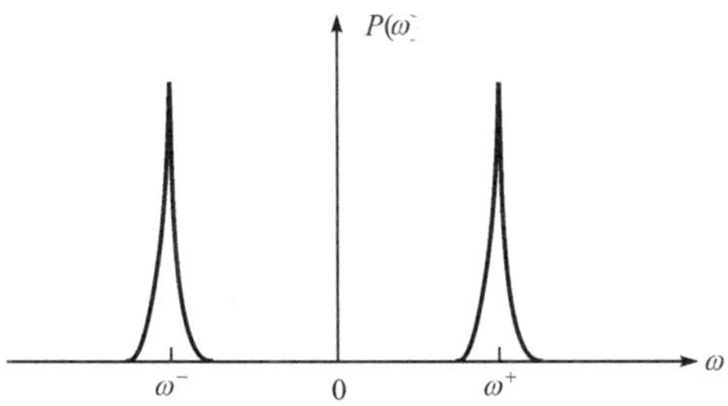

图 9.6.1　式(9.6.17)所示的归一化分布函数

它只在$\omega=\omega^{\pm}=\pm\frac{n\pi}{a}$取非零值，是关于$\omega$的偶函数

9.6.3　谐振子

我们首先利用测不准关系(9.5.12a)计算谐振子的零点能。根据谐振子的能量表示式(5.1.5)，写出振子的平均能量

$$\langle E\rangle=\frac{1}{2m}\langle p^2\rangle+\frac{1}{2}m\omega^2\langle x^2\rangle \tag{9.6.20}$$

现在我们需要计算$\langle x^2\rangle$和$\langle p^2\rangle$，为此利用谐振子的本征函数(式(5.2.29a))

$$\psi_n(x)=A_n\mathrm{H}_n(\alpha x)\exp\left(-\frac{1}{2}\alpha^2x^2\right) \tag{9.6.21}$$

写出振子坐标的平均值

$$\langle x\rangle = A_n^2\int_{-\infty}^{\infty}x\mathrm{H}_n^2(\alpha x)\exp(-\alpha^2x^2)\mathrm{d}x \tag{9.6.22a}$$

由于$\mathrm{H}_n^2(\alpha x)\exp(-\alpha^2x^2)$是$x$的偶函数，因而式(9.6.22a)中的被积函数是奇函数，故

$$\langle x\rangle=0 \tag{9.6.22b}$$

振子动量的平均值为

$$\langle p\rangle =-\mathrm{i}\hbar A_n^2\int_{-\infty}^{\infty}\exp\left(-\frac{\alpha^2x^2}{2}\right)\mathrm{H}_n(\alpha x)\frac{\mathrm{d}}{\mathrm{d}x}\left[\exp\left(-\frac{\alpha^2x^2}{2}\right)\mathrm{H}_n(\alpha x)\right]\mathrm{d}x \tag{9.6.23a}$$

分部积分后得到

$$\begin{aligned}\langle p\rangle &=-\mathrm{i}\hbar A_n^2\left[\exp(-\alpha^2x^2)\mathrm{H}_n^2(\alpha x)\right]_{-\infty}^{\infty}\\&\quad+\mathrm{i}\hbar A_n^2\int_{-\infty}^{\infty}\exp\left(-\frac{\alpha^2x^2}{2}\right)\mathrm{H}_n(\alpha x)\mathrm{d}\left[\exp\left(-\frac{\alpha^2x^2}{2}\right)\mathrm{H}_n(\alpha x)\right]\\&=\mathrm{i}\hbar A_n^2\int_{-\infty}^{\infty}\exp\left(-\frac{\alpha^2x^2}{2}\right)\mathrm{H}_n(\alpha x)\frac{\mathrm{d}}{\mathrm{d}x}\left[\exp\left(-\frac{\alpha^2x^2}{2}\right)\mathrm{H}_n(\alpha x)\right]\mathrm{d}x\\&=-\langle p\rangle\end{aligned}$$

所以

$$\langle p\rangle=0 \tag{9.6.23b}$$

这个结果还可以由式(2.1.27)及$\langle x\rangle=0$(常数)直接得出。

这样一来

$$(\Delta x)^2=\langle x^2\rangle,\quad (\Delta p)^2=\langle p^2\rangle \tag{9.6.24}$$

从而式(9.6.20)变为

$$\langle E\rangle=\frac{1}{2m}(\Delta p)^2+\frac{1}{2}m\omega^2(\Delta x)^2 \tag{9.6.25}$$

测不准关系(9.5.12a)要求Δx和Δp不能同时为零，因此$\langle E\rangle$的最小值也不能为零，而必须是有限正值。为求$\langle E\rangle$的最小值，在式(9.5.12a)中取等号：

$$\Delta x\Delta p=\frac{\hbar}{2} \tag{9.6.26}$$

这样式(9.6.25)变成

$$\langle E\rangle=\frac{\hbar^2}{8m}\frac{1}{(\Delta x)^2}+\frac{1}{2}m\omega^2(\Delta x)^2 \tag{9.6.27}$$

由 $\mathrm{d}\langle E\rangle/\mathrm{d}[(\Delta x)^2]=0$ 得知，$\langle E\rangle$ 在 $(\Delta x)^2=\dfrac{\hbar}{2m\omega}$ 时有最小值 $\langle E\rangle=\dfrac{1}{2}\hbar\omega$，这正是谐振子的零点能(式(5.2.2))。由此可见，谐振子的零点能是体系在满足测不准关系情况下所呈现的最低能量。

下面特别考查基态谐振子所满足的测不准关系。首先进行定性考查，为此将相应的波函数(式(5.2.30))写为

$$f(x)=\frac{1}{(2\pi\sigma^2)^{1/4}}\exp\left(-\frac{x^2}{4\sigma^2}\right)\ \left(\sigma=\frac{1}{\sqrt{2}\alpha}\right)\tag{9.6.28}$$

这是高斯函数的标准形式。由此式，按照式(9.1.20)，得到振子的动量波函数

$$\begin{aligned}c(p)&=\frac{1}{(2\pi\sigma^2)^{1/4}\sqrt{2\pi\hbar}}\int_{-\infty}^{\infty}\exp\left(-\frac{\mathrm{i}}{\hbar}px\right)\exp\left(-\frac{x^2}{4\sigma^2}\right)\mathrm{d}x\\&=\frac{1}{(2\pi)^{1/4}}\sqrt{\frac{2\sigma}{\hbar}}\exp\left(-\frac{\sigma^2}{\hbar^2}p^2\right)\end{aligned}\tag{9.6.29}$$

它也是一个高斯函数。

利用式(9.6.28)和式(9.6.29)，对于不同的 σ 值画出 $f(x)$ 和 $c(p)$ 的曲线，如图 9.6.2 所示。可以看出，随着 σ 的减小，$f(x)$ 的不确定性减小，而 $c(p)$ 的不确定性增大；反之随着 σ 的增大，$f(x)$ 的不确定性增大，而 $c(p)$ 的不确定性减小。

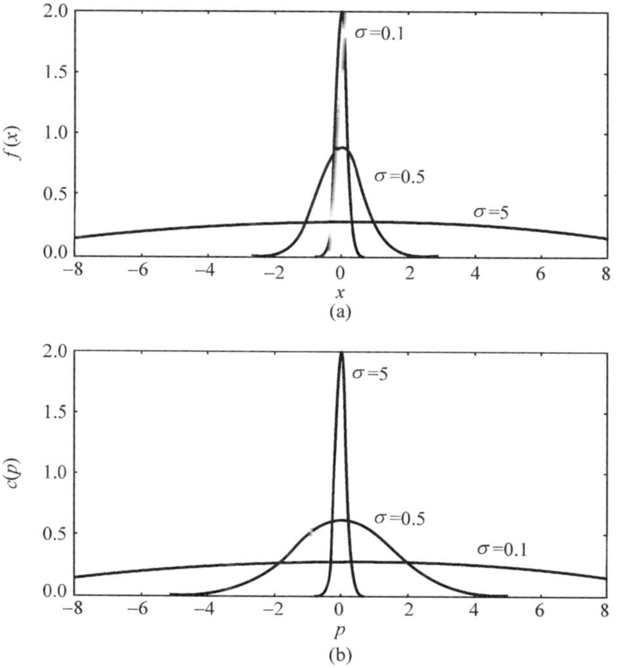

图 9.6.2　$f(x)$ 的不确定性越小，则 $c(p)$ 的不确定性越大，反之亦然

进而利用式(9.6.28)和式(9.6.29)计算出

$$\langle x^2\rangle = \int_{-\infty}^{\infty} x^2 \, |f(x)|^2 \mathrm{d}x$$

$$= \frac{1}{(2\pi\sigma^2)^{1/2}} \int_{-\infty}^{\infty} x^2 \exp\left(-\frac{x^2}{2\sigma^2}\right) \mathrm{d}x = \sigma^2 \tag{9.6.30a}$$

$$\langle p^2\rangle = \int_{-\infty}^{\infty} p^2 \, |c(p)|^2 \mathrm{d}p \quad \left(\omega = \frac{p}{\hbar}\right)$$

$$= \frac{2\sigma\hbar^2}{\sqrt{2\pi}} \int_{-\infty}^{\infty} \omega^2 \exp(-2\omega^2\sigma^2) \mathrm{d}\omega = \frac{\hbar^2}{4\sigma^2} \tag{9.6.30b}$$

另外,由于$|f(x)|^2$和$|c(p)|^2$均为偶函数,我们有$\langle x\rangle=0$和$\langle p\rangle=0$,于是

$$(\Delta x)^2=\sigma^2, \quad (\Delta p)^2=\frac{\hbar^2}{4\sigma^2} \tag{9.6.31}$$

从而

$$\Delta x \Delta p=\frac{\hbar}{2} \tag{9.6.32}$$

这就是基态谐振子坐标和动量的测不准关系。显然基态谐振子处于一个最小测不准态。坐标的不确定范围 Δx 越小,动量的不确定范围 Δp 越大,反之亦然。式(9.6.32)是图 9.6.2 所描述的 $f(x)$和 $c(p)$不确定行为的定量结果。

9.6.4　氢原子

本节讨论基态氢原子中的测不准关系,电子的波函数(式(8.5.8a))为

$$\psi_{100}(r)=\frac{1}{\sqrt{\pi}a^{3/2}}\exp\left(-\frac{r}{a}\right) \tag{9.6.33}$$

电子概率密度则为

$$|\psi_{100}(r)|^2=\frac{1}{\pi a^3}\exp\left(-\frac{2r}{a}\right)=\frac{1}{\pi a^3}\exp\left(-\frac{2\sqrt{x^2+y^2+z^2}}{a}\right) \tag{9.6.34}$$

我们在直角坐标系中计算电子坐标的 x 分量的平均值:

$$\langle x\rangle = \int x \, |\psi_{100}(r)|^2 \mathrm{d}\boldsymbol{r}$$

$$= \frac{1}{\pi a^3} \int_{-\infty}^{\infty} \int_{-\infty}^{\infty} \Bigg[\underbrace{\int_{-\infty}^{\infty} x\exp\left(-\frac{2\sqrt{x^2+y^2+z^2}}{a}\right)\mathrm{d}x}_{=0}\Bigg] \mathrm{d}y\mathrm{d}z = 0$$

同理$\langle y\rangle=\langle z\rangle=0$。而电子动量的 x 分量的平均值为

$$\langle p_x\rangle = -\mathrm{i}\hbar \int \psi_{100}(r) \frac{\partial}{\partial x}\psi_{100}(r) \mathrm{d}\boldsymbol{r}$$

$$= -\mathrm{i}\hbar \int_{-\infty}^{\infty}\int_{-\infty}^{\infty}\int_{-\infty}^{\infty} \exp\left(-\frac{\sqrt{x^2+y^2+z^2}}{a}\right) \frac{\partial}{\partial x}\left[\exp\left(-\frac{\sqrt{x^2+y^2+z^2}}{a}\right)\right] \mathrm{d}x\mathrm{d}y\mathrm{d}z$$

$$= \mathrm{i}\,\frac{2\hbar}{a}\int_{-\infty}^{\infty}\int_{-\infty}^{\infty}\underbrace{\left[\int_{-\infty}^{\infty}\frac{x}{\sqrt{x^2+y^2+z^2}}\exp\left(-\frac{2\sqrt{x^2+y^2+z^2}}{a}\right)\mathrm{d}x\right]}_{=0}\mathrm{d}y\mathrm{d}z = 0$$

这个结果还可以由式(2.1.27)及$\langle x\rangle = C$(常数)直接得出。同理$\langle p_y\rangle = \langle p_z\rangle = 0$。进而在球坐标系中计算$\langle r^2\rangle$,我们有

$$\begin{aligned}\langle r^2\rangle &= \int r^2\,|\psi_{100}(r,\theta,\phi)|^2\,\mathrm{d}\boldsymbol{r}\\ &= \int r^2\,|\psi_{100}(r,\theta,\phi)|^2\,r^2\,\mathrm{d}r\sin\theta\mathrm{d}\theta\mathrm{d}\phi\\ &= \frac{1}{\pi a^3}\int_0^{\infty} r^4\exp\left(-\frac{2r}{a}\right)\mathrm{d}r\int_0^{\pi}\sin\theta\mathrm{d}\theta\int_0^{2\pi}\mathrm{d}\phi\\ &= \frac{4}{a^3}\int_0^{\infty} r^4\exp\left(-\frac{2r}{a}\right)\mathrm{d}r = 3a^2\end{aligned} \tag{9.6.35}$$

另外

$$\begin{aligned}\langle p^2\rangle &= \langle\psi_{100}|\boldsymbol{p}\boldsymbol{p}|\psi_{100}\rangle = \langle\psi_{100}|\boldsymbol{p}^{+}\boldsymbol{p}|\psi_{100}\rangle\\ &= \int|\boldsymbol{p}\psi_{100}(r)|^2\,\mathrm{d}\boldsymbol{r} = \hbar^2\int|\boldsymbol{\nabla}\psi_{100}(r)|^2\,\mathrm{d}\boldsymbol{r}\end{aligned} \tag{9.6.36}$$

由于$\psi_{100}(r)$与θ,ϕ无关,我们有

$$|\boldsymbol{\nabla}\psi_{100}(r)|^2 = \left|\frac{\partial}{\partial r}\psi_{100}(r)\right|^2 = \frac{1}{\pi a^5}\exp\left(-\frac{2r}{a}\right) \tag{9.6.37}$$

代入式(9.6.36),得到

$$\begin{aligned}\langle p^2\rangle &= \frac{\hbar^2}{\pi a^5}\int_0^{\infty}\exp\left(-\frac{2r}{a}\right)r^2\,\mathrm{d}r\int_0^{\pi}\sin\theta\mathrm{d}\theta\int_0^{2\pi}\mathrm{d}\phi\\ &= \frac{4\hbar^2}{a^5}\int_0^{\infty} r^2\exp\left(-\frac{2r}{a}\right)\mathrm{d}r = \frac{\hbar^2}{a^2}\end{aligned} \tag{9.6.38}$$

由于$\psi_{100}(r)$的球对称性,电子的坐标、动量的方均值对于x、y、z也是球对称的,即

$$\langle x^2\rangle = \langle y^2\rangle = \langle z^2\rangle = \frac{1}{3}\langle r^2\rangle = a^2 \tag{9.6.39a}$$

$$\langle p_x^2\rangle = \langle p_y^2\rangle = \langle p_z^2\rangle = \frac{1}{3}\langle p^2\rangle = \frac{\hbar^2}{3a^2} \tag{9.6.39b}$$

这样一来,我们有$(\Delta x)^2 = a^2$,$(\Delta p_x)^2 = \dfrac{\hbar^2}{3a^2}$,故

$$\Delta x\Delta p_x = \frac{\hbar}{\sqrt{3}} > \frac{\hbar}{2} \tag{9.6.40}$$

同理$\Delta y\Delta p_y = \Delta z\Delta p_z = \dfrac{\hbar}{\sqrt{3}}$。这与坐标-动量测不准关系的一般性结果(9.5.12a)

相符合。

例　对于基态氢原子，利用电子动量波函数计算$\langle p^2\rangle$。

解　方法 1　基态氢原子的电子动量波函数由式(9.1.33)表示，我们由电子动量概率密度(式(9.1.34))得到

$$\begin{aligned}\langle p^2\rangle &= \int p^2 \ |c(p)|^2 \mathrm{d}\boldsymbol{p} \\ &= \frac{8a^3\hbar^5}{\pi^2}\int_0^\infty \frac{p^2}{(a^2p^2+\hbar^2)^4}p^2\mathrm{d}p\int_0^\pi \sin\theta\mathrm{d}\theta\int_0^{2\pi}\mathrm{d}\phi \\ &= \frac{32a^3\hbar^5}{\pi}\int_0^\infty \frac{p^4}{(\hbar^2+a^2p^2)^4}\mathrm{d}p \\ &= \frac{32\hbar^2}{\pi a^2}\int_0^\infty \frac{P^4}{(1+P^2)^4}\mathrm{d}P\ \left(P=\frac{a}{\hbar}p\right)\end{aligned} \tag{9.6.41}$$

其中的积分为

$$\begin{aligned}\int_0^\infty \frac{x^4}{(1+x^2)^4}\mathrm{d}x &= \int_0^{\pi/2}\sin^4\theta\cos^2\theta\mathrm{d}\theta \quad (x=\tan\theta) \\ &= \frac{1}{16}\int_0^{\pi/2}\left(1-\frac{1}{2}\cos2\theta-\cos4\theta+\frac{1}{2}\cos6\theta\right)\mathrm{d}\theta \\ &= \frac{\pi}{32}\end{aligned} \tag{9.6.42}$$

这样我们立即得到式(9.6.38)的结果。

注意到积分(9.6.42)与积分(9.1.36)给出相等的结果。为了显示这个有趣的事实，我们画出两个被积函数，如图 9.6.3 所示。

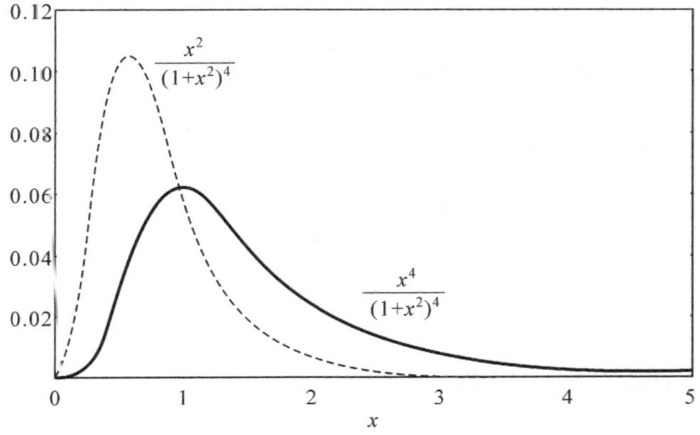

图 9.6.3　两个函数的曲线下有相等的面积（均为 $\pi/32$），二函数在 $x=1$ 的取值均为 1/16

方法 2　关于$\langle p^2\rangle$的结果还可以由无量纲的电子动量径向概率密度(式(9.1.35))

直接得出，事实上由

$$\langle P^2 \rangle = \int_0^{\infty} P^2 W(P)\mathrm{d}P = \frac{32}{\pi}\int_0^{\infty} \frac{P^4}{(1+P^2)^4}\mathrm{d}P = 1 \qquad (9.6.43)$$

立即得到$\langle p^2 \rangle = \hbar^2/a^2$。

9.6.5　含时情况：自由粒子波包

作为一个含时情况，现在我们讨论 2.3.2 节例 6 的自由粒子波包中的测不准关系。已知自由粒子的初始波函数为

$$\Psi(x,0) = \left(\frac{a}{\pi}\right)^{1/4} \exp\left(-\frac{1}{2}ax^2\right) \qquad (9.6.44)$$

任意 t 时刻的自由粒子波包强度是

$$|\Psi(x,t)|^2 = \sqrt{\frac{a}{\pi}} \frac{1}{\sqrt{1-\left(\frac{a\hbar t}{m}\right)^2}} \exp\left[-\frac{ax^2}{1+\left(\frac{a\hbar t}{m}\right)^2}\right] \qquad (9.6.45)$$

利用式(9.6.30a)得到

$$\langle x^2 \rangle = \int_{-\infty}^{\infty} x^2 \, |\Psi(x,t)|^2 \mathrm{d}x = \frac{1}{2a}\left[1+\left(\frac{a\hbar t}{m}\right)^2\right] \qquad (9.6.46)$$

而$\langle x \rangle = 0$，所以坐标的不确定范围是

$$\Delta x = \frac{1}{\sqrt{2a}}\sqrt{1+\left(\frac{a\hbar t}{m}\right)^2} \qquad (9.6.47)$$

这与式(2.3.87)所定义的波包宽度是一致的(相差一个常数)。

由于自由粒子波包在时间演化中保持动量守恒(见式(7.3.15b))，我们可以在初始波函数(9.6.44)中计算动量的不确定范围，它由式(9.6.30b)给出，继而得到

$$\Delta p = \sqrt{\frac{a}{2}}\hbar \qquad (9.6.48)$$

于是

$$\Delta x \Delta p = \frac{\hbar}{2}\sqrt{1+\left(\frac{a\hbar t}{m}\right)^2} \qquad (9.6.49)$$

这就是该自由粒子波包的不确定度乘积，它随着时间的推移而增大。在初始 $t=0$ 时刻有 $\Delta x \Delta p = \hbar/2$，这正是基态谐振子的结果(见式(9.6.32))。

9.6.6　一个实例：库珀对与超导现象

作为一个有趣的实例，本节介绍测不准关系在超导现象中的应用。

1911 年,荷兰物理学家昂纳斯(Onnes)发现,当液氦中的金属 Hg 被冷却到 4.2K 附近时,其电阻突然下降(甚至降到无法检测的程度),如图 9.6.4 所示。这就是最早观察到的超导现象(superconductivity)。

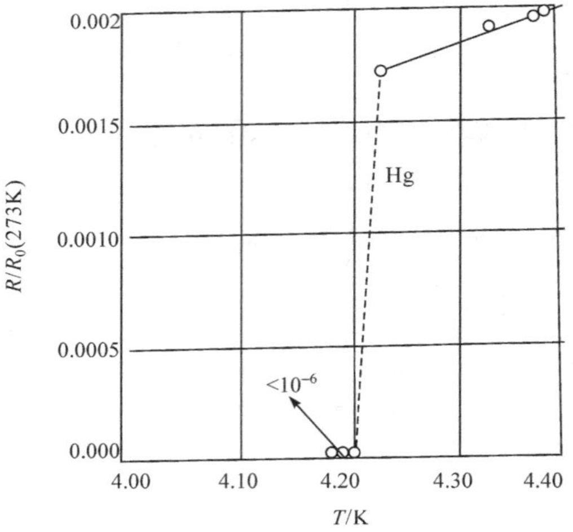

图 9.6.4　Hg 被冷却到 4.2K 时电阻突然下降

按照经典电子论(classical electron theory),金属的电阻是由于晶格点阵上的离子对定向运动的电子有阻碍作用而造成的。当金属的温度升高时,晶格的无规则热运动加剧,增加了电子定向运动的阻力,从而使电阻值升高。另一方面,当金属冷却到绝对零度时,点阵离子将停止其热运动,电子在离子间穿越就不会受到任何障碍,电阻便会消失。但是经典电子论不能解释在绝对零度以上某个温度时,金属的电阻会突然消失的现象。

1956 年,美国科学家库珀(Cooper)提出了一个奇特的思路。他认为,虽然两个电子在通常情况下会因为都带负电而相互排斥。但在金属中,它们之间也有间接的引力作用,这种作用是由晶格点阵上的正离子引起的。事实上,金属中的电子处在正离子的网格之中,电子会吸引正离子向它靠拢,在该电子周围形成一个较高的正电势。而这样的较高正电势又会对附近另一个电子产生吸引作用,使得两个电子相互靠近,从而形成一个束缚在一起的电子对,这就是所谓“库珀对”(Cooper pair),如图 9.6.5 所示。库珀对的形成,用量子力学的术语说,是“电子-声子相互作用”(electron-phonon interaction)的结果。

库珀对有一个重要特点:由于两个电子都带负电而相互排斥,所以两个电子的动量相等,方向相反,于是一个库珀对表现出来的总动量为零(图 9.6.6)。这样根据测不准关系,一个库珀对的动量是完全确定的($\Delta p=0$),那么它的位置则是完全不确定的($\Delta x\to\infty$)。即一个库珀对(就像自由粒子一样)可以占据体系所在的整

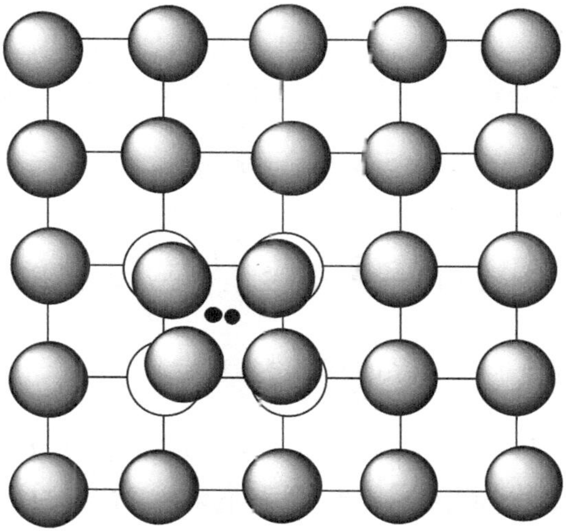

图 9.6.5　库珀对形成的物理机制

个空间。而同一空间还被其他无数个库珀对同时占据着。而且，体系中的所有“库珀对”作为玻色子，在低温下都凝聚在能量最低的量子态上。它们整体地关联起来，相互合作，集体行动，充满整个体系空间。用经典电子论的语言就是：电子在体系中运动完全没有阻力，好像处在绝对零度一样，从而引起体系的超导现象。

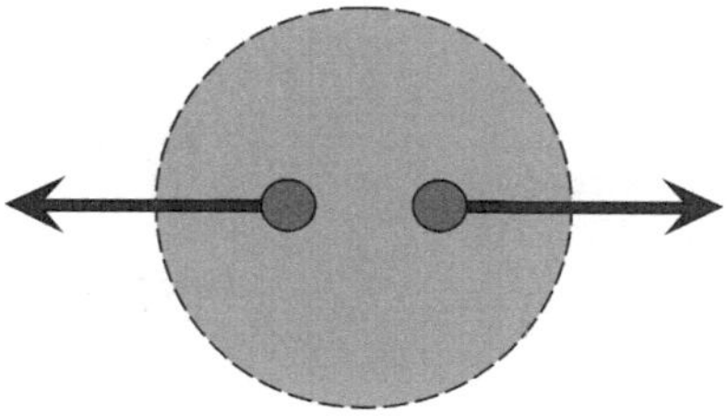

图 9.6.6　一个库珀对的总动量为零：$\Delta p \to 0, \Delta x \to \infty$

基于库珀对的合作性，1957 年，美国科学家巴丁(Bardeen)、库珀、施里弗(Schrieffer)提出了关于金属超导性的量子理论，称为 BCS 理论(BCS theory)。这一理论能够解释和描述所有金属超导的实验结果，他们因此获得 1972 年诺贝尔物理学奖。而巴丁也因此成为在同一学科中两次获得诺贝尔奖的唯一物理学家(另一次是 1956 年，由于发明了晶体管)。

9.7　量子体系的演化与守恒量

本节讨论量子体系的时间演化(time evolution of the quantum system)特性，进而推导出量子力学的动量守恒、角动量守恒和能量守恒定律。所得结果还将在 9.8 节用于推导能量和时间的测不准关系。

9.7.1　期待值的演化

设一个量子体系在任意 t 时刻的状态由态矢量 $|\Psi\rangle$ 描述，则任意一个力学量 F 在 $|\Psi\rangle$ 中的期待值为

$$\langle\hat{F}\rangle=\langle\Psi|\hat{F}|\Psi\rangle \tag{9.7.1}$$

现在考查体系随时间的演化，为此我们计算 $\langle\hat{F}\rangle$ 对 t 的微商：

$$\frac{\mathrm{d}\langle\hat{F}\rangle}{\mathrm{d}t}=\langle\Psi|\hat{T}^{+}\hat{F}|\Psi\rangle+\left\langle\Psi\left|\frac{\partial\hat{F}}{\partial t}\right|\Psi\right\rangle+\langle\Psi|\hat{F}\hat{T}|\Psi\rangle \tag{9.7.2}$$

这里，$\hat{T}=\dfrac{\partial}{\partial t}$；$\hat{T}^{+}=\left(\dfrac{\partial}{\partial t}\right)^{+}$。体系的薛定谔方程为

$$\hat{T}|\Psi\rangle=-\frac{\mathrm{i}}{\hbar}\hat{H}|\Psi\rangle,\quad \langle\Psi|\hat{T}^{+}=\frac{\mathrm{i}}{\hbar}\langle\Psi|\hat{H} \tag{9.7.3}$$

其中，$\hat{H}=T+V$ 是体系的哈密顿算符，它是厄米的：$\hat{H}^{+}=\hat{H}$。利用式(9.7.3)后，式(9.7.2)变为

$$\begin{aligned}\frac{\mathrm{d}\langle\hat{F}\rangle}{\mathrm{d}t}&=\frac{\mathrm{i}}{\hbar}\langle\Psi|\hat{H}\hat{F}|\Psi\rangle+\left\langle\Psi\left|\frac{\partial\hat{F}}{\partial t}\right|\Psi\right\rangle-\frac{\mathrm{i}}{\hbar}\langle\Psi|\hat{F}\hat{H}|\Psi\rangle\\&=\frac{\mathrm{i}}{\hbar}\langle\Psi|\hat{H}\hat{F}-\hat{F}\hat{H}|\Psi\rangle+\left\langle\Psi\left|\frac{\partial\hat{F}}{\partial t}\right|\Psi\right\rangle\\&=\frac{\mathrm{i}}{\hbar}\langle[\hat{H},\hat{F}]\rangle+\left\langle\frac{\partial\hat{F}}{\partial t}\right\rangle\end{aligned} \tag{9.7.4}$$

如果算符 $\hat{F}$ 不显含时间，则$\left\langle\dfrac{\partial\hat{F}}{\partial t}\right\rangle=0$，式(9.7.4)约化为

$$\frac{\mathrm{d}\langle\hat{F}\rangle}{\mathrm{d}t}=\frac{\mathrm{i}}{\hbar}\langle[\hat{H},\hat{F}]\rangle \tag{9.7.5}$$

这个方程称为海森伯运动方程(Heisenberg motion equation)。可见如果 $\hat{F}$ 不显含时间，又与 $\hat{H}$ 对易，那么就有

$$\frac{\mathrm{d}\langle\hat{F}\rangle}{\mathrm{d}t}=0 \tag{9.7.6}$$

则 $\langle\hat{F}\rangle$ = 常数。我们称满足条件(9.7.6)的力学量 F 为守恒量，或者说力学量 F 在运动中保持守恒。

作为方程(9.7.5)的一个应用，取 $\hat{F}=xp$，可得维里定理(Virial theorem)：

$$\frac{\mathrm{d}\langle xp\rangle}{\mathrm{d}t}=2\langle T\rangle-\left\langle x\frac{\mathrm{d}V}{\mathrm{d}x}\right\rangle \tag{9.7.7}$$

它在定态情况下化为 $2\langle T\rangle=\left\langle x\dfrac{\mathrm{d}V}{\mathrm{d}x}\right\rangle$，这是一个很有用的结果。例如对于谐振子

的基态，有 $2\langle T\rangle=\frac{1}{2}\hbar\omega$，即 $\langle T\rangle=\langle V\rangle$，这里的运算用到式(9.6.30a)。

9.7.2　守恒量

下面我们举出几个守恒量的例子。

(1) 自由粒子的动量。

我们知道自由粒子波函数 $\Psi(\boldsymbol{r},t)=A\mathrm{e}^{\frac{\mathrm{i}}{\hbar}(\boldsymbol{p}\cdot\boldsymbol{r}-Et)}$ 是能量算符 $\mathrm{i}\hbar\frac{\partial}{\partial t}$（即哈密顿算符 $\hat{H}$）和动量算符 $\hat{\boldsymbol{p}}=-\mathrm{i}\hbar\nabla$ 共同的本征函数(式(9.4.34))。这里，$\hat{\boldsymbol{p}}$ 不显含时间，又与 $\hat{H}$ 对易，由式(9.7.5)得到

$$\frac{\mathrm{d}\langle\hat{\boldsymbol{p}}\rangle}{\mathrm{d}t}=\frac{\mathrm{i}}{\hbar}\langle[\hat{H},\hat{\boldsymbol{p}}]\rangle=0 \tag{9.7.8}$$

所以自由粒子的动量是守恒量。而自由粒子波包的动量也是守恒量(见式(7.3.15b))。

(2) 类氢离子的角动量。

我们知道类氢离子的本征函数 ψ_{nlm}(式(8.4.1))是哈密顿算符 $\hat{H}$、角动量平方算符 $\hat{L}^2$ 和角动量算符 $\hat{L}_z$ 共同的本征函数(见式(8.4.3))，故 $[\hat{H},\hat{L}^2]=0$，$[\hat{H},\hat{L}_z]=0$，而 $\hat{L}^2$ 和 $\hat{L}_z$ 都不含时间，由式(9.7.5)得到

$$\frac{\mathrm{d}\langle\hat{L}^2\rangle}{\mathrm{d}t}=\frac{\mathrm{i}}{\hbar}\langle[\hat{H},\hat{L}^2]\rangle=0 \tag{9.7.9a}$$

$$\frac{\mathrm{d}\langle\hat{L}_z\rangle}{\mathrm{d}t}=\frac{\mathrm{i}}{\hbar}\langle[\hat{H},\hat{L}_z]\rangle=0 \tag{9.7.9b}$$

所以类氢离子的角动量平方和角动量都是守恒量。

(3) 哈密顿算符不显含时间的体系的能量。

如果体系的哈密顿算符 $\hat{H}$ 不显含时间，由于 $\hat{H}$ 与自身对易，由式(9.7.5)得到

$$\frac{\mathrm{d}\langle\hat{H}\rangle}{\mathrm{d}t}=\frac{\mathrm{i}}{\hbar}\langle[\hat{H},\hat{H}]\rangle=0 \tag{9.7.10}$$

因而体系的能量是守恒量。我们之前讨论的那些体系，如一维无限深势阱中的粒子、线性谐振子、氢原子等，它们的哈密顿算符都不显含时间，因此这些体系的能量都是守恒量。事实上，在一般量子体系(如式(2.3.1)所描述的体系)中，如果体系的哈密顿算符 $\hat{H}$ 不显含时间，能量就是守恒量，正如式(2.3.10)所示。

9.8　能量-时间测不准关系

9.8.1　一个简单的推导方法

我们已经知道，坐标 x 和动量 p 作为一对共轭量，满足测不准关系

$$\Delta x \Delta p \geqslant \frac{\hbar}{2} \tag{9.8.1}$$

那么在量子力学中是否存在其他的共轭量呢？关于这一点，我们可以最简单地从一维自由粒子波函数

$$\Psi(x,t) = A\mathrm{e}^{\frac{\mathrm{i}}{\hbar}(xp-Et)} \tag{9.8.2}$$

看出来。在这里，能量 E 和时间 t（与 x 和 p 相对应）也是一对共轭量。事实上也存在一个类似的关系式

$$\Delta E \Delta t \geqslant \frac{\hbar}{2} \tag{9.8.3}$$

它表示量子体系在演化中所经历的一段特征时间 Δt 与这段时间内体系能量的变化量 ΔE 也满足测不准关系。下面我们通过自由粒子波包的传播特性（见 2.3.2 节例 7）推导出这一关系。

设一个自由粒子波包以速度 v 沿 x 方向传播（图 9.8.1）。它通过一个空间点 A 持续的时间为

$$\Delta t = \frac{\Delta x}{v} = \frac{m}{p}\Delta x \tag{9.8.4}$$

其中，Δx 是自由粒子波包的宽度。另一方面，自由粒子能量-动量关系为

$$E = \frac{p^2}{2m} \tag{9.8.5}$$

对上式两边取变化量（即不确定度），得到

$$\Delta E = \frac{1}{2m} \cdot 2p\Delta p = \frac{p}{m}\Delta p \tag{9.8.6}$$

式（9.8.6）与式（9.8.4）相乘后得到

$$\Delta E \Delta t = \Delta x \Delta p \tag{9.8.7}$$

再利用式（9.8.1）便得到式（9.8.3）。

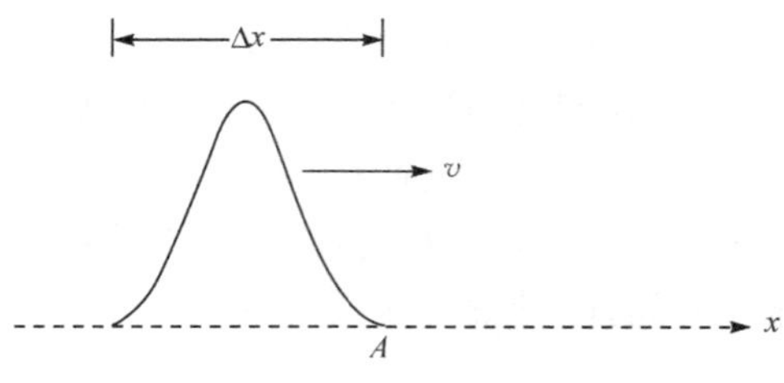

图 9.8.1 一个沿 x 方向传播的自由粒子波包

上述推导过程说明，能量-时间测不准关系（energy-time uncertainty relation）是坐标-动量测不准关系的推论。

9.8.2　作为一般性测不准关系的推论

本节我们将由测不准关系的一般性表示式(9.5.11)推导出能量-时间测不准关系，为此将它写为

$$(\Delta A)^2(\Delta B)^2 \geqslant \left\{\frac{1}{2\mathrm{i}}\langle[A,B]\rangle\right\}^2 \tag{9.8.8}$$

我们还需要式(9.7.5)所示的海森伯运动方程

$$\frac{\mathrm{d}\langle\hat{F}\rangle}{\mathrm{d}t}=\frac{\mathrm{i}}{\hbar}\langle[\hat{H},\hat{F}]\rangle \tag{9.8.9}$$

这里，算符 $\hat{F}$ 不显含时间。将式(9.8.8)中的任意算符 A 和 B 分别取为方程(9.8.9)中的两个算符，即 $A=\hat{H}, B=\hat{F}$，则有

$$(\Delta\hat{H})^2(\Delta\hat{F})^2 \geqslant \left\{\frac{1}{2\mathrm{i}}\langle[\hat{H},\hat{F}]\rangle\right\}^2 \tag{9.8.10}$$

这里

$$\Delta\hat{H}=\sqrt{\langle\hat{H}^2\rangle-\langle\hat{H}\rangle^2},\quad \Delta\hat{F}=\sqrt{\langle\hat{F}^2\rangle-\langle\hat{F}\rangle^2} \tag{9.8.11}$$

由式(9.8.10)和式(9.8.9)得到

$$(\Delta\hat{H})^2(\Delta\hat{F})^2 \geqslant \left(\frac{\hbar}{2}\right)^2\left(\frac{\mathrm{d}\langle\hat{F}\rangle}{\mathrm{d}t}\right)^2 \tag{9.8.12}$$

这样

$$\Delta\hat{H}\Delta\hat{F} \geqslant \frac{\hbar}{2}\left|\frac{\mathrm{d}\langle\hat{F}\rangle}{\mathrm{d}t}\right| \tag{9.8.13}$$

由于 $\Delta\hat{H}$ 表示体系能量的不确定范围，故可以写为 $\Delta\hat{H}=\Delta E$。另一方面

$$\frac{\Delta\hat{F}}{|\mathrm{d}\langle\hat{F}\rangle/\mathrm{d}t|}\sim\frac{\Delta\hat{F}}{|\Delta\langle\hat{F}\rangle|}\Delta t\sim\Delta t \tag{9.8.14}$$

这样，式(9.8.13)变为

$$\Delta E\Delta t \geqslant \frac{\hbar}{2} \tag{9.8.15}$$

这就是能量-时间测不准关系。可以看出，它是一般测不准关系(9.8.8)的推论。

9.8.3　从相对论推导测不准关系

按相对论考查一个运动中的粒子，它的能量与动量的关系(式(1.3.6))为

$$E^2=c^2p^2+m_0^2c^4 \tag{9.8.16}$$

上式两边取变化量(即不确定度)，由于粒子的静止质量 m_0 和光速 c 均为常数，我们有

$$\Delta E=\frac{c^2p}{E}\Delta p \tag{9.8.17}$$

粒子在 Δt 时间内的坐标变化量为

$$\Delta x=v\Delta t=\frac{p}{m}\Delta t \tag{9.8.18}$$

即

$$\Delta t=\frac{m}{p}\Delta x \tag{9.8.19}$$

式(9.8.17)与式(9.8.19)相乘,并利用相对论能量-质量关系 $E=mc^2$,得到

$$\Delta E\Delta t=\frac{c^2 p m}{E\ p}\Delta x\Delta p=\Delta x\Delta p\geqslant\frac{\hbar}{2} \tag{9.8.20}$$

我们再次看到,能量-时间测不准关系是坐标-动量测不准关系的推论。

能量-时间测不准关系对于判断量子体系的特征是很有用的,下面介绍一个典型的例子。

例　He-Ne 激光器的 Ne 原子发出中心频率为 $\nu_0=4.74\times10^{14}$ Hz(中心波长为 632.8nm)的红光,其荧光线宽(linewidth)为 $\Delta\nu=1.5\times10^9$ Hz。

(1) 估算多纵模输出时激光的相干长度(coherence length);

(2) 设激光谐振腔的腔长为 $l=30$cm,计算纵模数目和输出激光的相干长度;

(3) 设一个实际单纵模激光的线宽为 $\Delta\nu_0=10^6$ Hz,求输出激光的相干长度。

解　利用 $E=h\nu$,可以将能量-时间测不准关系写为

$$\Delta\nu\Delta t\geqslant\frac{1}{4\pi} \tag{9.8.21}$$

在实际问题中,常用近似式

$$\Delta\nu\Delta t\approx1 \tag{9.8.22}$$

估算频率不确定度 $\Delta\nu$ 和时间间隔 Δt。

(1) 多纵模输出时,可以用 $\Delta\nu=1.5\times10^9$ Hz 表示激光线宽,进而用式(9.8.22)估算输出激光的相干时间 T_c,有

$$T_c\sim\Delta t\approx\frac{1}{\Delta\nu}=\frac{1}{1.5\times10^9}=0.67\times10^{-9}\,\text{s} \tag{9.8.23}$$

由此得到输出激光的相干长度

$$L_c=cT_c=3\times10^{10}\times0.67\times10^{-9}\approx20\text{cm} \tag{9.8.24}$$

(2) 若激光谐振腔的腔长为 $l=30$cm,设激光介质折射率 $n=1$,则纵模间距为

$$\delta\nu=\frac{c}{2nl}=\frac{3\times10^8}{2\times0.3}=5\times10^8\,\text{Hz} \tag{9.8.25}$$

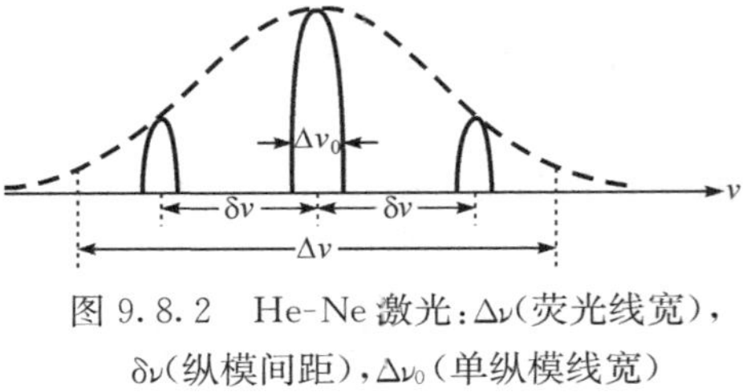

图 9.8.2　He-Ne 激光:$\Delta\nu$(荧光线宽),$\delta\nu$(纵模间距),$\Delta\nu_0$(单纵模线宽)

因此谐振腔内的纵模数(图 9.8.2)为

$$\frac{\Delta\nu}{\delta\nu}=\frac{1.5\times10^9}{5\times10^8}=3 \tag{9.8.26}$$

由此得到输出激光的线宽 $2\delta\nu=10^9\,\text{Hz}$，则输出激光的相干长度为

$$L_c=3\times10^{10}\times10^{-9}\approx30\text{cm} \tag{9.8.27}$$

(3) 对于实际的单纵模激光，$\Delta\nu_0=10^6\,\text{Hz}$，则输出激光的相干时间为 $T_c\approx 10^{-6}\,\text{s}$，从而相干长度为

$$L_c=3\times10^{8}\times10^{-6}\approx300\text{m} \tag{9.8.28}$$

9.8.4　一个例子：纠缠态中的测不准关系

我们考虑式(2.3.13)所描述的量子体系，其波函数为

$$\Psi(\boldsymbol{r},t)=c_1\psi_1(\boldsymbol{r})\exp\left(-\frac{\mathrm{i}}{\hbar}E_1t\right)+c_2\psi_2(\boldsymbol{r})\exp\left(-\frac{\mathrm{i}}{\hbar}E_2t\right) \tag{9.8.29}$$

简单起见，设 $\psi_1(\boldsymbol{r})$、$\psi_2(\boldsymbol{r})$ 是实函数，展开系数 c_1、c_2 是实常数。下面考查该体系的能量和时间的测不准关系。由式(9.8.29)得到概率密度

$$|\Psi(\boldsymbol{r},t)|^2=c_1^2\psi_1^2+c_2^2\psi_2^2+2c_1c_2\psi_1\psi_2\cos\left(\frac{2\pi}{\tau}t\right) \tag{9.8.30}$$

它是周期振荡的，周期为

$$\tau=\frac{h}{E_2-E_1} \tag{9.8.31}$$

粗略地讲，体系能量的变化范围是 $\Delta E=E_2-E_1$（设 $E_2>E_1$），而相应的特征时间为 $\Delta t=\tau$，从而

$$\Delta E\Delta t=h \tag{9.8.32}$$

这就是该体系的能量-时间测不准关系，它与一般性结果(9.8.3)相符合。

现在我们利用上述结果讨论纠缠态(entangled state)中的测不准关系。纠缠态的一个典型例子是利用单个铍离子制备的。1996 年，美国国家标准与技术研究院(National Institute of Standards and Technology，NIST)的研究人员用电磁场将一个铍离子“禁闭”(trapping)在离子阱中，然后用激光使铍离子冷却到接近绝对零度。这种情况下，铍离子作为一个基态的谐振子只具有零点能 $E_0=\frac{1}{2}\hbar\omega$。实验发现，铍离子在第一个位置($-a$)处于激发态 $|\uparrow\rangle$（自旋向上），而同时又在第二个位置($+a$)处于基态 $|\downarrow\rangle$（自旋向下），它在激发态和基态出现的概率各为 1/2。实际上，铍离子的微观状态

$$|\psi_1\rangle=\frac{1}{\sqrt{2}}(|\uparrow\rangle+|\downarrow\rangle) \tag{9.8.33}$$

与宏观状态

$$|\psi_2\rangle=\frac{1}{\sqrt{2}}(|-a\rangle+|+a\rangle) \tag{9.8.34}$$

耦合起来，构成一个纠缠态(图 9.8.3)：

$$|\Psi(t)\rangle=\frac{1}{\sqrt{2}}(|-a\rangle|\uparrow\rangle e^{-\frac{i}{\hbar}E_2 t}+|+a\rangle|\downarrow\rangle e^{-\frac{i}{\hbar}E_1 t}) \tag{9.8.35}$$

其中，E_1 和 E_2 分别是基态和激发态的能量。

该实验的意义在于显示了基于“薛定谔猫态”(宏观可区分的两个量子态的叠加)制备纠缠态的可能性。在这样的纠缠态中，两个量子态$|\uparrow\rangle$和$|\downarrow\rangle$虽然分处相距“遥远”的两个位置($-a$ 和$+a$)，但它们是相互关联的(比如说，$|\uparrow\rangle$态的概率幅变为 $2/\sqrt{5}$，则$|\downarrow\rangle$态的概率幅立即变为 $1/\sqrt{5}$)。纠缠态的这样一种非局域性(non-locality)，正是实现长距离量子通讯(quantum communication)的物理基础。

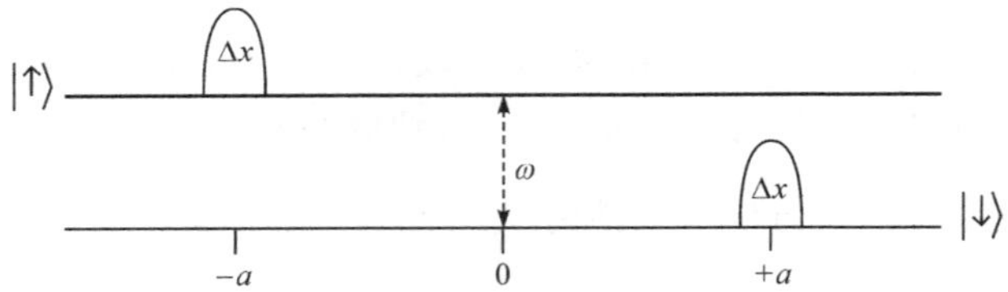

图 9.8.3 铍离子的纠缠态

它们的间距 $2a\approx 80$nm 远大于铍离子波包宽度 $\Delta x\approx 7$nm，这展示了纠缠态的非局域性

由于纠缠态(9.8.35)与式(9.8.29)所描述的叠加态的类似性，我们可以用式 $\Delta E\Delta t=h$ 来理解纠缠态(9.8.35)中的测不准关系，其中 Δt 可以被视为纠缠态的特征时间。由测不准关系可知，增加这一时间的途径是选择较小的能级间隔$\Delta E=E_2-E_1$。

关于双粒子纠缠态的概念和性质，我们将在 16.11 节讨论。

第 10 章　表象与矩阵力学

在几何学中，一个矢量可以在不同的坐标系中加以描述。量子体系的一个状态可以表示成一个抽象的态矢量 $|\Psi(t)\rangle$，这个态矢量也可以“投影”在不同的“坐标系”中进行表述，这就是量子力学“表象”(representation)的概念。我们之前用波函数 $\psi(x)$ 描述体系的状态，这是坐标表象。我们还曾经用动量波函数 $c(p)$（式(9.1.20)）描述粒子的动量特性，这是动量表象。其实量子体系的波函数还可以选用坐标 x 和动量 p 以外的其他变量，从而构成更多的表象。本章在坐标表象和动量表象的基础上，讨论一般形式的分立谱 Q 表象（它引出算符的矩阵表示）。作为一个重要的例子，我们引入数态表象以及数态的叠加——相干态。接下来我们给出量子力学矩阵表述的一系列结果。然后我们研究不同表象之间的变换，并讨论表象变换的性质和物理意义。最后，作为矩阵力学的一个简单而有用的模型，我们讨论泡利矩阵，涉及它的基本性质、本征态、表象变换及若干应用。

10.1　连续谱表象

10.1.1　坐标表象

首先我们考查一个任意的含时态矢量 $|\Psi(t)\rangle$ 向坐标本征矢 $\langle x|$ 的投影。由一般表达式(9.2.2)，并利用坐标的本征函数（见式(7.3.16)），有

$$\langle x|\Psi(t)\rangle=\int_{-\infty}^{\infty}\delta(x'-x)\Psi(x',t)\mathrm{d}x'=\Psi(x,t) \tag{10.1.1}$$

它意味着，一个含时态矢量 $|\Psi(t)\rangle$ 向坐标本征矢 $\langle x|$ 的投影就是通常的以 (x,t) 为变量的波函数 $\Psi(x,t)$。由此，我们将 $\Psi(x,t)$ 称为态矢量 $|\Psi(t)\rangle$ 在坐标表象(coordinate representation)的波函数。对于不含时情况，式(10.1.1)化为

$$\langle x|\Psi\rangle=\Psi(x) \tag{10.1.2}$$

这就是式(9.2.4a)。这里，$|\Psi\rangle$ 是不含时间的态矢量，式(10.1.2)是它在坐标表象的波函数。

10.1.2　动量表象

同理我们可以将态矢量 $|\Psi(t)\rangle$ 向动量本征矢 $\langle p|$ 投影，得到它在动量表象(momentum representation)的波函数

$$\langle p|\Psi(t)\rangle=\int_{-\infty}^{\infty}\psi_p^*(x)\Psi(x,t)\mathrm{d}x \tag{10.1.3}$$

其中，$\psi_p(x)$是动量本征函数式(7.3.7)。下面我们进一步计算式(10.1.3)右边的积分，为此将坐标表象的波函数 $\Psi(x,t)$按照动量本征函数展开：

$$\Psi(x,t)=\frac{1}{\sqrt{2\pi\hbar}}\int_{-\infty}^{\infty}c(p',t)\exp\left(\frac{\mathrm{i}}{\hbar}p'x\right)\mathrm{d}p' \tag{10.1.4}$$

将式(10.1.4)代入式(10.1.3)，得到

$$\begin{aligned}\langle p|\Psi(t)\rangle&=\int_{-\infty}^{\infty}\frac{1}{\sqrt{2\pi\hbar}}\exp\left(-\frac{\mathrm{i}}{\hbar}px\right)\left[\frac{1}{\sqrt{2\pi\hbar}}\int_{-\infty}^{\infty}c(p',t)\exp\left(\frac{\mathrm{i}}{\hbar}p'x\right)\mathrm{d}p'\right]\mathrm{d}x\\&=\int_{-\infty}^{\infty}c(p',t)\left[\int_{-\infty}^{\infty}\psi_p^*(x)\psi_{p'}(x)\mathrm{d}x\right]\mathrm{d}p'\\&=\int_{-\infty}^{\infty}c(p',t)\delta(p-p')\mathrm{d}p'\\&=c(p,t)\end{aligned} \tag{10.1.5}$$

可见式(10.1.4)中的展开系数 $c(p,t)$就是态矢量$|\Psi(t)\rangle$在动量表象的波函数。而$c(p,t)$正是9.1.2节所述的动量波函数，这样$|c(p,t)|^2$便是动量概率密度。

事实上，态矢量$|\Psi(t)\rangle$在坐标表象的波函数 $\Psi(x,t)$与它在动量表象的波函数 $c(p,t)$有下列关系(注意到式(9.1.27))：

$$\int_{-\infty}^{\infty}|\Psi(x,t)|^2\mathrm{d}x=\int_{-\infty}^{\infty}|c(p,t)|^2\mathrm{d}p=1 \tag{10.1.6}$$

其中，$|\Psi(x,t)|^2\mathrm{d}x$ 是在状态$|\Psi(t)\rangle$中测量粒子的坐标所得结果在 $x\to x+\mathrm{d}x$ 范围内的概率，而$|c(p,t)|^2\mathrm{d}p$ 则是在状态$|\Psi(t)\rangle$中测量粒子的动量所得结果在 $p\to p+\mathrm{d}p$ 范围内的概率。式(10.1.6)其实是量子力学波函数所满足的 Plancherel 定理(见式(9.1.25))。

10.2 分立谱 Q 表象

10.2.1 态在 Q 表象的表示：列矢量

除了上述坐标表象和动量表象之外，常用的表象还有能量表象(energy representation)和角动量表象(angular momentum representation)等。本节讨论含时态矢量$|\Psi(t)\rangle$在任意分立谱表象中的波函数。

设表示力学量 Q 的算符为$\hat{Q}$，它的本征态是$|\phi_1\rangle,|\phi_2\rangle,\cdots,|\phi_n\rangle,\cdots$相应的本征值为 $q_1,q_2,\cdots,q_n,\cdots,\hat{Q}$ 的本征方程为

$$\hat{Q}|\phi_n\rangle=q_n|\phi_n\rangle\ (n=1,2,3,\cdots) \tag{10.2.1a}$$

其中，本征矢$\{|\phi_n\rangle\}$满足正交性关系式

$$\langle\phi_m|\phi_n\rangle=\delta_{mn} \tag{10.2.1b}$$

及完备性关系式

$$\sum_n|\phi_n\rangle\langle\phi_n|=1 \tag{10.2.1c}$$

现在将态矢量$|\Psi(t)\rangle$按$\{|\phi_n\rangle\}$展开：

$$|\Psi(t)\rangle=\sum_n|\phi_n\rangle\langle\phi_n|\Psi(t)\rangle=\sum_n\langle\phi_n|\Psi(t)\rangle|\phi_n\rangle=\sum_n a_n(t)|\phi_n\rangle \tag{10.2.2}$$

其中，$a_n(t)$是含时概率幅(time-dependent probability amplitude)：

$$a_n(t)=\langle\phi_n|\Psi(t)\rangle=\int\phi_n^*(x)\Psi(x,t)\mathrm{d}x\ (n=1,2,3,\cdots) \tag{10.2.3}$$

设$|\Psi(t)\rangle$是归一化的，则

$$\begin{aligned}\langle\Psi(t)|\Psi(t)\rangle&=\langle\Psi(t)|\sum_n|\phi_n\rangle\langle\phi_n|\sum_m|\phi_m\rangle\langle\phi_m|\Psi(t)\rangle\\&=\sum_n\sum_m\langle\Psi(t)|\phi_n\rangle\langle\phi_n|\phi_m\rangle\langle\phi_m|\Psi(t)\rangle\\&=\sum_n\sum_m a_n^*(t)a_m(t)\delta_{nm}\\&=\sum_n a_n^*(t)a_n(t)\\&=\sum_n|a_n(t)|^2=1\end{aligned} \tag{10.2.4}$$

可见$|a_n(t)|^2$是在态$|\Psi(t)\rangle$中测量力学量Q所得结果为q_n的概率。之前，态矢量$|\Psi(t)\rangle$在连续谱的坐标表象和动量表象中的波函数分别为$\langle x|\Psi(t)\rangle$和$\langle p|\Psi(t)\rangle$，所以态矢量$|\Psi(t)\rangle$在分立谱的Q表象中的波函数应是概率幅的组合：

$$\langle\phi_1|\Psi(t)\rangle,\langle\phi_2|\Psi(t)\rangle,\cdots,\langle\phi_n|\Psi(t)\rangle,\cdots=a_1(t),a_2(t),\cdots,a_n(t),\cdots \tag{10.2.5}$$

为便于表述，我们将式(10.2.5)写成一个列矢量的形式，记为

$$\boldsymbol{\Psi}=\begin{pmatrix}a_1(t)\\a_2(t)\\\vdots\\a_n(t)\\\vdots\end{pmatrix} \tag{10.2.6a}$$

它就是态矢量$|\Psi(t)\rangle$在Q表象中的波函数，$\boldsymbol{\Psi}$的复共轭是行矢量

$$\boldsymbol{\Psi}^+=(a_1^*(t),a_2^*(t),\cdots,a_n^*(t),\cdots) \tag{10.2.6b}$$

而式(10.2.4)所示的归一化条件则表示为

$$\begin{aligned}\boldsymbol{\Psi}^+\boldsymbol{\Psi}&=(a_1^*(t),a_2^*(t),\cdots,a_n^*(t),\cdots)\begin{pmatrix}a_1(t)\\a_2(t)\\\vdots\\a_n(t)\\\vdots\end{pmatrix}\\&=|a_1(t)|^2+|a_2(t)|^2+\cdots|a_n(t)|^2+\cdots=1\end{aligned} \tag{10.2.7}$$

从以上讨论可知，同一个态矢量$|\Psi(t)\rangle$在不同表象中呈现不同形式的波函数：在坐标表象中为$\langle x|\Psi(t)\rangle$，在动量表象中为$\langle p|\Psi(t)\rangle$，在任意力学量Q的表象中为组合形式$\langle\phi_1|\Psi(t)\rangle,\langle\phi_2|\Psi(t)\rangle,\cdots,\langle\phi_n|\Psi(t)\rangle,\cdots$，这种情况类似于几何学中一个矢量可以在不同的坐标系中加以描述。例如，矢量$\boldsymbol{A}$在直角坐标系中用分量(A_x,A_y,A_z)来描述，也可以在球坐标系中用分量(A_r,A_θ,A_ϕ)来描述等。量子体系的一个状态用一个抽象的态矢量$|\Psi(t)\rangle$表示。一个特定的Q表象就相当于一个特定的坐标系，Q的本征态$|\phi_1\rangle,|\phi_2\rangle,\cdots,|\phi_n\rangle,\cdots$是这个坐标系中的基矢(相当于直角坐标系中的单位矢量$\boldsymbol{i}$、$\boldsymbol{j}$、$\boldsymbol{k}$)。态矢量$|\Psi(t)\rangle$在所有基矢上的分量组合成波函数。由于Q的本征态有无限多个，它们张成一个无限维的空间，这就是9.2.2节所述的希尔伯特空间。

10.2.2　算符在Q表象的表示：矩阵

以上讨论了态矢量$|\Psi(t)\rangle$在Q表象中的波函数，本节我们考查算符在Q表象中的表述方式。设算符$\hat{F}$作用于态矢量$|\Psi(t)\rangle$给出另一态矢量$|\Phi(t)\rangle$，记为

$$|\Phi(t)\rangle=\hat{F}|\Psi(t)\rangle \tag{10.2.8}$$

现在我们考查式(10.2.8)在任意Q表象的表述方式。为此将$|\Psi(t)\rangle$和$|\Phi(t)\rangle$按Q的本征态(式(10.2.1a))展开：

$$|\Psi(t)\rangle=\sum_n|\phi_n\rangle\langle\phi_n|\Psi(t)\rangle=\sum_n\langle\phi_n|\Psi(t)\rangle|\phi_n\rangle=\sum_n a_n(t)|\phi_n\rangle \tag{10.2.9a}$$

$$|\Phi(t)\rangle=\sum_k|\phi_k\rangle\langle\phi_k|\Phi(t)\rangle=\sum_k\langle\phi_k|\Phi(t)\rangle|\phi_k\rangle=\sum_k b_k(t)|\phi_k\rangle \tag{10.2.9b}$$

这里，$n,k=1,2,3,\cdots$这样式(10.2.8)变为

$$\sum_k b_k(t)|\phi_k\rangle=\hat{F}\sum_n a_n(t)|\phi_n\rangle \tag{10.2.10}$$

式(10.2.10)两边向本征矢$\langle\phi_m|$投影，得

$$\langle\phi_m|\sum_k b_k(t)|\phi_k\rangle=\langle\phi_m|\hat{F}\sum_n a_n(t)|\phi_n\rangle \tag{10.2.11}$$

利用正交性关系式(10.2.1b)，由式(10.2.11)得到

$$b_m(t)=\sum_n\langle\phi_m|\hat{F}|\phi_n\rangle a_n(t)=\sum_n F_{mn}a_n(t) \tag{10.2.12}$$

其中，$\{a_n(t)\}(n=1,2,3,\cdots)$和$\{b_m(t)\}(m=1,2,3,\cdots)$是态矢量$|\Psi(t)\rangle$和$|\Phi(t)\rangle$在$Q$表象中的波函数，而

$$F_{mn}=\langle\phi_m|\hat{F}|\phi_n\rangle\quad(m,n=1,2,3,\cdots) \tag{10.2.13}$$

关系到算符$\hat{F}$在Q表象中的表示，我们进一步考查之，为此由式(10.2.12)写出

$$b_1(t)=\sum_n F_{1n}a_n(t)=F_{11}a_1(t)+F_{12}a_2(t)+\cdots+F_{1n}a_n(t)+\cdots$$
$$b_2(t)=\sum_n F_{2n}a_n(t)=F_{21}a_1(t)+F_{22}a_2(t)+\cdots+F_{2n}a_n(t)+\cdots$$
$$\vdots$$
$$b_m(t)=\sum_n F_{mn}a_n(t)=F_{m1}a_1(t)+F_{m2}a_2(t)+\cdots+F_{mn}a_n(t)+\cdots$$
$$\vdots$$

即

$$\begin{pmatrix} b_1(t) \\ b_2(t) \\ \vdots \\ b_m(t) \\ \vdots \end{pmatrix}=\begin{pmatrix} F_{11} & F_{12} & \cdots & F_{1n} & \cdots \\ F_{21} & F_{22} & \cdots & F_{2n} & \cdots \\ \vdots & \vdots & & \vdots & \vdots \\ F_{m1} & F_{m2} & \cdots & F_{mn} & \cdots \\ \vdots & \vdots & \vdots & \vdots & \vdots \end{pmatrix}\begin{pmatrix} a_1(t) \\ a_2(t) \\ \vdots \\ a_n(t) \\ \vdots \end{pmatrix} \tag{10.2.14}$$

可见算符 $\hat{F}$ 在 Q 表象中是一个矩阵，它的矩阵元是 F_{mn}。我们用 $\boldsymbol{F}$ 表示式(10.2.14)中的矩阵：

$$\boldsymbol{F}=\begin{pmatrix} F_{11} & F_{12} & \cdots & F_{1n} & \cdots \\ F_{21} & F_{22} & \cdots & F_{2n} & \cdots \\ \vdots & \vdots & & \vdots & \vdots \\ F_{m1} & F_{m2} & \cdots & F_{mn} & \cdots \\ \vdots & \vdots & \vdots & \vdots & \vdots \end{pmatrix} \tag{10.2.15}$$

用 $\boldsymbol{\Phi}$ 和 $\boldsymbol{\Psi}$ 分别表示式(10.2.14)左、右两边的列矢量，则式(10.2.14)可以简写为

$$\boldsymbol{\Phi}=\boldsymbol{F\Psi} \tag{10.2.16}$$

式(10.2.14)(或式(10.2.16))就是式(10.2.8)在 Q 表象中的表达式。

我们知道，量子力学中表示力学量的算符 $\hat{F}$ 都是厄米算符，满足 $\hat{F}=\hat{F}^+$。现在我们来看厄米算符 $\hat{F}$ 在 Q 表象中的特征，为此考查矩阵元 F_{mn} 的复共轭，我们有

$$F_{mn}^*=\langle \phi_m|\hat{F}|\phi_n\rangle^*=\langle \phi_n|\hat{F}^+|\phi_m\rangle=\langle \phi_n|\hat{F}|\phi_m\rangle=F_{nm} \tag{10.2.17}$$

式(10.2.17)表示，$\boldsymbol{F}$ 矩阵的第 n 行、第 m 列的元素 F_{nm} 等于该矩阵的第 m 行、第 n 列元素 F_{mn} 的复共轭，满足这一条件的矩阵称为厄米矩阵(Hermitian matrix)。可见，一个厄米算符在 Q 表象中是一个厄米矩阵。

那么算符 $\hat{Q}$ 在自身表象中的矩阵取什么形式呢？由式(10.2.13)得到

$$F_{mn}=\langle \phi_m|\hat{Q}|\phi_n\rangle=q_n\delta_{mn}=\begin{cases} q_n & (m=n) \\ 0 & (m\neq n) \end{cases} \tag{10.2.18}$$

可见算符在自身表象中是一个对角矩阵，其矩阵元是本征值 $q_1,q_2,\cdots,q_n,\cdots$这是一个重要的结论。

10.3 数态表象与相干态

作为分立谱 Q 表象的一个典型例子，本节介绍数态表象，并随之引入一个重要的量子态——相干态。

10.3.1 数态表象

我们在5.4节讨论了求解谐振子问题的算符代数法，特别是我们利用谐振子的哈密顿算符

$$\hat{H}=\hbar\omega\left(a^{+}a+\frac{1}{2}\right) \tag{10.3.1}$$

得到了体系的本征能量

$$E_n=\hbar\omega\left(n+\frac{1}{2}\right) \quad (n=0,1,2,\cdots) \tag{10.3.2}$$

在式(10.3.1)所示的哈密顿算符中，算符 a 和 a^{+} 满足对易关系

$$[a,a^{+}]=1 \tag{10.3.3}$$

它们的基本性质(式(5.4.33))可以表示为

$$a|n\rangle=\sqrt{n}|n-1\rangle \tag{10.3.4a}$$

$$a^{+}|n\rangle=\sqrt{n+1}|n+1\rangle \tag{10.3.4b}$$

这里，$|n\rangle$表示谐振子的本征态。对于真空态$|0\rangle$，式(10.3.4)给出

$$a|0\rangle=0 \tag{10.3.5a}$$

$$a^{+}|0\rangle=|1\rangle \tag{10.3.5b}$$

用 a^{+} 对式(10.3.5b)连续作用，并利用式(10.3.4b)，可得(见式(5.4.34))

$$|n\rangle=\frac{1}{\sqrt{n!}}(a^{+})^{n}|0\rangle \tag{10.3.5c}$$

现在我们进一步考查算符

$$\hat{N}\equiv a^{+}a \tag{10.3.6}$$

的性质，为此用它作用于本征态$|n\rangle$，并利用式(10.3.4)，得到

$$\hat{N}|n\rangle=a^{+}a|n\rangle=a^{+}\sqrt{n}|n-1\rangle=\sqrt{n}a^{+}|n-1\rangle=n|n\rangle \tag{10.3.7}$$

显然，式(10.3.7)定义了一个以$|n\rangle$为本征态的表象(属于10.2节所讨论的分立谱 Q 表象：$\hat{Q}=\hat{N}$)。由于其中的本征值 $n=0,1,2,\cdots$是自然数，所以本征态$|n\rangle$通常称为数态(number state)，而相应的表象称为数态表象(number state representation)。

下面我们分析数态$|n\rangle$的物理意义。由式(10.3.2)可知，当其中的自然数 n 增加1，体系的能量增加 $\hbar\omega$，即体系的能量以 $\hbar\omega$ 为单位改变。我们知道，$\hbar\omega$ 正是一

个微观粒子(实物粒子、光子等)的能量。数态$|n\rangle$表示这个状态中有 n 个微观粒子。这样一来,式(10.3.6)所示的算符可以称为粒子数算符(particle number operator)。而式(10.3.4a)说明,算符 a 作用于数态$|n\rangle$后,变成数态$|n-1\rangle$,即体系的粒子减少一个,所以 a 称为粒子的湮没算符。同理 a^+ 作用于$|n\rangle$后变成$|n+1\rangle$,即体系的粒子增加一个,故称为粒子的产生算符。另外数态作为谐振子的本征态满足正交性关系式

$$\langle m|n\rangle=\delta_{mn} \tag{10.3.8a}$$

和完备性关系式

$$\sum_{n=0}^{\infty}|n\rangle\langle n|=1 \tag{10.3.8b}$$

10.3.2　任意态在数态表象的波函数

下面我们利用式(10.3.7)和式(10.3.8)讨论任意态矢量$|\Psi(t)\rangle$在数态表象中的波函数。按照 10.2 节的一般性讨论,$|\Psi(t)\rangle$可以按数态$|n\rangle$展开:

$$|\Psi(t)\rangle=\sum_{n=0}^{\infty}|n\rangle\langle n|\Psi(t)\rangle=\sum_{n=0}^{\infty}a_n(t)|n\rangle\quad(a_n(t)=\langle n|\Psi(t)\rangle) \tag{10.3.9}$$

态矢量$|\Psi(t)\rangle$在数态表象中的波函数为列矢量

$$\boldsymbol{\Psi}=\begin{pmatrix}a_0(t)\\ a_1(t)\\ \vdots\\ a_n(t)\\ \vdots\end{pmatrix} \tag{10.3.10}$$

而

$$P_n(t)\equiv|a_n(t)|^2=|\langle n|\Psi(t)\rangle|^2 \tag{10.3.11}$$

表示在$|\Psi(t)\rangle$所描述的量子体系中数态$|n\rangle$出现的概率。特别是,如果$|\Psi(t)\rangle$描述一个量子辐射场,则 $P_n(t)$表示光子数态$|n\rangle$出现的概率,而 $P_0(t)$则是真空态$|0\rangle$出现的概率。

在数态自身表象中,算符 $\hat{N}=a^+a$ 的矩阵元由式(10.2.18)给出为

$$N_{mn}=\langle m|\hat{N}|n\rangle=n\delta_{mn}=\begin{cases}n & (m=n)\\ 0 & (m\neq n)\end{cases} \tag{10.3.12}$$

相应的矩阵为对角阵

$$\boldsymbol{N}=\begin{pmatrix} 0 & 0 & \cdots & 0 & \cdots \\ 0 & 1 & \cdots & 0 & \cdots \\ \vdots & \vdots & & \vdots & \vdots \\ 0 & 0 & \cdots & n & \cdots \\ \vdots & \vdots & \vdots & \vdots & \vdots \end{pmatrix} \tag{10.3.13}$$

我们进而求湮没算符 a 和产生算符 a^+ 在数态表象中的矩阵表示。其矩阵元分别为

$$\langle m|a|n\rangle=\langle m|\sqrt{n}|n-1\rangle=\sqrt{n}\delta_{m,n-1}=\begin{cases}\sqrt{n} & (m=n-1)\\ 0 & (m\neq n-1)\end{cases} \tag{10.3.14a}$$

$$\langle m|a^+|n\rangle=\langle m|\sqrt{n+1}|n+1\rangle=\sqrt{n+1}\delta_{m,n+1}=\begin{cases}\sqrt{n+1} & (m=n+1)\\ 0 & (m\neq n+1)\end{cases} \tag{10.3.14b}$$

相应的矩阵分别为

$$\boldsymbol{a}=\begin{pmatrix} 0 & \sqrt{1} & 0 & 0 & \cdots \\ 0 & 0 & \sqrt{2} & 0 & \cdots \\ 0 & 0 & 0 & \sqrt{3} & \cdots \\ 0 & 0 & 0 & 0 & \cdots \\ \vdots & \vdots & \vdots & \vdots & \end{pmatrix} \tag{10.3.15a}$$

$$\boldsymbol{a}^+=\begin{pmatrix} 0 & 0 & 0 & 0 & \cdots \\ \sqrt{1} & 0 & 0 & 0 & \cdots \\ 0 & \sqrt{2} & 0 & 0 & \cdots \\ 0 & 0 & \sqrt{3} & 0 & \cdots \\ \vdots & \vdots & \vdots & \vdots & \end{pmatrix} \tag{10.3.15b}$$

例 求式(5.4.4)所示的无量纲坐标算符和无量纲动量算符

$$X=a+a^+,\quad P=-\mathrm{i}(a-a^+) \tag{10.3.16}$$

在数态表象中的矩阵表示。

解 由式(10.3.15)得到这两个算符在数态表象中的矩阵表示为

$$\boldsymbol{X}=\boldsymbol{a}+\boldsymbol{a}^+=\begin{pmatrix} 0 & \sqrt{1} & 0 & 0 & \cdots \\ \sqrt{1} & 0 & \sqrt{2} & 0 & \cdots \\ 0 & \sqrt{2} & 0 & \sqrt{3} & \cdots \\ 0 & 0 & \sqrt{3} & 0 & \cdots \\ \vdots & \vdots & \vdots & \vdots & \end{pmatrix} \tag{10.3.17a}$$

$$\boldsymbol{P}=-\mathrm{i}(\boldsymbol{a}-\boldsymbol{a}^{+})=\mathrm{i}\begin{pmatrix}0 & -\sqrt{1} & 0 & 0 & \cdots\\ \sqrt{1} & 0 & -\sqrt{2} & 0 & \cdots\\ 0 & \sqrt{2} & 0 & -\sqrt{3} & \cdots\\ 0 & 0 & \sqrt{3} & 0 & \cdots\\ \vdots & \vdots & \vdots & \vdots & \end{pmatrix} \tag{10.3.17b}$$

10.3.3 相干态在数态表象的波函数

我们进而考虑:如果上述的态矢量$|\Psi(t)\rangle$是一个给定的量子态,比如说它是湮没算符 a 的本征态,那么它在数态表象中的波函数将呈现怎样的形式?这是一个很有意义的问题,它将引出相干态(coherent states)的重要概念。

我们首先写出湮没算符的本征方程

$$a|\alpha\rangle=\alpha|\alpha\rangle \tag{10.3.18}$$

其中,$|\alpha\rangle$是湮没算符的本征态(eigenstates of annihilation operator),α 是相应的本征值。由于 a 不是厄米算符($a\neq a^{+}$),本征值 α 一般取复数。现在,相应于式(10.3.9)的展开式为

$$|\alpha\rangle=\sum_{n=0}^{\infty}|n\rangle\langle n|\alpha\rangle=\sum_{n=0}^{\infty}C_n|n\rangle\ \ (C_n=\langle n|\alpha\rangle) \tag{10.3.19}$$

而列矢量

$$\boldsymbol{\alpha}=\begin{pmatrix}C_0\\ C_1\\ \vdots\\ C_n\\ \vdots\end{pmatrix} \tag{10.3.20}$$

就是态$|\alpha\rangle$在数态表象中的波函数。下面我们计算 C_n,为此将式(10.3.19)代入式(10.3.18),并利用式(10.3.4a),得到

$$a|\alpha\rangle=a\sum_{n=0}^{\infty}C_n|n\rangle=\sum_{n=0}^{\infty}C_n\sqrt{n}|n-1\rangle \tag{10.3.21}$$

式(10.3.21)两边向数态$\langle m|$投影,左边为

$$\langle m|a|\alpha\rangle=\alpha\langle m|\alpha\rangle=\alpha C_m \tag{10.3.22a}$$

而右边为

$$\langle m|\sum_{n=0}^{\infty}C_n\sqrt{n}|n-1\rangle=\sum_{n=0}^{\infty}C_n\sqrt{n}\langle m|n-1\rangle=\sum_{n=0}^{\infty}C_n\sqrt{n}\delta_{m,n-1}=C_{m+1}\sqrt{m+1} \tag{10.3.22b}$$

由上二式右边相等,得

$$C_{m+1} = \frac{\alpha}{\sqrt{m+1}} C_m \tag{10.3.23}$$

这是一个系数递推公式。我们有

$$C_1 = \frac{\alpha}{\sqrt{1}} C_0, \quad C_2 = \frac{\alpha}{\sqrt{2}} C_1 = \frac{\alpha^2}{\sqrt{1 \cdot 2}} C_0, \quad C_3 = \frac{\alpha^3}{\sqrt{1 \cdot 2 \cdot 3}} C_0 \tag{10.3.24a}$$

以此类推，得到

$$C_n = \frac{\alpha^n}{\sqrt{n!}} C_0 \tag{10.3.24b}$$

其中，C_0 是归一化常数，而归一化条件为

$$1 = \langle\alpha|\alpha\rangle = \sum_{m=0}^{\infty} \langle m| C_m^* \sum_{n=0}^{\infty} C_n |n\rangle = \sum_{n=0}^{\infty} |C_n|^2 = |C_0|^2 \sum_{n=0}^{\infty} \frac{|\alpha|^{2n}}{n!} \tag{10.3.25}$$

式中的运算用到正交性关系式(10.3.8a)。进而利用求和公式

$$\sum_{n=0}^{\infty} \frac{x^n}{n!} = \mathrm{e}^x \tag{10.3.26}$$

得到

$$C_0 = \exp\left(-\frac{1}{2}|\alpha|^2\right) \tag{10.3.27}$$

代入式(10.3.24b)，得

$$C_n = \frac{\alpha^n}{\sqrt{n!}} \exp\left(-\frac{1}{2}|\alpha|^2\right) \tag{10.3.28}$$

这样式(10.3.19)变为

$$|\alpha\rangle = \exp\left(-\frac{1}{2}|\alpha|^2\right) \sum_{n=0}^{\infty} \frac{\alpha^n}{\sqrt{n!}} |n\rangle \tag{10.3.29}$$

可见湮没算符的本征态$|\alpha\rangle$是由无限多个数态的相干叠加构成的，故称为相干态。将式(10.3.28)代入式(10.3.20)，则得

$$\boldsymbol{\alpha} = \exp\left(-\frac{1}{2}|\alpha|^2\right) \begin{pmatrix} 1 \\ \alpha \\ \vdots \\ \dfrac{\alpha^n}{\sqrt{n!}} \\ \vdots \end{pmatrix} \tag{10.3.30}$$

这就是相干态$|\alpha\rangle$在数态表象中的波函数。

10.3.4　相干态的基本性质

我们进一步讨论相干态的性质。相干态的一个重要性质在于概率分布

$$P_n \equiv |C_n|^2 = |\langle n|\alpha\rangle|^2 = \exp(-|\alpha|^2)\frac{|\alpha|^{2n}}{n!} \tag{10.3.31}$$

它表示在$|\alpha\rangle$所描述的量子体系中数态$|n\rangle$出现的概率(即 n 个粒子出现的概率)，而式(10.3.31)是一个以$|\alpha|^2$为平均值的泊松分布(Poisson distribution)，如图10.3.1所示。事实上，利用式(10.3.18)及其共轭式

$$\langle\alpha|a^+ = \langle\alpha|\alpha^* \tag{10.3.32}$$

立即得到

$$\langle\alpha|a^+ a|\alpha\rangle = \langle\alpha|\alpha^*\alpha|\alpha\rangle = |\alpha|^2 \tag{10.3.33}$$

可见$|\alpha|^2$是粒子数算符$\hat{N}=a^+a$在相干态$|\alpha\rangle$中的平均值，即平均粒子数。

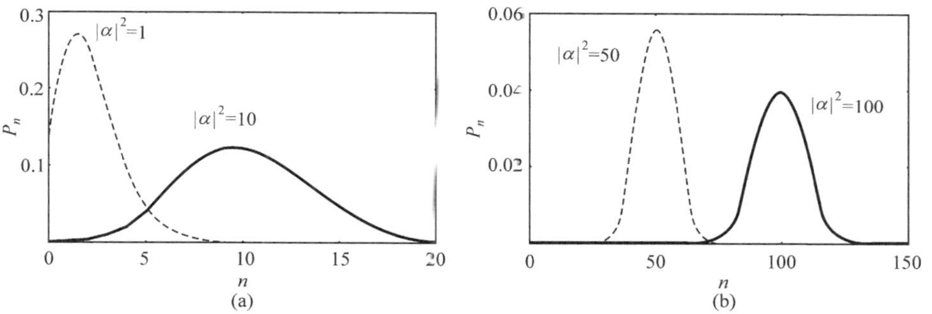

图 10.3.1　相干态：n 个粒子出现的概率为泊松分布(式(10.3.31))
$|\alpha|^2$是平均粒子数

一个描述微观体系量子统计性质的重要参量是二阶关联函数(second-order correlation function)：

$$g^{(2)}(0) = 1 + \frac{(\Delta n)^2 - \langle n\rangle}{\langle n\rangle^2} \tag{10.3.34}$$

其中，$(\Delta n)^2 = \langle n^2\rangle - \langle n\rangle^2$。现在对于相干态来计算这个二阶关联函数，首先我们有$\langle n\rangle = |\alpha|^2$，另外

$$\begin{aligned}\langle n^2\rangle &= \langle\alpha|a^+ a a^+ a|\alpha\rangle = |\alpha|^2\langle\alpha|a a^+|\alpha\rangle \\ &= |\alpha|^2\langle\alpha|a^+ a + 1|\alpha\rangle = |\alpha|^4 + |\alpha|^2\end{aligned}$$

于是

$$g^{(2)}(0) = 1 + \frac{(|\alpha|^4 + |\alpha|^2) - |\alpha|^4 - |\alpha|^2}{|\alpha|^4} = 1 \tag{10.3.35}$$

可见相干态(具有泊松分布式(10.3.31))有 $g^{(2)}(0)=1$。

下面我们考查相干态中的测不准关系(uncertainty relation in coherent states)。利用式(9.5.11)和式(5.4.9b)可得无量纲坐标与无量纲动量的测不准关系

$$\Delta X \Delta P \geqslant 1 \tag{10.3.36}$$

用式(10.5.36)来讨论一个量子态的测不准关系是非常简洁的。最小测不准态相应于 $\Delta X\Delta P=1$。利用式(5.4.4),我们求出

$$\langle X\rangle = \langle\alpha|a+a^+|\alpha\rangle = \langle\alpha|a|\alpha\rangle + \langle\alpha|a^+|\alpha\rangle = \alpha+\alpha^* \tag{10.3.37a}$$

$$\begin{aligned}\langle X^2\rangle &= \langle\alpha|(a+a^+)(a+a^+)|\alpha\rangle \\ &= \langle\alpha|aa|\alpha\rangle + \langle\alpha|a^+a|\alpha\rangle + \langle\alpha|aa^+|\alpha\rangle + \langle\alpha|a^+a^+|\alpha\rangle \\ &= \alpha^2+\alpha^*\alpha+1+\alpha^*\alpha+(\alpha^*)^2 \quad (\text{利用式}(10.3.3)) \\ &= \alpha^2+2\alpha^*\alpha+(\alpha^*)^2+1\end{aligned} \tag{10.3.37b}$$

这样

$$(\Delta X)^2 = \langle X^2\rangle - \langle X\rangle^2 = 1 \Rightarrow \Delta X = 1 \tag{10.3.38a}$$

同理

$$\Delta P = 1 \tag{10.3.38b}$$

所以

$$\Delta X \Delta P = 1 \tag{10.3.39}$$

可见相干态是一个最小测不准态。物理上相干态可以用来描述一个理想的单模激光(single-mode laser),相关的问题我们将在 12.4.2 节讨论。

本节最后需要说明,上述所有关于数态表象(包括随后的相干态)的讨论是由粒子数算符 $\hat{N}=a^+a$ 的本征方程(10.3.7)引出的,而粒子数概念则是基于一个微观粒子的能量为 $\hbar\omega$,那么所得结论似乎适用于所有类型的粒子。不过注意到,哈密顿算符(10.3.1)的写出实际上利用了式(10.3.3)所示的对易关系(见 5.4.1 节)。而服从这一对易关系的粒子仅限于玻色子,所以本节的论述(特别是关于相干态的结论)只适用于玻色子体系,简单而言,适用于光子而不适用于电子(电子属于费米子)。关于玻色子和费米子的一般性质,我们将在 15.2.3 节讨论。

10.4 矩阵力学表述

本节讨论量子力学的基本关系式、公式、方程等在 Q 表象中的表达形式,它们构成了量子力学的矩阵表述,即所谓矩阵力学(matrix mechanics)。

10.4.1 本征矢的正交性关系式

设算符 $\hat{F}$ 的本征方程为 $\hat{F}|\Psi_k\rangle=\lambda_k|\Psi_k\rangle$,本征态 $|\Psi_k\rangle$ 的正交归一性关系式为

$$\langle\Psi_k|\Psi_j\rangle = \delta_{kj} \tag{10.4.1}$$

现在我们推导式(10.4.1)在 Q 表象中的表示式,为此利用完备性关系式(10.2.1c),将$\langle \Psi_k|$和$|\Psi_j\rangle$展开:

$$\langle \Psi_k| = \langle \Psi_k| \sum_m |\phi_m\rangle\langle\phi_m| = \sum_n \langle\phi_m| a_{m,k}^* \quad (a_{m,k}^* = \langle\Psi_k|\phi_m\rangle) \tag{10.4.2a}$$

$$|\Psi_j\rangle = \sum_n |\phi_n\rangle\langle\phi_n|\Psi_j\rangle = \sum_n b_{n,j}|\phi_n\rangle \quad (b_{n,j} = \langle\phi_n|\Psi_j\rangle) \tag{10.4.2b}$$

由式(10.4.2)和式(10.4.1)得到

$$\delta_{kj} = \langle\Psi_k|\Psi_j\rangle = \sum_m \langle\phi_m|a_{m,k}^* \sum_n b_{n,j}|\phi_n\rangle = \sum_m \sum_n a_{m,k}^* b_{n,j}\delta_{mn} = \sum_n a_{n,k}^* b_{n,j} \tag{10.4.3}$$

当 $k=j(a=b)$时,式(10.4.3)给出

$$\sum_n a_{n,k}^* a_{n,k} = 1 \tag{10.4.4a}$$

即

$$(a_{1,k}^*, a_{2,k}^*, \cdots, a_{n,k}^*, \cdots)\begin{pmatrix} a_{1,k} \\ a_{2,k} \\ \vdots \\ a_{n,k} \\ \vdots \end{pmatrix} = 1 \tag{10.4.4b}$$

这表征归一化条件$\langle\Psi_k|\Psi_k\rangle=1$。当 $k\neq j(a\neq b)$时,式(10.4.3)给出

$$\sum_n a_{i,k}^* b_{n,j} = 0 \tag{10.4.5a}$$

即

$$(a_{1,k}^*, a_{2,k}^*, \cdots, a_{n,k}^*, \cdots)\begin{pmatrix} b_{1,j} \\ b_{2,j} \\ \vdots \\ b_{n,j} \\ \vdots \end{pmatrix} = 0 \tag{10.4.5b}$$

这表征正交性$\langle\Psi_k|\Psi_j\rangle=0(k\neq j)$。现在月$\boldsymbol{\Psi}_k$和$\boldsymbol{\Psi}_j$分别表示式(10.4.4b)和式(10.4.5b)中的列矢量,则二式可以合写为

$$\boldsymbol{\Psi}_k^+ \boldsymbol{\Psi}_j = \delta_{kj} \tag{10.4.6}$$

这就是式(10.4.1)在 Q 表象中的表达形式,即矩阵力学中的本征矢正交归一性表示式。

10.4.2　本征矢的完备性关系式

设算符 $\hat{F}$ 的本征矢 $|\Psi_k\rangle$ 的完备性关系式为

$$\sum_k |\Psi_k\rangle\langle\Psi_k| = 1 \tag{10.4.7}$$

现在我们推导式(10.4.7)在 Q 表象中的表达形式，为此首先将 $|\Psi_k\rangle$ 按 $\{|\phi_n\rangle\}$ 展开：

$$|\Psi_k\rangle = \sum_n |\phi_n\rangle\langle\phi_n|\Psi_k\rangle = \sum_n a_{n,k}|\phi_n\rangle \quad (a_{n,k} = \langle\phi_n|\Psi_k\rangle) \tag{10.4.8}$$

即

$$\boldsymbol{\Psi}_k = \begin{pmatrix} a_{1,k} \\ a_{2,k} \\ \vdots \\ a_{n,k} \\ \vdots \end{pmatrix} \tag{10.4.9}$$

进而将任意态矢量 $|\Omega(t)\rangle$ 按 $\{|\Psi_k\rangle\}$ 展开：

$$|\Omega(t)\rangle = \sum_k b_k(t)|\Psi_k\rangle = \sum_k \langle\Psi_k|\Omega(t)\rangle|\Psi_k\rangle \tag{10.4.10}$$

即

$$\boldsymbol{\Omega} = \sum_k b_k(t)\begin{pmatrix} a_{1,k} \\ a_{2,k} \\ \vdots \\ a_{n,k} \\ \vdots \end{pmatrix} = \sum_k \begin{pmatrix} a_{1,k} \\ a_{2,k} \\ \vdots \\ a_{n,k} \\ \vdots \end{pmatrix}\langle\Psi_k|\Omega(t)\rangle = \sum_k \begin{pmatrix} a_{1,k} \\ a_{2,k} \\ \vdots \\ a_{n,k} \\ \vdots \end{pmatrix}(a_{1,k}^*, a_{2,k}^*, \cdots, a_{n,k}^*, \cdots)\boldsymbol{\Omega} \tag{10.4.11}$$

由于 $\boldsymbol{\Omega}$ 是任意的，我们有

$$\sum_k \begin{pmatrix} a_{1,k} \\ a_{2,k} \\ \vdots \\ a_{n,k} \\ \vdots \end{pmatrix}(a_{1,k}^*, a_{2,k}^*, \cdots, a_{n,k}^*, \cdots) = 1 \tag{10.4.12(a)}$$

即

$$\sum_k \boldsymbol{\Psi}_k \boldsymbol{\Psi}_k^+ = 1 \tag{10.4.12b}$$

这就是式(10.4.7)在 Q 表象中的表达形式，即矩阵力学中的本征矢完备性关

系式。

另外利用式(10.4.7),可将任意态矢量$|\Omega(t)\rangle$按$\hat{F}$的本征态$|\Psi_k\rangle$展开为

$$|\Omega(t)\rangle=\sum_k|\Psi_k\rangle\langle\Psi_k|\Omega(t)\rangle=\sum_k\langle\Psi_k|\Omega(t)\rangle|\Psi_k\rangle \tag{10.4.13}$$

再插入 Q 表象中的完备性关系式(10.2.1c),有

$$|\Omega(t)\rangle=\sum_k\sum_l\langle\Psi_k|\phi_l\rangle\langle\phi_l|\Omega(t)\rangle|\Psi_k\rangle \tag{10.4.14}$$

设态矢量$|\Omega(t)\rangle$在 Q 表象中的列矢量为

$$\boldsymbol{\Omega}=\begin{pmatrix}c_1(t)\\c_2(t)\\\vdots\\c_l(t)\\\vdots\end{pmatrix} \tag{10.4.15}$$

则由式(10.4.14)得到

$$\begin{pmatrix}c_1(t)\\c_2(t)\\\vdots\\c_l(t)\\\vdots\end{pmatrix}=\sum_k\left[a_{1,k}^*c_1(t)+a_{2,k}^*c_2(t)-\cdots+a_{l,k}^*c_l(t)+\cdots\right]\begin{pmatrix}a_{1,k}\\a_{2,k}\\\vdots\\a_{l,k}\\\vdots\end{pmatrix} \tag{10.4.16a}$$

将右边的列矢量用$\boldsymbol{\Psi}_k$表示(见式(10.4.9)),则式(10.4.16a)简写为

$$\boldsymbol{\Omega}=\sum_k\boldsymbol{\Psi}_k^{+}\boldsymbol{\Omega}\,\boldsymbol{\Psi}_k \tag{10.4.16b}$$

这就是展开式(10.4.13)在 Q 表象中的表达形式,即矩阵力学中的态矢量展开式。

10.4.3 平均值公式

算符$\hat{F}$在含时态矢量$|\Psi(t)\rangle$中的平均值(式(9.2.8))为

$$\langle\hat{F}\rangle=\langle\Psi(t)|\hat{F}|\Psi(t)\rangle \tag{10.4.17}$$

现在求它在 Q 表象中的表达形式。为此在$\hat{F}$的前、后插入 Q 表象的完备性关系式(10.2.1c),并利用算符$\hat{F}$在 Q 表象中的矩阵元表示式(10.2.13),得到

$$\begin{aligned}\langle\hat{F}\rangle&=\langle\Psi(t)|\sum_m|\phi_m\rangle\langle\phi_n|\hat{F}\sum_n|\phi_n\rangle\langle\phi_n|\Psi(t)\rangle\\&=\sum_m\sum_n\langle\Psi(t)|\phi_m\rangle\langle\phi_m|\hat{F}|\phi_n\rangle\langle\phi_n|\Psi(t)\rangle\\&=\sum_m\sum_n a_m^*(t)F_{mn}a_n(t)\quad(a_n(t)=\langle\phi_n|\Psi(t)\rangle)\end{aligned} \tag{10.4.18}$$

利用式(10.2.6)和式(10.2.15),式(10.4.18)写为

$$\langle\hat{F}\rangle=(a_1^*(t),a_2^*(t),\cdots,a_m^*(t),\cdots)\begin{pmatrix}F_{11}&F_{12}&\cdots&F_{1n}&\cdots\\F_{21}&F_{22}&\cdots&F_{2n}&\cdots\\\vdots&\vdots&&\vdots&\vdots\\F_{m1}&F_{m2}&\cdots&F_{mn}&\cdots\\\vdots&\vdots&\vdots&\vdots&\vdots\end{pmatrix}\begin{pmatrix}a_1(t)\\a_2(t)\\\vdots\\a_n(t)\\\vdots\end{pmatrix}\tag{10.4.19}$$

或简写为

$$\langle\hat{F}\rangle=\boldsymbol{\Psi}^+\boldsymbol{F}\boldsymbol{\Psi}\tag{10.4.20}$$

式(10.4.19)(或式(10.4.20))就是式(10.4.17)在 Q 表象中的表达形式，即矩阵力学中的平均值公式。

10.4.4　本征方程

算符 $\hat{F}$ 的本征方程为

$$\hat{F}|\Psi(t)\rangle=\lambda|\Psi(t)\rangle\tag{10.4.21}$$

其中，λ 和 $|\Psi(t)\rangle$ 为本征值和相应的本征态。方程(10.4.21)在 Q 表象中的表达形式可由式(10.2.16)中取 $\boldsymbol{\Phi}=\lambda\boldsymbol{\Psi}$ 得出

$$\boldsymbol{F}\boldsymbol{\Psi}=\lambda\boldsymbol{\Psi}\tag{10.4.22}$$

利用式(10.2.15)和式(10.2.6a)，将式(10.4.22)写为

$$\begin{pmatrix}F_{11}&F_{12}&\cdots&F_{1n}&\cdots\\F_{21}&F_{22}&\cdots&F_{2n}&\cdots\\\vdots&\vdots&&\vdots&\vdots\\F_{n1}&F_{n2}&\cdots&F_{nn}&\cdots\\\vdots&\vdots&\vdots&\vdots&\vdots\end{pmatrix}\begin{pmatrix}a_1(t)\\a_2(t)\\\vdots\\a_n(t)\\\vdots\end{pmatrix}=\lambda\begin{pmatrix}a_1(t)\\a_2(t)\\\vdots\\a_n(t)\\\vdots\end{pmatrix}\tag{10.4.23}$$

这就是式(10.4.21)在 Q 表象中的表达形式，即矩阵力学中的本征方程。

为求解方程(10.2.23)，在 λ 后面插入一个单位矩阵，再将右边部分移至左边，整理后得

$$\begin{pmatrix}F_{11}-\lambda&F_{12}&\cdots&F_{1n}&\cdots\\F_{21}&F_{22}-\lambda&\cdots&F_{2n}&\cdots\\\vdots&\vdots&&\vdots&\vdots\\F_{n1}&F_{n2}&\cdots&F_{nn}-\lambda&\cdots\\\vdots&\vdots&\vdots&\vdots&\vdots\end{pmatrix}\begin{pmatrix}a_1(t)\\a_2(t)\\\vdots\\a_n(t)\\\vdots\end{pmatrix}=0\tag{10.4.24}$$

这是一个关于 $\{a_1(t),a_2(t),\cdots,a_n(t),\cdots\}$ 的线性齐次代数方程组，它有非零解的必要充分条件是系数行列式等于零：

$$\begin{vmatrix} F_{11}-\lambda & F_{12} & \cdots & F_{1n} & \cdots \\ F_{21} & F_{22}-\lambda & \cdots & F_{2n} & \cdots \\ \vdots & \vdots & & \vdots & \vdots \\ F_{n1} & F_{n2} & \cdots & F_{nn}-\lambda & \cdots \\ \vdots & \vdots & \vdots & \vdots & \vdots \end{vmatrix}=0 \tag{10.4.25}$$

这是一个关于λ的代数方程，称为久期方程(secular equation)。它的根就是算符$\hat{F}$的本征值$\lambda_1,\lambda_2,\cdots,\lambda_n,\cdots$，将每一个本征值代入方程组(10.2.24)，即得相应的本征态

$$\begin{pmatrix} a_1(t) \\ a_2(t) \\ \vdots \\ a_n(t) \\ \vdots \end{pmatrix} \tag{10.4.26}$$

10.4.5　薛定谔方程

哈密顿算符$\hat{H}$的薛定谔方程(式(9.2.6))为

$$\mathrm{i}\hbar\frac{\mathrm{d}}{\mathrm{d}t}|\Psi(t)\rangle=\hat{H}|\Psi(t)\rangle \tag{10.4.27}$$

现在我们推导它在Q表象中的表达形式，为此利用完备性关系式(10.2.1c)，将含时态矢量$|\Psi(t)\rangle$展开：

$$|\Psi(t)\rangle=\sum_n|\phi_n\rangle\langle\phi_n|\Psi(t)\rangle=\sum_n a_n(t)|\phi_n\rangle\quad(a_n(t)=\langle\phi_n|\Psi(t)\rangle) \tag{10.4.28}$$

将式(10.4.28)代入式(10.4.27)，得到

$$\mathrm{i}\hbar\frac{\mathrm{d}}{\mathrm{d}t}\sum_n a_n(t)|\phi_n\rangle=\hat{H}\sum_n a_n(t)|\phi_n\rangle \tag{10.4.29}$$

式(10.4.29)两边向本征矢$\langle\phi_m|$投影，并利用正交性关系式(10.2.1b)，得

$$\mathrm{i}\hbar\frac{\mathrm{d}}{\mathrm{d}t}a_m(t)=\sum_n H_{mn}a_n(t)\quad(m,n=1,2,3,\cdots) \tag{10.4.30}$$

其中

$$H_{mn}=\langle\phi_m|\hat{H}|\phi_n\rangle\quad(m,n=1,2,3,\cdots) \tag{10.4.31}$$

是哈密顿算符$\hat{H}$在$\hat{Q}$表象的矩阵元。方程(10.4.30)可以写为

$$
i\hbar\frac{d}{dt}\begin{pmatrix}a_1(t)\\a_2(t)\\\vdots\\a_n(t)\\\vdots\end{pmatrix}=\begin{pmatrix}H_{11}&H_{12}&\cdots&H_{1n}&\cdots\\H_{21}&H_{22}&\cdots&H_{2n}&\cdots\\\vdots&\vdots&&\vdots&\vdots\\H_{m1}&H_{m2}&\cdots&H_{mn}&\cdots\\\vdots&\vdots&\vdots&\vdots&\vdots\end{pmatrix}\begin{pmatrix}a_1(t)\\a_2(t)\\\vdots\\a_n(t)\\\vdots\end{pmatrix}\tag{10.4.32}
$$

将方程(10.4.32)中的矩阵用 $\boldsymbol{H}$ 表示，再利用式(10.2.6a)，则方程(10.4.32)简写为

$$
i\hbar\frac{d\boldsymbol{\Psi}}{dt}=\boldsymbol{H\Psi}\tag{10.4.33}
$$

式(10.4.32)(或式(10.4.33))就是方程(10.4.27)在 $\hat{Q}$ 表象中的表达形式，即矩阵力学中的薛定谔方程。

10.5 表象变换

量子力学中表象的选择取决于所讨论的问题。表象选取得当可以使问题的求解大为简化，这正如几何学或经典力学中选取坐标系一样。以上我们讨论了坐标表象、动量表象、一般形式的分立谱 Q 表象(特别是数态表象)。在处理具体问题时，为了简化运算过程，常常需要从一个表象变换到另一个表象，本节我们进一步讨论表象之间的变换问题。

10.5.1 波函数的变换

一个普通的二维矢量可以在直角坐标系$\{x,y\}$表示，也可以在极坐标系$\{r,\theta\}$表示。两个坐标系之间的变换关系(图 10.5.1)为

$$
x=r\cos\theta,\quad y=r\sin\theta\tag{10.5.1a}
$$

或

$$
r^2=x^2+y^2,\quad \tan\theta=\frac{y}{x}\tag{10.5.1b}
$$

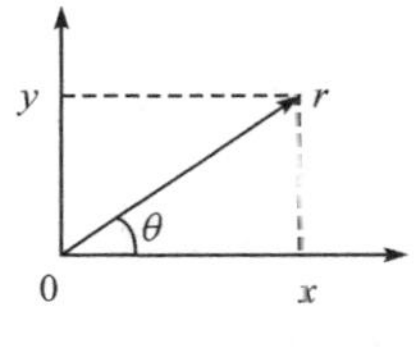

图 10.5.1 直角坐标系与极坐标系之间的变换

现在我们利用坐标系之间的变换来理解量子力学的表象变换(transformation of representations)。如同一个普通矢量可以在直角坐标系和极坐标系展开一样，一个态矢量$|\Psi(t)\rangle$可以分别按 A 的本征态$\{|a\rangle\}$和 B 的本征态$\{|b\rangle\}$展开：

$$
|\Psi(t)\rangle=\sum_a|a\rangle\langle a|\Psi(t)\rangle=\sum_a C_a(t)|a\rangle\quad(C_a(t)=\langle a|\Psi(t)\rangle)\tag{10.5.2a}
$$

$$|\Psi(t)\rangle=\sum_b|b\rangle\langle b|\Psi(t)\rangle=\sum_b D_b(t)|b\rangle \quad (D_b(t)=\langle b|\Psi(t)\rangle) \tag{10.5.2b}$$

其中

$$\boldsymbol{C}_a=\begin{pmatrix}C_1(t)\\C_2(t)\\\vdots\\C_a(t)\\\vdots\end{pmatrix},\quad \boldsymbol{D}_b=\begin{pmatrix}D_1(t)\\D_2(t)\\\vdots\\D_b(t)\\\vdots\end{pmatrix} \tag{10.5.3}$$

分别是态矢量$|\Psi(t)\rangle$在 A、B 表象的波函数。比较式(10.5.2a)和式(10.5.2b),有

$$\sum_a C_a(t)|a\rangle=\sum_b D_b(t)|b\rangle \tag{10.5.4}$$

式(10.5.4)两边向 A 表象基矢$\langle\alpha|$投影,得

$$\langle\alpha|\sum_a C_a(t)|a\rangle=\langle\alpha|\sum_b D_b(t)|b\rangle \tag{10.5.5}$$

利用正交性关系式$\langle\alpha|a\rangle=\delta_{\alpha a}$,由式(10.5.5)得到

$$C_\alpha(t)=\sum_b\langle\alpha|D_b(t)|b\rangle=\sum_b D_b(t)\langle\alpha|b\rangle \tag{10.5.6}$$

将下标 α 换成 a,有

$$C_a(t)=\sum_b D_b(t)\langle a|b\rangle\equiv\sum_b S_{ab}D_b(t) \tag{10.5.7}$$

其中

$$S_{ab}=\langle a|b\rangle \tag{10.5.8}$$

是 B 表象基矢向 A 表象基矢的投影。由式(10.5.7)可以写出

$$\begin{aligned}
C_1(t)&=\sum_b S_{1b}D_b(t)=S_{11}D_1(t)+S_{12}D_2(t)+\cdots+S_{1b}D_b(t)+\cdots\\
C_2(t)&=\sum_b S_{2b}D_b(t)=S_{21}D_1(t)+S_{22}D_2(t)+\cdots+S_{2b}D_b(t)+\cdots\\
&\vdots\\
C_a(t)&=\sum_b S_{ab}D_b(t)=S_{a1}D_1(t)+S_{a2}D_2(t)+\cdots+S_{ab}D_b(t)+\cdots\\
&\vdots
\end{aligned}$$

即

$$\begin{pmatrix}C_1(t)\\C_2(t)\\\vdots\\C_a(t)\\\vdots\end{pmatrix}=\begin{pmatrix}S_{11}&S_{12}&\cdots&S_{1b}&\cdots\\S_{21}&S_{22}&\cdots&S_{2b}&\cdots\\\vdots&\vdots&&\vdots&\vdots\\S_{a1}&S_{a2}&\cdots&S_{ab}&\cdots\\\vdots&\vdots&\vdots&\vdots&\vdots\end{pmatrix}\begin{pmatrix}D_1(t)\\D_2(t)\\\vdots\\D_b(t)\\\vdots\end{pmatrix} \tag{10.5.9a}$$

或简写为

$$\boldsymbol{C}_a = \boldsymbol{S}\boldsymbol{D}_b \tag{10.5.9b}$$

式(10.5.9)就是态矢量$|\Psi(t)\rangle$在B表象的波函数$\boldsymbol{D}_b$变换到A表象的波函数$\boldsymbol{C}_a$的变换式，而$\boldsymbol{S}$就是变换矩阵(transformation matrix)。

10.5.2 幺正变换

下面根据式(10.5.8)考查变换矩阵$\boldsymbol{S}$的性质。由A表象基矢的正交归一性得到

$$\begin{aligned}\delta_{\alpha a} &= \langle\alpha|a\rangle = \langle\alpha|\sum_b|b\rangle\langle b|a\rangle = \sum_b\langle\alpha|b\rangle\langle b|a\rangle \\ &= \sum_b S_{\alpha b}S_{ba} = \sum_b S_{b\alpha}^* S_{ba} = (\boldsymbol{S}^+\boldsymbol{S})_{\alpha a} = \begin{cases}1 & (\alpha=a)\\ 0 & (\alpha\neq a)\end{cases}\end{aligned} \tag{10.5.10a}$$

同理由B表象基矢的正交归一性得到

$$\begin{aligned}\delta_{\beta b} &= \langle\beta|b\rangle = \langle\beta|\sum_a|a\rangle\langle a|b\rangle = \sum_a\langle\beta|a\rangle\langle a|b\rangle \\ &= \sum_a S_{\beta a}S_{ab} = \sum_a S_{\beta a}S_{ba}^* = (\boldsymbol{S}\boldsymbol{S}^+)_{\beta b} = \begin{cases}1 & (\beta=b)\\ 0 & (\beta\neq b)\end{cases}\end{aligned} \tag{10.5.10b}$$

这样我们有

$$\boldsymbol{S}^+\boldsymbol{S} = \boldsymbol{S}\boldsymbol{S}^+ = \boldsymbol{I}\text{(单位矩阵)} \tag{10.5.11}$$

用逆矩阵$\boldsymbol{S}^{-1}$右乘$\boldsymbol{S}^+\boldsymbol{S}=\boldsymbol{I}$两边，并根据逆矩阵的定义$\boldsymbol{S}\boldsymbol{S}^{-1}=\boldsymbol{I}$，得到

$$\boldsymbol{S}^+ = \boldsymbol{S}^{-1} \tag{10.5.12}$$

满足式(10.5.12)的矩阵$\boldsymbol{S}$称为幺正矩阵(unitary matrix)，由幺正矩阵所确定的变换(如式(10.5.9)所示)称为幺正变换(unitary transformation)。我们的结论是，在量子力学中，由一个表象到另一个表象的变换是幺正变换。由于幺正矩阵的条件$\boldsymbol{S}^+=\boldsymbol{S}^{-1}$与厄米矩阵的条件$\boldsymbol{A}^+=\boldsymbol{A}$不相同，所以幺正矩阵不一定是厄米矩阵。

10.5.3 算符的变换

由10.2.2节的讨论可知，算符$\hat{F}$在A表象中的矩阵元是$F_{\alpha a}=\langle\alpha|\hat{F}|a\rangle$(依赖于$A$的本征态$|a\rangle$)。而算符$\hat{F}$在$B$表象中的矩阵元是$F_{\beta b}=\langle\beta|\hat{F}|b\rangle$(依赖于$B$的本征态$|b\rangle$)。那么，算符$\hat{F}$在$A$、$B$两种表象中的矩阵元$F_{\alpha a}$和$F_{\beta b}$如何联系起来？进而，如果用$\boldsymbol{F}_a$和$\boldsymbol{F}_b$表示算符$\hat{F}$在$A$、$B$两种表象中的矩阵，它们之间又有怎样的变换关系？下面我们讨论这些问题，为此首先作计算

$$\begin{aligned}F_{\alpha a} &= \langle\alpha|\hat{F}|a\rangle = \langle\alpha|\sum_b|b\rangle\langle b|\hat{F}\sum_\beta|\beta\rangle\langle\beta|a\rangle \\ &= \sum_b\sum_\beta\langle\alpha|b\rangle\langle b|\hat{F}|\beta\rangle\langle\beta|a\rangle\end{aligned}$$

$$= \sum_b \sum_\beta S_{\alpha b} F_{b\beta} S_{\beta\alpha}$$

$$= \sum_b \sum_\beta S_{\alpha b} F_{b\beta} S^*_{\alpha\beta} = (\boldsymbol{S}\boldsymbol{F}_b\boldsymbol{S}^+)_{\alpha\alpha} \tag{10.5.13}$$

其中，$F_{b\beta}$是矩阵$\boldsymbol{F}_b$的元素。式(10.5.13)用矩阵表示为

$$\boldsymbol{F}_a = \boldsymbol{S}\boldsymbol{F}_b\boldsymbol{S}^+ \tag{10.5.14a}$$

利用式(10.5.12)，可将式(10.5.14a)写为

$$\boldsymbol{F}_a = \boldsymbol{S}\boldsymbol{F}_b\boldsymbol{S}^{-1} \tag{10.5.14b}$$

式(10.5.14)就是算符 $\hat{F}$ 由 B 表象变换到 A 表象的变换式。

10.5.4　幺正变换的性质和物理意义

上述各种变换都是由 B 表象变换到 A 表象。当然也可以进行相反方向的变换，只需要对式(10.5.4)两边向 B 表象基矢$\langle\beta|$投影，并利用正交性关系式$\langle\beta|b\rangle = \delta_{\beta b}$，便有

$$D_\beta(t) = \sum_a C_a(t)\langle\beta|a\rangle \Rightarrow D_b(t) = \sum_a C_a(t)\langle b|a\rangle \tag{10.5.15}$$

这样一来，各种变换都是由 A 表象变换到 B 表象。具体而言，式(10.5.9b)变为

$$\boldsymbol{D}_b = \boldsymbol{S}^{-1}\boldsymbol{C}_a \tag{10.5.16}$$

式(10.5.14b)变为

$$\boldsymbol{F}_b = \boldsymbol{S}^{-1}\boldsymbol{F}_a\boldsymbol{S} \tag{10.5.17}$$

事实上，利用式(10.5.12)，可直接由式(10.5.9b)推出(10.5.16)，由式(10.5.14b)推出式(10.5.17)。

下面我们证明幺正变换的两个重要性质。

(1) 幺正变换不改变算符的本征值。

证明　设算符 $\hat{F}$ 在 A 表象中的本征方程为

$$\boldsymbol{F}_a\boldsymbol{C}_a = \lambda\boldsymbol{C}_a \tag{10.5.18}$$

其中，λ 为本证值；$\boldsymbol{C}_a$是本征矢。现在通过幺正变换，将$\boldsymbol{F}_a$和$\boldsymbol{C}_a$变换到 B 表象。事实上，由式(10.5.17)和式(10.5.16)，即

$$\boldsymbol{F}_b = \boldsymbol{S}^{-1}\boldsymbol{F}_a\boldsymbol{S}, \quad \boldsymbol{D}_b = \boldsymbol{S}^{-1}\boldsymbol{C}_a \tag{10.5.19}$$

我们有

$$\boldsymbol{F}_b\boldsymbol{D}_b = \boldsymbol{S}^{-1}\boldsymbol{F}_a\boldsymbol{S}\boldsymbol{S}^{-1}\boldsymbol{C}_a = \boldsymbol{S}^{-1}\boldsymbol{F}_a\boldsymbol{C}_a = \boldsymbol{S}^{-1}\lambda\boldsymbol{C}_a = \lambda\boldsymbol{S}^{-1}\boldsymbol{C}_a = \lambda\boldsymbol{D}_b \tag{10.5.20}$$

可见算符 $\hat{F}$ 在 B 表象中的本征值仍为λ。也就是说，算符的幺正变换不改变它的本征值。

(2) 幺正变换不改变算符的迹。

证明　设经过幺正变换后，算符$\boldsymbol{F}_a$变为$\boldsymbol{F}_b$(式(10.5.17))：

$$\boldsymbol{F}_b = \boldsymbol{S}^{-1}\boldsymbol{F}_a\boldsymbol{S} \tag{10.5.21}$$

对式(10.5.21)两边取迹,并利用式(9.3.7a)和$\boldsymbol{S}\boldsymbol{S}^{-1}=\boldsymbol{I}$,得到

$$\mathrm{Tr}\,\boldsymbol{F}_b=\mathrm{Tr}(\boldsymbol{S}^{-1}\boldsymbol{F}_a\boldsymbol{S})=\mathrm{Tr}(\boldsymbol{S}\boldsymbol{S}^{-1}\boldsymbol{F}_a)=\mathrm{Tr}\,\boldsymbol{F}_a \tag{10.5.22}$$

即$\boldsymbol{F}_a$的迹等于$\boldsymbol{F}_b$的迹,也就是说,算符的幺正变换不改变它的迹。

最后我们分析幺正变换的物理意义(physical meaning of unitary transformation)。我们由幺正变换的矩阵元$S_{ab}=\langle a|b\rangle$写出$A$、$B$两种表象之间的基矢变换

$$|b\rangle=\sum_a |a\rangle\langle a|b\rangle=\sum_a S_{ab}|a\rangle \tag{10.5.23a}$$

进而写出它的共轭式

$$\langle b|=\sum_\alpha \langle b|\alpha\rangle\langle\alpha|=\sum_\alpha S_{ab}^*\langle\alpha| \tag{10.5.23b}$$

由基矢的归一化条件$\langle b|b\rangle=1$得到

$$\sum_\alpha S_{ab}^*\langle\alpha|\sum_a S_{ab}|a\rangle=\sum_\alpha\sum_a S_{ab}^*S_{ab}\langle\alpha|a\rangle=\sum_a S_{ab}^*S_{ab}=\sum_a|S_{ab}|^2=1 \tag{10.5.24}$$

即

$$|S_{1b}|^2+|S_{2b}|^2+\cdots+|S_{ab}|^2+\cdots=1 \tag{10.5.25a}$$

这里,$|S_{ab}|^2$表示在态$|b\rangle$中发现态$|a\rangle$的概率。同样有

$$|S_{1a}|^2+|S_{2a}|^2+\cdots+|S_{ba}|^2+\cdots=1 \tag{10.5.25b}$$

$|S_{ba}|^2$表示在态$|a\rangle$中发现态$|b\rangle$的概率。可见幺正变换的物理意义是概率守恒(如式(9.1.4)所示)。

10.6 泡利矩阵

矩阵力学的一个典型例子是泡利矩阵。泡利矩阵是一个很重要的概念和表述,具有非常广泛的应用。泡利矩阵不但为角动量理论提供了一个非常简单的模型,而且能够用来展示电子自旋的物理图像、表征二能级体系的作用算符以及描述中微子的周期振荡等。最新的研究表明,泡利矩阵还可以用于诠释量子计算机的工作原理。本节讨论泡利矩阵的基本性质、本征态、表象变换及其在双态问题中的应用。至于泡利矩阵在自旋问题中的应用,我们将在第14章作专门讨论。

10.6.1 基本性质

泡利矩阵(Pauli matrices)表示为

$$\boldsymbol{\sigma}_x=\begin{pmatrix}0&1\\1&0\end{pmatrix},\quad \boldsymbol{\sigma}_y=\begin{pmatrix}0&-\mathrm{i}\\ \mathrm{i}&0\end{pmatrix},\quad \boldsymbol{\sigma}_z=\begin{pmatrix}1&0\\0&-1\end{pmatrix} \tag{10.6.1}$$

它们有如下基本性质。

1. 厄米性

矩阵 $\boldsymbol{\sigma}_x$、$\boldsymbol{\sigma}_y$、$\boldsymbol{\sigma}_z$ 都满足$\boldsymbol{A}^+=\boldsymbol{A}$ 条件，它们均是厄米的。另外我们有

$$\boldsymbol{\sigma}_x^2=\begin{pmatrix}0&1\\1&0\end{pmatrix}\begin{pmatrix}0&1\\1&0\end{pmatrix}=\begin{pmatrix}1&0\\0&1\end{pmatrix} \tag{10.6.2a}$$

$$\boldsymbol{\sigma}_y^2=\begin{pmatrix}0&-\mathrm{i}\\\mathrm{i}&0\end{pmatrix}\begin{pmatrix}0&-\mathrm{i}\\\mathrm{i}&0\end{pmatrix}=\begin{pmatrix}1&0\\0&1\end{pmatrix} \tag{10.6.2b}$$

$$\boldsymbol{\sigma}_z^2=\begin{pmatrix}1&0\\0&-1\end{pmatrix}\begin{pmatrix}1&0\\0&-1\end{pmatrix}=\begin{pmatrix}1&0\\0&1\end{pmatrix} \tag{10.6.2c}$$

可见 $\boldsymbol{\sigma}_x^2$、$\boldsymbol{\sigma}_y^2$、$\boldsymbol{\sigma}_z^2$ 均为单位矩阵，因此矩阵

$$\boldsymbol{\sigma}^2=\boldsymbol{\sigma}_x^2+\boldsymbol{\sigma}_y^2+\boldsymbol{\sigma}_z^2=3\begin{pmatrix}1&0\\0&1\end{pmatrix} \tag{10.6.3}$$

也是厄米的。

2. 角动量

泡利矩阵满足角动量的对易关系：

$$[\boldsymbol{\sigma}_x,\boldsymbol{\sigma}_y]=2\mathrm{i}\boldsymbol{\sigma}_z,\quad [\boldsymbol{\sigma}_y,\boldsymbol{\sigma}_z]=2\mathrm{i}\boldsymbol{\sigma}_x,\quad [\boldsymbol{\sigma}_z,\boldsymbol{\sigma}_x]=2\mathrm{i}\boldsymbol{\sigma}_y \tag{10.6.4}$$

和

$$[\boldsymbol{\sigma}^2,\boldsymbol{\sigma}_x]=[\boldsymbol{\sigma}^2,\boldsymbol{\sigma}_y]=[\boldsymbol{\sigma}^2,\boldsymbol{\sigma}_z]=0 \tag{10.6.5}$$

第 14 章我们将用这些关系描述自旋 1/2 粒子(spin1/2 particle)的量子特性。

3. 完备性

泡利矩阵的另一个重要性质是它的完备性，即任意一个 2×2 矩阵

$$\boldsymbol{M}=\begin{pmatrix}M_{11}&M_{12}\\M_{21}&M_{22}\end{pmatrix} \tag{10.6.6a}$$

可以按泡利矩阵 $\boldsymbol{\sigma}_x$、$\boldsymbol{\sigma}_y$、$\boldsymbol{\sigma}_z$、$\boldsymbol{\sigma}^2$ 展开：

$$\boldsymbol{M}=a_1\boldsymbol{\sigma}_x+a_2\boldsymbol{\sigma}_y+a_3\boldsymbol{\sigma}_z+\frac{a_4}{3}\boldsymbol{\sigma}^2 \tag{10.6.6b}$$

其中，a_1、a_1、a_3、a_4 是展开系数。

证明　我们考查式(10.6.6b)成立的条件，为此由它写出(利用式(10.6.3))

$$\begin{aligned}\begin{pmatrix}M_{11}&M_{12}\\M_{21}&M_{22}\end{pmatrix}&=a_1\begin{pmatrix}0&1\\1&0\end{pmatrix}+a_2\begin{pmatrix}0&-\mathrm{i}\\\mathrm{i}&0\end{pmatrix}+a_3\begin{pmatrix}1&0\\0&-1\end{pmatrix}+a_4\begin{pmatrix}1&0\\0&1\end{pmatrix}\\&=\begin{pmatrix}a_3+a_4&a_1-\mathrm{i}a_2\\a_1+\mathrm{i}a_2&-a_3+a_4\end{pmatrix}\end{aligned} \tag{10.6.7}$$

式(10.6.7)两边的矩阵相等要求对应的元素相等：

$$0\cdot a_1+0\cdot a_2+a_3+a_4=M_{11} \tag{10.6.8a}$$

$$a_1-\mathrm{i}a_2+0\cdot a_3+0\cdot a_4=M_{12} \tag{10.6.8b}$$

$$a_1+\mathrm{i}a_2+0\cdot a_3+0\cdot a_4=M_{21} \tag{10.6.8c}$$

$$0\cdot a_1+0\cdot a_2-a_3+a_4=M_{22} \tag{10.6.8d}$$

这是一个关于$\{a_1,a_2,a_3,a_4\}$的线性非齐次方程组,其系数行列式为

$$\begin{vmatrix} 0 & 0 & 1 & 1 \\ 1 & -\mathrm{i} & 0 & 0 \\ 1 & \mathrm{i} & 0 & 0 \\ 0 & 0 & -1 & 1 \end{vmatrix}=4\mathrm{i}\neq 0 \tag{10.6.9}$$

它恒不为零,因此方程组(10.6.8)必有非平庸解。这意味着,对于给定的$\{M_{11},M_{12},M_{21},M_{22}\}$,一定能经由方程组(10.6.8)求出$\{a_1,a_2,a_3,a_4\}$,使得式(10.6.6b)成立。换言之,任意一个 2×2 矩阵能够按式(10.6.6b)展开。

例 1　证明 $\boldsymbol{\sigma}$ 的分量之间满足反对易关系。

证明　由式(10.6.4)和式(10.6.2)得到

$$\begin{aligned}\boldsymbol{\sigma}_x\boldsymbol{\sigma}_y+\boldsymbol{\sigma}_y\boldsymbol{\sigma}_x &=\frac{1}{2\mathrm{i}}(\boldsymbol{\sigma}_y\boldsymbol{\sigma}_z-\boldsymbol{\sigma}_z\boldsymbol{\sigma}_y)\boldsymbol{\sigma}_y+\frac{1}{2\mathrm{i}}\boldsymbol{\sigma}_y(\boldsymbol{\sigma}_y\boldsymbol{\sigma}_z-\boldsymbol{\sigma}_z\boldsymbol{\sigma}_y)\\ &=\frac{1}{2\mathrm{i}}(\boldsymbol{\sigma}_y\boldsymbol{\sigma}_z\boldsymbol{\sigma}_y-\boldsymbol{\sigma}_z\boldsymbol{\sigma}_y^2+\boldsymbol{\sigma}_y^2\boldsymbol{\sigma}_z-\boldsymbol{\sigma}_y\boldsymbol{\sigma}_z\boldsymbol{\sigma}_y)\\ &=0\end{aligned} \tag{10.6.10a}$$

同样可以证明

$$\boldsymbol{\sigma}_y\boldsymbol{\sigma}_z+\boldsymbol{\sigma}_z\boldsymbol{\sigma}_y=0 \tag{10.6.10b}$$

$$\boldsymbol{\sigma}_z\boldsymbol{\sigma}_x+\boldsymbol{\sigma}_x\boldsymbol{\sigma}_z=0 \tag{10.6.10c}$$

例 2　利用 $\boldsymbol{\sigma}_x$、$\boldsymbol{\sigma}_y$、$\boldsymbol{\sigma}_z$ 的厄米性,由

$$\boldsymbol{\sigma}_z=\begin{pmatrix} 1 & 0 \\ 0 & -1 \end{pmatrix} \tag{10.6.11}$$

推导出 $\boldsymbol{\sigma}_x$ 和 $\boldsymbol{\sigma}_y$ 的表示式。

解　设

$$\boldsymbol{\sigma}_x=\begin{pmatrix} a & b \\ c & d \end{pmatrix} \tag{10.6.12}$$

由它的厄米性可知,a 和 d 为实数,而 $c=b^*$,即

$$\boldsymbol{\sigma}_x=\begin{pmatrix} a & b \\ b^* & d \end{pmatrix} \tag{10.6.13}$$

将式(10.6.13)和式(10.6.11)代入式(10.6.10c),得

$$\begin{pmatrix} a & b \\ -b^* & -d \end{pmatrix}+\begin{pmatrix} a & -b \\ b^* & -d \end{pmatrix}=0 \tag{10.6.14}$$

由此得到 $a=d=0$，于是

$$\boldsymbol{\sigma}_x=\begin{pmatrix}0 & b\\ b^* & 0\end{pmatrix} \tag{10.6.15}$$

再由式(10.6.2a)得到 $|b|^2=1$。取 $b=1$，则

$$\boldsymbol{\sigma}_x=\begin{pmatrix}0 & 1\\ 1 & 0\end{pmatrix} \tag{10.6.16}$$

进而由式(10.6.4)的第三式得到

$$\begin{aligned}\boldsymbol{\sigma}_y &=\frac{1}{2\mathrm{i}}(\boldsymbol{\sigma}_z\boldsymbol{\sigma}_x-\boldsymbol{\sigma}_x\boldsymbol{\sigma}_z)\\ &=\frac{1}{2\mathrm{i}}\begin{pmatrix}1 & 0\\ 0 & -1\end{pmatrix}\begin{pmatrix}0 & 1\\ 1 & 0\end{pmatrix}-\frac{1}{2\mathrm{i}}\begin{pmatrix}0 & 1\\ 1 & 0\end{pmatrix}\begin{pmatrix}1 & 0\\ 0 & -1\end{pmatrix}\\ &=\begin{pmatrix}0 & -\mathrm{i}\\ \mathrm{i} & 0\end{pmatrix}\end{aligned} \tag{10.6.17}$$

10.6.2　本征态：自旋向上和自旋向下

现在我们求解 $\boldsymbol{\sigma}_z$ 的本征方程。由一般形式(10.4.22)，有

$$\boldsymbol{\sigma}_z\boldsymbol{\Psi}=\lambda\boldsymbol{\Psi} \tag{10.6.18}$$

其中，λ 是本征值，而 $\boldsymbol{\Psi}$ 为列矢量：

$$\boldsymbol{\Psi}=\begin{bmatrix}a_1\\ a_2\end{bmatrix} \tag{10.6.19}$$

利用式(10.6.19)和式(10.6.11)将本征方程(10.6.18)写为

$$\begin{pmatrix}1 & 0\\ 0 & -1\end{pmatrix}\begin{bmatrix}a_1\\ a_2\end{bmatrix}=\lambda\begin{bmatrix}a_1\\ a_2\end{bmatrix} \tag{10.6.20}$$

为求解该方程，在 λ 后面插入单位矩阵，并将右边部分移至左边，合并后得

$$\begin{pmatrix}1-\lambda & 0\\ 0 & -1-\lambda\end{pmatrix}\begin{bmatrix}a_1\\ a_2\end{bmatrix}=0 \tag{10.6.21}$$

这是一个关于 a_1、a_2 的线性齐次方程组

$$(1-\lambda)a_1+0\cdot a_2=0 \tag{10.6.22a}$$

$$0\cdot a_1-(1+\lambda)a_2=0 \tag{10.6.22b}$$

它有非零解的必要充分条件是系数行列式等于零：

$$\begin{vmatrix}1-\lambda & 0\\ 0 & -(1+\lambda)\end{vmatrix}=0 \tag{10.6.23}$$

该久期方程的根为

$$\lambda^{\pm}=\pm 1 \tag{10.6.24}$$

将 $\lambda^{+}=1$ 代入式(10.6.22)，并利用归一化条件式(10.2.7)，即 $|a_1|^2+|a_2|^2=1$，

得到

$$a_1=1,\quad a_2=0 \tag{10.6.25}$$

代入式(10.6.19)得到第一个本征矢

$$\boldsymbol{\Psi}_a=\begin{pmatrix}1\\0\end{pmatrix} \tag{10.6.26a}$$

同理对于 $\lambda^-=-1$,可得第二个本征矢

$$\boldsymbol{\Psi}_b=\begin{pmatrix}0\\1\end{pmatrix} \tag{10.6.26b}$$

式(10.6.26)就是 $\boldsymbol{\sigma}_z$ 的两个本征矢。容易看出,它们满足正交性关系式

$$(1\quad 0)\begin{pmatrix}0\\1\end{pmatrix}=0,\text{即}\langle\Psi_a|\Psi_b\rangle=0 \tag{10.6.27}$$

和归一性关系式

$$(1\quad 0)\begin{pmatrix}1\\0\end{pmatrix}=1,\text{即}\langle\Psi_a|\Psi_a\rangle=1 \tag{10.6.28a}$$

$$(0\quad 1)\begin{pmatrix}0\\1\end{pmatrix}=1,\text{即}\langle\Psi_b|\Psi_b\rangle=1 \tag{10.6.28b}$$

也满足完备性关系式

$$\begin{pmatrix}1\\0\end{pmatrix}(1\quad 0)+\begin{pmatrix}0\\1\end{pmatrix}(0\quad 1)=1,\text{即}|\Psi_a\rangle\langle\Psi_a|+|\Psi_b\rangle\langle\Psi_b|=1 \tag{10.6.29}$$

按照完备性关系式(10.6.29),任一态矢量

$$\boldsymbol{\Omega}=\begin{pmatrix}\mu\\\nu\end{pmatrix} \tag{10.6.30}$$

能够按本征矢$\boldsymbol{\Psi}_a$和$\boldsymbol{\Psi}_b$展开:

$$\begin{pmatrix}\mu\\\nu\end{pmatrix}=\left[\begin{pmatrix}1\\0\end{pmatrix}(1\quad 0)+\begin{pmatrix}0\\1\end{pmatrix}(0\quad 1)\right]\begin{pmatrix}\mu\\\nu\end{pmatrix}=\mu\begin{pmatrix}1\\0\end{pmatrix}+\nu\begin{pmatrix}0\\1\end{pmatrix} \tag{10.6.31a}$$

即

$$|\Omega\rangle=\mu|\Psi_a\rangle+\nu|\Psi_b\rangle \tag{10.6.31b}$$

本征态$\boldsymbol{\Psi}_a$和$\boldsymbol{\Psi}_b$通常称为“自旋向上”(spin up)和“自旋向下”(spin down),如图10.6.1所示。它们可以用来描述许多双态体系,特别是描述自旋1/2粒子的状态(见14.2.2节)。在这种情况下,式(10.6.31b)表示粒子的任意态,而$|\mu|^2$和$|\nu|^2$则是粒子处于自旋向上和自旋向下两个状态的概率。

例 1　设一个自旋 1/2 粒子处于状态

$$|\Omega\rangle=\frac{1}{\sqrt{6}}\begin{pmatrix}1+\mathrm{i}\\2\end{pmatrix}\tag{10.6.32}$$

计算粒子处于自旋向上和自旋向下两个状态的概率，并计算 $\boldsymbol{\sigma}_z$ 在这个态中的平均值。

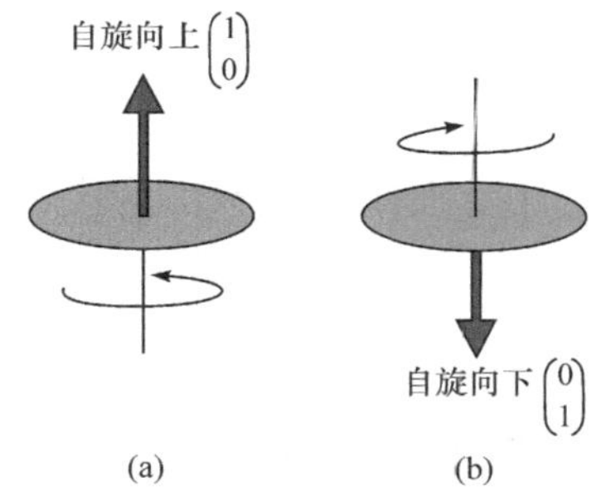

图 10.6.1　$\boldsymbol{\sigma}_z$ 的本征态（示意图）：自旋向上(a)和自旋向下(b)

解　式(10.6.32)可以写为

$$|\Omega\rangle=\frac{1+\mathrm{i}}{\sqrt{6}}\begin{pmatrix}1\\0\end{pmatrix}+\frac{2}{\sqrt{6}}\begin{pmatrix}0\\1\end{pmatrix}\tag{10.6.33}$$

它属于式(10.6.31b)所示的叠加态，粒子处于自旋向上和自旋向下两个状态的概率为

$$\left|\frac{1+\mathrm{i}}{\sqrt{6}}\right|^2=\frac{1}{3},\quad\left|\frac{2}{\sqrt{6}}\right|^2=\frac{2}{3}\tag{10.6.34}$$

它们表示在态(10.6.32)中测量 $\boldsymbol{\sigma}_z$ 得到结果 $\lambda^{\pm}=\pm1$ 的概率，所以 $\boldsymbol{\sigma}_z$ 在这个态中的平均值为

$$\langle\boldsymbol{\sigma}_z\rangle=\frac{1}{3}(1)+\frac{2}{3}(-1)=-\frac{1}{3}\tag{10.6.35}$$

或者根据式(10.4.20)直接计算：

$$\langle\boldsymbol{\sigma}_z\rangle=\langle\Omega|\boldsymbol{\sigma}_z|\Omega\rangle=\frac{1}{\sqrt{6}}(1-\mathrm{i}\quad 2)\begin{pmatrix}1&0\\0&-1\end{pmatrix}\frac{1}{\sqrt{6}}\begin{pmatrix}1+\mathrm{i}\\2\end{pmatrix}=-\frac{1}{3}\tag{10.6.36}$$

例 2　证明 $\boldsymbol{\sigma}_z$ 的本征态（式(10.6.26)）也是 $\boldsymbol{\sigma}^2$ 的本征态。

证明　由式(10.6.5)知，$\boldsymbol{\sigma}^2$ 和 $\boldsymbol{\sigma}_z$ 对易（二者具有共同的本征态），故 $\boldsymbol{\sigma}_z$ 的本征态

$$\boldsymbol{\Psi}_a=\begin{pmatrix}1\\0\end{pmatrix},\quad\boldsymbol{\Psi}_b=\begin{pmatrix}0\\1\end{pmatrix}\tag{10.6.37}$$

也是 $\boldsymbol{\sigma}^2$ 的本征态。事实上，由式(10.6.3)得

$$\boldsymbol{\sigma}^2\boldsymbol{\Psi}_a=3\begin{pmatrix}1&0\\0&1\end{pmatrix}\begin{pmatrix}1\\0\end{pmatrix}=3\begin{pmatrix}1\\0\end{pmatrix}=3\boldsymbol{\Psi}_a\tag{10.6.38a}$$

$$\boldsymbol{\sigma}^2\boldsymbol{\Psi}_b=3\begin{pmatrix}1&0\\0&1\end{pmatrix}\begin{pmatrix}0\\1\end{pmatrix}=3\begin{pmatrix}0\\1\end{pmatrix}=3\boldsymbol{\Psi}_b\tag{10.6.38b}$$

可见 $\boldsymbol{\Psi}_a$ 和 $\boldsymbol{\Psi}_b$ 也是 $\boldsymbol{\sigma}^2$ 的本征态，本征值均为 3。

例 3　计算矩阵 $\boldsymbol{\sigma}_x$、$\boldsymbol{\sigma}_x^2$、$\boldsymbol{\sigma}_y$、$\boldsymbol{\sigma}_y^2$ 在自旋向上态 $\boldsymbol{\Psi}_a$ 中的平均值。

解　由式(10.6.1)和式(10.6.2)，我们有

$$\langle\boldsymbol{\sigma}_x\rangle=\langle\Psi_a|\boldsymbol{\sigma}_x|\Psi_a\rangle=(1\quad 0)\begin{pmatrix}0&1\\1&0\end{pmatrix}\begin{pmatrix}1\\0\end{pmatrix}=0\tag{10.6.39a}$$

$$\langle \boldsymbol{\sigma}_x^2 \rangle = \langle \Psi_a | \boldsymbol{\sigma}_x^2 | \Psi_a \rangle = (1 \quad 0) \begin{pmatrix} 1 & 0 \\ 0 & 1 \end{pmatrix} \begin{pmatrix} 1 \\ 0 \end{pmatrix} = 1 \tag{10.6.39b}$$

$$\langle \boldsymbol{\sigma}_y \rangle = \langle \Psi_a | \boldsymbol{\sigma}_y | \Psi_a \rangle = (1 \quad 0) \begin{pmatrix} 0 & -\mathrm{i} \\ \mathrm{i} & 0 \end{pmatrix} \begin{pmatrix} 1 \\ 0 \end{pmatrix} = 0 \tag{10.6.40a}$$

$$\langle \boldsymbol{\sigma}_y^2 \rangle = \langle \Psi_a | \boldsymbol{\sigma}_y^2 | \Psi_a \rangle = (1 \quad 0) \begin{pmatrix} 1 & 0 \\ 0 & 1 \end{pmatrix} \begin{pmatrix} 1 \\ 0 \end{pmatrix} = 1 \tag{10.6.40b}$$

例 4　求解 $\boldsymbol{\sigma}_x = \begin{pmatrix} 0 & 1 \\ 1 & 0 \end{pmatrix}$的本征方程。

解　设 $\boldsymbol{\sigma}_x$ 的本征方程为

$$\boldsymbol{\sigma}_x \boldsymbol{\Phi} = \varepsilon \boldsymbol{\Phi} \tag{10.6.41}$$

其中，ε 是本征值，而 $\boldsymbol{\Phi}$ 为列矢量：

$$\boldsymbol{\Phi} = \begin{bmatrix} a_1 \\ a_2 \end{bmatrix} \tag{10.6.42}$$

将本征方程(10.6.41)写为

$$\begin{pmatrix} -\varepsilon & 1 \\ 1 & -\varepsilon \end{pmatrix} \begin{bmatrix} a_1 \\ a_2 \end{bmatrix} = 0 \tag{10.6.43}$$

由久期方程 $\begin{vmatrix} -\varepsilon & 1 \\ 1 & -\varepsilon \end{vmatrix} = 0$ 解出本征值 $\varepsilon^{\pm} = \pm 1$，进而求出本征矢为

$$\boldsymbol{\Phi}_a = \frac{1}{\sqrt{2}} \begin{pmatrix} 1 \\ 1 \end{pmatrix}, \quad \boldsymbol{\Phi}_b = \frac{1}{\sqrt{2}} \begin{pmatrix} 1 \\ -1 \end{pmatrix} \tag{10.6.44}$$

例 5　计算在态(10.6.32)中测量粒子的 $\boldsymbol{\sigma}_x$ 得到结果 $\varepsilon^{\pm} = \pm 1$ 的概率，并计算 $\boldsymbol{\sigma}_x$ 在这个态中的平均值。

解　将式(10.6.32)所示的态按照本征态(10.6.44)展开，有

$$|\Omega\rangle = \frac{1}{\sqrt{2}} \left[\frac{3+\mathrm{i}}{\sqrt{6}} \boldsymbol{\Phi}_a + \frac{-1+\mathrm{i}}{\sqrt{6}} \boldsymbol{\Phi}_b \right] \tag{10.6.45}$$

所以粒子处于 $\boldsymbol{\Phi}_a$ 和 $\boldsymbol{\Phi}_b$ 态的概率为

$$\frac{1}{2} \left| \frac{3+\mathrm{i}}{\sqrt{6}} \right|^2 = \frac{5}{6}, \frac{1}{2} \left| \frac{-1+\mathrm{i}}{\sqrt{6}} \right|^2 = \frac{1}{6} \tag{10.6.46}$$

它们是在态(10.6.32)中测量粒子的 $\boldsymbol{\sigma}_x$ 得到结果 $\varepsilon^{\pm} = \pm 1$ 的概率。所以 $\boldsymbol{\sigma}_x$ 在这个态中的平均值为

$$\langle \boldsymbol{\sigma}_x \rangle = \frac{5}{6}(1) + \frac{1}{6}(-1) = \frac{2}{3} \tag{10.6.47}$$

或者根据式(10.4.20)直接计算：

$$\langle \boldsymbol{\sigma}_x \rangle = \langle \Omega | \boldsymbol{\sigma}_x | \Omega \rangle = \frac{1}{\sqrt{6}} (1-\mathrm{i} \quad 2) \begin{pmatrix} 0 & 1 \\ 1 & 0 \end{pmatrix} \frac{1}{\sqrt{6}} \begin{pmatrix} 1-\mathrm{i} \\ 2 \end{pmatrix} = \frac{2}{3} \tag{10.6.48}$$

10.6.3　泡利矩阵中的表象变换

本节讨论泡利矩阵中的表象变换。作为一个典型情况，我们考查 $\boldsymbol{\sigma}_x \to \boldsymbol{\sigma}_z$ 的变换。$\boldsymbol{\sigma}_x$ 表象中的本征矢(式(10.6.44))为

$$\boldsymbol{\Phi}_a = \frac{1}{\sqrt{2}} \begin{pmatrix} 1 \\ 1 \end{pmatrix}, \quad \boldsymbol{\Phi}_b = \frac{1}{\sqrt{2}} \begin{pmatrix} 1 \\ -1 \end{pmatrix} \tag{10.6.49}$$

由 $\boldsymbol{\sigma}_z$ 表象中的本征矢(式(10.6.26))，我们有

$$\boldsymbol{\Psi}_a^+ = (1 \quad 0), \quad \boldsymbol{\Psi}_b^+ = (0 \quad 1) \tag{10.6.50}$$

表象 $\boldsymbol{\sigma}_x$ 和 $\boldsymbol{\sigma}_z$ 之间的变换矩阵(见式(10.5.9a))可以表示为

$$\boldsymbol{S} = \begin{bmatrix} S_{aa} & S_{ab} \\ S_{ba} & S_{bb} \end{bmatrix} \tag{10.6.51}$$

式中，矩阵元为

$$S_{aa} = \boldsymbol{\Psi}_a^+ \boldsymbol{\Phi}_a = \frac{1}{\sqrt{2}} (1 \quad 0) \begin{pmatrix} 1 \\ 1 \end{pmatrix} = \frac{1}{\sqrt{2}} \tag{10.6.52a}$$

$$S_{ab} = \boldsymbol{\Psi}_a^+ \boldsymbol{\Phi}_b = \frac{1}{\sqrt{2}} (1 \quad 0) \begin{pmatrix} 1 \\ -1 \end{pmatrix} = \frac{1}{\sqrt{2}} \tag{10.6.52b}$$

$$S_{ba} = \boldsymbol{\Psi}_b^+ \boldsymbol{\Phi}_a = \frac{1}{\sqrt{2}} (0 \quad 1) \begin{pmatrix} 1 \\ 1 \end{pmatrix} = \frac{1}{\sqrt{2}} \tag{10.6.52c}$$

$$S_{bb} = \boldsymbol{\Psi}_b^+ \boldsymbol{\Phi}_b = \frac{1}{\sqrt{2}} (0 \quad 1) \begin{pmatrix} 1 \\ -1 \end{pmatrix} = -\frac{1}{\sqrt{2}} \tag{10.6.52d}$$

代入式(10.6.51)得到

$$\boldsymbol{S} = \frac{1}{\sqrt{2}} \begin{pmatrix} 1 & 1 \\ 1 & -1 \end{pmatrix} \tag{10.6.53}$$

可以看出，它是一个满足 $\boldsymbol{S}^+ = \boldsymbol{S}^{-1}$ 的幺正矩阵(还是一个满足 $\boldsymbol{S}^+ = \boldsymbol{S}$ 的厄米矩阵)。

现在我们由幺正矩阵(10.6.53)来验证波函数变换式(10.5.9b)的正确性，为此将一个任意态

$$\begin{pmatrix} \mu \\ \nu \end{pmatrix} \tag{10.6.54}$$

分别按照 $\boldsymbol{\sigma}_z$ 和 $\boldsymbol{\sigma}_x$ 的本征态展开：

$$\begin{pmatrix} \mu \\ \nu \end{pmatrix} = a_1 \begin{pmatrix} 1 \\ 0 \end{pmatrix} + a_2 \begin{pmatrix} 0 \\ 1 \end{pmatrix}, \begin{pmatrix} \mu \\ \nu \end{pmatrix} = \frac{b_1}{\sqrt{2}} \begin{pmatrix} 1 \\ 1 \end{pmatrix} + \frac{b_2}{\sqrt{2}} \begin{pmatrix} 1 \\ -1 \end{pmatrix} \tag{10.6.55}$$

其中

$$\boldsymbol{C}_a \equiv \begin{pmatrix} a_1 \\ a_2 \end{pmatrix} \text{和} \boldsymbol{D}_b \equiv \begin{pmatrix} b_1 \\ b_2 \end{pmatrix} \tag{10.6.56}$$

分别是任意态(10.6.54)在$\boldsymbol{\sigma}_z$和$\boldsymbol{\sigma}_x$表象的波函数。现在我们需要验证

$$\begin{pmatrix} a_1 \\ a_2 \end{pmatrix} = \frac{1}{\sqrt{2}} \begin{pmatrix} 1 & 1 \\ 1 & -1 \end{pmatrix} \begin{pmatrix} b_1 \\ b_2 \end{pmatrix} \tag{10.6.57}$$

即$\boldsymbol{C}_a = \boldsymbol{S}\boldsymbol{D}_b$。事实上从式(10.6.55)可以得到

$$a_1 = \frac{1}{\sqrt{2}}(b_1 + b_2), \quad a_2 = \frac{1}{\sqrt{2}}(b_1 - b_2) \tag{10.6.58}$$

由式(10.6.58)可见式(10.6.57)成立,它就是任意态(10.6.54)在$\boldsymbol{\sigma}_x$表象的波函数变换到$\boldsymbol{\sigma}_z$表象的波函数的变换式。

我们进而由幺正矩阵(10.6.53)验证算符变换式(10.5.14b)的正确性。事实上

$$\boldsymbol{S}\boldsymbol{\sigma}_x \boldsymbol{S}^- = \frac{1}{2} \begin{pmatrix} 1 & 1 \\ 1 & -1 \end{pmatrix} \begin{pmatrix} 0 & 1 \\ 1 & 0 \end{pmatrix} \begin{pmatrix} 1 & 1 \\ 1 & -1 \end{pmatrix} = \begin{pmatrix} 1 & 0 \\ 0 & -1 \end{pmatrix} = \boldsymbol{\sigma}_z \tag{10.6.59}$$

这正是由$\boldsymbol{\sigma}_x$表象到$\boldsymbol{\sigma}_z$表象的算符变换式。

10.6.4 二能级原子:哈密顿算符和跃迁算符

泡利矩阵的一个重要应用是表征二能级原子(two-level atom)的作用算符。一个二能级原子的能态和能级如图10.6.2所示。我们可以用式(10.6.26)所示的态矢量表示二能级原子的能态,即

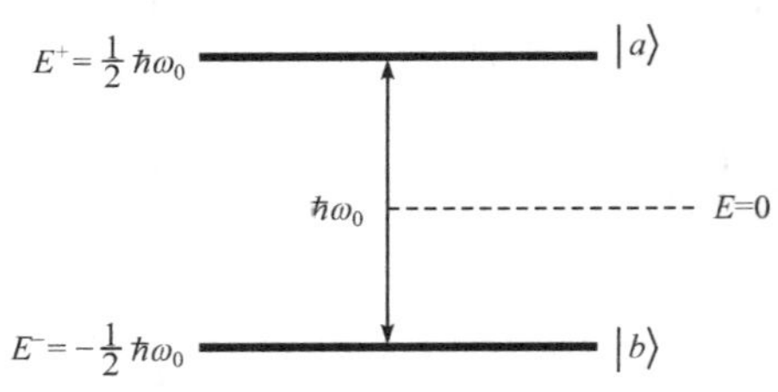

图 10.6.2 二能级原子的能态和能级

高、低能态分别由$|a\rangle$和$|b\rangle$表示,能级间隔为$\hbar\omega_0$,取其中点的能量为$E=0$,则高、低能级分别为$E^+=\hbar\omega_0/2$和$E^-=-\hbar\omega_0/2$

$$\boldsymbol{\Psi}_a = \begin{pmatrix} 1 \\ 0 \end{pmatrix} \equiv |a\rangle, \quad \boldsymbol{\Psi}_b = \begin{pmatrix} 0 \\ 1 \end{pmatrix} \equiv |b\rangle \tag{10.6.60}$$

这样二能级原子的哈密顿算符(Hamiltonian of a two-level atom)可以表示为

$$\hat{H} = \frac{1}{2}\hbar\omega_0 \boldsymbol{\sigma}_z = \frac{1}{2}\hbar\omega_0 \begin{pmatrix} 1 & 0 \\ 0 & -1 \end{pmatrix} \tag{10.6.61}$$

事实上,用$\hat{H}$分别作用于原子的高能态$|a\rangle$和低能态$|b\rangle$,给出

$$\hat{H}|a\rangle = \frac{1}{2}\hbar\omega_0 \boldsymbol{\sigma}_z \begin{pmatrix} 1 \\ 0 \end{pmatrix} = \frac{1}{2}\hbar\omega_0 \begin{pmatrix} 1 \\ 0 \end{pmatrix} = \frac{1}{2}\hbar\omega_0 |a\rangle = E^+ |a\rangle \tag{10.6.62a}$$

$$\hat{H}|b\rangle=\frac{1}{2}\hbar\omega_0\boldsymbol{\sigma}_z\begin{pmatrix}0\\1\end{pmatrix}=-\frac{1}{2}\hbar\omega_0\begin{pmatrix}0\\1\end{pmatrix}=-\frac{1}{2}\hbar\omega_0|b\rangle=E^-|b\rangle \tag{10.6.62b}$$

可见$|a\rangle$和$|b\rangle$确实是哈密顿算符(10.6.61)的本征态，而且本征值分别为$E^+=\hbar\omega_0/2$和$E^-=-\hbar\omega_0/2$。

为了进一步描述原子在高能态$|a\rangle$和低能态$|b\rangle$之间的跃迁，我们利用$\boldsymbol{\sigma}_x$和$\boldsymbol{\sigma}_y$定义下面两个算符：

$$\boldsymbol{\sigma}^+=\frac{1}{2}(\boldsymbol{\sigma}_x+\mathrm{i}\boldsymbol{\sigma}_y)=\frac{1}{2}\left[\begin{pmatrix}0&1\\1&0\end{pmatrix}-\mathrm{i}\begin{pmatrix}0&-\mathrm{i}\\\mathrm{i}&0\end{pmatrix}\right]=\begin{pmatrix}0&1\\0&0\end{pmatrix} \tag{10.6.63a}$$

$$\boldsymbol{\sigma}^-=\frac{1}{2}(\boldsymbol{\sigma}_x-\mathrm{i}\boldsymbol{\sigma}_y)=\frac{1}{2}\left[\begin{pmatrix}0&1\\1&0\end{pmatrix}-\mathrm{i}\begin{pmatrix}0&-\mathrm{i}\\\mathrm{i}&0\end{pmatrix}\right]=\begin{pmatrix}0&0\\1&0\end{pmatrix} \tag{10.6.63b}$$

显然这两个算符不是厄米的。注意到

$$\begin{pmatrix}0&1\\0&0\end{pmatrix}\begin{pmatrix}0\\1\end{pmatrix}=\begin{pmatrix}1\\0\end{pmatrix}，\text{即 }\boldsymbol{\sigma}^+|b\rangle=|a\rangle \tag{10.6.64a}$$

$$\begin{pmatrix}0&0\\1&0\end{pmatrix}\begin{pmatrix}1\\0\end{pmatrix}=\begin{pmatrix}0\\1\end{pmatrix}，\text{即 }\boldsymbol{\sigma}^-|a\rangle=|b\rangle \tag{10.6.64b}$$

这意味着，算符$\boldsymbol{\sigma}^+$使原子从低能态$|b\rangle$跃迁到高能态$|a\rangle$，而算符$\boldsymbol{\sigma}^-$使原子从高能态$|a\rangle$跃迁到低能态$|b\rangle$。这样$\boldsymbol{\sigma}^+$和$\boldsymbol{\sigma}^-$分别称为原子的“升阶算符”(raising operator)和“降阶算符”(lowering operator)，而$\boldsymbol{\sigma}^\pm$统称为原子的“跃迁算符”(transition operator)。它们的作用是刻画二能级原子的状态变化。

本节所引入的二能级原子的哈密顿算符(式(10.6.61))和原子跃迁算符(式(10.6.64))将在16.8节用于讨论有关二能级原子与单模辐射场相互作用的杰恩斯-卡明斯模型。

10.6.5　双态问题：中微子振荡

本节一般性地讨论双态问题。一个双态体系由两个线性独立的态

$$|a\rangle=\begin{pmatrix}1\\0\end{pmatrix},\quad |b\rangle=\begin{pmatrix}0\\1\end{pmatrix} \tag{10.6.65}$$

组成。我们首先假定体系的哈密顿算符由$\boldsymbol{\sigma}_x$表示，即

$$\boldsymbol{H}=\begin{pmatrix}0&1\\1&0\end{pmatrix} \tag{10.6.66}$$

设体系在初始$t=0$时刻处于任意态

$$|\Omega(0)\rangle=\mu|a\rangle+\nu|b\rangle=\begin{pmatrix}\mu\\\nu\end{pmatrix}\quad(|\mu|^2+|\nu|^2=1) \tag{10.6.67}$$

现在求体系在任意t时刻的状态$|\Omega(t)\rangle$。

由 10.6.2 节例 4 的讨论知，本征方程 $\boldsymbol{\sigma}_x\boldsymbol{\Phi}=\varepsilon\boldsymbol{\Phi}$ 的本征值为

$$\varepsilon^{\pm}=\pm 1 \tag{10.6.68}$$

而本征态为

$$\boldsymbol{\Phi}^{\pm}=\frac{1}{\sqrt{2}}\begin{pmatrix}1\\ \pm 1\end{pmatrix} \tag{10.6.69}$$

这样体系在任意 t 时刻的状态为

$$\begin{aligned}|\Omega(t)\rangle&=c_1\,\boldsymbol{\Phi}^{+}\exp\left(-\frac{\mathrm{i}}{\hbar}\varepsilon^{+}t\right)+c_2\,\boldsymbol{\Phi}^{-}\exp\left(-\frac{\mathrm{i}}{\hbar}\varepsilon^{-}t\right)\\&=\frac{1}{\sqrt{2}}\left[c_1\begin{pmatrix}1\\1\end{pmatrix}\exp\left(-\frac{\mathrm{i}}{\hbar}t\right)+c_2\begin{pmatrix}1\\-1\end{pmatrix}\exp\left(\frac{\mathrm{i}}{\hbar}t\right)\right]\end{aligned} \tag{10.6.70}$$

它在 $t=0$ 时应给出式(10.6.67)，于是我们有

$$\begin{pmatrix}\mu\\ \nu\end{pmatrix}=\frac{1}{\sqrt{2}}\left[c_1\begin{pmatrix}1\\1\end{pmatrix}+c_2\begin{pmatrix}1\\-1\end{pmatrix}\right] \tag{10.6.71}$$

由它解出

$$c_1=\frac{1}{\sqrt{2}}(\mu+\nu),\quad c_2=\frac{1}{\sqrt{2}}(\mu-\nu) \tag{10.6.72}$$

代入式(10.6.70)，得

$$|\Omega(t)\rangle=\frac{1}{2}\left[(\mu+\nu)\begin{pmatrix}1\\1\end{pmatrix}\exp\left(-\frac{\mathrm{i}}{\hbar}t\right)+(\mu-\nu)\begin{pmatrix}1\\-1\end{pmatrix}\exp\left(\frac{\mathrm{i}}{\hbar}t\right)\right] \tag{10.6.73}$$

这就是体系在任意 t 时刻的状态。

上述讨论可推广到更一般的情况。事实上，体系的哈密顿可以由式(10.6.66)推广为下面一般的厄米矩阵：

$$\boldsymbol{H}=\begin{pmatrix}\xi & \eta\\ \eta & \xi\end{pmatrix} \tag{10.6.74}$$

其中，ξ 和 η 均为实数。式(10.6.74)在 $\xi=0,\eta=1$ 时约化为哈密顿(10.6.66)。现在我们对于任意初始状态(10.6.67)，一般性地考查由哈密顿(10.6.74)所支配的体系演化到 t 时刻的状态 $|\Omega(t)\rangle$。

我们首先求解该哈密顿算符的本征方程

$$\boldsymbol{H\Phi}=E\boldsymbol{\Phi} \tag{10.6.75}$$

其中，E 是本征值，而 $\boldsymbol{\Phi}$ 为列矢量：

$$\boldsymbol{\Phi}=\begin{pmatrix}a_1\\ a_2\end{pmatrix} \tag{10.6.76}$$

利用式(10.6.74)将本征方程(10.6.75)写为

$$\begin{pmatrix} \xi-E & \eta \\ \eta & \xi-E \end{pmatrix}\begin{pmatrix} a_1 \\ a_2 \end{pmatrix}=0 \tag{10.6.77}$$

这是一个关于 a_1、a_2 的线性齐次方程组，它有非零解的必要充分条件是系数行列式等于零，即 $\begin{vmatrix} \xi-E & \eta \\ \eta & \xi-E \end{vmatrix}=0$，该久期方程的根为

$$E^{\pm}=\xi\pm\eta \tag{10.6.78}$$

进而得到本征态

$$\boldsymbol{\Phi}^{\pm}=\frac{1}{\sqrt{2}}\begin{pmatrix} 1 \\ \pm 1 \end{pmatrix} \tag{10.6.79}$$

这就是哈密顿算符(10.6.74)的本征态，它与 $\boldsymbol{\sigma}_x$ 的本征态有相同的形式，这是由于式(10.6.74)与 $\boldsymbol{\sigma}_x$ 的类似性。任意 t 时刻体系的状态为

$$\begin{aligned}|\Omega(t)\rangle&=c_1\boldsymbol{\Phi}^{+}\exp\left(-\frac{\mathrm{i}}{\hbar}E^{+}t\right)+c_2\boldsymbol{\Phi}^{-}\exp\left(-\frac{\mathrm{i}}{\hbar}E^{-}t\right)\\&=\frac{1}{\sqrt{2}}\left[c_1\begin{pmatrix}1\\1\end{pmatrix}\exp\left(-\frac{\mathrm{i}}{\hbar}E^{+}t\right)+c_2\begin{pmatrix}1\\-1\end{pmatrix}\exp\left(-\frac{\mathrm{i}}{\hbar}E^{-}t\right)\right]\\&=\frac{1}{\sqrt{2}}\exp\left(-\frac{\mathrm{i}}{\hbar}\xi t\right)\left[c_1\begin{pmatrix}1\\1\end{pmatrix}\exp\left(-\frac{\mathrm{i}}{\hbar}\eta t\right)+c_2\begin{pmatrix}1\\-1\end{pmatrix}\exp\left(\frac{\mathrm{i}}{\hbar}\eta t\right)\right]\end{aligned} \tag{10.6.80}$$

利用初始条件(10.6.67)确定其中的系数 c_1 和 c_2 后，得到

$$|\Omega(t)\rangle=\frac{1}{2}\exp\left(-\frac{\mathrm{i}}{\hbar}\xi t\right)\left[(\mu+\nu)\begin{pmatrix}1\\1\end{pmatrix}\exp\left(-\frac{\mathrm{i}}{\hbar}\eta t\right)+(\mu-\nu)\begin{pmatrix}1\\-1\end{pmatrix}\exp\left(\frac{\mathrm{i}}{\hbar}\eta t\right)\right] \tag{10.6.81}$$

如果体系的初态为 $|\Omega(0)\rangle=|a\rangle$，即 $\mu=1,\nu=0$，则式(10.6.81)给出

$$\begin{aligned}|\Omega(t)\rangle&=\frac{1}{2}\exp\left(-\frac{\mathrm{i}}{\hbar}\xi t\right)\left[\begin{pmatrix}1\\1\end{pmatrix}\exp\left(-\frac{\mathrm{i}}{\hbar}\eta t\right)+\begin{pmatrix}1\\-1\end{pmatrix}\exp\left(\frac{\mathrm{i}}{\hbar}\eta t\right)\right]\\&=\frac{1}{2}\exp\left(-\frac{\mathrm{i}}{\hbar}\xi t\right)\begin{pmatrix}\mathrm{e}^{-\frac{\mathrm{i}}{\hbar}\eta t}+\mathrm{e}^{\frac{\mathrm{i}}{\hbar}\eta t}\\\mathrm{e}^{-\frac{\mathrm{i}}{\hbar}\eta t}-\mathrm{e}^{\frac{\mathrm{i}}{\hbar}\eta t}\end{pmatrix}=\exp\left(-\frac{\mathrm{i}}{\hbar}\xi t\right)\begin{pmatrix}\cos(2\pi\nu t)\\-\mathrm{i}\sin(2\pi\nu t)\end{pmatrix}\end{aligned} \tag{10.6.82}$$

其中，$\nu=\eta/h$。将式(10.6.82)按态(10.6.65)展开：

$$|\Omega(t)\rangle=\exp\left(-\frac{\mathrm{i}}{\hbar}\xi t\right)\left[\cos(2\pi\nu t)|a\rangle-\mathrm{i}\sin(2\pi\nu t)|b\rangle\right] \tag{10.6.83}$$

这就是双态问题的一般性结果，它可以用来唯象地描述中微子振荡(neutrino oscilla-tion)。比如说，$|a\rangle$表示电子中微子(electron neutrino)，而$|b\rangle$表示 μ 中微子(muon neutrino)。为了了解其中的振荡机制，我们利用哈密顿算符(10.6.74)计算$|a\rangle$和$|b\rangle$之间的跃迁矩阵元(见 11.5.2 节)：

$$H_{ab}=(1\quad 0)\begin{pmatrix}\xi & \eta\\ \eta & \xi\end{pmatrix}\begin{pmatrix}0\\1\end{pmatrix}=\eta,\quad H_{ba}=(0\quad 1)\begin{pmatrix}\xi & \eta\\ \eta & \xi\end{pmatrix}\begin{pmatrix}1\\0\end{pmatrix}=\eta \tag{10.6.84}$$

这意味着，如果哈密顿算符(10.6.74)的非对角元不为零，即 $\eta\neq 0$，则体系在时间演化过程中，电子中微子可以变成 μ 中微子，而 μ 中微子也可以变成电子中微子。进而，我们由式(10.6.83)写出电子中微子和 μ 中微子出现的概率

$$P_a=\left|\exp\left(-\frac{\mathrm{i}}{\hbar}\xi t\right)\cos(2\pi\nu t)\right|^2=\cos^2(2\pi\nu t) \tag{10.6.85a}$$

$$P_b=\left|-\mathrm{i}\exp\left(-\frac{\mathrm{i}}{\hbar}\xi t\right)\sin(2\pi\nu t)\right|^2=\sin^2(2\pi\nu t) \tag{10.6.85b}$$

可见二者均以 2ν 为频率作周期性振荡(图 10.6.3)，并在振荡中保持概率守恒：$P_a+P_b=1$。

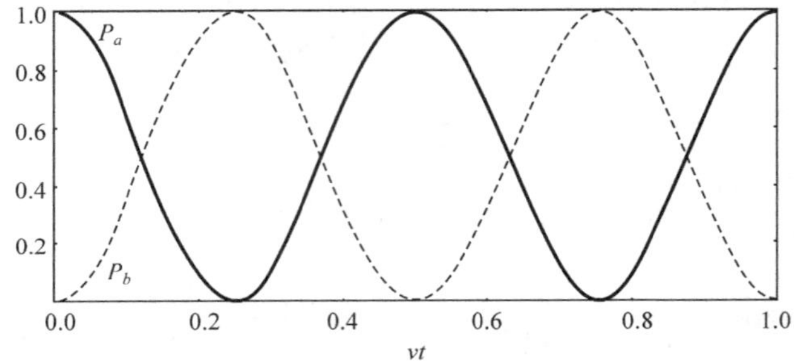

图 10.6.3　中微子振荡

P_a 和 P_b 分别表示体系中电子中微子和 μ 中微子出现的概率

我们知道，中微子在作时间振荡的同时，以接近光速 c 在空间传播。现在我们考查振荡概率对传播距离 $L=ct$ 的依赖性(以及对体系物理参量的依赖性)，为此写出二味中微子振荡(two-flavor neutrino oscillation)的一般结果

$$P_b=\sin^2\left(1.27\frac{\Delta m^2 L}{E}\right) \tag{10.6.86}$$

式中，L 以 km 为单位；E 是中微子 b 的能量(以 GeV 为单位)；$\Delta m^2=m_a^2-m_b^2$ 是两种中微子质量的平方差(m_a 和 m_b 的单位取 eV/c^2)。将式(10.6.85b)与(10.6.86)相比较，得到

$$1.27\frac{\Delta m^2 L}{E}=2\pi\nu t\ \Rightarrow\ L_{\mathrm{osc}}=1.24\frac{E}{\Delta m^2} \tag{10.6.87}$$

这里 $L_{\mathrm{osc}}=c(T/2)$ 是一个特征距离(相应于 $P_b=0\to P_b=1$)，其中 $T=1/(2\nu)$ 是中微子振荡周期。进而将非对角矩阵元写为 $\eta=2.52\times 10^{-10}(\Delta m^2/E)\mathrm{eV}$，可见如果 $\Delta m^2\neq 0$(则 $\eta\neq 0$)，就可以发生中微子振荡。作为一个例子，由超级神冈实验数据 $L_{\mathrm{osc}}/E=500\mathrm{km/GeV}$，我们得到 $\Delta m^2=2.47\times 10^{-3}(\mathrm{eV}/c^2)^2$。它提供了一个确定中微子质量 m_a 和 m_b 的基本关系式。比如取 $m_b/m_a=\sqrt{9/10}$，则 $m_a=0.16\mathrm{eV}$。

第 11 章 微 扰 论

前几章我们介绍了量子力学的基本概念和基本理论,并讨论了一些基本的量子力学体系,例如,粒子在一维势场中的运动、量子谐振子以及三维体系的量子力学问题(涉及类氢离子、碱金属原子、莫尔斯势和克拉策势中的双原子分子等),第10 章还讨论了双态问题。对上述所有问题,我们给出了薛定谔方程的精确解。

不过在量子力学中,像这样能够精确求解的问题是不多的。在量子化学和量子生物学中,由于实际体系的复杂性,能够精确求解的问题更是少之又少。为了研究这些体系的量子性质,研究者开辟了两个途径。一是借助于数值计算,即根据体系的哈密顿算符,对薛定谔方程进行数值求解。近几十年来由于数值计算方法的不断发展,许多量子体系的本征能量和本征波函数得以求解和显示。这是一个直观有效的途径。另一个途径则是理论上的近似方法。近似方法通常是从简单问题的精确解出发来求复杂问题的近似解,最基本的近似方法是利用微扰理论(perturbation theory),简称微扰论。本章我们首先讨论体系的哈密顿算符不显含时间的情况(定态问题),即所谓"定态微扰论"(time-independent perturbation theory)。对此,我们在介绍传统处理方法的基础上,还将引进一种新的具有高度近似性的方法——哈密顿替代法。进而我们讨论体系的哈密顿算符与时间有关的情况,它相应于"含时微扰论"(time-dependent perturbation theory)。并利用这种微扰论的一级近似结果讨论一个重要的量子力学问题——量子跃迁。

11.1 基 本 概 念

微扰是指一个量子体系的哈密顿受到小的扰动,例如,图 11.1.1 所示的一维无限深势阱中出现一个小突起。一般而言,假定一个体系的哈密顿算符可以表示为

$$H = H_0 + H' \tag{11.1.1}$$

其中,H_0 能够精确求解:

$$H_0 |\phi_n^0\rangle = E_n^0 |\phi_n^0\rangle \tag{11.1.2}$$

式中,E_n^0 是本征能量;$|\phi_n^0\rangle$是相应的本征函数,满足正交性和完备性:

$$\langle \phi_n^0 | \phi_m^0 \rangle = \delta_{nm} \tag{11.1.3a}$$

$$\sum_n |\phi_n^0\rangle\langle\phi_n^0| = 1 \tag{11.1.3b}$$

设式(11.1.1)中的 H'很小,可以看成加于 H_0 上的微扰(perturbation),称为微扰

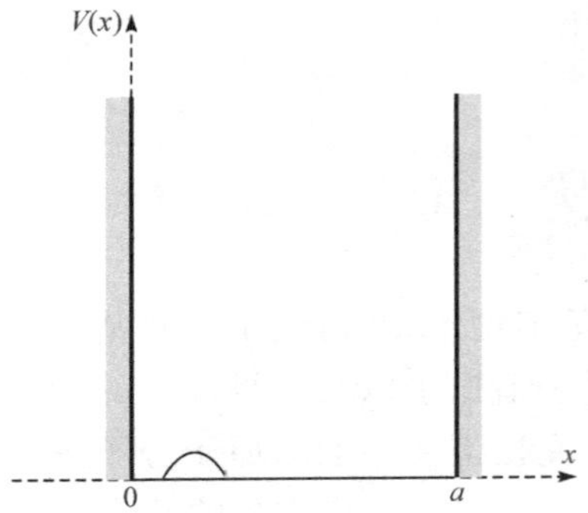

图 11.1.1 无限深势阱中的小微扰

算符(perturbation operator),因此可以写成

$$H' = \varepsilon W \tag{11.1.4}$$

式中,ε 是一个很小的实参数,称为微扰参数(或小参数);W 则是一个有效微扰算符。

由于微扰算符 H' 的存在,体系的本征方程

$$H|\Psi\rangle = E|\Psi\rangle \tag{11.1.5}$$

一般情况下是不能精确求解的。而微扰论是一套系统的理论,它的基本思想是利用 H_0 的精确解 E_n^0 和 $|\phi_n^0\rangle$ 来求出 E 和 $|\Psi\rangle$ 的近似解。

11.2 定态微扰论

11.2.1 微扰论方程

设体系的哈密顿算符 H 不含时间,即式(11.1.1)中的微扰算符 H' 不含时间。现在我们从本征方程(11.1.5)出发,将它写为

$$(H_0 + H')|\Psi\rangle = E|\Psi\rangle \tag{11.2.1}$$

设 $|\Psi\rangle$ 可以按照 H_0 的本征函数 $|\phi_n^0\rangle$ 展开:

$$|\Psi\rangle = \sum_n a_n |\phi_n^0\rangle \quad (设\ n=1,2,3,\cdots) \tag{11.2.2}$$

式中,a_n 是展开系数。将式(11.2.2)代入式(11.2.1),得到

$$(H_0 + H')\sum_n a_n |\phi_n^0\rangle = E\sum_n a_n |\phi_n^0\rangle \tag{11.2.3}$$

对式(11.2.3)整理,并利用式(11.1.2),得到

$$\sum_n a_n (E_n^0 - E + H')|\phi_n^0\rangle = 0 \tag{11.2.4}$$

式(11.2.4)向 $\langle\phi_m^0|$ 投影,并利用式(11.1.3a),得到

$$\begin{aligned} 0 &= \langle\phi_m^0|\sum_n a_n (E_n^0 - E + H')|\phi_n^0\rangle \\ &= \sum_n a_n [(E_n^0 - E)\langle\phi_m^0|\phi_n^0\rangle] + \sum_n a_n \langle\phi_m^0|H'|\phi_n^0\rangle \\ &= a_m (E_m^0 - E) + \sum_n a_n \langle\phi_m^0|H'|\phi_n^0\rangle \end{aligned} \tag{11.2.5}$$

将求和中 $n=m$ 的项移出(并入前面的括号),得到

$$a_m (E_m^0 - E + H'_{mm}) + \sum_{n(n\neq m)} a_n H'_{mn} = 0 \tag{11.2.6}$$

其中

$$H'_{mn} = \langle\phi_m^0|H'|\phi_n^0\rangle \tag{11.2.7}$$

称为微扰矩阵元(perturbation matrix elements)。

由于微扰 $H'=\varepsilon W$ 很小，我们将式(11.2.2)中的展开系数 $a_m(m=1,2,3,\cdots)$ 和式(11.2.1)中的能量本征值 E 按照小参数 ε 的幂级数展开：

$$a_m=a_m^{(0)}+\varepsilon a_m^{(1)}+\varepsilon^2 a_m^{(2)}+\cdots \tag{11.2.8a}$$

$$E=E^{(0)}+\varepsilon E^{(1)}+\varepsilon^2 E^{(2)}+\cdots \tag{11.2.8b}$$

这里，小括号中的数表示近似的程度，例如，$\varepsilon a_m^{(1)}$ 是一级近似下的展开系数修正，$\varepsilon E^{(1)}+\varepsilon^2 E^{(2)}$ 是二级近似下的能量修正(energy correction)。现在我们将式(11.2.8)代入式(11.2.6)，得到

$$\begin{aligned}&(E_m^0-E^{(0)})a_m^{(0)}\\&+\varepsilon\Big[(W_{mm}-E^{(1)})a_m^{(0)}+(E_m^0-E^{(0)})a_m^{(1)}+\sum_{n(n\neq m)}W_{mn}a_n^{(0)}\Big]\\&+\varepsilon^2\Big[(W_{mm}-E^{(1)})a_m^{(1)}+(E_m^0-E^{(0)})a_m^{(2)}-E^{(2)}a_m^{(0)}+\sum_{n(n\neq m)}W_{mn}a_n^{(1)}\Big]\\&+\varepsilon^3[\cdots]\\&+\cdots\\&=0\end{aligned} \tag{11.2.9}$$

式(11.2.9)称为微扰论方程(perturbation theory equation)，由它可以确定不同近似程度下的展开系数和本征能量。例如，置 $\varepsilon=0$(无微扰情况)，有

$$(E_m^0-E^{(0)})a_m^{(0)}=0 \tag{11.2.10a}$$

这里，m 代表任意指标，它的变化遍及 H_0 的所有本征态，即 $m=1,2,3,\cdots$。现在取 m 为确定的 k(k 代表体系的第 k 个本征态)，我们考查这个态的能量与波函数，方程(11.2.10a)给出

$$E^{(0)}=E_k^0,\quad a_m^{(0)}=\delta_{mk} \tag{11.2.10b}$$

这是零级近似结果(相应于 H_0)：体系的本征值为 E_k^0，本征函数为 $|\phi_k^0\rangle$。

11.2.2　能量和波函数的一级近似

将式(11.2.10b)代入微扰论方程(11.2.9)，并取到 ε 的一次项，得到

$$(E_m^0-E_k^0)\delta_{mk}+\varepsilon\Big[(W_{mm}-E^{(1)})\delta_{mk}+(E_m^0-E_k^0)a_m^{(1)}+\sum_{n(n\neq m)}W_{mn}\delta_{nk}\Big]=0 \tag{11.2.11}$$

它的第一项为零(无论 m 是否等于 k)。对于 $m=k$ 的情况，中括号里第二项显然为零。第三项对 n 的求和要求 $n\neq m$(因此 $n\neq k$)，故这个求和也为零。这样只剩下 $(W_{mm}-E^{(1)})\delta_{mk}=0$，它给出

$$E^{(1)}=W_{kk} \tag{11.2.12}$$

从而体系能量的一级修正为

$$\varepsilon E^{(1)}=\varepsilon W_{kk}=H'_{kk}=\langle\phi_k^0|H'|\phi_k^0\rangle \tag{11.2.13}$$

它是微扰算符在无微扰态的期待值(这是一个基本而重要的结果)。从而体系能量的一级近似为

$$E=E_k^0+H'_{kk}=E_k^0+\langle\phi_k^0|H'|\phi_k^0\rangle \tag{11.2.14}$$

下面求体系波函数的一级近似。为此考查 $m\neq k$ 情况下的式(11.2.11),这时中括号里第一项为零,而第三项的求和给出 W_{mk},于是

$$(E_m^0-E_k^0)a_m^{(1)}+W_{mk}=0 \tag{11.2.15}$$

它给出

$$a_m^{(1)}=\frac{W_{mk}}{E_k^0-E_m^0}\Rightarrow a_n^{(1)}=\frac{W_{nk}}{E_k^0-E_n^0} \tag{11.2.16}$$

这时展开系数(式(11.2.8a))取到 $a_n=a_n^{(0)}+\varepsilon a_n^{(1)}$。将式(11.2.16)代入波函数表示式(11.2.2),并利用式(11.2.10b),得到

$$\begin{aligned}|\Psi\rangle&=\sum_n a_n|\phi_n^0\rangle=\sum_n(a_n^{(0)}+\varepsilon a_n^{(1)})|\phi_n^0\rangle\\&=\sum_n(\delta_{nk}+\varepsilon a_n^{(1)})|\phi_n^0\rangle\\&=|\phi_k^0\rangle+\varepsilon\sum_{n(n\neq k)}\frac{W_{nk}}{E_k^0-E_n^0}|\phi_n^0\rangle\\&=|\phi_k^0\rangle+\sum_{n(n\neq k)}\frac{H'_{nk}}{E_k^0-E_n^0}|\phi_n^0\rangle\end{aligned} \tag{11.2.17}$$

这就是体系波函数的一级近似。

11.2.3 能量的二级修正

下面我们进一步求体系能量的二级修正。为此将微扰论方程(11.2.9)取到 ε 的二次项,并将其中的任意指标 m 取为确定的 k,得到

$$\begin{aligned}&(E_k^0-E^{(0)})a_k^{(0)}+\varepsilon\Big[(W_{kk}-E^{(1)})a_k^{(0)}+(E_k^0-E^{(0)})a_k^{(1)}+\sum_{n(n\neq k)}W_{kn}a_n^{(0)}\Big]\\&+\varepsilon^2\Big[(W_{kk}-E^{(1)})a_k^{(1)}+(E_k^0-E^{(0)})a_k^{(2)}-E^{(2)}a_k^{(0)}+\sum_{n(n\neq k)}W_{kn}a_n^{(1)}\Big]=0\end{aligned} \tag{11.2.18}$$

利用零级近似结果(式(11.2.10b))

$$E^{(0)}=E_k^0,\quad a_k^{(0)}=1 \tag{11.2.19}$$

和一级修正结果(式(11.2.13)和式(11.2.16))

$$E^{(1)}=W_{kk},\quad a_n^{(1)}=\frac{W_{nk}}{E_k^0-E_n^0} \tag{11.2.20}$$

式(11.2.18)变为

$$\varepsilon \sum_{n(n\neq k)} W_{kn} a_n^{(0)} - \varepsilon^2 E^{(2)} a_k^{(0)} + \varepsilon^2 \sum_{n(n\neq k)} W_{kn} a_n^{(1)}$$
$$= \varepsilon \sum_{n(n\neq k)} W_{kn}\delta_{nk} - \varepsilon^2 E^{(2)} + \varepsilon^2 \sum_{n(n\neq k)} \frac{W_{kn}W_{nk}}{E_k^0 - E_n^0}$$
$$= -\varepsilon^2 E^{(2)} + \sum_{n(n\neq k)} \frac{H'_{kn}H'_{nk}}{E_k^0 - E_n^0} = 0$$

这样

$$\varepsilon^2 E^{(2)} = -\sum_{n(n\neq k)} \frac{|H'_{nk}|^2}{E_n^0 - E_k^0} \tag{11.2.21}$$

这就是体系能量的二级修正。当体系处于基态($k=1$)时,有 $E_n^0 > E_k^0$,而 $|H'_{nk}|^2$ 为正值,故 $\varepsilon^2 E^{(2)} < 0$。这意味着,体系基态能量的二级修正恒为负值(不论微扰矩阵元 H'_{nk} 是正或负)。

由式(11.2.18)还可以求出波函数的二级修正。用类似的步骤可以逐次求得能量和波函数的多级修正。而无限多级修正的总和就是精确解。对于实际问题,可以根据精确度的需要,计算到适当的级别。不过,如果微扰项足够小,对波函数取一级近似、对能量取二级近似是足够精确的。因此体系第 k 个本征态的能量和波函数表示为

$$E = E_k^0 + H'_{kk} - \sum_{n(n\neq k)} \frac{|H'_{nk}|^2}{E_n^0 - E_k^0} + \cdots \tag{11.2.22a}$$

$$|\Psi\rangle = |\phi_k^0\rangle - \sum_{n(n\neq k)} \frac{H'_{nk}}{E_n^0 - E_k^0} |\phi_n^0\rangle + \cdots \tag{11.2.22b}$$

最后需要指出,微扰论的适用条件是式(11.2.22)中的级数收敛。要判断级数的收敛性,必须知道它的一般项。但这里我们并不知道式(11.2.22)中级数的高阶项。在这样的情况下,我们只能要求级数的已知几项中后面的项远小于前面的项,由此得到微扰论适用的条件(perturbation theory applicable conditions)为

$$\left|\frac{H'_{nk}}{E_n^0 - E_k^0}\right| \ll 1 \quad (n\neq k) \tag{11.2.23}$$

这就是本节开始所提到的微扰算符 H' 很小的明确表示式。由式(11.2.23)可以看出,使用微扰论不仅要求微扰矩阵元 $|H'_{nk}|$ 足够小,同时还要求能级间隔 $|E_n^0 - E_k^0|$ 足够大。一个典型的反例是库仑场中的类氢离子,它的能量与量子数 n 的平方成反比(见式(8.5.1)),随着 n 的增大,能级间隔越来越小,式(11.2.23)所示的条件将变得难以满足。因此在这个体系中,微扰论只适用于计算较低能级的修正,而不能用来计算较高能级的修正。

11.2.4　典型例题

本节我们通过几个典型例题说明定态微扰论的应用。

例 1　设质量为 m 的粒子在宽度为 $a=1$ 的一维无限深势阱中运动，粒子的本征函数和本征能量为

$$\phi_n^0(x)=\sqrt{2}\sin(n\pi x),\quad E_n^0=\frac{n^2\pi^2\hbar^2}{2m}\quad (n=1,2,3,\cdots)\tag{11.2.24}$$

考虑图 11.1.1 所示的微扰，我们将它表示为(图 11.2.1)

$$H'=\begin{cases}-V_0\cos(5\pi x) & (0.1<x<0.3)\\ 0 & (\text{其他处})\end{cases}\tag{11.2.25}$$

式中，$V_0>0$。求体系能量的一级修正。

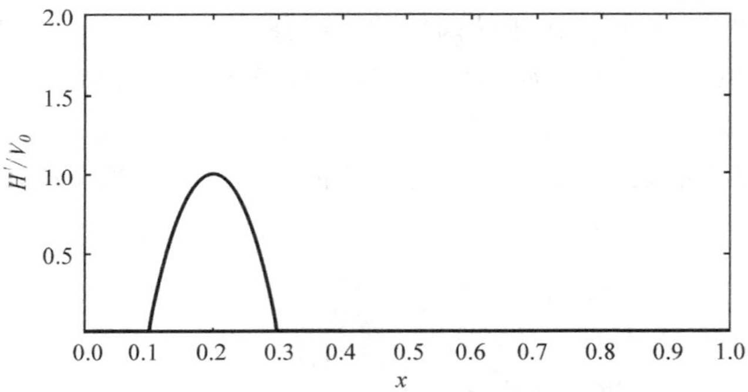

图 11.2.1　式(11.2.25)所示的无限深势阱中的小微扰

解　将式(11.2.25)代入式(11.2.13)，得到体系能量的一级修正

$$\begin{aligned}H'_{nn}&=\langle\phi_n^0|H'|\phi_n^0\rangle\\&=-2V_0\int_{0.1}^{0.3}\cos(5\pi x)\sin^2(n\pi x)\,\mathrm{d}x\\&=-2V_0\left[-\frac{\sin(5\pi+2n\pi)x}{4(5\pi+2n\pi)}-\frac{\sin(5\pi-2n\pi)x}{4(5\pi-2n\pi)}+\frac{\sin(5\pi x)}{10\pi}\right]_{0.1}^{0.3}\\&=\frac{2V_0}{\pi}\left[\frac{5\cos\left(\frac{1}{5}n\pi\right)\cos\left(\frac{2}{5}n\pi\right)}{4n^2-25}+\frac{1}{5}\right]\end{aligned}\tag{11.2.26}$$

H'_{nn}/V_0 随 n 的变化如图 11.2.2 所示。可以看出，能量一级修正恒为正值，当 $n=2$、3 时，修正量较大。当 n 较大时，$H'_{nn}/V_0\to\frac{2}{5\pi}=0.127$。这种情况下，能量一级修正不依赖于能级 n，对所有能级均为同一个常数。

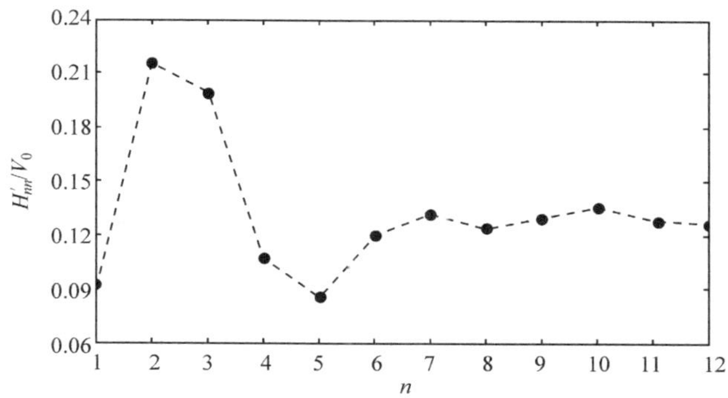

图 11.2.2　式(11.2.26)所示的能量一级修正

例 2　设质量为 m 的粒子在宽度为 a 的一维无限深势阱中运动。加在粒子上的微扰为 δ 函数(图 11.2.3)：

$$H'=\frac{\hbar^2\Omega}{m}\delta\left(x-\frac{a}{2}\right) \tag{11.2.27}$$

式中，Ω 刻画 δ 微扰强度。

(1) 求体系能量的一级修正，并解释 n 为偶数时能量修正为零的原因；

(2) 求体系基态能量的二级近似(其中的求和取前三项)，并与精确解相比较；

(3) 求体系基态波函数的一级近似(其中的求和取前三项)。

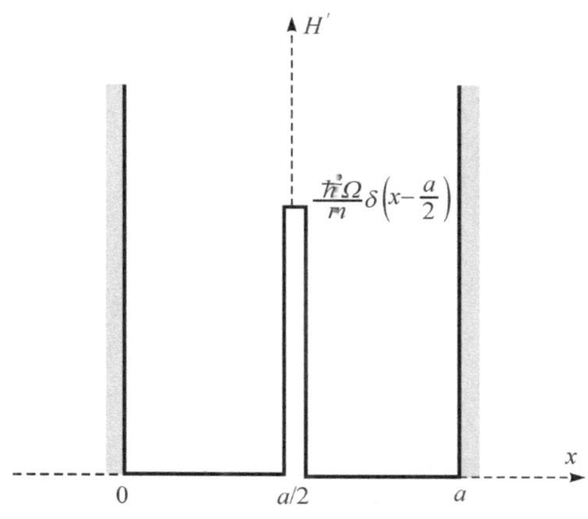

图 11.2.3　式(11.2.27)所示的无限深势阱中的 δ 微扰

解　(1) 无微扰体系的本征函数和本征能量为

$$\phi_n^0(x)=\sqrt{\frac{2}{a}}\sin\left(\frac{n\pi x}{a}\right),\ E_n^0=\frac{n^2\pi^2\hbar^2}{2ma^2}\quad(n=1,2,3,\cdots) \tag{11.2.28}$$

将式(11.2.27)代入式(11.2.13)，得到体系能量的一级修正

$$
\begin{aligned}
H'_{nn} &= \langle \phi_n^0 | H' | \phi_n^0 \rangle \\
&= \frac{2\hbar^2\Omega}{am}\int_0^a \sin^2\left(\frac{n\pi x}{a}\right)\delta\left(x-\frac{a}{2}\right)\mathrm{d}x \\
&= \frac{2\hbar^2\Omega}{am}\sin^2\left(\frac{n\pi}{2}\right) = \begin{cases} \dfrac{2\hbar^2\Omega}{am} & (n\text{ 是奇数}) \\ 0 & (n\text{ 是偶数}) \end{cases}
\end{aligned} \tag{11.2.29}
$$

可见 n 为偶数时的能量修正为零。这是因为 n 为偶数的态是奇宇称态，其性质不受 δ 微扰的影响（见 3.6.4 节），能级分布由式(3.6.73)表示。而 n 为奇数时（偶宇称态）各个能级的修正为同一个常数，与 n 无关。

(2) 由式(11.2.22a)得到

$$
\begin{aligned}
E &= E_1^0 + H'_{11} - \sum_{n(n\neq 1)} \frac{|H'_{n1}|^2}{E_n^0 - E_1^0} \\
&= E_1^0 + H'_{11} - \left(\frac{|H'_{21}|^2}{E_2^0 - E_1^0} + \frac{|H'_{31}|^2}{E_3^0 - E_1^0} + \frac{|H'_{41}|^2}{E_4^0 - E_1^0}\right)
\end{aligned} \tag{11.2.30}
$$

其中

$$
\begin{aligned}
H'_{21} &= \langle \phi_2^0 | H' | \phi_1^0 \rangle \\
&= \frac{2\hbar^2\Omega}{ma}\int_0^a \sin\left(\frac{2\pi x}{a}\right)\delta\left(x-\frac{a}{2}\right)\sin\left(\frac{\pi x}{a}\right)\mathrm{d}x \\
&= \frac{2\hbar^2\Omega}{ma}\sin\pi\sin\left(\frac{\pi}{2}\right) = 0
\end{aligned} \tag{11.2.31a}
$$

$$
H'_{31} = \frac{2\hbar^2\Omega}{ma}\sin\left(\frac{3\pi}{2}\right)\sin\left(\frac{\pi}{2}\right) = -\frac{2\hbar^2\Omega}{ma} \tag{11.2.31b}
$$

$$
H'_{41} = \frac{2\hbar^2\Omega}{ma}\sin(2\pi)\sin\left(\frac{\pi}{2}\right) = 0 \tag{11.2.31c}
$$

而

$$
E_3^0 - E_1^0 = \frac{9\pi^2\hbar^2}{2ma^2} - \frac{\pi^2\hbar^2}{2ma^2} = \frac{4\pi^2\hbar^2}{ma^2} \tag{11.2.31d}
$$

于是式(11.2.30)给出

$$
E = \frac{\pi^2\hbar^2}{2ma^2} + \frac{2\hbar^2\Omega}{am} - \frac{\hbar^2\Omega^2}{m\pi^2} \tag{11.2.32}
$$

这就是体系基态能量的二级近似。

下面我们将微扰论结果(11.2.32)与精确解（来自式(3.6.76)）相比较。设电子在宽度为 $a=5\text{Å}$ 的势阱中运动，无微扰的能量（式(3.1.32c)）为

$$
\frac{\pi^2\hbar^2}{2ma^2} = 1.51\text{eV} \tag{11.2.32a}
$$

δ 微扰作用下的精确解（取 $\alpha=1/(\Omega L)=1$，则 $X_{+1}=2.0288$）为

$$\frac{\pi^2\hbar^2}{2ma^2}\left(\frac{2X_{+1}}{\pi}\right)^2=2.52\text{eV} \tag{11.2.32b}$$

微扰论结果(11.2.32)给出

$$\frac{\pi^2\hbar^2}{2ma^2}\left(1+\frac{8}{\pi^2}-\frac{8}{\pi^4}\right)=2.61\text{eV} \tag{11.2.32c}$$

它与精确解的误差为 3.5%。

(3) 由式(11.2.22b)得到

$$|\Psi\rangle=|\phi_1^0\rangle-\sum_{n(n\neq 1)}\frac{H'_{n1}}{E_n^0-E_1^0}|\phi_n^0\rangle$$
$$=|\phi_1^0\rangle-\left(\frac{H'_{21}}{E_2^0-E_1^0}|\phi_2^0\rangle+\frac{H'_{31}}{E_3^0-E_1^0}|\phi_3^0\rangle+\frac{H'_{41}}{E_4^0-E_1^0}|\phi_4^0\rangle\right) \tag{11.2.33}$$

利用式(11.2.31)得到

$$\Psi(x)=\sqrt{\frac{2}{a}}\sin\left(\frac{\pi x}{a}\right)+\frac{\Omega}{\pi^2}\sqrt{\frac{a}{2}}\sin\left(\frac{3\pi x}{a}\right) \tag{11.2.34}$$

这就是体系基态波函数的一级近似,它的曲线如图 11.2.4 所示(对称势场情况下的精确解如图 3.6.11 中的 ψ_{+1}所示)。

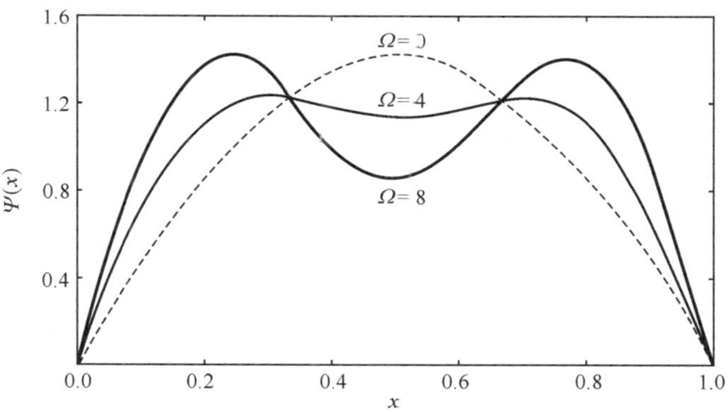

图 11.2.4 式(11.2.34)所示的波函数一级近似($a=1$)
$\Omega=0$ 相应于无微扰情况

例 3 一质量为 m、带电荷 $q(q>0$ 或 $q<0)$ 的谐振子在均匀弱电场 $\mathscr{E}$ 作用下运动,电场沿 x 轴方向。

(1) 用微扰法求带电谐振子的本征能量和本征波函数;

(2) 求该问题的精确解;

(3) 求带电谐振子的坐标平均值、电偶极矩和极化率。

解 (1) 该问题在 5.4.5 节用算符代数法求解过。这里用微扰论方法进行求解。体系的哈密顿算符为

$$H=-\frac{\hbar^2}{2m}\frac{\mathrm{d}^2}{\mathrm{d}x^2}+\frac{1}{2}m\omega^2x^2-q\mathscr{E}x \tag{11.2.35}$$

它可以写为

$$H=H_0+H' \tag{11.2.36}$$

其中

$$H_0=-\frac{\hbar^2}{2m}\frac{\mathrm{d}^2}{\mathrm{d}x^2}+\frac{1}{2}m\omega^2x^2 \tag{11.2.37a}$$

是无微扰体系的哈密顿算符，而

$$H'=-q\mathscr{E}x \tag{11.2.37b}$$

是微扰算符。

无微扰体系的本征函数和本征能量为(式(5.2.29a)和式(5.2.1))

$$\phi_n^0(x)=A_n\mathrm{H}_n(\alpha x)\exp\left(-\frac{1}{2}\alpha^2x^2\right)=\langle x|n\rangle \tag{11.2.38a}$$

$$E_n^0=\hbar\omega\left(n+\frac{1}{2}\right) \tag{11.2.38b}$$

其中，$|n\rangle$为数态($n=0,1,2,\cdots$)。体系能量的二级近似(式(11.2.22a))为

$$E=E_k^0+H'_{kk}-\sum_{n(n\neq k)}\frac{|H'_{nk}|^2}{E_n^0-E_k^0} \tag{11.2.39}$$

其中，对角矩阵元(即能量的一级修正)为

$$H'_{kk}=-q\mathscr{E}\langle k|x|k\rangle=-q\mathscr{E}C\langle k|a+a^+|k\rangle \tag{11.2.40}$$

这里利用了式(5.4.2a)，C由式(5.4.3a)表示。利用式(10.3.4)可以求出

$$\langle k|a|k\rangle=\langle k|\sqrt{k}|k-1\rangle=\sqrt{k}\delta_{k,k-1}=0 \tag{11.2.41a}$$

$$\langle k|a^+|k\rangle=\langle k|\sqrt{k+1}|k+1\rangle=\sqrt{k+1}\delta_{k,k+1}=0 \tag{11.2.41b}$$

这样$H'_{kk}=0$。我们进而计算式(11.2.39)中的非对角矩阵元$H'_{nk}(n\neq k)$：

$$H'_{nk}=-q\mathscr{E}\langle n|x|k\rangle=-q\mathscr{E}C\langle n|a+a^+|k\rangle \tag{11.2.42}$$

其中

$$\begin{aligned}\langle n|a+a^+|k\rangle&=\langle n|a|k\rangle+\langle n|a^+|k\rangle\\&=\langle n|\sqrt{k}|k-1\rangle+\langle n|\sqrt{k+1}|k+1\rangle\\&=\sqrt{k}\delta_{n,k-1}+\sqrt{k+1}\delta_{n,k+1}\end{aligned} \tag{11.2.43}$$

式(11.2.43)表示，非对角矩阵元只在$n=k-1$和$n=k+1$时是非零的。它们分别为

$$\langle k-1|a+a^+|k\rangle=\sqrt{k},\langle k+1|a+a^+|k\rangle=\sqrt{k+1} \tag{11.2.44}$$

这样式(11.2.39)中的求和(即能量的二级修正)为

$$\sum_{n(n\neq k)}\frac{|H'_{nk}|^2}{E_n^0-E_k^0}=\frac{|H'_{k-1,k}|^2}{E_{k-1}^0-E_k^0}+\frac{|H'_{k+1,k}|^2}{E_{k+1}^0-E_k^0}$$

$$= (q\mathscr{E}C)^2\left(\frac{|\langle k-1\mid a+a^+\mid k\rangle|^2}{E_{k-1}^0-E_k^0}+\frac{|\langle k+1\mid a+a^+\mid k\rangle|^2}{E_{k+1}^0-E_k^0}\right)$$

$$= (q\mathscr{E}C)^2\left(\frac{k}{-\hbar\omega}+\frac{k+1}{\hbar\omega}\right)=\frac{(q\mathscr{E}C)^2}{\hbar\omega}=\frac{q^2\mathscr{E}^2}{2m\omega^2} \tag{11.2.45}$$

于是式(11.2.39)变为

$$E=\hbar\omega\left(k+\frac{1}{2}\right)-\frac{q^2\mathscr{E}^2}{2m\omega^2} \tag{11.2.46}$$

这就是体系能量的二级近似。它表示体系在微扰作用下每个能级向下漂移了相同的量值。式(11.2.46)与式(5.4.60)所示的精确解相同,这意味着,在微扰论方法的无限多级能量修正中,只有二级修正是非零的,其余的修正均为零。

我们进而计算体系波函数的一级近似(式(11.2.22b))

$$|\Psi\rangle=|k\rangle-\sum_{n(n\neq k)}\frac{H'_{nk}}{E_n^0-E_k^0}|n\rangle \tag{11.2.47}$$

利用式(11.2.43)和式(11.2.44),可得式(11.2.47)中的求和

$$\sum_{n(n\neq k)}\frac{H'_{nk}}{E_n^0-E_k^0}|n\rangle=-q\mathscr{E}C\left(\frac{\sqrt{k}}{E_{k-1}^0-E_k^0}|k-1\rangle+\frac{\sqrt{k+1}}{E_{k+1}^0-E_k^0}|k+1\rangle\right)$$

$$=-q\mathscr{E}C\left(\frac{\sqrt{k}}{-\hbar\omega}|k-1\rangle+\frac{\sqrt{k+1}}{\hbar\omega}|k+1\rangle\right)$$

$$=q\mathscr{E}\sqrt{\frac{1}{2\hbar m\omega^3}}\left(\sqrt{k}|k-1\rangle-\sqrt{k+1}|k+1\rangle\right) \tag{11.2.48}$$

故波函数的一级近似为

$$|\Psi\rangle=|k\rangle+q\mathscr{E}\sqrt{\frac{1}{2\hbar m\omega^3}}\left(\sqrt{k+1}|k+1\rangle-\sqrt{k}|k-1\rangle\right) \tag{11.2.49}$$

需要注意,式(11.2.49)适用于 $k\geqslant1$ 情况。对于基态($k=0$),由于 $a|0\rangle=0$,式(11.2.43)变为

$$\langle n|a+a^+|0\rangle=\langle n|a|0\rangle+\langle n|a^+|0\rangle=\langle n|1\rangle \tag{11.2.50}$$

这意味着矩阵元 H'_{n0} 只在 $n=1$ 时有非零值 $H'_{10}=-q\mathscr{E}C$,于是

$$\sum_{n(n\neq 0)}\frac{H'_{n0}}{E_n^0-E_0^0}|n\rangle=-\frac{q\mathscr{E}C}{E_1^0-E_0^0}|1\rangle=-q\mathscr{E}\sqrt{\frac{1}{2\hbar m\omega^3}}|1\rangle \tag{11.2.51}$$

从而体系基态波函数的一级近似为

$$|\Psi\rangle=|0\rangle+q\mathscr{E}\sqrt{\frac{1}{2\hbar m\omega^3}}|1\rangle \tag{11.2.52}$$

它是无微扰基态与第一激发态的叠加。

(2) 实际上,上述带电谐振子的本征能量和本征波函数的精确解可以直接求

出。体系的哈密顿算符可以写为

$$\begin{aligned} H &= -\frac{\hbar^2}{2m}\frac{\mathrm{d}^2}{\mathrm{d}x^2}+\frac{1}{2}m\omega^2x^2-q\mathscr{E}x \\ &= -\frac{\hbar^2}{2m}\frac{\mathrm{d}^2}{\mathrm{d}x^2}+\frac{1}{2}m\omega^2\left(x-\frac{q\mathscr{E}}{m\omega^2}\right)^2-\frac{q^2\mathscr{E}^2}{2m\omega^2} \\ &= -\frac{\hbar^2}{2m}\frac{\mathrm{d}^2}{\mathrm{d}X^2}+\frac{1}{2}m\omega^2X^2-\frac{q^2\mathscr{E}^2}{2m\omega^2} \end{aligned} \tag{11.2.53}$$

式中，$X=x-\dfrac{q\mathscr{E}}{m\omega^2}$。设这个哈密顿算符的本征方程为

$$\left(-\frac{\hbar^2}{2m}\frac{\mathrm{d}^2}{\mathrm{d}X^2}+\frac{1}{2}m\omega^2X^2-\frac{q^2\mathscr{E}^2}{2m\omega^2}\right)\psi_n(X)=E_n\psi_n(X) \tag{11.2.54}$$

即

$$\left(-\frac{\hbar^2}{2m}\frac{\mathrm{d}^2}{\mathrm{d}X^2}+\frac{1}{2}m\omega^2X^2\right)\psi_n(X)=\varepsilon_n\psi_n(X) \tag{11.2.55a}$$

其中

$$\varepsilon_n=E_n+\frac{q^2\mathscr{E}^2}{2m\omega^2} \tag{11.2.55b}$$

这里，$n=0,1,2,\cdots$。可以看出，式(11.2.55a)表示一个以 X 为空间变量、以 ε_n 为本征能量的谐振子。它的本征波函数和本征能量为

$$\psi_n(X)=\left(\frac{\alpha}{2^n n!\sqrt{\pi}}\right)^{1/2}\mathrm{H}_n(\alpha X)\exp\left(-\frac{1}{2}\alpha^2X^2\right) \tag{11.2.56a}$$

$$\varepsilon_n=\hbar\omega\left(n+\frac{1}{2}\right) \tag{11.2.56b}$$

故带电谐振子的本征波函数和本征能量为

$$\psi_n(x)=\left(\frac{\alpha}{2^n n!\sqrt{\pi}}\right)^{1/2}\mathrm{H}_n\left[\alpha\left(x-\frac{q\mathscr{E}}{m\omega^2}\right)\right]\exp\left[-\frac{1}{2}\alpha^2\left(x-\frac{q\mathscr{E}}{m\omega^2}\right)^2\right] \tag{11.2.57a}$$

$$E_n=\hbar\omega\left(n+\frac{1}{2}\right)-\frac{q^2\mathscr{E}^2}{2m\omega^2} \tag{11.2.57b}$$

这与算符代数法的结果(式(5.4.63)和式(5.4.60))相同。式(11.2.57a)表示一个以$\dfrac{q\mathscr{E}}{m\omega^2}$为平衡位置的谐振子。

(3) 由式(11.2.57a)可求得带电谐振子的坐标平均值

$$\langle x\rangle=\int_{-\infty}^{\infty}x\,|\psi_n(x)|^2\mathrm{d}x$$

$$= \frac{\alpha}{2^n n! \sqrt{\pi}} \int_{-\infty}^{\infty} \left(X + \frac{q\mathscr{E}}{m\omega^2} \right) H_n^2(\alpha X) \exp(-\alpha^2 X^2) \mathrm{d}X$$

$$= \frac{\alpha}{2^n n! \sqrt{\pi}} \int_{-\infty}^{\infty} X H_n^2(\alpha X) \exp(-\alpha^2 X^2) \mathrm{d}X + \frac{q\mathscr{E}}{m\omega^2} \int_{-\infty}^{\infty} |\psi_n(X)|^2 \mathrm{d}X$$

这里，第一个被积函数是奇函数（积分为零），第二个积分是归一化条件，所以 $\langle x \rangle = \frac{q\mathscr{E}}{m\omega^2}$（这常数给出动量期待值 $\langle p \rangle = 0$）。这意味着，谐振子的正负电荷 $\pm|q|$ 位于 $\pm\frac{|q|\mathscr{E}}{m\omega^2}$ 处（二者的间距为 $\frac{2|q|\mathscr{E}}{m\omega^2}$），从而谐振子在外电场作用下产生的电偶极矩为 $d = \frac{2q^2\mathscr{E}}{m\omega^2}$，而极化率（polarizability）为 $\chi = \frac{d}{\mathscr{E}} = \frac{2q^2}{m\omega^2}$。

例 4 求哈密顿算符为

$$H = -\frac{\hbar^2}{2m}\frac{\mathrm{d}^2}{\mathrm{d}x^2} + \frac{1}{2}m\omega^2 x^2 + \varepsilon x^4 \tag{11.2.58}$$

的非谐振子（anharmonic oscillator）能量的一级修正，其中，ε 为小参数。注意：式中的势函数 $\frac{1}{2}m\omega^2 x^2 + \varepsilon x^4$ 至今仍在一些领域有重要应用，如正电子的沟道辐射（radiation from planar channeled positrons）。

解 方法 1（算符代数法） 体系的微扰算符为 $H' = \varepsilon x^4$。无微扰体系的本征函数和本征能量为（式（5.2.29a）和式（5.2.1））

$$\phi_n^0(x) = \left(\frac{\alpha}{2^n n!\ \sqrt{\pi}} \right)^{1/2} H_n(\alpha x) \exp\left(-\frac{1}{2}\alpha^2 x^2 \right) = \langle x | n \rangle \tag{11.2.59a}$$

$$E_n^0 = \hbar\omega \left(n - \frac{1}{2} \right) \tag{11.2.59b}$$

其中，$n = 0, 1, 2, \cdots$。体系能量的一级修正为

$$H'_{nn} = \langle n | \varepsilon x^4 | n \rangle = \varepsilon C^4 \langle n | (a + a^+)^4 | n \rangle \tag{11.2.60}$$

利用湮没算符 a 和产生算符 a^+ 的性质（式（10.3.4））、数态的正交性关系式 $\langle m | n \rangle = \delta_{mn}$、对易关系 $[a, a^+] = 1$ 以及本征方程 $a^+ a | n \rangle = n | n \rangle$，我们有

$$\begin{aligned} H'_{nn} &= \varepsilon C^4 \langle n | aaa^+a^+ + a^+aa^+a + aa^+a^+a + a^+aaa^+ + aa^+aa^+ + a^+a^+aa | n \rangle \\ &= \varepsilon C^4 \langle n | 6\ (a^+a)^2 + 6a^+a + 3 | n \rangle \\ &= 3\varepsilon C^4 (2n^2 + 2n + 1) \\ &= \frac{3}{4}\frac{\varepsilon\hbar^2}{m^2\omega^2}(2n^2 + 2n + 1) \end{aligned}$$

这就是势能项 εx^4 所引起的体系能量的一级修正。

方法 2（直接积分法） 体系能量的一级修正为

$$H'_{nn} = \langle n|\varepsilon x^4|n\rangle = \varepsilon\int_{-\infty}^{\infty} x^4[\phi_n^0(x)]^2 \mathrm{d}x \tag{11.2.61}$$

利用式(11.2.59a)和 $\xi=\alpha x$，式(11.2.61)变为

$$H'_{nn} = \frac{\varepsilon}{\alpha^4 2^n n!\sqrt{\pi}}\int_{-\infty}^{\infty} \xi^4 \mathrm{H}_n^2(\xi)\exp(-\xi^2)\mathrm{d}\xi \tag{11.2.62}$$

将被积函数中的一个 $\mathrm{H}_n(\xi)$用

$$\mathrm{H}_n(\xi)=(-1)^n \mathrm{e}^{\xi^2}\frac{\mathrm{d}^n}{\mathrm{d}\xi^n}(\mathrm{e}^{-\xi^2}) \tag{11.2.63}$$

代替，则式(11.2.62)变为

$$H'_{nn} = \frac{(-1)^n\varepsilon}{\alpha^4 2^n n!\sqrt{\pi}}\int_{-\infty}^{\infty} \xi^4 \mathrm{H}_n(\xi)\frac{\mathrm{d}^n}{\mathrm{d}\xi^n}(\mathrm{e}^{-\xi^2})\mathrm{d}\xi \tag{11.2.64}$$

按照得到归一化常数(5.4.44)的方法，对式(11.2.64)进行 n 次分部积分，得到

$$H'_{nn} = \frac{\varepsilon}{\alpha^4 2^n n!\sqrt{\pi}}\int_{-\infty}^{\infty} \mathrm{e}^{-\xi^2}\frac{\mathrm{d}^n}{\mathrm{d}\xi^n}[\xi^4 \mathrm{H}_n(\xi)]\mathrm{d}\xi \tag{11.2.65}$$

利用莱布尼茨的乘积微分法则(Leibniz's law of product differentiation)

$$\frac{\mathrm{d}^n}{\mathrm{d}x^n}(f\cdot g) = \sum_{m=0}^{n}\binom{n}{m}\frac{\mathrm{d}^{n-m}f}{\mathrm{d}x^{n-m}}\frac{\mathrm{d}^m g}{\mathrm{d}x^m} \tag{11.2.66}$$

我们有

$$\frac{\mathrm{d}^n}{\mathrm{d}\xi^n}[\xi^4 \mathrm{H}_n(\xi)]=2^n\left[\frac{(n+4)!}{4!}\xi^4-\frac{1}{2}\binom{n}{2}\frac{(n+2)!}{2!}\xi^2+\frac{3}{4}\binom{n}{4}n!\right] \tag{11.2.67}$$

再利用众所周知的积分公式

$$\int_{-\infty}^{\infty}\mathrm{e}^{-\xi^2}\mathrm{d}\xi=\sqrt{\pi},\quad \int_{-\infty}^{\infty}\xi^{2n}\mathrm{e}^{-a\xi^2}\mathrm{d}\xi=\frac{(2n-1)!!}{(2a)^n}\sqrt{\frac{\pi}{a}}\quad (n=1,2,3,\cdots) \tag{11.2.68}$$

最终得到

$$H'_{nn}=\frac{3}{4}\frac{\varepsilon}{\alpha^4}(2n^2+2n+1)=\frac{3}{4}\frac{\varepsilon\hbar^2}{m^2\omega^2}(2n^2+2n+1) \tag{11.2.69}$$

它与算符代数法的结果相同。H'_{nn} 相对于$\hbar\omega$ 的值为

$$\frac{H'_{nn}}{\hbar\omega}=\frac{3}{4}\eta(2n^2+2n+1) \tag{11.2.70}$$

其中，$\eta=\dfrac{\varepsilon\hbar}{m^2\omega^3}$。式(11.2.70)显示，相对能量的一级修正与因子 η 成正比，而随量子数 n 的变化呈现平方增长关系。由此得到体系相对能量的一级近似

$$\frac{E_n}{\hbar\omega}=\left(n+\frac{1}{2}\right)+\frac{3}{4}\eta(2n^2+2n+1) \tag{11.2.71}$$

我们将在 11.4 节用第三种方法求解这一问题。

例 5 一个微观粒子的(静止)质量为 m,运动速度为 v:

(1) 试求粒子动能的相对论修正;

(2) 将该修正量作为微扰,求粒子能量的一级修正;

(3) 利用这一结果计算氢原子能量的一级修正。

解 (1) 按照经典力学,一个粒子以速度 v 运动时的动能为

$$T=\frac{1}{2}mv^2=\frac{p^2}{2m} \tag{11.2.72}$$

而粒子动能的相对论表示式为

$$T=\frac{mc^2}{\sqrt{1-(v/c)^2}}-mc^2 \tag{11.2.73}$$

其中,第一项是总的能量,第二项是静止能量,两项之差为动能。利用相对论的能量-动量关系(式(1.3.6)),式(11.2.73)可以写为

$$T=\sqrt{p^2c^2+m^2c^4}-mc^2=mc^2\left[\sqrt{1+\left(\frac{p}{mc}\right)^2}-1\right] \tag{11.2.74}$$

它在非相对论极限 $p\ll mc$ 化为

$$T=mc^2\left[1+\frac{1}{2}\left(\frac{p}{mc}\right)^2-1\right]=\frac{p^2}{2m} \tag{11.2.75}$$

这正是经典表示式(11.2.72)。在一般情况下,可将式(11.2.74)右端按小量 $\left(\frac{p}{mc}\right)$ 的级数展开:

$$T=mc^2\left[1+\frac{1}{2}\left(\frac{p}{mc}\right)^2-\frac{1}{8}\left(\frac{p}{mc}\right)^4+\cdots-1\right]\approx\frac{p^2}{2m}-\frac{p^4}{8m^3c^2} \tag{11.2.76}$$

这样

$$H'=-\frac{p^4}{8m^3c^2} \tag{11.2.77}$$

就是粒子动能的相对论修正(particle kinetic energy relativistic correction)。

(2) 设一个粒子的哈密顿算符为

$$H_0=\frac{p^2}{2m}+V(r) \tag{11.2.78}$$

右边的两项表示粒子的动能和势能。则粒子的薛定谔方程为

$$p^2|\psi\rangle=2m[E-V(r)]|\psi\rangle \tag{11.2.79}$$

其中,E 是粒子的本征能量,$|\psi\rangle$是相应的本征态。现在将(11.2.77)视为对该粒子的微扰,则粒子能量的一级修正为

$$\langle H'\rangle=\langle\psi|H'|\psi\rangle=-\frac{1}{8m^3c^2}\langle\psi|p^4|\psi\rangle=-\frac{1}{8m^3c^2}\langle\psi|p^2p^2|\psi\rangle \tag{11.2.80}$$

式中，$p^2|\psi\rangle$由式(11.2.79)给出；至于$\langle\psi|p^2$，由于p^2是厄米算符，所以

$$\langle\psi|p^2=\langle\psi|(p^2)^+=(p^2|\psi\rangle)^*=2m\langle\psi|[E-V(r)] \tag{11.2.81}$$

于是式(11.2.80)变为

$$\langle H'\rangle=-\frac{1}{2mc^2}\langle\psi|[E-V(r)]^2|\psi\rangle=-\frac{1}{2mc^2}(E^2-2E\langle V(r)\rangle+\langle V^2(r)\rangle) \tag{11.2.82}$$

这就是粒子能量的一级修正的一般结果，它依赖于无微扰能量E和$V(r)$、$V^2(r)$在无微扰态$|\psi\rangle$的平均值。这一结果给出能量的相对修正因子

$$\frac{\langle H'\rangle}{E}\sim\frac{E}{mc^2} \tag{11.2.83}$$

(3) 对于氢原子，势能为$V(r)=-e^2/r$。为了得到平均值$\langle V(r)\rangle$和$\langle V^2(r)\rangle$，需要计算$\langle 1/r\rangle$和$\langle 1/r^2\rangle$。为此我们利用赫尔曼-费恩曼定理(Hellman-Feynman theorem)：若一个特定量子体系的哈密顿算符H是某个参数λ的函数，则

$$\left\langle\psi_n\left|\frac{\partial H}{\partial\lambda}\right|\psi_n\right\rangle=\frac{\partial E_n}{\partial\lambda} \tag{11.2.84}$$

其中，$|\psi_n\rangle$和E_n分别是H的本征函数和本征值。

现在考查氢原子的H和E_n，为此由式(8.3.5)写出它的径向方程

$$-\frac{\hbar^2}{2m}\frac{d^2u}{dr^2}+\left[-\frac{e^2}{r}+\frac{\hbar^2}{2m}\frac{l(l+1)}{r^2}\right]u=Eu \tag{11.2.85}$$

它给出相应的哈密顿算符

$$H=-\frac{\hbar^2}{2m}\frac{d^2}{dr^2}-\frac{e^2}{r}+\frac{\hbar^2}{2m}\frac{l(l+1)}{r^2} \tag{11.2.86}$$

体系的能量本征值(由式(8.3.33)和式(8.3.30))写为

$$E_n=-\frac{me^4}{2\hbar^2n^2}=-\frac{me^4}{2\hbar^2(n_r+l+1)^2} \tag{11.2.87}$$

在式(11.2.84)中，分别令$\lambda=e$和$\lambda=l$，由式(11.2.86)和式(11.2.87)可得

$$\left\langle\frac{1}{r}\right\rangle=\frac{1}{n^2a},\quad\left\langle\frac{1}{r^2}\right\rangle=\frac{1}{\left(l+\frac{1}{2}\right)n^3a^2} \tag{11.2.88}$$

这样式(11.2.82)给出

$$\begin{aligned}\langle H'\rangle&=-\frac{1}{2mc^2}\left[E_n^2+2e^2E_n\left\langle\frac{1}{r}\right\rangle+e^4\left\langle\frac{1}{r^2}\right\rangle\right]\\&=-\frac{1}{2mc^2}\left[E_n^2+2e^2E_n\frac{1}{n^2a}+e^4\frac{1}{\left(l+\frac{1}{2}\right)n^3a^2}\right]\end{aligned}$$

$$=-\frac{E_n^2}{2mc^2}\left(\frac{4n}{l+\frac{1}{2}}-3\right) \tag{11.2.89}$$

这就是考虑到动能的相对论修正后，氢原子能量的一级修正，它不但依赖于主量子数 n，还依赖于角量子数 l。而相对修正因子约为 $E/(mc^2)=2\times10^{-5}$。氢原子能量还存在进一步修正的问题，对比我们将在 14.3.2 节讨论。

11.3 简并微扰论

11.3.1 简并微扰论

在上述讨论中，任意一个无微扰能级 E_n^0 只对应一个确定的本征态 $|\phi_n^0\rangle$。而体系的本征态 $|\Psi\rangle$ 是对 $|\phi_n^0\rangle$ 的叠加（见式(11.2.2)）。如果无微扰体系存在能级简并情况，一个能级 E_n^0 将对应多个本征态 $|\phi_{n\beta}^0\rangle(\beta=1,2,3,\cdots,N)$。这里 β 代表一个或多个量子数（例如，氢原子情况下 β 代表角量子数 l 和磁量子数 m）。本征值 E_n^0 不依赖于 β（E_n^0 对各个态 $|\phi_{n\beta}^0\rangle$ 取相同的值）。这时体系是 N 度简并的，我们求能量和波函数修正时，必须使用简并微扰论（degenerate perturbation theory）。

在能级简并情况下，体系的波函数应写为

$$|\Psi\rangle=\sum_{\beta=1}^{N}\sum_{n}a_{n\beta}|\phi_{n\beta}^0\rangle \tag{11.3.1}$$

它涉及对 n 和 β 的双重求和。而式(11.2.6)应写成下面的形式：

$$(E_m^0-E+\varepsilon W_{m\alpha m\alpha})a_{m\alpha}+\varepsilon\sum_{\substack{n(n\neq m)\\ \beta(\beta\neq\alpha)}}W_{m\alpha n\beta}a_{n\beta}=0 \tag{11.3.2}$$

式中，指标 α 与 β 是等价的；E 是体系的能量（见式(11.2.1)）；E_m^0 是无微扰态的本征能量（见式(11.1.2)），它不含附加指标 β（因为能级是简并的）；$a_{m\alpha}$ 是式(11.3.1)中的展开系数；而式中的矩阵元（由式(11.2.7)）写为

$$W_{m\alpha n\beta}=\langle\phi_{m\alpha}^0|W|\phi_{n\beta}^0\rangle \tag{11.3.3}$$

现在考查简并情况下能量的零级近似，（由式(11.2.10a)）取 $m=k$（k 代表体系的一个确定本征态），有

$$(E_k^0-E^{(0)})a_{k\alpha}^{(0)}=0 \tag{11.3.4a}$$

由此得到

$$E^{(0)}=E_k^0\quad(a_{k\alpha}^{(0)}\neq0,\alpha=1,2,3,\cdots,N) \tag{11.3.4b}$$

即零级近似下体系的能量等于一个无微扰态的本征能量。我们进而考查简并情况下波函数的零级近似。为此我们首先写出无简并情况下的零级近似波函数（利用式(11.2.10b)）

$$|\Psi\rangle=\sum_n a_n|\phi_n^0\rangle=\sum_n a_n^{(0)}|\phi_n^0\rangle=\sum_n\delta_{nk}|\phi_n^0\rangle=|\phi_k^0\rangle \tag{11.3.5}$$

即体系的波函数就是一个无微扰态的本征函数(这是显而易见的),不涉及对 n 的求和(因为 n 只取确定的 k)。同理,简并情况下的零级近似波函数也不涉及对 n 的求和但涉及对简并态的求和,它由式(11.3.1)约化为

$$|\Psi\rangle = \sum_{\beta=1}^{N} a_{k\beta} |\phi_{k\beta}^{0}\rangle \tag{11.3.6}$$

这样一来,在零级近似下式(11.3.2)中对 n 和 β 的双重求和将变成只对 β 的求和。对于体系的本征态 k,式(11.3.2)变成

$$(E_k^0 - E + \varepsilon W_{k\alpha k\alpha}) a_{k\alpha}^{(0)} + \varepsilon \sum_{\beta(\beta\neq\alpha)} W_{k\alpha k\beta} a_{k\beta}^{(0)} = 0 \tag{11.3.7}$$

这是关于 $a_{k\alpha}^{(0)}(\alpha=1,2,3,\cdots,N)$ 的线性齐次方程组(略去下标 k):

$$\begin{pmatrix} E^0 - E + \varepsilon W_{11} & \varepsilon W_{12} & \cdots & \varepsilon W_{1N} \\ \varepsilon W_{21} & E^0 - E + \varepsilon W_{22} & \cdots & \varepsilon W_{2N} \\ \vdots & \vdots & & \vdots \\ \varepsilon W_{N1} & \cdots & \cdots & E^0 - E + \varepsilon W_{NN} \end{pmatrix} \begin{pmatrix} a_1^{(0)} \\ a_2^{(0)} \\ \vdots \\ a_N^{(0)} \end{pmatrix} = 0 \tag{11.3.8}$$

它有非零解的必要充分条件是系数行列式为零:

$$\begin{vmatrix} E^0 - E + \varepsilon W_{11} & \varepsilon W_{12} & \cdots & \varepsilon W_{1N} \\ \varepsilon W_{21} & E^0 - E + \varepsilon W_{22} & \cdots & \varepsilon W_{2N} \\ \vdots & \vdots & & \vdots \\ \varepsilon W_{N1} & \cdots & \cdots & E^0 - E + \varepsilon W_{NN} \end{vmatrix} = 0 \tag{11.3.9}$$

解这个久期方程得到 N 个根,它们给出体系能量 E 的零级近似(N 个值)。若这些值都不相等,则微扰将 N 度简并完全解除;若它们之中有几个重根,说明简并只是被部分解除,必须进一步计算到能量的一级近似(或多级近似),才可能使能级完全分裂开来。

然后由线性齐次方程组(11.3.8)解出 $a_\alpha^{(0)}(\alpha=1,2,3,\cdots,N)$,于是零级近似波函数由式(11.3.6)给出为(略去下标 k)

$$|\Psi\rangle = \sum_{\alpha=1}^{N} a_\alpha^{(0)} |\phi_\alpha^{0}\rangle \tag{11.3.10}$$

下面我们将通过一个实例讨论简并微扰论方法的应用。

11.3.2 氢原子的斯塔克效应

把原子置于外电场中,原子发射的光谱线会发生分裂,这个现象是 1913 年由斯塔克(Stark)发现的,称为斯塔克效应(Stark effect)。斯塔克效应不能用经典理论解释,本节将用简并微扰论研究氢原子的斯塔克效应。首先需要说明,在观察氢原子斯塔克效应的实验中,所施加的外电场为 $\mathscr{E}=10^4\sim10^5\,\text{V/cm}$,它远低于氢原子内部(由原子核引起)的电场 $\mathscr{E}_{\text{nucl}}=e/a^2\approx5\times10^9\,\text{V/cm}$($a$ 为玻尔半径)。因此氢原

子在外电场中的附加势能可以作为微扰处理。

氢原子的基态($n=1$)波函数 ψ_{100} 是非简并的，因此讨论氢原子能级分裂最简单的情况是考虑第一激发态($n=2$)，它是莱曼系中频率最低的那条谱线的上能级(图 8.5.1(a))。氢原子任意态 ψ_{nlm} 的简并度为 n^2(式(8.4.4))，因此相应于(无微扰)能级 $E_2^0=-\dfrac{e^2}{8a}$ 的波函数有四个：

$$\phi_1\equiv\psi_{200}=\frac{1}{\sqrt{2a^3}}\left(1-\frac{r}{2a}\right)\mathrm{e}^{-\frac{r}{2a}}\mathrm{Y}_{00} \tag{11.3.11a}$$

$$\phi_2\equiv\psi_{210}=\frac{1}{\sqrt{6a^3}}\left(\frac{r}{2a}\right)\mathrm{e}^{-\frac{r}{2a}}\mathrm{Y}_{10} \tag{11.3.11b}$$

$$\phi_3\equiv\psi_{211}=\frac{1}{\sqrt{6a^3}}\left(\frac{r}{2a}\right)\mathrm{e}^{-\frac{r}{2a}}\mathrm{Y}_{11} \tag{11.3.11c}$$

$$\phi_4\equiv\psi_{21-1}=\frac{1}{\sqrt{6a^3}}\left(\frac{r}{2a}\right)\mathrm{e}^{-\frac{r}{2a}}\mathrm{Y}_{1-1} \tag{11.3.11d}$$

我们将会看到，能级 E_2^0 的四度简并会因外电场的出现而解除。现在氢原子中的电子在外电场 $\boldsymbol{E}$ 中具有附加的势能

$$H'=-e\boldsymbol{r}\cdot\boldsymbol{E} \tag{11.3.12}$$

其中，$e\boldsymbol{r}$ 是电子在外电场中的偶极矩；H' 就是微扰算符。如果外电场 $\boldsymbol{E}$ 的方向为 z 轴，式(11.3.12)写为

$$H'=-e\mathscr{E}r\cos\theta=-e\mathscr{E}r\sqrt{\frac{4\pi}{3}}\mathrm{Y}_{10}\quad(|\boldsymbol{E}|=\mathscr{E}) \tag{11.3.13}$$

现在我们计算微扰矩阵元

$$H'_{\alpha\beta}=\langle\phi_\alpha|H'|\phi_\beta\rangle=-\sqrt{\frac{4\pi}{3}}e\mathscr{E}\,\mathrm{Y}_{10}\langle\phi_\alpha|r|\phi_\beta\rangle \tag{11.3.14}$$

由于式(11.3.11)中球谐函数的奇偶性，在式(11.3.14)所示的所有矩阵元 $H'_{\alpha\beta}$ 中，除 H'_{12} 和 H'_{21} 不为零外，其余都为零，而

$$\begin{aligned}
H'_{12}&=H'_{21}\\
&=\int_{r=0}^{\infty}\int_{\Omega=0}^{4\pi}\frac{r^2}{\sqrt{2a^3}}\left(1-\frac{r}{2a}\right)\mathrm{e}^{-\frac{r}{2a}}\mathrm{Y}_{00}\left[-\sqrt{\frac{4\pi}{3}}e\mathscr{E}r\mathrm{Y}_{10}\right]\frac{1}{\sqrt{6a^3}}\left(\frac{r}{2a}\right)\mathrm{e}^{-\frac{r}{2a}}\mathrm{Y}_{10}\,\mathrm{d}r\mathrm{d}\Omega\\
&=\frac{-e\mathscr{E}}{12a^4}\int_0^{\infty}r^4\left(1-\frac{r}{2a}\right)\mathrm{e}^{-\frac{r}{a}}\mathrm{d}r\int_0^{4\pi}|\mathrm{Y}_{10}|^2\mathrm{d}\Omega\\
&=\frac{-ea\mathscr{E}}{12}\int_0^{\infty}\rho^4\left(1-\frac{\rho}{2}\right)\mathrm{e}^{-\rho}\mathrm{d}\rho\ \left(\rho=\frac{r}{a}\right)\\
&=3ea\mathscr{E}
\end{aligned}$$

按照式(11.3.10)，体系的零级近似波函数是式(11.3.11)所示的四个波函数的线

性组合：

$$|\Psi\rangle=\sum_{\alpha=1}^{4}a_\alpha|\phi_\alpha\rangle \tag{11.3.15}$$

为了确定式(11.3.15)中的展开系数 a_α，我们由方程组(11.3.8)写出

$$\begin{pmatrix} E_2^0-E+H'_{11} & H'_{12} & H'_{13} & H'_{14} \\ H'_{21} & E_2^0-E+H'_{22} & H'_{23} & H'_{24} \\ H'_{31} & H'_{32} & E_2^0-E+H'_{33} & H'_{34} \\ H'_{41} & H'_{42} & H'_{43} & E_2^0-E+H'_{44} \end{pmatrix}\begin{pmatrix} a_1 \\ a_2 \\ a_3 \\ a_4 \end{pmatrix}=0 \tag{11.3.16}$$

由于除了 H'_{12} 和 H'_{21} 之外，其余的矩阵元 $H'_{\alpha\beta}$ 均为零，方程组(11.3.16)约化为

$$(E_2^0-E)a_1+H'_{12}a_2=0 \tag{11.3.17a}$$

$$H'_{21}a_1+(E_2^0-E)a_2=0 \tag{11.3.17b}$$

$$(E_2^0-E)a_3=0 \tag{11.3.17c}$$

$$(E_2^0-E)a_4=0 \tag{11.3.17d}$$

该线性齐次方程组有非零解的必要充分条件是系数行列式为零：

$$\begin{vmatrix} E_2^0-E & H'_{12} & 0 & 0 \\ H'_{21} & E_2^0-E & 0 & 0 \\ 0 & 0 & E_2^0-E & 0 \\ 0 & 0 & 0 & E_2^0-E \end{vmatrix}=0 \tag{11.3.18}$$

这个久期方程简化为关于 E 的四次方程：

$$(E_2^0-E)^2(E_2^0-E-H'_{12})(E_2^0-E-H'_{21})=0 \tag{11.3.19}$$

它的四个根为

$$E^+\equiv E_2^0+H'_{12}=-\frac{e^2}{8a}+3ea\mathscr{E} \tag{11.3.20a}$$

$$E^0\equiv E_2^0=-\frac{e^2}{8a}\ (\text{二重根}) \tag{11.3.20b}$$

$$E^-\equiv E_2^0-H'_{21}=-\frac{e^2}{8a}-3ea\mathscr{E} \tag{11.3.20c}$$

这就是体系能量零级近似的三个值。由此可见，在外电场作用下，原来四度简并的能级，在零级近似中分裂成三个能级，简并在很大程度上被解除。图 11.3.1 显示了氢原子第一激发态的能级分裂与外电场的关系。其中一个能级仍然维持无微扰情况下的能级，另外两个能级分别处于它的上、下方，间隔均为 $3ea\mathscr{E}$。这样原来莱曼系中频率最低的那一条谱线，在外电场作用下变成三条谱线(图 11.3.2)。

我们进而求与本征值相对应的波函数，为此将式(11.3.20)代入方程组(11.3.17)，得到

$$E^{+}: a_1 = a_2, a_3 = a_4 = 0 \tag{11.3.21a}$$

$$E^{0}: a_1 = a_2 = 0, a_3 \text{ 和 } a_4 \text{ 为任意值} \tag{11.3.21b}$$

$$E^{-}: a_1 = -a_2, a_3 = a_4 = 0 \tag{11.3.21c}$$

从而得到相应的波函数

$$\psi^{+} \equiv \frac{1}{\sqrt{2}}(\phi_1 + \phi_2) = \frac{1}{\sqrt{2}}(\psi_{200} + \psi_{210}) \tag{11.3.22a}$$

$$\psi^{0} \equiv a_3\phi_3 + a_4\phi_4 = a_3\psi_{211} + a_4\psi_{21-1}(|a_3|^2 + |a_4|^2 = 1) \tag{11.3.22b}$$

$$\psi^{-} \equiv \frac{1}{\sqrt{2}}(\phi_1 - \phi_2) = \frac{1}{\sqrt{2}}(\psi_{200} - \psi_{210}) \tag{11.3.22c}$$

上述结果表明，微扰的出现不但很大程度上解除了能级简并，而且所产生的能级（式(11.3.20)）和波函数（式(11.3.22)）具有明显的对称性。特别是，式(11.3.22a)和式(11.3.22c)所示的两种波函数在交换 ϕ_1 和 ϕ_2 时：ψ^{+} 不改变，称为对称波函数(symmetrical wave function)，而 ψ^{-} 变号，称为反对称波函数(antisymmetrical wave function)。具有对称性和反对称性的波函数将在随后的相关章节中作进一步讨论。

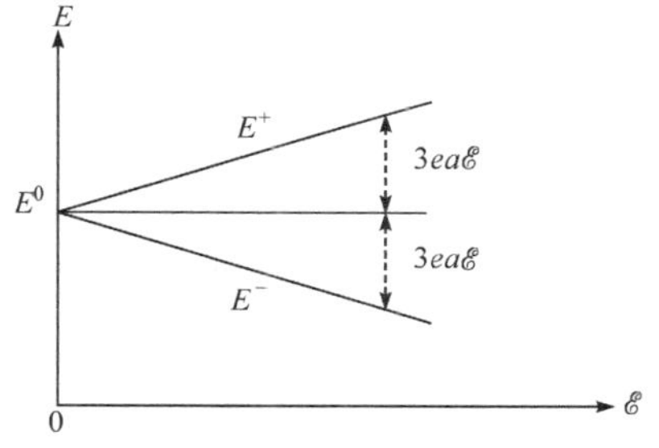

图 11.3.1 氢原子第一激发态的四度简并在外电场作用下分裂成三个能级：E^+，E^0，E^- 它们(及能级间隔 $3ea\mathscr{E}$)与外电场 $\mathscr{E}$ 成正比，图中 $E^0 = E_2^0$ 是无微扰能级

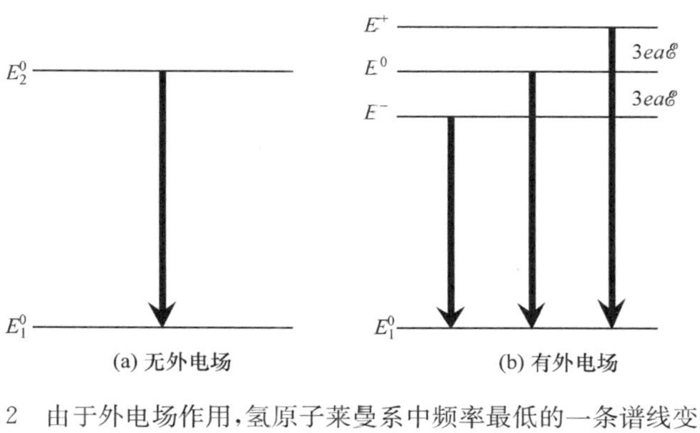

图 11.3.2 由于外电场作用，氢原子莱曼系中频率最低的一条谱线变成三条

上述讨论只涉及体系能量的零级近似(相应于一级斯塔克效应),如果需要提高能量的精确度,可以按照式(11.3.1)进一步计算一级近似(或多级近似),这样便可能使体系的能级简并完全解除。

11.4　哈密顿替代法

用11.2节的定态微扰论方法求体系的本征能量和本征函数时,对于微扰算符不是很小的情况,为了得到足够精确的结果,必须逐次求多级修正,运算过程会变得非常繁复。我们这里提出一种新的近似方法。它的基本思想不是逐次求能量修正,而是把体系的哈密顿算符近似地用一个可以精确求解的形式代替。这种方法不管微扰的大小,只需要计算一次,而且计算过程非常简单,近似程度也相当高。这就是所谓"哈密顿替代法"(Hamiltonian substitution)。

11.4.1　哈密顿替代法

设体系的哈密顿算符可以写成

$$H=T+cV_0+V_1 \tag{11.4.1}$$

其中,T是动能部分;cV_0+V_1是势能部分;c是实常数。假定式(11.4.1)中的$T+cV_0$是无微扰体系的哈密顿算符,它是可以精确求解的:

$$(T+cV_0)\phi_c=E_c\phi_c \tag{11.4.2}$$

这里,ϕ_c是$T+cV_0$的本征函数,E_c是相应的本征值,二者都包含c。

我们进而假定势能V_1可以写成下面的近似形式:

$$V_1\approx\frac{\langle\phi_{c_1}|V_1|\phi_{c_1}\rangle}{\langle\phi_{c_1}|V_0|\phi_{c_1}\rangle}V_0 \tag{11.4.3}$$

则式(11.4.1)写为

$$H\approx T+c_1V_0 \tag{11.4.4}$$

其中

$$c_1=c+\frac{\langle\phi_{c_1}|V_1|\phi_{c_1}\rangle}{\langle\phi_{c_1}|V_0|\phi_{c_1}\rangle} \tag{11.4.5}$$

式(11.4.3)中的ϕ_{c_1}是$T+c_1V_0$的本征函数,即

$$(T+c_1V_0)\phi_{c_1}=E_{c_1}\phi_{c_1} \tag{11.4.6}$$

其中,E_{c_1}是相应的本征值,二者都包含c_1。

现在体系的哈密顿算符近似地用$T+c_1V_0$表示,它与无微扰体系的哈密顿算符$T+cV_0$有相同的函数形式,因此E_{c_1}和E_c有完全相同的函数形式;ϕ_{c_1}和ϕ_c有完全相同的函数形式。这样只需要将已知的ϕ_c和E_c中的c换成c_1,便得到所讨论体系的本征函数ϕ_{c_1}和本征值E_{c_1}。这就是哈密顿替代法的思路(将体系的哈密顿算符在函数关系上写成无微扰体系的哈密顿算符的形式)。哈密顿替代法的主

要运算过程是求解方程(11.4.5)得出 c_1。这种近似方法的简便性是显而易见的，而它的近似度可以通过下面的例子来检验。

11.4.2 应用举例

例1 设质量为 m 的粒子的哈密顿算符表示为

$$H=\frac{p^2}{2m}-\frac{D^2}{r}-\frac{\beta}{r^2} \tag{11.4.7}$$

其中，$\frac{p^2}{2m}$是粒子的动能算符；r 为径向变量；D 和 β 均为常数。试用哈密顿替代法求粒子的本征能量。

解 式(11.4.7)中的势函数$-\frac{D^2}{r}-\frac{\beta}{r^2}$是很有用的，可以描述双原子分子中原子核的势场，从而求出双原子分子的振动能谱和转动能谱。当 $D=e$ 时，式(11.4.7)化为碱金属原子的哈密顿算符(式(8.7.1))。哈密顿算符(11.4.7)与式(11.4.1)相比较，有

$$T=\frac{p^2}{2m},\quad c=-D^2,\quad V_0=\frac{1}{r},\quad V_1=-\frac{\beta}{r^2} \tag{11.4.8}$$

现在将式(11.4.7)近似地写为

$$H\approx\frac{p^2}{2m}-\frac{D_1^2}{r} \tag{11.4.9}$$

这里，$-D_1^2=c_1$。式(11.4.9)与氢原子的哈密顿算符在形式上是相同的，其本征函数(来自式(8.4.1))和本征能量(来自式(8.5.1))为

$$\phi_{c_1}=[R_{nl}(r)Y_{lm}(\theta,\phi)]_{D_1} \tag{11.4.10a}$$

$$E_{c_1}=-\frac{D_1^2}{2a_1n^2} \tag{11.4.10b}$$

其中，a_1(来自玻尔半径表示式(8.3.43))为

$$a_1=\frac{\hbar^2}{mD_1^2} \tag{11.4.11}$$

下面我们利用方程(11.4.5)来确定 D_1。首先求出

$$\frac{\langle\phi_{c_1}|V_1|\phi_{c_1}\rangle}{\langle\phi_{c_1}|V_0|\phi_{c_1}\rangle}=\frac{\left\langle\phi_{c_1}\left|-\frac{\beta}{r^2}\right|\phi_{c_1}\right\rangle}{\left\langle\phi_{c_1}\left|\frac{1}{r}\right|\phi_{c_1}\right\rangle}=-\frac{\beta}{a_1n\left(l+\frac{1}{2}\right)} \tag{11.4.12}$$

将式(11.4.12)代入式(11.4.5)，并利用式(11.4.11)，得到

$$D_1^2=\frac{D^2}{1-\dfrac{m\beta}{\hbar^2 n\left(l+\dfrac{1}{2}\right)}}\tag{11.4.13}$$

将式(11.4.13)代入式(11.4.10b),得到

$$E_{c_1}=-\frac{mD^4}{2\hbar^2}\frac{1}{\left[n-\dfrac{m\beta}{\hbar^2\left(l+\dfrac{1}{2}\right)}\right]^2}\tag{11.4.14}$$

这就是体系的本征能量,它正是相应的精确解(式(8.7.8))在$\lambda\ll1$情况下的表示式(8.7.19)。由这个例题可以看出,哈密顿替代法具有相当高的近似度。

例 2　用哈密顿替代法求解 11.2.4 节例 4 的非谐振子的本征能量。

解　将式(11.2.58)的哈密顿近似地用无微扰形式

$$H\approx-\frac{\hbar^2}{2m}\frac{\mathrm{d}^2}{\mathrm{d}x^2}+\frac{1}{2}m\omega_1^2x^2\tag{11.4.15}$$

替代,它的本征函数和本征能量为

$$\phi_{c_1}=\left(\frac{\alpha_1}{2^n n!\sqrt{\pi}}\right)^{1/2}H_n(\xi)\exp\left(-\frac{1}{2}\xi^2\right)\tag{11.4.16a}$$

$$E_{c_1}=\hbar\omega_1\left(n+\frac{1}{2}\right)\tag{11.4.16b}$$

其中,$n=0,1,2,\cdots$而

$$\xi=\alpha_1x,\quad \alpha_1=\sqrt{\frac{m\omega_1}{\hbar}}\tag{11.4.17}$$

由式(11.4.5)得到

$$\frac{1}{2}m\omega_1^2=\frac{1}{2}m\omega^2+\frac{\langle\phi_{c_1}|\varepsilon x^4|\phi_{c_1}\rangle}{\langle\phi_{c_1}|x^2|\phi_{c_1}\rangle}\tag{11.4.18}$$

解出$\dfrac{\langle\phi_{c_1}|\varepsilon x^4|\phi_{c_1}\rangle}{\langle\phi_{c_1}|x^2|\phi_{c_1}\rangle}$(用 11.2.4 节例 4 的方法)后,式(11.4.18)变为

$$\left(\frac{\omega_1}{\omega}\right)^3-\frac{\omega_1}{\omega}-3\eta\frac{2n^2+2n+1}{2n+1}=0\tag{11.4.19}$$

由这个三次代数方程解出 ω_1/ω,代入式(11.4.16b),即可得到本征能量 E_{c_1}。表 11.4.1列出了$\dfrac{E_{c_1}}{\hbar\omega}$的前几个值。可以看出,它比微扰论一级近似$\dfrac{E_n}{\hbar\omega}$(来自式(11.2.71))更接近精确解(它是微扰论 20 级近似:W. E. Cashwell, Annals of Physics, 123 (1979) 153),特别是对于较大 n 的情况。

表 11.4.1 非谐振子的相对本征能量(η=0.1)

n	哈密顿替代法$\frac{E_{c_1}}{\hbar\omega}$	微扰论一级近似$\frac{E_n}{\hbar\omega}$	微扰论 20 级近似(精确解)
0	0.562 709	0.575	0.559 146
1	1.787 231	1.875	1.769 502
2	3.176 052	3.475	3.138 624
3	4.694 243	5.375	4.628 882

上述例题表明,哈密顿替代法具有思路奇妙、计算简单、近似度高的优点,期待有更加广泛的应用(事实上,该方法已经用于计算类氦原子的基态能量,其结果比一阶微扰论更接近实验值)。

11.5 含时微扰论

11.5.1 含时微扰论方程

设一个体系的哈密顿算符 H_0 能够精确求解:

$$H_0|\phi_n\rangle=E_n|\varphi_n\rangle \tag{11.5.1}$$

这里,本征态$|\phi_n\rangle$满足正交性和完备性:

$$\langle\phi_m|\phi_n\rangle=\delta_{mn},\sum_n|\phi_r\rangle\langle\phi_n|=1 \tag{11.5.2}$$

假定体系在初始 $t=0$ 时刻处于某个本征态,如果在 $t>0$ 有一个随时间变化的微扰 $H'(t)$加到体系上,则体系的哈密顿算符变为

$$H=H_0+H'(t) \tag{11.5.3}$$

那么体系在任意 t 时刻的状态如何? 是否会跃迁到别的本征态上? 跃迁的概率有多大? 这是量子力学的一个重要问题,称为“量子跃迁”(quantum transition)。这个问题的解决涉及含时微扰论。

为了建立含时微扰论,我们首先考虑无微扰情况,体系的薛定谔方程为

$$\frac{\mathrm{d}}{\mathrm{d}t}|\Phi_n\rangle=-\frac{\mathrm{i}}{\hbar}H_0|\Phi\rangle \tag{11.5.4}$$

它的本征解(式(2.2.37))为

$$|\Phi_n\rangle=|\phi_n\rangle\exp\left(-\frac{\mathrm{i}}{\hbar}E_nt\right) \tag{11.5.5}$$

这里,E_n 和$|\phi_n\rangle$满足本征方程(11.5.1)。由式(11.5.2)可以推知,含时本征态$|\Phi_n\rangle$满足正交性

$$\langle\Phi_m|\Phi_n\rangle=\langle\phi_m|\phi_n\rangle\exp\left[\frac{\mathrm{i}}{\hbar}(E_m-E_n)t\right]=\delta_{mn} \tag{11.5.6a}$$

和完备性

$$\sum_n |\Phi_n\rangle\langle\Phi_n| = \sum_n |\phi_n\rangle\langle\phi_n| = 1 \tag{11.5.6b}$$

现在我们考虑哈密顿算符(11.5.3)所确定的薛定谔方程

$$\frac{\mathrm{d}}{\mathrm{d}t}|\Psi\rangle = -\frac{\mathrm{i}}{\hbar}H|\Psi\rangle \tag{11.5.7}$$

将它的解$|\Psi\rangle$按无微扰本征态$\{|\Phi_n\rangle\}$展开：

$$|\Psi\rangle = \sum_n a_n(t)|\Phi_n\rangle \quad (\text{设 } n=1,2,3,\cdots) \tag{11.5.8}$$

其中，展开系数(概率幅)为

$$a_n(t) = \langle\Phi_n|\Psi\rangle \tag{11.5.9}$$

而$|a_n(t)|^2$表示任意t时刻体系处于$|\Phi_n\rangle$态的概率。将式(11.5.8)代入薛定谔方程(11.5.7)，有

$$\frac{\mathrm{d}}{\mathrm{d}t}\left(\sum_n a_n(t)|\Phi_n\rangle\right) = -\frac{\mathrm{i}}{\hbar}[H_0 + H'(t)]\left(\sum_n a_n(t)|\Phi_n\rangle\right) \tag{11.5.10}$$

展开后得

$$\begin{aligned}&\sum_n |\Phi_n\rangle\frac{\mathrm{d}a_n(t)}{\mathrm{d}t} + \sum_n a_n(t)\frac{\mathrm{d}}{\mathrm{d}t}|\Phi_n\rangle \\ &= -\frac{\mathrm{i}}{\hbar}\sum_n a_n(t)H_0|\Phi_n\rangle - \frac{\mathrm{i}}{\hbar}\sum_n a_n(t)H'(t)|\Phi_n\rangle\end{aligned} \tag{11.5.11}$$

利用式(11.5.4)消去式(11.5.11)左边第二项和右边第一项，得到

$$\mathrm{i}\hbar\sum_n |\Phi_n\rangle\frac{\mathrm{d}a_n(t)}{\mathrm{d}t} = \sum_n a_n(t)H'(t)|\Phi_n\rangle \tag{11.5.12}$$

式(11.5.12)向$\langle\Phi_m|$投影，得

$$\mathrm{i}\hbar\langle\Phi_m|\sum_n |\Phi_n\rangle\frac{\mathrm{d}a_n(t)}{\mathrm{d}t} = \langle\Phi_m|\sum_n a_n(t)H'(t)|\Phi_n\rangle \tag{11.5.13}$$

利用正交性关系式(11.5.6a)，得

$$\mathrm{i}\hbar\frac{\mathrm{d}a_m(t)}{\mathrm{d}t} = \sum_n a_n(t)\langle\Phi_m|H'(t)|\Phi_n\rangle \tag{11.5.14}$$

其中

$$\begin{aligned}\langle\Phi_m|H'(t)|\Phi_n\rangle &= \langle\phi_m|H'(t)|\phi_n\rangle\exp\left[\frac{\mathrm{i}}{\hbar}(E_m - E_n)t\right] \\ &= H'_{mn}(t)\exp(\mathrm{i}\omega_{mn}t)\end{aligned} \tag{11.5.15}$$

这里

$$H'_{mn}(t) = \langle\phi_m|H'(t)|\phi_n\rangle \tag{11.5.16}$$

是微扰矩阵元，而

$$\omega_{mn} = \frac{E_m - E_n}{\hbar} \tag{11.5.17}$$

是两个能级 E_m、E_n 之间的频率差。如果 E_m 是高能态、E_n 是低能态，则 $\omega_{mn}>0$；反之，如果 E_n 是高能态、E_m 是低能态，则有 $\omega_{mn}<0$。利用式(11.5.15)，将方程(11.5.14)写为

$$\mathrm{i}\hbar\frac{\mathrm{d}a_m(t)}{\mathrm{d}t}=\sum_n a_n(t)H'_{mn}(t)\exp(\mathrm{i}\omega_{mn}t) \tag{11.5.18}$$

这就是式(11.5.8)中的展开系数所满足的方程，它称为含时微扰论方程(time-dependent perturbation theory equation)，是薛定谔方程的另一种表示形式。

11.5.2 量子跃迁

上述推导的每一步都是严格的：方程(11.5.18)的建立没有作任何近似，对微扰 $H'(t)$ 的大小和形式也没有限制。不过对它精确求解一般比较困难。但是如果 $H'(t)$ 很小，我们可以用下述的迭代法求解。设体系在初始 $t=0$ 时刻处于确定的本征态 $|\Phi_k\rangle$，则由式(11.5.9)可以写出

$$a_n(0)=\delta_{nk} \tag{11.5.19}$$

如果没有微扰，体系将永远处于这种状态。现在用初始条件(11.5.19)作为零级近似解，代入含时微扰论方程(11.5.18)右边，得到关于 $a_m^{(1)}(t)$ 的方程：

$$\mathrm{i}\hbar\frac{\mathrm{d}a_m^{(1)}(t)}{\mathrm{d}t}=H'_{mk}(t)\exp(\mathrm{i}\omega_{mk}t) \tag{11.5.20}$$

由方程(11.5.20)得到一级近似解 $a_m^{(1)}(t)$，然后代入含时微扰论方程右边得到关于二级近似解 $a_m^{(2)}(t)$ 的方程

$$\mathrm{i}\hbar\frac{\mathrm{d}a_m^{(2)}(t)}{\mathrm{d}t}=\sum_n a_n^{(1)}(t)H'_{mn}(t)\exp(\mathrm{i}\omega_{mn}t) \tag{11.5.21}$$

逐次做下去，直到给出足够精确的结果。

如果只考虑一级近似，对式(11.5.20)积分后，立即得到结果(略去 $a_m^{(1)}(t)$ 右上角的标记)

$$a_m(t)=\frac{1}{\mathrm{i}\hbar}\int_0^t H'_{mk}(\tau)\exp(\mathrm{i}\omega_{mk}\tau)\mathrm{d}\tau \tag{11.5.22}$$

现在我们可以从两个方面描述体系的初始状态：式(11.5.19)显示体系在 $t=0$ 时刻处于本征态 $|\Phi_k\rangle$，而式(11.5.22)表明 $t=0$ 时刻体系处于 $|\Phi_m\rangle$ 态的概率为 $|a_m(0)|^2=0$。显然，这两种描述是等价的。演化一段时间 t 之后，体系处于 $|\Phi_m\rangle$ 态的概率为 $|a_m(t)|^2$，这个非零的概率起因于微扰 $H'(t)$(当 $H'_{mk}\neq0$ 时，$|a_m(t)|^2\neq0$)。因此可以说，体系在微扰作用下，由初态 $|\Phi_k\rangle$ 跃迁到末态 $|\Phi_m\rangle$ 的概率为

$$P_{k\to m}=|a_m(t)|^2 \tag{11.5.23}$$

式(11.5.23)就是关于量子跃迁的基本结果。

下面我们通过几个例题讨论微扰引起的量子跃迁概率(quantum transition

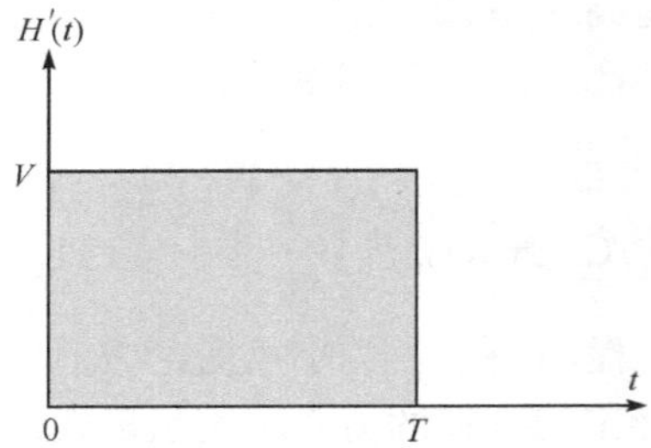

图 11.5.1　常微扰：$H'(t)=V(0<t<T)$

probabilities）。

例 1　一量子体系受到常微扰（constant perturbation）的作用（图 11.5.1），即微扰 $H'(t)$ 只作用在 $0<t<T$ 时间内，且维持常数 V。计算式（11.5.23）所示的跃迁概率。

解　设体系在 $t=0$ 时刻处于初态 $|\Phi_k\rangle$，演化一段时间 $t(0<t<T)$ 之后，体系处于末态 $|\Phi_m\rangle$ 的概率为

$$P_{k\to m}=|a_m(t)|^2=\frac{1}{\hbar^2}\left|\int_0^t V_{mk}\exp(\mathrm{i}\omega_{mk}\tau)\mathrm{d}\tau\right|^2$$

$$=\frac{|V_{mk}|^2}{\hbar^2}\frac{|\exp(\mathrm{i}\omega_{mk}t)-1|^2}{\omega_{mk}^2}=\frac{4|V_{mk}|^2}{\hbar^2}\frac{\sin^2\left(\frac{1}{2}\omega_{mk}t\right)}{\omega_{mk}^2}$$

$$=\frac{2|V_{mk}|^2}{\hbar^2}\frac{1-\cos(\omega t)}{\omega^2}\tag{11.5.24}$$

其中，V_{mk} 是微扰矩阵元，而

$$\omega=\omega_{mk}=\frac{E_m-E_k}{\hbar}\tag{11.5.25}$$

这里，$\omega>0$ 表示从初态 $|\Phi_k\rangle$ 跃迁到较高能态；$\omega<0$ 表示从初态 $|\Phi_k\rangle$ 跃迁到较低能态。而式（11.5.24）显示，两种情况给出相等的跃迁概率。

式（11.5.24）表示，在常微扰作用下，跃迁概率的时间变化竟是周期性的（振荡频率正是原子跃迁频率 $|\omega|/(2\pi)$），如图 11.5.2 所示。这是一个“奇异”的现象。还必须注意，跃迁概率的最大值 $4|V_{mk}|^2/(\hbar^2\omega^2)$ 必须小于 1。但是这个情况不是自动保证的，因为我们计算跃迁概率是基于一级近似表达式（11.5.22）。换言之，

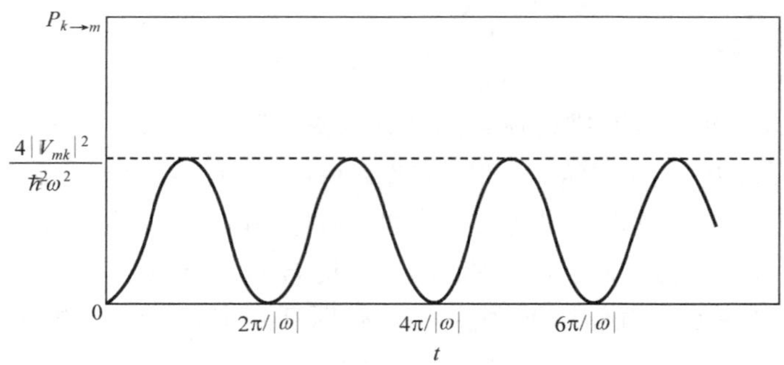

图 11.5.2　在常微扰作用下，跃迁概率的周期性变化

只有在微扰 $H'(t)$ 很小，因而一级近似的精确度很高的情况下，才能确保 $4|V_{mk}|^2/(\hbar^2\omega^2)<1$。另外，从图 11.5.2 还可以看出，体系在时刻 $t_n=2n\pi/|\omega|$ $(n=1,2,3,\cdots)$ 回到初态 $|\Phi_k\rangle$。

利用式(11.5.24)，我们进而考查(相对)跃迁频率

$$P(\omega)=\frac{1-\cos(\omega t)}{\omega^2} \tag{11.5.26}$$

随频率差 ω 的变化，结果如图 11.5.3 所示。现讨论如下：

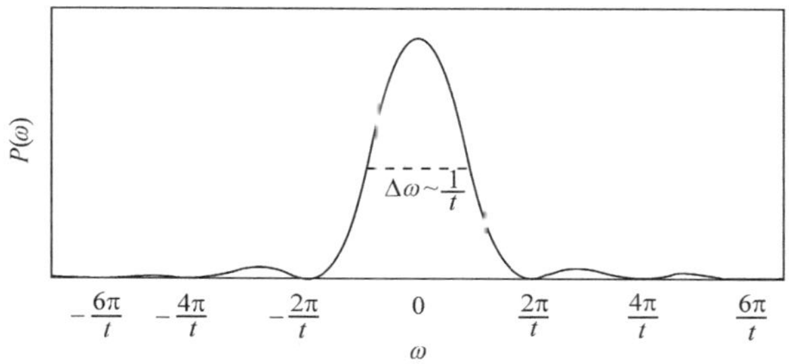

图 11.5.3 跃迁概率 $P(\omega)$ 随频率差 ω 的变化

$\omega>0$ 表示从初态 $|\Phi_k\rangle$ 跃迁到较高能态；$\omega<0$ 表示从初态 $|\Phi_k\rangle$ 跃迁到较低能态；而 $\omega=0$ 表示本系处于初态 $|\Phi_k\rangle$

(1) 体系虽然在微扰作用下发生跃迁，但仍以最大概率处于初态 $|\Phi_k\rangle(\omega=0)$。离初态越近的量子态 $(|\omega|\to 0)$，跃迁概率越大。

(2) 跃迁主要发生在主峰范围内 $(-2\pi/t<\omega<2\pi/t)$，即 $t<2\pi/|\omega|$ 时间段。当 t 较小时，主峰宽度 $\Delta\omega=4\pi/t$ 较大(发生跃迁的 ω 范围较大)，则跃迁 $|\Phi_k\rangle\to|\Phi_m\rangle$ 波及的末态 $|\Phi_m\rangle$ 较多。随着 t 的增大，主峰变窄(跃迁波及的末态减少)，如图 11.5.4 所示。在主峰两侧的区域 $(|\omega|>2\pi/t)$，即在时间 $t>2\pi/|\omega|$ 之后，发生跃迁的概率很小。

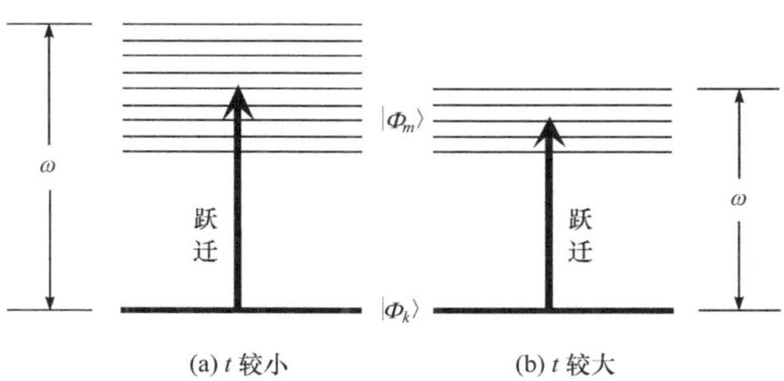

图 11.5.4 体系从初态 $|\Phi_k\rangle$ 跃迁到末态 $|\Phi_m\rangle$

t 较小时，跃迁波及的末态较多；t 较大时，跃迁波及的末态较少。图中所示的跃迁相应于 $\omega>0$

(3) 主峰的宽度取决于 ω 的不确定范围 $\Delta\omega\sim 1/t$。其中,t 是微扰作用的时间,即体系状态变化的特征时间 Δt。因此跃迁过程中存在能量与时间的测不准关系 $\Delta\omega\Delta t\sim 1$(即 $\Delta E\Delta t\sim\hbar$)。

(4) 在时刻 $t_n=2n\pi/|\omega|(n=\pm 1,\pm 2,\pm 3,\cdots)$,体系回到初态 $|\Phi_k\rangle$。

必须指出,上述所有结果适用于 $0<t<T$;当 $t>T$ 时,微扰消失,体系回到它的初态 $|\Phi_k\rangle$。

例 2 利用例 1 的结果推导出费米黄金规则(Fermi's golden rule)。

解 由图 11.5.4 可以看出,跃迁 $|\Phi_k\rangle\rightarrow|\Phi_m\rangle$ 波及多个末态 $|\Phi_m\rangle$(具有不同的能级 E_m),各个跃迁有不同的概率 $|a_m(t)|^2$,那么从初态跃迁到这些末态的总概率为

$$P=\sum_m|a_m(t)|^2 \tag{11.5.27}$$

如果这些末态构成一种连续谱,则式(11.5.27)改写为

$$P=\int_{-\infty}^{\infty}|a_m(t)|^2\rho(m)\mathrm{d}E_m \tag{11.5.28}$$

其中,$\rho(m)$ 为末态的态密度(一个典型的态密度表示式见式(1.1.63))。将式(11.5.24)代入式(11.5.28),并注意到 $\mathrm{d}E_m=\hbar\mathrm{d}\omega_{mk}$,有

$$P=\frac{1}{\hbar}\int_{-\infty}^{\infty}|V_{mk}|^2\frac{\sin^2\left(\frac{1}{2}\omega_{mk}t\right)}{\left(\frac{1}{2}\omega_{mk}\right)^2}\rho(m)\mathrm{d}\omega_{mk} \tag{11.5.29}$$

这就是末态为连续谱情况下的跃迁概率。现在我们考虑长时间后的情况,即 t 很大(但仍然满足 $t<T$,因此式(11.5.24)成立)。利用 δ 函数的极限表示(limit expression of δ function)

$$\delta(x)=\lim_{t\to\infty}\frac{1}{\pi t}\frac{\sin^2(xt)}{x^2} \tag{11.5.30}$$

式(11.5.29)变为

$$P=\frac{\pi t}{\hbar}\int_{-\infty}^{\infty}|V_{mk}|^2\delta\left(\frac{1}{2}\omega_{mk}\right)\rho(m)\mathrm{d}\omega_{mk} \tag{11.5.31}$$

假定 $|V_{mk}|$ 随 ω_{mk} 的变化以及 $\rho(m)$ 随能级 E_m 的变化都是平坦的,因此可以移出积分号,这样我们有

$$P=\frac{2\pi t}{\hbar}|V_{mk}|^2\rho(m)\int_{-\infty}^{\infty}\delta(x)\mathrm{d}x=\frac{2\pi t}{\hbar}|V_{mk}|^2\rho(m) \tag{11.5.32}$$

可见跃迁概率与时间 t 成正比(积累的时间越长,跃迁概率越大,这是容易理解的)。这表示,当考虑到末态变化的连续性时,单个末态情况下的"奇异"振荡现象(图 11.5.2)消失了,跃迁概率变得很简单。而单位时间的跃迁概率,即跃迁速

率为

$$R=\frac{\mathrm{d}P}{\mathrm{d}t}=\frac{2\pi}{\hbar}|V_{mk}|^2\rho(m) \tag{11.5.33}$$

它是一个常数。这个重要公式就是费米黄金规则。

例 3　设体系受到周期性微扰(periodic perturbation)

$$H'(t)=V\cos(\Omega t) \tag{11.5.34}$$

其中,Ω 称为驱动频率(driving frequency),常数 $V>0$。计算相应的跃迁概率。

解　我们仍然设定体系的初态为$|\Phi_k\rangle$而末态为$|\Phi_m\rangle$。微扰矩阵元为

$$H'_{mk}(t)=V_{mk}\cos(\Omega t)\quad (V_{mk}=\langle\phi_m|V|\phi_k\rangle) \tag{11.5.35}$$

由式(11.5.22)得到

$$\begin{aligned}a_m(t)&=\frac{1}{\mathrm{i}\hbar}\int_0^t V_{mk}\cos(\Omega\tau)\exp(\mathrm{i}\omega\tau)\mathrm{d}\tau\ (\omega=\omega_{mk})\\&=-\frac{\mathrm{i}V_{mk}}{2\hbar}\int_0^t[\mathrm{e}^{\mathrm{i}(\omega+\Omega)\tau}+\mathrm{e}^{\mathrm{i}(\omega-\Omega)\tau}]\mathrm{d}\tau\\&=-\frac{V_{mk}}{2\hbar}\left[\frac{\mathrm{e}^{\mathrm{i}(\omega+\Omega)t}-1}{\omega+\Omega}+\frac{\mathrm{e}^{\mathrm{i}(\omega-\Omega)t}-1}{\omega-\Omega}\right]\end{aligned} \tag{11.5.36}$$

这个结果是严格的,不过利用它求跃迁概率有些复杂,下面我们设法化简它。为此考虑以下两种情况。

(1) 体系的跃迁相应于 $\omega>0$,即初态$|\Phi_k\rangle$为低能态而末态$|\Phi_m\rangle$为高能态。假定驱动频率 Ω 非常接近跃迁频率绝对值

$$|\omega|=\frac{|E_m-E_k|}{\hbar}\equiv\omega_0 \tag{11.5.37}$$

即

$$\omega_0+\Omega\gg|\omega_0-\Omega| \tag{11.5.38}$$

则可以忽略式(11.5.36)的第一项,得到

$$\begin{aligned}a_m(t)&\approx-\frac{V_{mk}}{2\hbar}\frac{\mathrm{e}^{\mathrm{i}(\omega_0-\Omega)t}-1}{\omega_0-\Omega}=-\frac{V_{mk}}{2\hbar}\left(\frac{\mathrm{e}^{\mathrm{i}\frac{\omega_0-\Omega}{2}t}-\mathrm{e}^{-\mathrm{i}\frac{\omega_0-\Omega}{2}t}}{\omega_0-\Omega}\right)\mathrm{e}^{\mathrm{i}\frac{\omega_0-\Omega}{2}t}\\&=-\frac{\mathrm{i}V_{mk}}{\hbar}\frac{\sin\frac{\omega_0-\Omega}{2}t}{\omega_0-\Omega}\mathrm{e}^{\mathrm{i}\frac{\omega_0-\Omega}{2}t}\end{aligned} \tag{11.5.39}$$

由此得到跃迁概率

$$P_{k\to m}=|a_m(t)|^2=\frac{|V_{mk}|^2}{\hbar^2}\frac{\sin^2\left(\frac{\omega_0-\Omega}{2}t\right)}{(\omega_0-\Omega)^2}=\frac{|V_{mk}|^2}{2\hbar^2}\frac{1-\cos[(\omega_0-\Omega)t]}{(\omega_0-\Omega)^2} \tag{11.5.40}$$

(2) 体系的跃迁相应于 $\omega<0$,即初态$|\Phi_k\rangle$为高能态而末态$|\Phi_m\rangle$为低能态,则

相应于式(11.5.36)的结果为

$$a_m(t)=-\frac{V_{mk}}{2\hbar}\left[\frac{e^{i(\Omega-\omega_0)t}-1}{\Omega-\omega_0}-\frac{e^{-i(\Omega+\omega_0)t}-1}{\Omega+\omega_0}\right] \tag{11.5.41}$$

同样假定驱动频率 Ω 非常接近跃迁频率绝对值 ω_0，则只需保留式(11.5.41)中的第一项，得到

$$\begin{aligned}a_m(t)&\approx-\frac{V_{mk}}{2\hbar}\left[\frac{e^{i(\Omega-\omega_0)t}-1}{\Omega-\omega_0}\right]=-\frac{V_{mk}}{2\hbar}\left(\frac{e^{i\frac{\Omega-\omega_0}{2}t}-e^{-i\frac{\Omega-\omega_0}{2}t}}{\Omega-\omega_0}\right)e^{i\frac{\Omega-\omega_0}{2}t}\\&=-\frac{iV_{mk}}{\hbar}\frac{\sin\frac{\Omega-\omega_0}{2}t}{\Omega-\omega_0}e^{i\frac{\Omega-\omega_0}{2}t}\end{aligned} \tag{11.5.42}$$

由此得到跃迁概率

$$P_{k\to m}=|a_m(t)|^2=\frac{|V_{mk}|^2}{\hbar^2}\frac{\sin^2\left(\frac{\Omega-\omega_0}{2}t\right)}{(\Omega-\omega_0)^2}=\frac{|V_{mk}|^2}{2\hbar^2}\frac{1-\cos[(\Omega-\omega_0)t]}{(\Omega-\omega_0)^2} \tag{11.5.43}$$

显然，上述两种情况的跃迁概率相等(见式(11.5.40)和式(11.5.43))。这个结论将在第12章用来讨论光的吸收和受激发射。

式(11.5.40)(或式(11.5.43))显示，周期微扰情况下的跃迁概率与常微扰有相同的函数形式，唯一的区别是 $\omega_0-\Omega$ 代替了 ω。这意味着，现在体系的跃迁性质是相对于驱动频率 Ω 而言的：跃迁概率的振荡频率为 $|\omega_0-\Omega|/(2\pi)$；跃迁概率最大值 $|V_{mk}|^2/[\hbar^2(\omega_0-\Omega)^2]$ 必须小于1；在时刻 $t_n=2n\pi/|\omega_0-\Omega|$，体系回到初态 $|\Phi_k\rangle$。特别是，对于给定的初态 $|\Phi_k\rangle$，体系以最大的概率出现在跃迁频率 ω_0 等于驱动频率 Ω 的状态，这是一种“共振跃迁”($\omega_0=\Omega$)。

第 12 章　原子与光场相互作用

作为第 11 章量子跃迁问题的延深，本章讨论原子与光场相互作用的若干基本问题。我们首先推导出体系在偶极近似下的相互作用哈密顿算符，它与式(11.5.34)所示的微扰算符 $H'(t)=V\cos(\Omega t)$ 有相同的形式。这样原子在光场作用下的跃迁概率可以用式(11.5.40)(或式(11.5.43))表示。利用它，我们讨论原子与光场相互作用的几个基本过程：吸收、受激发射和自发辐射。然后我们在非相干微扰光场的意义上，将这三种过程联系起来，建立爱因斯坦方程，并求出受激发射系数和自发发射速率的表示式。我们随即推导出自发发射和受激发射中的选择定则。然后利用受激发射的概念讨论激光产生的物理机制和它的量子特性。最后我们介绍自发发射和合作自发发射以及它们所诱导的光辐射现象：荧光、超荧光和超辐射。

12.1　偶极近似下的哈密顿算符

本节介绍原子与光场相互作用的几个基本过程：吸收、受激发射和自发发射。这里所谓的“光”泛指电磁波(X 射线、紫外线、可见光、红外线、微波等)，也包括频率在 0.1～10THz 范围的太赫兹辐射(terahertz radiation)，它介于微波与红外线之间。现在我们首先考查原子-光场相互作用的物理机制。我们知道，原子是电中性的(正负电荷中心重合)，其电偶极矩为零。当光波射到原子上时，光波中的电场 $\boldsymbol{E}(t)$ 使原子体系的正负电荷中心分开，产生电极化(图 12.1.1)，而电偶极矩(electric dipole moment)表示为

$$\boldsymbol{p}=-q\boldsymbol{r} \tag{12.1.1}$$

其中，q 为电荷；$\boldsymbol{r}$ 是正电荷到负电荷的位移矢量。电偶极矩 $\boldsymbol{p}$ 在电场 $\boldsymbol{E}(t)$ 中具有能量(见式(11.3.12))

$$H'(t)=-\boldsymbol{p}\cdot\boldsymbol{E}(t)=q\boldsymbol{r}\cdot\boldsymbol{E}(t) \tag{12.1.2}$$

另一方面，光波中的磁场 $\boldsymbol{H}(t)$ 与原子体系的磁偶极矩 $\boldsymbol{M}$ 相互作用，所产生的能量由 $-\boldsymbol{M}\cdot\boldsymbol{H}(t)$ 表示。研究表明，$-\boldsymbol{M}\cdot\boldsymbol{H}(t)$ 与 $-\boldsymbol{p}\cdot\boldsymbol{E}(t)$ 的比值为 $\alpha=1/137$(α 称为精细结构常数)。这允许我们用式(12.1.2)近似表示原子与光场的相互作用哈密顿算符，这称为偶极近似(dipole approximation)。在这个哈密顿算符作用下的原子跃迁称为偶极跃迁(dipole transition)。

考虑单色光波，其电场为

$$\boldsymbol{E}(t)=\boldsymbol{E}_0\cos(\Omega t) \tag{12.1.3}$$

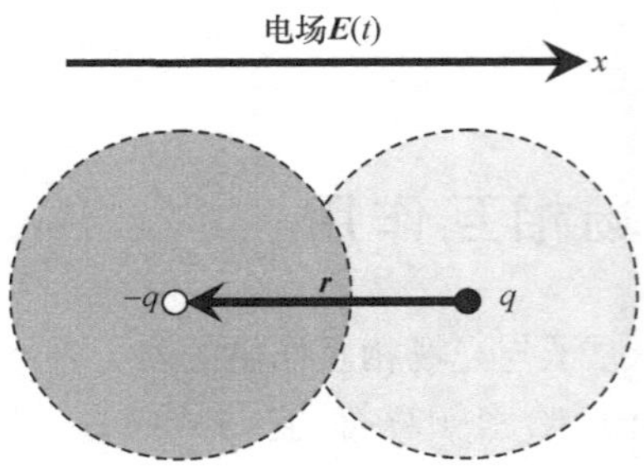

图 12.1.1 原子在电场 $\boldsymbol{E}(t)$作用下，正负电荷中心分开，形成电偶极矩

设 $\boldsymbol{E}(t)$的方向为 x 轴(图 12.1.1)，则哈密顿算符(12.1.2)写为

$$H'(t)=-qx\mathscr{E}\cos(\Omega t)\,(\mathscr{E}=|\boldsymbol{E}_0|) \tag{12.1.4}$$

正如 11.3.2 节所解释的那样，通常情况下一个外电场与原子作用所引起的附加能量远小于原子内部(由原子核引起)的势能，因此$H'(t)$可以看作对原子体系的微扰。考虑 11.5.2 节所讨论的原子初态$|\Phi_k\rangle$和末态$|\Phi_m\rangle$，微扰矩阵元为

$$H'_{mk}(t)=\langle\phi_m|H'(t)|\phi_k\rangle=-d\mathscr{E}\cos(\Omega t) \tag{12.1.5}$$

其中，$d=q\langle\phi_m|x|\phi_k\rangle$称为偶极矩阵元(dipole matrix elements)。式(12.1.5)将被用来计算原子在光场微扰下的跃迁概率。

12.2 原子与光场相互作用

12.2.1 吸收

设原子在初始 $t=0$ 时刻处于低能态$|\Phi_k\rangle$，在单色光(式(12.1.3))作用下跃迁到高能态$|\Phi_m\rangle$，跃迁概率由式(11.5.40)给出为

$$P_{k\to m}=\left(\frac{|d|\mathscr{E}}{\hbar}\right)^2\frac{\sin^2\left(\frac{\omega_0-\Omega}{2}t\right)}{(\omega_0-\Omega)^2} \tag{12.2.1}$$

其中，ω_0 是跃迁频率绝对值(式(11.5.37))。在这个跃迁过程中原子从光场吸收能量 $E_m-E_k=h\nu$(光子)，即低能态的原子从光场吸收一个光子而跃迁到高能态(图 12.2.1(a))。这个过程称为吸收(absorption)。

12.2.2 受激发射

设原子在初始 $t=0$ 时刻处于高能态$|\Phi_k\rangle$，在单色光(式(12.1.3))作用下跃迁到低能态$|\Phi_m\rangle$，跃迁概率由式(11.5.43)给出为

$$P_{k\to m}=\left(\frac{|d|\mathscr{E}}{\hbar}\right)^2\frac{\sin^2\left(\frac{\Omega-\omega_0}{2}t\right)}{(\Omega-\omega_0)^2} \tag{12.2.2}$$

这是一个非常奇特的过程：当原子处于高能态时，用单色光照射它，它可以向低能态跃迁，而且跃迁概率与光吸收过程(低能态→高能态)的跃迁概率相等。这个过程是爱因斯坦在 1917 年预言的，称为受激发射(stimulated emission)。在受激发

射情况下，一个入射光子导致两个光子出来——一个是引发原子跃迁的那一个，而原子跃迁本身又产生另一个(图 12.2.1(b))。两个光子的能量均为 $h\nu=E_k-E_m$。

12.2.3　自发发射

原子与光场相互作用的另一个过程是自发发射(spontaneous emission)。处于高能态 E_k 的原子会自动地向低能态 E_m 跃迁，并发射一个能量为 $h\nu=E_k-E_m$ 的光子(图 12.2.1(c))。自发发射过程无需光场微扰，这是难以理解的，它的微观机制涉及量子电动力学(quantum electrodynamics)理论。按照这种理论，光场即使处在基态，其能量也是非零的，就像谐振子处于基态时仍有零点能 $\frac{1}{2}\hbar\omega$ 一样。正是这个具有零点能的光场作为微扰引起了原子的自发发射。所以，并不存在真正意义上的自发发射；所有量子跃迁(高能态→低能态)产生的光辐射都是由某种激发机制引起的。这个理解与辐射的经典理论完全相悖。在经典辐射过程中，不存在这样的受激发射，自发发射的产生不需要激发作用。

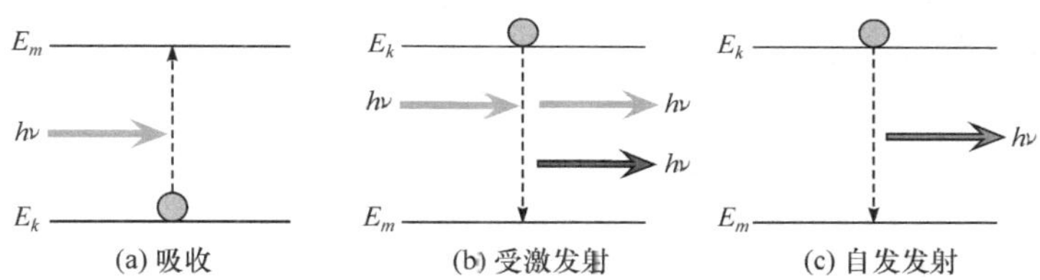

图 12.2.1　原子与光场相互作用的三种方式

随后我们将介绍爱因斯坦方程，它将原子与光场相互作用的三个过程(吸收、受激发射、自发发射)联系起来，并可以计算出受激发射速率和自发发射速率。不过，在讨论这些问题之前，我们需要首先考虑非相干微扰作用。

12.3　爱因斯坦方程

12.3.1　非相干微扰光场

上述的微扰光场是式(12.1.3)所示的频率为 Ω 的单色相干光。在许多情况下，原子是处于一个具有连续频谱分布的光场中，例如处于热辐射中的原子。本节讨论非相干微扰(incoherent perturbation)作用下的跃迁概率，其结果将被用来建立爱因斯坦方程。

首先考查光场的能量密度。我们知道，一般情况下光波的能量密度表示为

$$U(t)=\frac{1}{8\pi}(|\boldsymbol{E}(t)|^2+|\boldsymbol{H}(t)|^2)\quad(\text{CGS 制})\tag{12.3.1}$$

由于电场和磁场的贡献相等，因此式(12.3.1)对于单色波(12.1.3)可写为

$$U(t)=\frac{1}{4\pi}|\boldsymbol{E}(t)|^2=\frac{1}{4\pi}\mathscr{E}^2\cos^2(\Omega t) \tag{12.3.2}$$

其中，$\mathscr{E}$ 是场振幅(见式(12.1.4))。对式(12.3.2)在一个周期内求平均，利用平均值$\langle\cos^2(\Omega t)\rangle=\dfrac{1}{2}$，得到

$$U=\frac{1}{8\pi}\mathscr{E}^2 \tag{12.3.3}$$

因此跃迁概率(式(12.2.1)和式(12.2.2))与光场的能量密度 U 成正比(这是容易理解的)：

$$P_{k\to m}=8\pi U\left(\frac{|d|}{\hbar}\right)^2\frac{\sin^2\left(\dfrac{\Omega-\omega_0}{2}t\right)}{(\Omega-\omega_0)^2} \tag{12.3.4}$$

当单色光变成具有连续频谱分布的非相干光场时，$U\to\rho(\Omega)\mathrm{d}\Omega$，这里，$\rho(\Omega)$是作用于原子的连续谱光场在 $\Omega\to\Omega+\mathrm{d}\Omega$ 频率范围内的能量密度。这样一来，跃迁概率变成对光场频率的积分：

$$P=8\pi\left(\frac{|d|}{\hbar}\right)^2\int_0^\infty\rho(\Omega)\frac{\sin^2\left(\dfrac{\Omega-\omega_0}{2}t\right)}{(\Omega-\omega_0)^2}\mathrm{d}\Omega \tag{12.3.5}$$

这个结果适用于吸收(来自于式(12.2.1))和受激发射(来自于式(12.2.2))两种情况。我们假定光场能量密度 $\rho(\Omega)$随 Ω 的变化是平坦的，可以用跃迁频率绝对值 ω_0 处的值 $\rho(\omega_0)$代替(故可移出积分号)。而剩下的被积函数$\sin^2\left(\dfrac{\Omega-\omega_0}{2}t\right)/(\Omega-\omega_0)^2$ 是一个处于 ω_0 的尖峰，其积分在$(-\infty,0)$范围基本为零，因此积分(12.3.5)的区间可以扩展为$(-\infty,\infty)$。然后利用积分公式

$$\int_{-\infty}^\infty\frac{\sin^2 x}{x^2}\mathrm{d}x=\pi \tag{12.3.6}$$

最终得到

$$P=\frac{4\pi^2\ |d|^2 t}{\hbar^2}\rho(\omega_0) \tag{12.3.7}$$

可见跃迁概率与时间 t 成正比(这个结果与式(11.5.32)类似)。这表示，当用宽频的非相干微扰光作用到体系上时，单色光微扰时的“奇异”振荡现象(来自式(11.5.40)或式(11.5.43)，其曲线与图 11.5.2 类似)消失了，跃迁概率变得很简单。特别是，跃迁速率现在变成常数(与式(11.5.33)类似)：

$$R=\frac{4\pi^2\ |d|^2}{\hbar^2}\rho(\omega_0) \tag{12.3.8}$$

以上讨论只涉及原子极化发生在 x 方向的情况(图 12.1.1)，所以结果中只出现矩阵元 $\langle \phi_m | x | \phi_k \rangle$。如果考虑原子的三维极化，而且极化是各向同性的，则原子体系的跃迁速率应是式(12.3.8)对所有极化方向求平均：

$$R = \frac{4\pi^2}{3\hbar^2}\rho(\omega_0)\left[q^2\left(|\langle \phi_m | x | \phi_k \rangle|^2 + |\langle \phi_m | y | \phi_k \rangle|^2 + |\langle \phi_m | z | \phi_k \rangle|^2\right)\right]$$
$$= \frac{4\pi^2 \ |\boldsymbol{d}|^2}{3\hbar^2}\rho(\omega_0) \tag{12.3.9}$$

其中，$\boldsymbol{d} = q\langle \phi_m | \boldsymbol{r} | \phi_k \rangle$ 是三维偶极矩阵元。式(12.3.9)所示的跃迁速率来自式(12.3.5)的一般性结果，因此适用于吸收和受激发射两种情况。换言之，吸收速率和受激发射速率是相等的，均由式(12.3.9)表示。

12.3.2　爱因斯坦方程

为了将原子与光场相互作用的三个过程联系起来，爱因斯坦引进自发发射速率 A_{km} 以及吸收系数 B_{mk} 和受激发射系数 B_{km}，如图 12.3.1 所示。A_{km} 表示原子在单位时间内由高能态 E_k 自发跃迁到低能态 E_m 的概率。而系数 B_{mk} 和 B_{km} 的意义表现为：$B_{mk}\rho(\omega_0)$ 是吸收速率而 $B_{km}\rho(\omega_0)$ 是受激发射速率，这样它们应等于式(12.3.9)所示的 R：

$$B_{mk}\rho(\omega_0) = B_{km}\rho(\omega_0) = R = \frac{4\pi^2 \ |\boldsymbol{d}|^2}{3\hbar^2}\rho(\omega_0) \tag{12.3.10}$$

由此可见

$$B_{mk} = B_{km} = \frac{4\pi^2 \ |\boldsymbol{d}|^2}{3\hbar^2} \tag{12.3.11}$$

这就是吸收系数和受激发射系数的表达式。

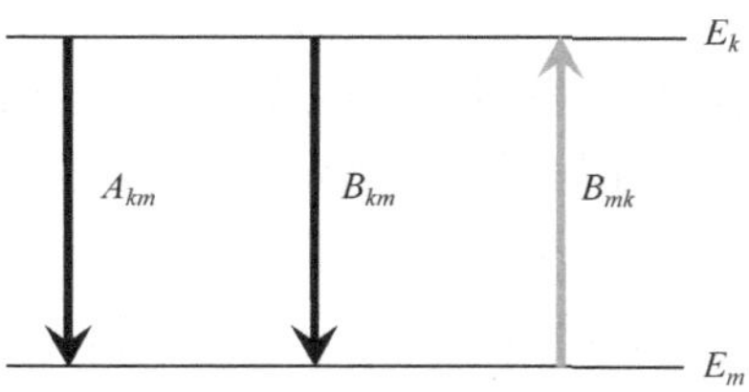

图 12.3.1　原子与光场相互作用：自发发射速率 A_{km}，吸收系数 B_{mk} 和受激发射系数 B_{km}

爱因斯坦进而利用热力学平衡条件(thermodynamic equilibrium condition)建立了 A_{km}、B_{km}、B_{mk} 之间的关系。设处于能态 E_k 和 E_m 的原子布居数分别为 N_k 和 N_m。单位时间内从高能态 E_k 跃迁到低能态 E_m 的原子数目为 $N_k[A_{km} + B_{km}\rho(\omega_0)]$，其中的两项分别是由自发发射和受激发射引起的；而吸收所引起的单位时间内从低能态 E_m 跃迁到高能态 E_k 的原子数目则为 $N_m B_{mk}\rho(\omega_0)$。当这些原子处于热平衡状态时，每个能态上的原子布居数都维持不变，因此

$$N_k[A_{km} + B_{km}\rho(\omega_0)] = N_m B_{mk}\rho(\omega_0) \tag{12.3.12}$$

这就是爱因斯坦方程(Einstein's equation)。它可以写成更简洁的形式(利用

式(12.3.10))：

$$N_k(A+B)=N_mB \quad (A\equiv A_{km},B\equiv R) \tag{12.3.13}$$

由此得到

$$A=B\left(\frac{N_m}{N_k}-1\right) \tag{12.3.14}$$

这就是自发发射速率A(spontaneous emission rate A)与受激发射速率B(stimulated emission rate B)之间的关系式。当体系处于温度为T的热平衡态时，能级上的原子布居数服从玻尔兹曼分布(见式(1.1.8))

$$N_k\sim\exp\left(-\frac{E_k}{k_BT}\right),\quad N_m\sim\exp\left(-\frac{E_m}{k_BT}\right) \tag{12.3.15}$$

式中，k_B为玻尔兹曼常量。将式(12.3.15)代入式(12.3.14)，得到

$$A=B\left[\exp\left(\frac{E_k-E_m}{k_BT}\right)-1\right]=B\left[\exp\left(\frac{\hbar\omega_0}{k_BT}\right)-1\right] \tag{12.3.16}$$

最后我们来求A的表达式，为此利用热平衡时的普朗克黑体辐射公式(1.2.21)，并注意到$\rho(\nu)\mathrm{d}\nu=\rho(\omega)\mathrm{d}\omega$，写出辐射场的能量密度(作为$\omega$的函数)

$$\rho(\omega)=\frac{\hbar}{\pi^2c^3}\frac{\omega^3}{\exp\left(\frac{\hbar\omega}{k_BT}\right)-1} \tag{12.3.17}$$

利用式(12.3.17)，将式(12.3.16)写成

$$A=B\left[\frac{\hbar}{\pi^2c^3}\frac{\omega_0^3}{\rho(\omega_0)}\right] \tag{12.3.18}$$

再利用式(12.3.10)，则式(12.3.18)写为

$$A=\frac{4\,|\boldsymbol{d}|^2\omega_0^3}{3\,\hbar c^3} \tag{12.3.19}$$

这就是自发发射速率的表达式，它与跃迁矩阵元$|\boldsymbol{d}|$的平方成正比(受激发射速率也如此)，同时与跃迁频率ω_0的立方成正比。

例 一个量子振子带电量q，初态为$|k\rangle$(谐振子的本征态)，沿x方向振动。计算它跃迁到低能态$|n\rangle$的自发发射速率和相应的辐射强度，并与经典振子的结果(来自式(1.4.8))相比较。

解 我们首先考查偶极矩阵元

$$d=q\langle n|x|k\rangle \tag{12.3.20}$$

这个矩阵元我们在11.2.4节例3计算过，结果为(式(11.2.43))

$$d=qC\langle n|a+a^+|k\rangle=qC(\sqrt{k}\delta_{n,k-1}+\sqrt{k+1}\delta_{n,k+1}) \tag{12.3.21}$$

其中，C由式(5.4.3a)表示。由于我们这里讨论的是发射问题，$|k\rangle$是高能态而$|n\rangle$是低能态，必须有$k>n$，因此$\delta_{n,k+1}=0$，于是式(12.3.21)变为

$$d=qC\sqrt{k}\delta_{n,k-1}=q\sqrt{\frac{k\hbar}{2m\omega}}\delta_{n,k-1} \tag{12.3.22}$$

其中,m 和 ω 是振子的质量和本征频率。很明显,在所有低能态$|n\rangle$中,只有那些满足 $n=k-1$ 的跃迁才能发生,相应的矩阵元为 $d=q\sqrt{\frac{k\hbar}{2m\omega}}$,而发射光子的频率由式(11.5.37)给出为

$$\omega_0=\frac{E_k-E_n}{\hbar}=\frac{\hbar\omega\left(k+\frac{1}{2}\right)-\hbar\omega\left(n+\frac{1}{2}\right)}{\hbar}=(k-n)\omega=\omega \tag{12.3.23}$$

可见发射光子的频率 ω_0 等于振子的本征频率 ω(这是经典发射的特征)。从而自发发射速率(式(12.3.19))为

$$A=\frac{2kq^2\omega^2}{3mc^3} \tag{12.3.24}$$

它表示单位时间发射的光子数,而每个光子的能量为$\hbar\omega$,因此辐射强度为

$$I=A\hbar\omega=\frac{2q^2\omega^2}{3mc^3}k\hbar\omega \tag{12.3.25}$$

处于$|k\rangle$态的振子能量为 $E=\hbar\omega\left(k+\frac{1}{2}\right)$,则式(12.3.25)变为

$$I=\frac{2q^2\omega^2}{3mc^3}\left(E-\frac{1}{2}\hbar\omega\right) \tag{12.3.26}$$

这就是能量为 E 的量子振子的自发辐射强度。很明显,振子处于基态($E=\frac{1}{2}\hbar\omega$)时,不发射光子。这是容易理解的,因为 $E=\frac{1}{2}\hbar\omega$ 是振子的最低能量。

作为比较,我们考查具有相同能量 E 的经典振子的辐射强度。根据经典电动力学,带电量为 q 的粒子做加速运动时的辐射强度由式(1.4.8)给出:

$$I=\frac{2q^2a^2}{3c^3} \tag{12.3.27}$$

其中,a 是粒子的加速度。设振子的位移为 $x(t)=x\cos(\omega t)$,加速度为 $a=-x\omega^2\cos(\omega t)$。利用 $\cos^2(\omega t)$ 在一个周期上的平均 $\langle\cos^2(\omega t)\rangle=\frac{1}{2}$,得到式(12.3.27)的平均值

$$I=\frac{q^2x^2\omega^4}{3c^3}=\frac{2q^2\omega^2}{3mc^3}E\ \left(E=\frac{1}{2}mx^2\omega^2\right) \tag{12.3.28}$$

这就是能量为 E 的经典振子的自发辐射强度,它的取值没有下限(可以为零)。显然量子理论结果(12.3.26)在$\hbar\to 0$ 极限情况下变为经典形式(12.3.28)。

12.3.3 选择定则

上述结果显示，计算自发发射速率(12.3.19)和受激发射速率(12.3.10)均归结为计算偶极矩阵元 $\boldsymbol{d}=q\langle\phi_m|\boldsymbol{r}|\phi_k\rangle$。事实上，在讨论氢原子的一级斯塔克效应时(11.3.2 节)，我们就计算过这样的矩阵元(式(11.3.14))：

$$H'_{\alpha\beta}\sim\langle\phi_\alpha|r|\phi_\beta\rangle \tag{12.3.29}$$

我们发现，在所有这些矩阵元中，只有 $H'_{12}=H'_{21}$ 是非零的，其余都是零。对于实际问题，如果预先知道什么情况下矩阵元为零，就不必计算那些无意义的积分。这涉及量子跃迁中的选择定则(selection rules)。

现在我们考查氢原子体系中的矩阵元

$$\langle n'l'm'|\boldsymbol{r}|nlm\rangle \tag{12.3.30}$$

我们将会看到，巧妙运用角动量对易关系能直接得到关于非零矩阵元的取值条件。由式(9.4.9c)中的 $[\hat{L}_z,z]=0$ 可得

$$\begin{aligned}0&=\langle n'l'm'|[\hat{L}_z,z]|nlm\rangle=\langle n'l'm'|\hat{L}_z z-z\hat{L}_z|nlm\rangle\\&=\langle n'l'm'|(m'\hbar)z-z(m\hbar)|nlm\rangle\\&=(m'-m)\hbar\langle n'l'm'|z|nlm\rangle\end{aligned} \tag{12.3.31}$$

这表示

$$\langle n'l'm'|z|nlm\rangle\neq 0 \text{ 的条件是 } m'=m \tag{12.3.32}$$

进而，由式(9.4.9c)中的 $[\hat{L}_z,x]=\mathrm{i}\hbar y$，得到

$$\begin{aligned}\langle n'l'm'|[\hat{L}_z,x]|nlm\rangle&=\langle n'l'm'|\hat{L}_z x-x\hat{L}_z|nlm\rangle\\&=(m'-m)\hbar\langle n'l'm'|x|nlm\rangle\\&=\mathrm{i}\hbar\langle n'l'm'|y|nlm\rangle\end{aligned} \tag{12.3.33}$$

这表示矩阵元 $\langle n'l'm'|x|nlm\rangle$ 和 $\langle n'l'm'|y|nlm\rangle$ 之间有如下关系：

$$(m'-m)\langle n'l'm'|x|nlm\rangle=\mathrm{i}\langle n'l'm'|y|nlm\rangle \tag{12.3.34}$$

一旦求出其中的一个，便可以由它得到另一个。

最后，由式(9.4.9c)中的 $[\hat{L}_z,y]=-\mathrm{i}\hbar x$，可得

$$(m'-m)\langle n'l'm'|y|nlm\rangle=-\mathrm{i}\langle n'l'm'|x|nlm\rangle \tag{12.3.35}$$

由式(12.3.34)和式(12.3.35)消去 $\langle n'l'm'|y|nlm\rangle$，得到

$$[(m'-m)^2-1]\langle n'l'm'|x|nlm\rangle=0 \tag{12.3.36}$$

这表示

$$\langle n'l'm'|x|nlm\rangle\neq 0 \text{ 的条件是 } m'-m=\pm 1 \tag{12.3.37a}$$

同样，由式(12.3.34)和式(12.3.35)消去 $\langle n'l'm'|x|nlm\rangle$，得到

$$\langle n'l'm'|y|nlm\rangle\neq 0 \text{ 的条件是 } m'-m=\pm 1 \tag{12.3.37b}$$

由式(12.3.32)和式(12.3.37)，我们得出结论：当磁量子数 m 变化时能发生的跃迁限于

$$m'-m=\Delta m=0 \text{ 或 } \pm 1 \tag{12.3.38}$$

这就是关于磁量子数的选择定则(selection rules of magnetic quantum number)。

关于角量子数的选择定则(selection rules of angular quantum number),我们将式(9.4.21)置于$\langle n'l'm'|$和$|nlm\rangle$之间进行推导:

$$\begin{aligned}\langle n'l'm'|[L^2,[L^2,\boldsymbol{r}]]|nlm\rangle &= 2\hbar^2\langle n'l'm'|\boldsymbol{r}L^2+L^2\boldsymbol{r}|nlm\rangle \\ &= 2\hbar^2\langle n'l'm'|\hbar^2 l'(l'+1)\boldsymbol{r}+\boldsymbol{r}l(l+1)\hbar^2|nlm\rangle \\ &= 2\hbar^4[l'(l'+1)+l(l+1)]\langle n'l'm'|\boldsymbol{r}|nlm\rangle\end{aligned} \tag{12.3.39}$$

另一方面,我们有

$$\begin{aligned}\langle n'l'm'|[L^2,[L^2,\boldsymbol{r}]]|nlm\rangle &= \langle n'l'm'|[L^2[L^2,\boldsymbol{r}]-[L^2,\boldsymbol{r}]L^2]|nlm\rangle \\ &= \langle n'l'm'|\hbar^2 l'(l'+1)[L^2,\boldsymbol{r}]-[L^2,\boldsymbol{r}]l(l+1)\hbar^2|nlm\rangle \\ &= \hbar^2[l'(l'+1)-l(l+1)]\langle n'l'm'|[L^2,\boldsymbol{r}]|nlm\rangle \\ &= \hbar^4[l'(l'+1)-l(l+1)]^2\langle n'l'm'|\boldsymbol{r}|nlm\rangle\end{aligned} \tag{12.3.40}$$

由式(12.3.39)和式(12.3.40)右边相等,得到

$$\{2[l'(l'+1)+l(l+1)]-[l'(l'+1)-l(l+1)]^2\}\langle n'l'm'|\boldsymbol{r}|nlm\rangle=0 \tag{12.3.41}$$

矩阵元$\langle n'l'm'|\boldsymbol{r}|nlm\rangle\neq 0$ 的条件是

$$2[l'(l'+1)+l(l+1)]-[l'(l'+1)-l(l+1)]^2=0 \tag{12.3.42}$$

它可以写为

$$[(l'+l+1)^2-1][(l'-l)^2-1]=0 \tag{12.3.43}$$

它在数学上有两种解:

$$l'=l=0 \tag{12.3.44a}$$

$$l'-l=\Delta l=\pm 1 \tag{12.3.44b}$$

但是式(12.3.44a)在物理上是不成立的。事实上,这种情况下的矩阵元为零(见 9.6.4 节),例如:

$$\begin{aligned}\langle x\rangle &= \int\psi_{n'00}(r)x\psi_{n00}(r)\mathrm{d}\boldsymbol{r} \\ &= \int_{-\infty}^{\infty}\int_{-\infty}^{\infty}\left[\int_{-\infty}^{\infty}\psi_{n'00}(\sqrt{x^2+y^2+z^2})x\psi_{n00}(\sqrt{x^2+y^2+z^2})\mathrm{d}x\right]\mathrm{d}y\mathrm{d}z \\ &= 0\end{aligned} \tag{12.3.45}$$

我们的结论是:当角量子数 l 变化时能发生的跃迁限于式(12.3.44b)。这就是关于角量子数 l 的选择定则。

本节以氢原子为例,讨论了偶极跃迁的选择定则(selection rules of dipole transition)。结果表明,并不是所有向低能态的跃迁都能够发生,存在着$\langle n'l'm'|\boldsymbol{r}|nlm\rangle=0$的禁戒跃迁。图 12.3.2 给出了氢原子从 $n=3$ 能级向 $n=2$ 能级的偶极跃迁示意图。

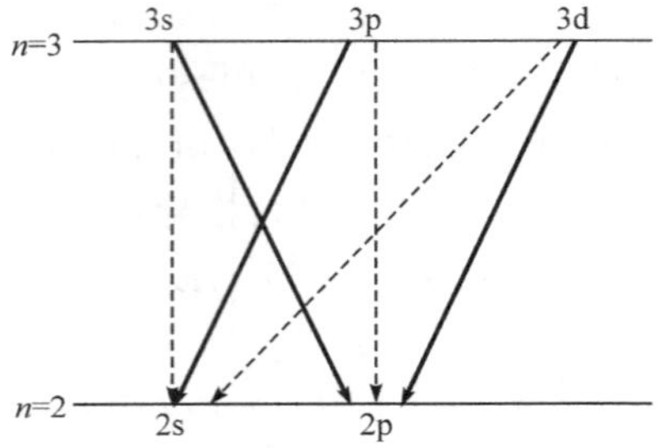

图 12.3.2　氢原子从 $n=3$ 能级向 $n=2$ 能级的偶极跃迁示意图

实线为允许跃迁(allowed transition),虚线为禁戒跃迁(forbidden transition)

12.3.4　跃迁速率

式(12.3.19)和式(12.3.10)是关于偶极跃迁的最重要结果,它给出了自发发射速率 A 和受激发射速率 B 的表达式。现在我们考查热平衡情况下高、低能态上原子布居数(atomic occupation number)的比值(利用式(12.3.15))

$$\beta_1 \equiv \frac{N_m}{N_k} = \exp\left(-\frac{h\nu}{k_B T}\right) \tag{12.3.46}$$

和两个跃迁速率的比值(来自式(12.3.16))

$$\beta_2 \equiv \frac{A}{B} = \exp\left(\frac{h\nu}{k_B T}\right) - 1 \tag{12.3.47}$$

下面我们对于热平衡情况下的微波辐射(microwave radiation)和可见光辐射(visible radiation),估算式(12.3.46)和式(12.3.47)的两个比值。取跃迁频率为 $\nu = \frac{k_B T}{h}\ln 2$ 时,我们有

$$\beta_1 = \frac{1}{2},\quad \beta_2 = 1 \tag{12.3.48}$$

即自发发射速率与受激发射速率相等。设温度为 $T=1000\mathrm{K}$,则 $\nu = 1.44\times 10^{13}\,\mathrm{Hz}$,对应的波长是 $\lambda = 2.08\times 10^{-5}\,\mathrm{m}$,属于微波辐射。而对于可见光,例如,波长 $\lambda = 500\times 10^{-9}\,\mathrm{m}$,相应的频率为 $\nu = 2.60\times 10^{14}\,\mathrm{Hz}$,在相同温度下,有

$$\beta_1 = 3.1\times 10^{-13},\quad \beta_2 = 3.2\times 10^{12} \tag{12.3.49}$$

可见,原子体系在热平衡情况下发射可见光时,高能态的原子数相对于低能态的原子数,可以忽略不计;而受激发射速率相对于自发发射速率,可以忽略不计。原子的发射光谱中,可见光区的谱线基本是由自发跃迁而来的,受激发射的成分极少。由于这样的原因,受激发射似乎没有实际意义,因此爱因斯坦受激发射理论在以后40多年里没有受到科学界的重视。

12.4　激　　光

12.4.1　激光产生的物理机制

20 世纪中期，微波量子放大器(maser)和激光器(lasers)的问世奇迹般地展示了受激发射理论的重要价值。微波量子放大器和激光器都是以受激发射为机制的量子辐射器件。前者的发射频率在微波区，后者在紫外、可见光区和红外区。微波量子放大器的噪声极低；而作为振荡器，其频率极为稳定。激光器利用特殊的工作物质、泵浦源和光学谐振腔可以获得单色性很高、相干性很好、方向性很强的光束。下面我们介绍激光产生的物理机制。

设想初始时刻工作物质的高能态布居了很多原子。其中一个由于受零点光场(或其他某种微扰)的作用，产生了一个自发发射光子(图 12.4.1(a))。这个光子刺激高能态上的另一个原子，形成受激发射，体系中便有两个光子(图 12.4.1(b))。这两个光子刺激高能态上的另外两个原子，发生受激发射后，体系中有四个光子(图 12.4.1(c))。这样的受激发射过程不断进行，体系中光子数将按下面的方式增加：

$$1\rightarrow 2\rightarrow 4\rightarrow 8\rightarrow 16\rightarrow\cdots \tag{12.4.1}$$

这样一种几何级数(geometric series)式的增加就是光放大过程(这里暂且没有考虑低能态原子的吸收跃迁过程)。

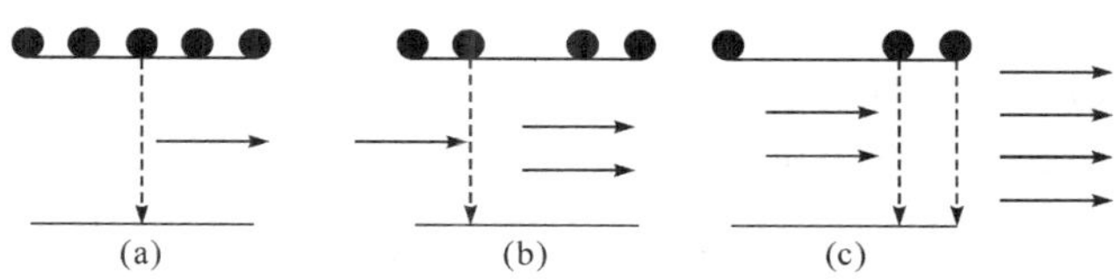

图 12.4.1　光放大过程：光子数按 1→2→4→…方式增加

那么，如何在高能态维持足够多的原子布居数？我们知道，原子体系处于热平衡态时，各个能级上的布居数服从玻尔兹曼分布(式(12.3.15))。这意味着，能级越高，原子布居数越少。特别是，对于产生可见光辐射的原子体系，高能态的原子布居数相对于低能态而言，可以忽略不计(如式(12.3.49)的 β_1 所示)。要使高能态维持足够多的原子布居数，必须将低能态的原子抽运到高能态，为此需要外界给体系输入能量，这就是所谓泵浦(pump)，如图 12.4.2 所示。泵浦是激光形成的必要条件，而充分条件是泵浦必须使原子布居形成“粒子数反转”(practical inversion)，即高能态的原子数多于低能态的原子数。因为实际上受激发射(增加一个光子)与吸收过程(减少一个光子)是相伴发生的，二者的速率是相等的。如果高、低能态的原子数相等，则体系中因受激发射而增加的光子数等于因吸收作用而减少的光子数，就不会出现光子数放大的现象（一个最简单的情况显示在图 12.4.3）。在形成粒子数反转的情况下，受激发射所产生的光子数多于被吸收的光子数，于是体系的光辐射被受激发射光子不断放大，从而形成激光（light amplification by stimulated emission of radiation）。

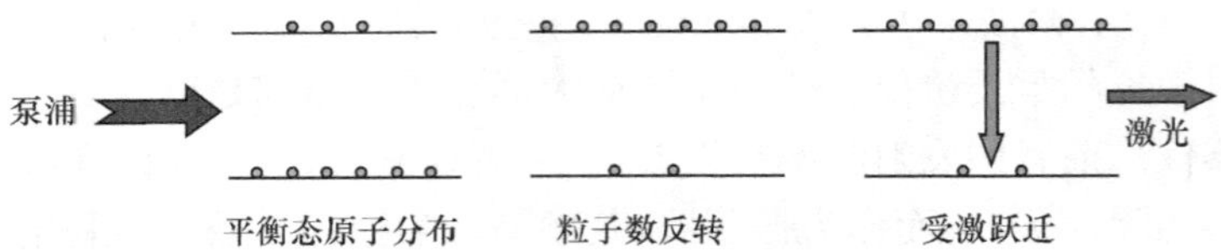

图 12.4.2　泵浦使平衡态原子分布变成粒子数反转，体系的光辐射被受激发射光子不断放大，形成激光

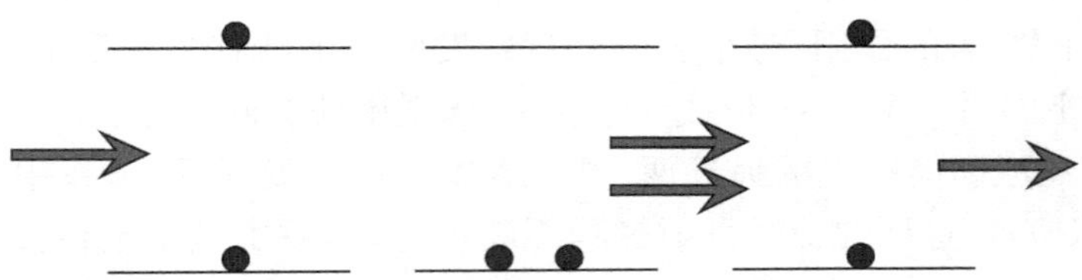

图 12.4.3　(a)一个光子入射到高、低能态各有一个原子的体系；(b)受激发射后，高能态的原子跃迁到低能态，体系中有两个光子；(c)处于低能态的一个原子吸收一个光子跃迁到高能态，则体系中只有一个光子，而高、低能态各有一个原子，这正是体系的初态，没有形成光放大

实现粒子数反转常用两种泵浦方式：光泵（图 12.4.4(a)）和气体放电（图 12.4.4(b)）。对于固体激光器（solid-state lasers），常用高亮度脉冲灯照射激光棒，使其中的工作物质瞬间形成粒子数反转，通过受激发射产生脉冲激光。最早问世的固体激光器（红宝石激光器）就属于这种情况，它的工作物质是红宝石中的三价铬离子Cr^{3+}，泵浦采用脉冲 Xe（氙）灯。泵浦过程和辐射过程均在很短时间内完成，产生波长为 694.3nm、宽度为 1ms 的脉冲激光。气体激光器（gas lasers）常用气体放电的泵浦方式，放电管中的电子与气体原子发生碰撞，使之形成相对稳定的粒子数反转，产生连续波激光输出。氦-氖激光是最早问世的气体激光器。氦、氖

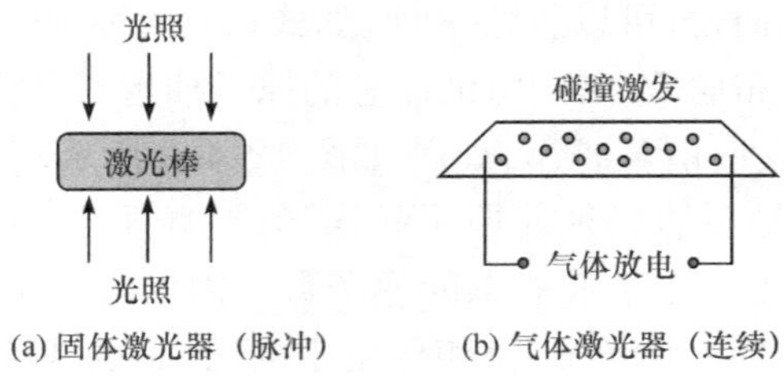

图 12.4.4　两种典型的泵浦方式：光泵和气体放电

气体原子处于放电管中，氖原子是工作物质，氦原子是辅助气体。基态氦原子在与电子的碰撞过程中被激发到高能态。处于高能态的氦原子进而与基态氖原子发生碰撞，通过能量共振转移的方式使氖原子跃迁到高能态，实现粒子数反转。氖原子向低能态的跃迁产生主波长为 632.8nm 的连续波激光。

此外还有利用化学反应实现粒子数反转的泵浦方式（化学激光）、注入电流的泵浦方式（半导体激光）以及利用核裂变反应所释放的能量激励工作物质的核泵浦方式等。而其他类型的激光器还有染料激光器（dye lasers）、准分子激光器（excimer lasers）、自由电子激光器（free electron lasers）以及光纤激光器（fiber lasers）等。

除了工作物质和泵浦源之外，激光器的另一个基本部件是光学谐振腔（optical resonator）。光学谐振腔不同于微波谐振腔，它是开放式的（图 12.4.5），光子在两个反射镜之间传播，只有轴向模式可以形成稳定振荡，而非轴向传播的光线会很快移出腔外。采用这样的开放式谐振腔可以得到很细的输出光束。

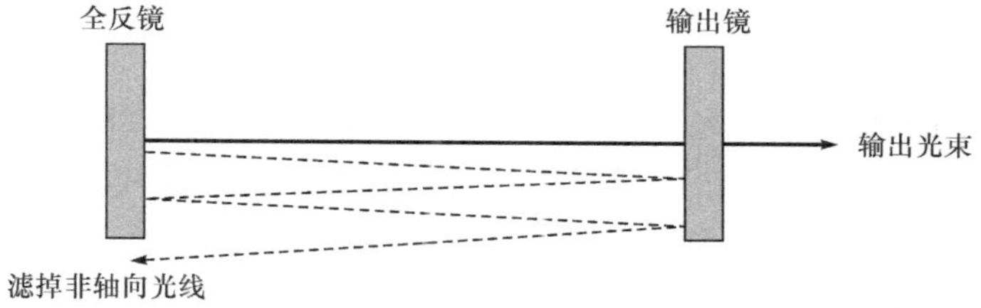

图 12.4.5　光学谐振腔：非轴向光线被滤掉，轴向模式形成稳定振荡

一个以工作物质、泵浦源和光学谐振腔为基本部件的激光器示意图如图 12.4.6 所示。

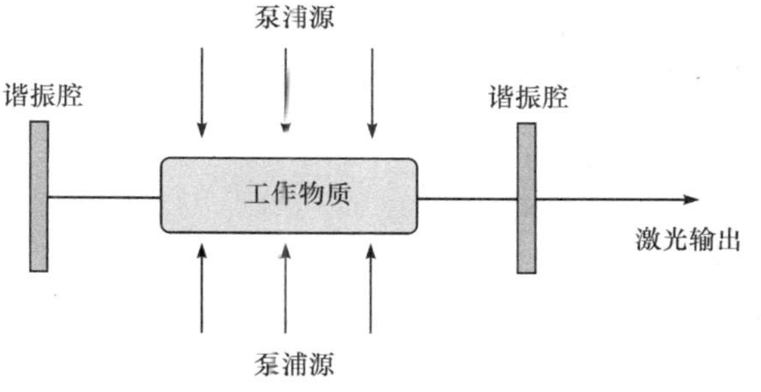

图 12.4.6　激光器的基本结构：工作物质、泵浦源和光学谐振腔

12.4.2　激光的量子特性

激光的量子特性首先起源于工作物质的谱线宽度。原子在两个能级之间跃迁，发射光频率具有高度的确定性，即工作物质的谱线宽度 $\Delta\nu$ 很小，因此激光具有

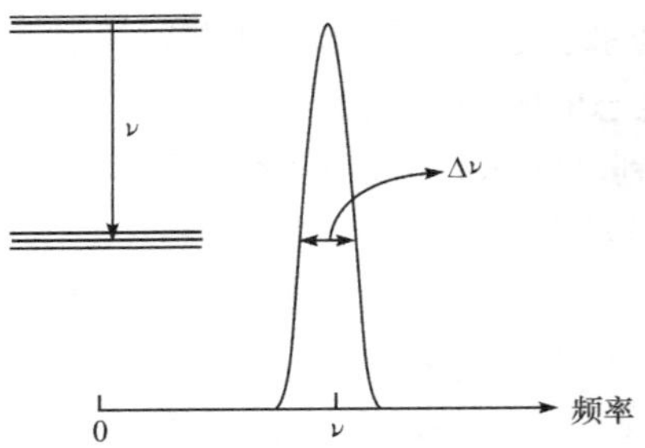

图 12.4.7　激光:高度单色性

高度单色性(图 12.4.7)。按照测不准关系 $\Delta\nu\Delta t\sim 1$,激光便有很长的相干时间 Δt(见 9.8.3 节例题),即具有高度的时间相干性(time coherence)。

我们考查辐射场的光子数分布(即 n 个光子出现的概率,也就是数态 $|n\rangle$ 出现的概率)。一个理想的单模激光工作在相干态(10.3.4 节),它的光子数服从泊松分布

$$P_n=\exp(-N)\frac{N^n}{n!} \tag{12.4.2a}$$

而一个热场(混沌光)的光子数服从指数分布(见式(16.3.4))

$$P_n=(1-e^{-\lambda})\exp(-\lambda n)=\frac{N^n}{(N+1)^{n+1}}\quad\left(N=\frac{1}{e^{\lambda}-1},\lambda=\frac{h\nu}{k_{B}T}\right) \tag{12.4.2b}$$

式(12.4.2)中的 N 是平均光子数。式(12.4.2a)和式(12.4.2b)所示的光子数分布表明了激光与混沌光在光子统计意义上的区别,它们的曲线如图 12.4.8 所示。可以看出,激光的光子数分布在平均值附近一个很小的范围内,而混沌光的光子数分布具有很大的离散性。这正是宏观上激光具有高度相干性而混沌光缺乏相干性的根本原因。

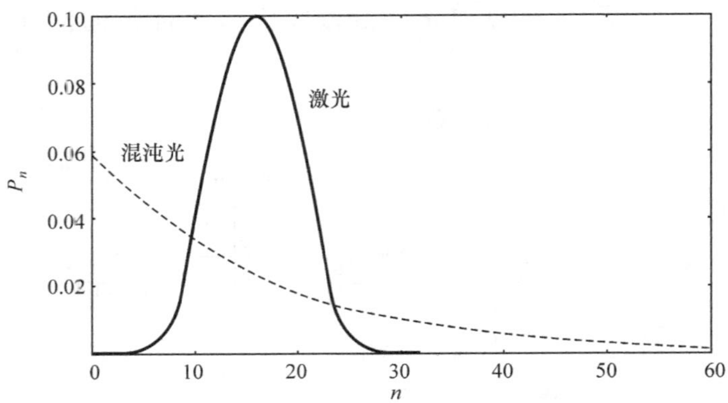

图 12.4.8　激光与混沌光的光子统计分布

图中平均光子数为 $N=16$

关于场的二阶关联函数(见式(10.3.34)),我们有(见 16.3 节和 16.4 节)

$$g^{(2)}(0)=\begin{cases}2 & (\text{混沌光})\\ 1 & (\text{激光})\end{cases} \tag{12.4.3}$$

这表明混沌光的强度起伏高于激光。

关于相干态的量子起伏，我们已经得到(式(10.3.38))

$$(\Delta X)^2=(\Delta P)^2=1 \tag{12.4.4}$$

而混沌光场的量子起伏为(见式(16.3.9))

$$(\Delta X)^2=(\Delta P)^2=1+2N \tag{12.4.5}$$

可见混沌光场的量子起伏(即量子噪声)高于单模激光，而且平均光子数 N 越大，量子噪声越高。

12.5　自发发射与合作自发发射

在讨论受激发射之后，本节介绍自发发射过程。

12.5.1　自发发射：荧光

首先我们考查由 N 个二能级原子组成的体系的自发发射。设初始 $t=0$ 时刻 N 个原子全部处于高能态。由于自发发射，该能态上的原子数目逐渐减少。假定任意 t 时刻高能态上的原子布居数为 $X(t)$，则它的变化率 $\mathrm{d}X/\mathrm{d}t$ 与 $X(t)$ 成正比，即

$$\frac{\mathrm{d}X}{\mathrm{d}t}=-AX \tag{12.5.1}$$

其中，A 是自发发射系数，负号表示原子布居数的减少。由式(12.5.1)解出

$$X(t)=N\exp(-At)=N\exp\left(-\frac{t}{\tau}\right) \tag{12.5.2}$$

其中，$\tau=1/A$ 称为激发态寿命(excited state lifetime)，它是高能态原子数减少到初始值的 $1/\mathrm{e}$ 所经历的时间，故也称为体系的衰变时间。进而我们考查体系的辐射强度 $I(t)$，它等于原子数减少率 $-\mathrm{d}X/\mathrm{d}t$ 乘以光子的能量 $h\nu$，即

$$I(t)=-h\nu\frac{\mathrm{d}X}{\mathrm{d}t} \tag{12.5.3}$$

将式(12.5.2)代入式(12.5.3)，得到辐射强度

$$I(t)=I(0)\exp\left(-\frac{t}{\tau}\right) \tag{12.5.4}$$

其中

$$I(0)=\frac{h\nu N}{\tau} \tag{12.5.5}$$

是初始辐射强度。原子体系自发衰变产生的光辐射称为荧光(fluorescence)，荧光

强度随时间的变化呈现指数衰减的形式，其初始辐射强度与原子数 N 成正比，与衰变时间 τ 成反比。

12.5.2 合作自发发射：超荧光和超辐射

研究表明，在一个高密度的原子体系中，不同原子的自发发射之间能形成一种关联，这就是所谓“合作自发发射”(cooperative spontaneous emission)，也称为“合作辐射”(cooperative emission)。合作辐射的两个典型例子是 N 个二能级原子体系的超辐射(superradiance)和超荧光(superfluorescence)。超辐射来自一个具有初始宏观电极化的体系，即属于不同原子的电偶极子在初始时刻是有序排列的，辐射强度在此刻取极大值。超辐射初态的形成是相干激发的结果。而超荧光的初态来自于非相干激发，不具有初始的宏观电极化，它起始于一个普通的荧光发射。然后普通荧光的自发辐射光子作为“噪声”，作用于各向同性的原子体系，使之发生“对称性破缺”(symmetry breakdown)。然后这种破缺在时间演化中逐渐扩大，于是原子之间的一种关联在体系中逐渐发展起来，最终形成电偶极子的完全有序排列，而此刻的辐射强度达到最大值。超辐射和超荧光的合作性表现在：原子偶极矩的有序排列导致场振幅与原子数 N 成正比，因而辐射强度与原子数的平方 N^2 成正比，这是一种典型的非线性效应，因此合作辐射具有超强的峰值强度。而一个低密度无关联原子体系只能诱导普通荧光，其辐射强度与原子数 N 成正比（如 12.5.1 节所述），这是线性效应：整个体系的性质是所有原子性质的简单相加，本质上是一个单原子行为。

N 个二能级原子的超荧光过程可以表示为

$$\frac{\mathrm{d}X}{\mathrm{d}t}=-AX+\beta X^2 \tag{12.5.6}$$

其中，$X(t)$是任意时刻高能态的原子布居数；A 和 β 均为正常数，它们分别刻画线性自发发射和非线性合作辐射。设初始 $t=0$ 时刻，体系的 N 个原子全部处于高能态，则非线性微分方程(12.5.6)有解

$$X(t)=\frac{A}{\gamma\exp(At)+\beta} \tag{12.5.7}$$

其中

$$\gamma=\frac{A-\beta N}{N}\quad (A>\beta N) \tag{12.5.8}$$

超荧光强度由式(12.5.3)和式(12.5.7)给出为

$$I(t)=I_m\operatorname{sech}^2\left(\frac{t-\tau_d}{\tau_r}\right) \tag{12.5.9}$$

式中，sech 是双曲正割函数，而

$$I_m=h\nu\frac{(\beta+\gamma)^2}{4\beta}N^2,\quad \tau_r=\frac{2}{(\beta+\gamma)N},\quad \tau_d=\frac{1}{A}\ln\frac{\beta}{\gamma} \tag{12.5.10}$$

很明显，当 $t=\tau_d$ 时，辐射强度取最大值 $I(\tau_d)=I_m$，τ_d 是延迟时间（即辐射峰出现的时间），τ_r 是超荧光的脉冲宽度（pulse width）。可以看出，峰值强度 $I(\tau_d)$ 与 N^2 成正比，脉冲宽度 τ_r 与 N 成反比，这是一个典型的合作辐射。

而 N 个二能级原子的超辐射过程可以表示为

$$\frac{\mathrm{d}X}{\mathrm{d}t}=-AX-\beta X^2 \tag{12.5.11}$$

其中，$X(t)$是任意时刻高能态的原子布居数；A 和 β 均为正常数（与方程(12.5.6)中的常数类似）。方程(12.5.11)与方程(12.5.6)的区别在于非线性项为负值。设初始 $t=0$ 时刻，体系的 N 个原子全部处于高能态，则非线性微分方程(12.5.11)有解

$$X(t)=\frac{A}{\gamma\exp(At)-\beta} \tag{12.5.12}$$

其中

$$\gamma=\frac{A+\beta N}{N} \tag{12.5.13}$$

超辐射强度由式(12.5.3)和式(12.5.12)给出为

$$I(t)=I_m\mathrm{csch}^2\left(\frac{t+\tau_d}{\tau_r}\right) \tag{12.5.14}$$

式中，csch 是双曲余割函数，而

$$I_m=\frac{(\gamma-\beta)^2}{4\beta}N^2,\quad \tau_r=\frac{2}{(\gamma-\beta)N},\quad \tau_d=\frac{1}{A}\ln\frac{\gamma}{\beta} \tag{12.5.15}$$

可以看出，辐射强度在 $t=0$ 时刻取最大值 $I(0)=I_m\mathrm{csch}^2(\tau_d/\tau_r)$，$\tau_r$ 是体系的衰变时间，而比值 τ_d/τ_r 决定函数 $\mathrm{csch}^2(\tau_d/\tau_r)$的大小，因而决定峰值强度 $I(0)$的大小。现在峰值强度 $I(0)$与 N^2 成正比，衰变时间 τ_r 与 N 成反比，这是另一个典型的合作辐射。

我们作出荧光、超荧光和超辐射的相对辐射强度曲线，如图 12.5.1 所示。从诱导相干辐射的角度说，它们都属于自发发射，不需要谐振腔。另外由式(12.3.19)可以看出，自发发射速率与 ω_0^3 成正比，这意味着，利用荧光、超荧光和超辐射有利于实现短波长的相干辐射（short wavelength coherent radiation）。而超荧光和超辐射的独特优势在于超高的辐射强度和超短的衰变时间（有关超荧光和超辐射的更多知识，可参阅 *Radiation and Bioinformation*，顾樵，科学出版社，2003 年）。

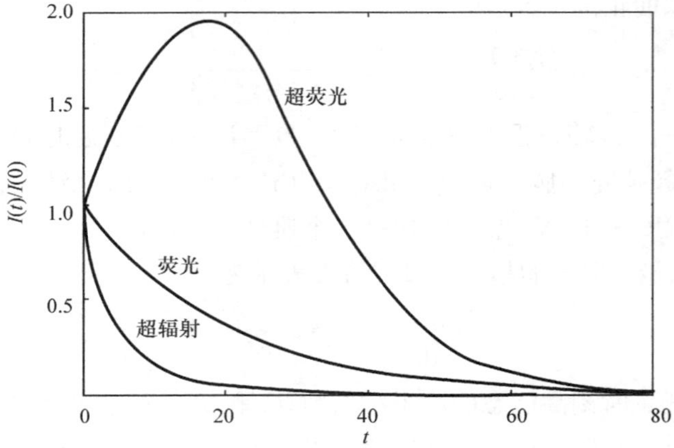

图 12.5.1　荧光、超荧光和超辐射的相对辐射强度
(来自式(12.5.4),式(12.5.9)和式(12.5.14))
图中取 $A=1,\beta=0.01,N=85$

第 13 章 散　　射

我们在 3.4 节～3.6 节讨论了粒子被势场散射的一些基本问题，在 4.5 节和 4.6 节还特别讨论了粒子在普薛耳-特勒势场中的无反射行为以及粒子被双曲正切势场散射的各种性质。我们已经知道，在粒子与一维势场发生散射的过程中，粒子从无穷远处而来，被散射后又到无穷远处去，其能量组成连续谱。这些是关于散射问题的基本知识。本章我们将在阐述经典散射理论的基础上，一般性地讨论量子体系的散射问题。

具有一定能量的入射粒子束射向靶粒子，由于受到靶粒子的作用，入射粒子的运动方向会发生改变，朝各个方向散射开去，这就是散射的物理图像。从微观作用机制而言，散射就是粒子间的碰撞过程。研究散射问题具有重要的理论和实际意义。例如，卢瑟福由 α 粒子的散射现象发现了原子的有核结构。事实上，人们对原子核以及基本粒子特性的认识主要是通过考查相关的碰撞过程而获得的。另外，在宇宙射线、X 射线被电子散射(即康普顿效应)、气体放电、气体分子相互作用等许多现象中，碰撞作用也扮演着重要的角色。

在粒子碰撞的实验中，可以测量沿不同方向出射的粒子数，进而分析入射粒子和靶粒子的性质。如果入射粒子和靶粒子在碰撞前后的内部状态都未发生变化，这就是所谓弹性碰撞。本章只限于讨论弹性碰撞问题。

13.1 经典散射理论

设想单个粒子沿 z 轴方向入射到某一散射中心(scattering center)，比如说，一个质子撞击一个重原子核，散射中心用 A 表示。在下面的讨论中，我们假定 A 的质量远大于入射粒子的质量，以致由碰撞引起的 A 的运动可以忽略，而且假定散射行为是关于 z 轴旋转对称的，因此粒子运动轨道与 z 轴在同一平面内。粒子被散射后的运动方向与入射方向之间的夹角称为散射角(scattering angle)，通常用 θ 表示。经典散射(classical scattering)的基本问题是：对于给定的碰撞参数(即瞄准距离)，计算散射角的大小。

13.1.1 刚性球散射

最简单的经典散射过程是入射粒子被刚性球的散射(scattering by rigid

sphere)，如图 13.1.1 所示。在这一作用中，入射线和反射线都是直线，它们关于球表面的法线对称(即入射角等于反射角，设这一角度用 α 表示)，则碰撞参数(impact parameter)可以表示为

$$b=R\sin\alpha \tag{13.1.1}$$

其中，R 是刚性球的半径。而散射角为 $\theta=\pi-2\alpha$，于是

$$b=R\sin\left(\frac{\pi}{2}-\frac{\theta}{2}\right)=R\cos\left(\frac{\theta}{2}\right) \tag{13.1.2}$$

由此得到

$$\theta=\begin{cases}2\arccos(b/R) & (b\leqslant R)\\ 0 & (b>R)\end{cases} \tag{13.1.3}$$

它的曲线如图 13.1.2 所示。可以看出，当 $b=0$ 时，粒子正对着刚性球入射，被反向弹回($\theta=\pi$)；随着 b 的增大，散射角逐渐减小；当 $b>R$ 时，粒子不与刚性球发生碰撞，仍按原方向运动($\theta=0$)。

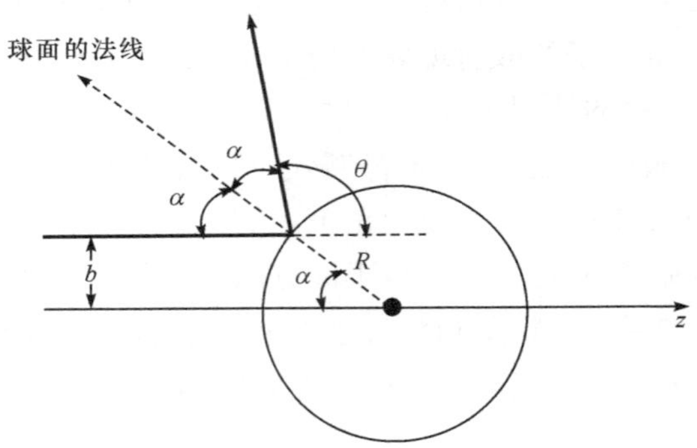

图 13.1.1　入射粒子被刚性球的散射

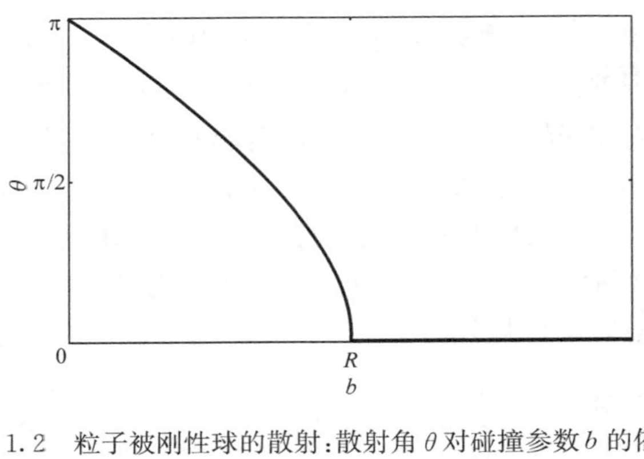

图 13.1.2　粒子被刚性球的散射：散射角 θ 对碰撞参数 b 的依赖性

13.1.2 一般情况:散射截面

现在我们考虑入射粒子束与一般散射中心的作用(图 13.1.3)。设垂直入射到 x-y 平面上位于(b,ϕ)处的面积元 $d\sigma$ 内的粒子将被散射到位于 θ 方向的立体角 $d\Omega$ 内。显然 $d\sigma$ 越大,则 $d\Omega$ 越大,于是可以写出

$$d\sigma = D(\theta)d\Omega \tag{13.1.4}$$

其中,比例因子 $D(\theta)$具有面积的量纲,称为微分散射截面(differential scattering cross-section),简称散射截面(scattering cross-section)。利用关系式

$$d\sigma = b\,db\,d\phi, \quad d\Omega = \sin\theta\, d\theta\, d\phi \tag{13.1.5}$$

由式(13.1.4)得到

$$D(\theta) = \frac{d\sigma}{d\Omega} = \frac{b}{\sin\theta}\left|\frac{db}{d\theta}\right| \tag{13.1.6}$$

由于散射角 θ 随 b 的增大而减小,故 $db/d\theta$ 为负值,而 $D(\theta)$表示散射截面(应为正值),因此要加上绝对值符号。式(13.1.6)显示散射截面只是散射角 θ 的函数,与方位角 ϕ 无关。可见按照上述物理图像和推导过程,散射行为是关于 z 轴旋转对称的。

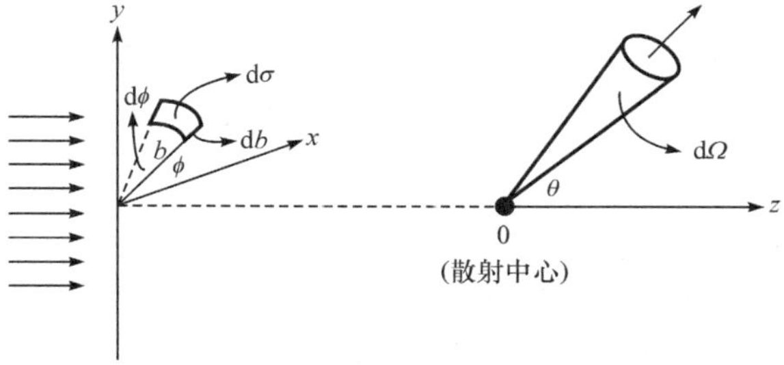

图 13.1.3 入射到面积元 $d\sigma$ 内的粒子被散射到相应的立体角 $d\Omega$ 内

现在我们利用式(13.1.6)计算刚性球的散射截面(scattering cross section of rigid sphere),由式(13.1.2)得到

$$\frac{db}{d\theta} = -\frac{1}{2}R\sin\left(\frac{\theta}{2}\right) \tag{13.1.7}$$

从而散射截面为

$$D(\theta) = R\cos\left(\frac{\theta}{2}\right)\frac{1}{\sin\theta}\left[\frac{1}{2}R\sin\left(\frac{\theta}{2}\right)\right] = \frac{R^2}{4} \tag{13.1.8}$$

这是一个特殊的情况,散射截面 $D(\theta)$与 θ 无关。

我们还可以进一步计算总散射截面(total scattering cross section),它一般情

况下定义为 $D(\theta)$对立体角的积分：

$$\sigma=\int_0^{4\pi}D(\theta)\mathrm{d}\Omega \tag{13.1.9}$$

对于刚性球散射，我们有

$$\sigma=\frac{R^2}{4}\int_0^{4\pi}\mathrm{d}\Omega=\pi R^2 \tag{13.1.10}$$

它正是刚性球的横截面积。这意味着，入射到此面积内的粒子将击中刚性球而被散射（改变原来的运动方向），而入射到此面积之外的粒子将不能击中刚性球（仍沿原来的方向运动）。可见，总散射截面就是散射体的横截面积。这是经典散射作用的一个基本特征。

现在我们由散射截面的定义式(13.1.4)推导出它的另一种表达式。设入射粒子束的强度为 J（它表示单位时间内、通过单位面积的入射粒子数），那么单位时间内通过面积元 $\mathrm{d}\sigma$（散射到位于 θ 方向的立体角 $\mathrm{d}\Omega$ 内）的粒子数为

$$\mathrm{d}N=J\mathrm{d}\sigma=JD(\theta)\mathrm{d}\Omega \tag{13.1.11}$$

从而

$$D(\theta)=\frac{1}{J}\frac{\mathrm{d}N}{\mathrm{d}\Omega} \tag{13.1.12}$$

式(13.1.12)所示的散射截面只涉及容易测量的量。实验中，只需要测量出散射到 θ 方向的单位立体角内的粒子数（即 $\mathrm{d}N/\mathrm{d}\Omega$），再除以入射粒子束强度 J，便得到散射截面。

最后需要指出，上述散射截面的定义式(13.1.4)和表达式(13.1.6)、(13.1.12)是对于图 13.1.3 所示的一般物理图像引入的，它不但适用于上述经典散射过程，也适用于随后讨论的量子散射过程。

13.1.3 卢瑟福散射

作为一个重要的经典散射问题，本节讨论卢瑟福散射(Rutherford scattering)，如图 13.1.4 所示。设来自远场的质量为 m、电荷为 q_1 的粒子（具有能量 E）沿 z 轴方向运动，以碰撞参数 b 与电荷为 q_2 的靶粒子发生碰撞（q_1 和 q_2 为同种电性的电荷）。我们首先求 b 和散射角 θ 的关系。这个问题有多种解法，我们这里给出一个简单的几何学方法(geometry method)。

入射粒子受到来自靶粒子的库仑排斥作用，其运动轨道为双曲线(hyperbola)。当它运动到双曲线的顶点时，与靶粒子的距离达到最小值 $r_{\min}$，这时库仑力的方向为粒子运动轨道在该点的法线方向，其大小为

$$F=\frac{1}{4\pi\varepsilon_0}\frac{q_1q_2}{r_{\min}^2}\quad (\text{SI 单位制}) \tag{13.1.13}$$

这个力正是粒子在双曲线顶点做瞬时圆周运动(instantaneous circular motion)的向心力,所以

$$F=m\frac{V^2}{R} \tag{13.1.14}$$

其中,V 是粒子在该点的速度,而 R 是双曲线顶点的曲率半径(radius of curvature)。下面我们推导 V 和 R 的表示式。由于入射粒子在中心势场中运动,角动量保持守恒。因此它在初始位置$\boldsymbol{r}_0$(远场)的角动量 $m\boldsymbol{V}_0\times\boldsymbol{r}_0$(其值为 mbV_0)等于在双曲线轨道上任意点的角动量,也就等于在双曲线顶点的角动量,即

$$mbV_0=mr_{\min}V \tag{13.1.15a}$$

它给出

$$V=\frac{b}{r_{\min}}V_0 \tag{13.1.15b}$$

关于双曲线顶点的曲率半径 R,由图 13.1.4 所示的几何关系可得

$$R=b\tan\alpha \tag{13.1.16}$$

由式(13.1.13)、式(13.1.14)、式(13.1.15b)和式(13.1.16),并利用 $\theta/2=(\pi/2)-\alpha$ 和 $E=\frac{1}{2}mV_0^2$,最终得到

$$b=\frac{1}{8\pi\varepsilon_0}\frac{q_1q_2}{E}\cot\left(\frac{\theta}{2}\right) \tag{13.1.17}$$

这就是碰撞参数和散射角的关系。

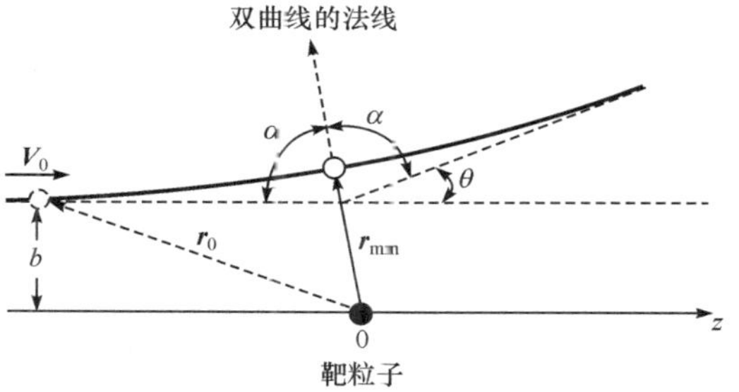

图 13.1.4 来自远场(速度为 V_0)的入射粒子被靶粒子散射

我们进而计算散射截面。由式(13.1.17)得到

$$\frac{\mathrm{d}b}{\mathrm{d}\theta}=-\frac{1}{16\pi\varepsilon_0}\frac{q_1q_2}{E}\csc^2\left(\frac{\theta}{2}\right) \tag{13.1.18}$$

代入式(13.1.6),并利用式(13.1.17)得到

$$D(\theta)=\left[\frac{1}{16\pi\varepsilon_0}\frac{q_1q_2}{E}\csc^2\left(\frac{\theta}{2}\right)\right]^2 \tag{13.1.19}$$

这就是库仑势场对入射粒子的散射截面。它随散射角 θ 的变化曲线如图 13.1.5 所示。可以看出,$D(\theta)$在 $\theta\to0$ 附近的取值很大;然后随着 θ 的增大快速下降;当 $\theta=\pi$时,有 $D(\pi)=\left(\frac{1}{16\pi\varepsilon_0}\frac{q_1q_2}{E}\right)^2$(常数)。这样的结果导致总散射截面为

$$\sigma=\left(\frac{1}{16\pi\varepsilon_0}\frac{q_1q_2}{E}\right)^2\int_{\theta=0}^{\pi}\int_{\phi=0}^{2\pi}\frac{\sin\theta}{\sin^4(\theta/2)}\mathrm{d}\theta\mathrm{d}\phi\propto\int_0^{\pi}\frac{\cot(\theta/2)}{\sin^2(\theta/2)}\mathrm{d}\theta \tag{13.1.20}$$

式中,右边的被积函数在 $\theta\to0$ 附近的取值极大,导致积分发散(总散射截面为无穷大)。这在物理上是由于库仑势($V\sim1/r$)在 $0<r<\infty$的整个空间均不为零(即通常所说的"库仑势具有无穷大作用距离")。

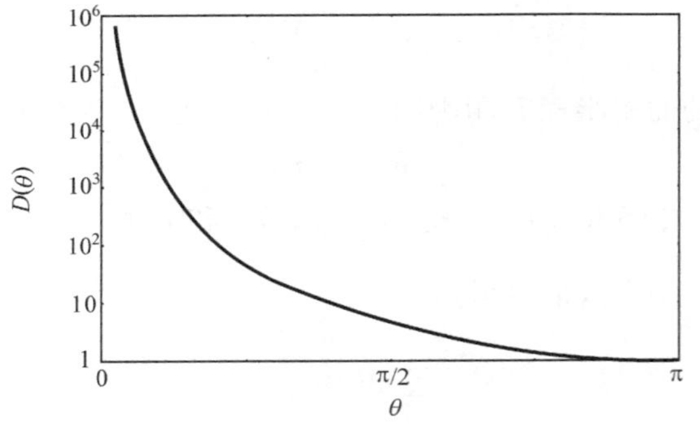

图 13.1.5　库仑势场对入射粒子的散射:散射截面 $D(\theta)$ 随散射角 θ 的变化(以$\left(\frac{1}{16\pi\varepsilon_0}\frac{q_1q_2}{E}\right)^2$为单位)

图中 $D(\theta)$取对数坐标

13.2　量子散射理论

现在我们讨论量子散射理论(quantum scattering theory),即如何通过求解散射体系的薛定谔方程来确定散射截面。如同处理经典散射问题那样,设靶粒子的质量远大于入射粒子的质量,以致在碰撞过程中靶粒子可视为静止。取散射中心 A 为坐标原点,用 $U(\boldsymbol{r})$表示散射中心对入射粒子的作用势场,则体系的薛定谔方程为

$$-\frac{\hbar^2}{2m}\nabla^2\psi+U(\boldsymbol{r})\psi=E\psi \tag{13.2.1}$$

其中，m 是入射粒子的质量，E 是它的能量。像通常的处理一样，将方程(13.2.1)写成

$$\nabla^2\psi+[k^2-V(\boldsymbol{r})]\psi=0 \tag{13.2.2}$$

其中

$$k^2=\frac{2mE}{\hbar^2},\ V(\boldsymbol{r})=\frac{2m}{\hbar^2}U(\boldsymbol{r}) \tag{13.2.3}$$

这里，k 是入射粒子的波数。由于观测散射现象是在远离散射中心的地方，所以只需要讨论体系在 $r\to\infty$ 情况下的波函数即可。对于散射作用，在 $r\to\infty$ 处通常有 $U(\boldsymbol{r})\to 0$，即粒子在远离散射中心处受到的作用为零。这时方程(13.2.2)变为

$$\nabla^2\psi+k^2\psi=0 \tag{13.2.4}$$

这是自由粒子的薛定谔方程，它的解为平面波 $e^{i\boldsymbol{k}\cdot\boldsymbol{r}}$。这样一来，在描述散射作用时，需要考虑波函数在 $r\to\infty$ 处的极限行为，于是体系的波函数应写为

$$\psi\xrightarrow{r\to\infty}A\left[e^{ikz}+f(\theta)\frac{e^{ikr}}{r}\right] \tag{13.2.5}$$

其中，e^{ikz} 是描写入射粒子沿 z 方向传播的平面波；而第二项则是描述体系散射作用的球面波(spherical wave)，它是由散射中心向外发散的，$f(\theta)$ 是球面波的振幅，称为散射振幅(scattering amplitude)。我们将会看到，$f(\theta)$ 只依赖于散射角 θ，与方位角 ϕ 无关。由于我们考虑弹性散射(elastic scattering)，所以粒子被散射后能量没有改变，即散射波维持与入射波相同的波数 k。因为球面波部分在 $r\to\infty$ 处为零，式(13.2.5)在 $r\to\infty$ 时满足方程(13.2.4)。式(13.2.5)所示的体系波函数如图 13.2.1 所示。

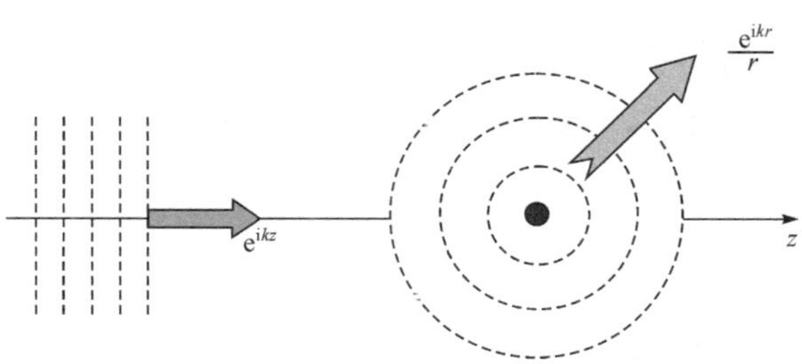

图 13.2.1 体系的波函数：入射平面波和散射球面波

下面我们考查散射振幅与散射截面的关系。为此按照图 13.1.3 所示的物理图像，设入射粒子的运动速度为 v(在 dt 时间内传播的距离为 $v dt$)，则穿过面积元

$d\sigma$ 形成的体积元为$(v\mathrm{d}t)\mathrm{d}\sigma$,粒子在这一体积元内出现的概率为

$$|A\mathrm{e}^{\mathrm{i}kz}|^2(v\mathrm{d}t)\mathrm{d}\sigma=|A|^2(v\mathrm{d}t)\mathrm{d}\sigma \tag{13.2.6}$$

另一方面,粒子被散射到立体角 $\mathrm{d}\Omega$ 内,相应的体积元为$(v\mathrm{d}t)r^2\mathrm{d}\Omega$,则粒子在该体积元内出现的概率为

$$\left|Af\frac{\mathrm{e}^{\mathrm{i}kr}}{r}\right|^2(v\mathrm{d}t)r^2\mathrm{d}\Omega=|A|^2|f|^2(v\mathrm{d}t)\mathrm{d}\Omega \tag{13.2.7}$$

由概率连续性条件可知,式(13.2.6)和式(13.2.7)所示的概率相等,由此得出$\mathrm{d}\sigma=|f|^2\mathrm{d}\Omega$,从而

$$D(\theta)\equiv\frac{\mathrm{d}\sigma}{\mathrm{d}\Omega}=|f(\theta)|^2 \tag{13.2.8}$$

即散射振幅的绝对值平方等于散射截面。可见所有问题归结为求散射振幅 $f(\theta)$。而散射振幅 $f(\theta)$将通过求解薛定谔方程(13.2.2),并将它的解写成式(13.2.5)的形式而得出。在随后的几节中,我们将介绍计算 $f(\theta)$的两种主要方法:分波法和玻恩近似。

13.3 分　波　法

13.3.1　理论表述

我们考虑入射粒子被中心势场(见 8.2.1 节)的散射。由于势函数是球对称的,体系的薛定谔方程的解可以分离变量(式(8.2.5)):

$$\psi(r,\theta,\phi)=R(r)\mathrm{Y}_{lm}(\theta,\phi) \tag{13.3.1}$$

其中,$\mathrm{Y}_{lm}(\theta,\phi)$是球谐函数(式(8.2.52)),而函数 $u(r)=rR(r)$满足径向方程(8.3.3),即

$$\frac{\mathrm{d}^2u}{\mathrm{d}r^2}+\left\{\frac{2m}{\hbar^2}[E-V(r)]-\frac{l(l+1)}{r^2}\right\}u=0\quad(l=0,1,2,\cdots) \tag{13.3.2}$$

如 13.2 节所假定的,当 $r\to\infty$时,势函数 $V(r)\to0$,而且离心项 $l(l+1)/r^2$ 也可以忽略,方程(13.3.2)约化为

$$\frac{\mathrm{d}^2u}{\mathrm{d}r^2}+k^2u=0 \tag{13.3.3}$$

其中,k 由式(13.2.3)表示。方程(13.3.3)的通解为 $u(r)=A\mathrm{e}^{\mathrm{i}kr}+B\mathrm{e}^{-\mathrm{i}kr}$($A$ 和 B 为任意常数),从而

$$R(r)=A\frac{\mathrm{e}^{\mathrm{i}kr}}{r}+B\frac{\mathrm{e}^{-\mathrm{i}kr}}{r} \tag{13.3.4}$$

我们知道,$A\mathrm{e}^{\mathrm{i}kr}/r$ 表示发散球面波,而 $B\mathrm{e}^{-\mathrm{i}kr}/r$ 表示会聚球面波。现在我们讨论散

射波，故取 $B=0$。这样我们得到

$$R(r)\sim\frac{e^{ikr}}{r} \tag{13.3.5}$$

上述结果是针对 $r\to\infty$ 的情况（更确切说是 $kr\gg1$ 的区域，这在光学中称为辐射区）。事实上，通常散射问题中的势函数是"局域势"(local potential)，如图 13.3.1 所示，即在有限的散射区域之外势函数为零。势函数为零的区域涉及一个中间区，然后才是相应于 $r\to\infty$ 的辐射区(radiation zone)。在中间区不能忽略离心项 $l(l+1)/r^2$，因此该区域的径向方程为

$$\frac{d^2u}{dr^2}+\left[k^2-\frac{l(l+1)}{r^2}\right]u=0 \tag{13.3.6}$$

该方程就是 8.6 节讨论无限深球形势阱时所遇到的方程(8.6.3)。在那里它的通解由式(8.6.10)表示（球贝塞尔函数 $j_l(x)$ 和球诺伊曼函数 $y_l(x)$ 的线性组合，这种组合表示一种"驻波"）。不过，我们这里讨论散射问题，需要的是类似于 e^{ikr} 和 e^{-ikr} 的线性组合（它们表示"行波"），因此我们选择球汉克尔函数(sphere Hankel functions)：

$$h_l^{(1)}(x)=j_l(x)+iy_l(x),\quad h_l^{(2)}(x)=j_l(x)-iy_l(x) \tag{13.3.7}$$

这里，$h_l^{(1)}(x)$ 和 $h_l^{(2)}(x)$ 分别是第一类和第二类球汉克尔函数，它们在 $x\gg1$ 情况下有渐进形式：

$$h_l^{(1)}(x)\to(-i)^{l+1}\frac{e^{ix}}{x} \tag{13.3.8a}$$

$$h_l^{(2)}(x)\to(i)^{l+1}\frac{e^{-ix}}{x} \tag{13.3.8b}$$

现在我们取方程(13.3.6)的通解为 $rh_l^{(1)}(kr)$ 和 $rh_l^{(2)}(kr)$ 的线性组合。由于讨论散射波（只需要 e^{ikr} 项），我们取 $u(r)\sim rh_l^{(1)}(kr)$，由此得到中间区的径向解

$$R(r)\sim h_l^{(1)}(kr) \tag{13.3.9}$$

而体系波函数的一般解应是对 l 和 m 的求和

$$\psi(r,\theta,\phi)=A\left[e^{ikz}+\sum_{l,m}C_{lm}h_l^{(1)}(kr)Y_{lm}(\theta,\phi)\right] \tag{13.3.10}$$

其中，第一项是入射平面波，求和项（系数为 C_{lm}）代表散射波。由于我们取粒子入射方向并通过散射中心的轴线为极轴（图 13.1.3），这个轴是体系的旋转对称轴，波函数 ψ 和散射振幅 f 都与方位角 ϕ 无关。这意味着，在式(13.3.10)关于 m 的求和中，只存在 $m=0$ 的项（注意 $Y_{lm}\sim e^{im\phi}$）。利用关系式(8.2.54b)，即

$$Y_{l0}=\sqrt{\frac{2l+1}{4\pi}}P_l(\cos\theta) \tag{13.3.11}$$

将式(13.3.10)写为

$$\psi(r,\theta)=A\left[\mathrm{e}^{\mathrm{i}kz}+k\sum_{l=0}^{\infty}\mathrm{i}^{l+1}(2l+1)a_l\mathrm{h}_l^{(1)}(kr)\mathrm{P}_l(\cos\theta)\right] \quad (13.3.12)$$

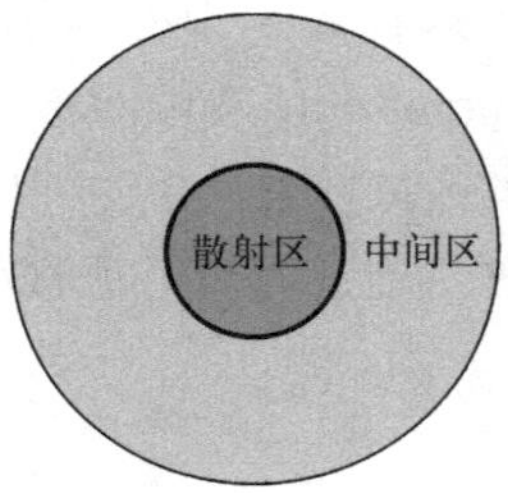

图 13.3.1 散射局域势

中央为散射区($V\neq0$),它的外侧是中间区($V\sim0,l(l+1)/r^2\neq0$),最外围是辐射区($V\sim0,l(l+1)/r^2=0$)

这里已经按习惯性表示,取 $C_{l0}\equiv\mathrm{i}^{l+1}k\sqrt{4\pi(2l+1)}a_l$。现在式(13.3.12)求和中的第 l 项表示体系波函数的第 l 个分波,而 a_l 则是分波振幅(partial wave amplitude)。

在 r 很大的情况下,利用式(13.3.8a)可以将式(13.3.12)写为

$$\psi(r,\theta)=A\left[\mathrm{e}^{\mathrm{i}kz}+f(\theta)\frac{\mathrm{e}^{\mathrm{i}kr}}{r}\right] \quad (13.3.13)$$

其中

$$f(\theta)=\sum_{l=0}^{\infty}(2l+1)a_l\mathrm{P}_l(\cos\theta) \quad (13.3.14)$$

至此我们已经严格地证明了式(13.2.5)所示的假设,并通过式(13.3.14)指明了计算散射截面的方法:

$$D(\theta)=|f(\theta)|^2=\sum_{l=0}^{\infty}\sum_{l'=0}^{\infty}(2l+1)(2l'+1)a_l^*a_{l'}\mathrm{P}_l(\cos\theta)\mathrm{P}_{l'}(\cos\theta) \quad (13.3.15)$$

总截面则为

$$\begin{aligned}\sigma&=\int_0^{4\pi}D(\theta)\mathrm{d}\Omega\\&=\int_{\phi=0}^{2\pi}\int_{\theta=0}^{\pi}\sum_{l=0}^{\infty}\sum_{l'=0}^{\infty}(2l+1)(2l'+1)a_l^*a_{l'}\mathrm{P}_l(\cos\theta)\mathrm{P}_{l'}(\cos\theta)\sin\theta\mathrm{d}\theta\mathrm{d}\phi\\&=4\pi\sum_{l=0}^{\infty}(2l+1)|a_l|^2\end{aligned} \quad (13.3.16)$$

其中,对 θ 角度的积分用到了勒让德多项式的正交性关系式

$$\int_0^{\pi}\mathrm{P}_l(\cos\theta)\mathrm{P}_{l'}(\cos\theta)\sin\theta\mathrm{d}\theta=\frac{2}{2l+1}\delta_{ll'} \quad (13.3.17)$$

可见求散射截面的问题归结为计算分波振幅 a_l,这就是所谓分波法(partial wave method)。对于具体问题,通过求解中央散射区($V\neq0$)的薛定谔方程,并让它的解与外侧中间区的解(式(13.3.12))满足问题所给的边界条件,即可得出 a_l。

最后需要指出,式(13.3.12)中的 $\mathrm{e}^{\mathrm{i}kz}$ 表示沿 z 轴传播的平面波,可以将它展开成球面波的形式:

$$e^{ikz}=\sum_{l=0}^{\infty}i^l(2l+1)j_l(kr)P_l(\cos\theta) \tag{13.3.18}$$

其中，j_l 和 P_l 分别是 l 阶球贝塞尔函数和 l 阶勒让德函数。式(13.3.18)就是著名的瑞利公式(Rayleigh's formula)。这样式(13.3.12)可以写成

$$\psi(r,\theta)=A\sum_{l=0}^{\infty}i^l(2l+1)[j_l(kr)+ika_l h_l^{(1)}(kr)]P_l(\cos\theta) \tag{13.3.19}$$

这就是体系在中间区的波函数。

13.3.2 量子刚性球散射

作为上述分波法的应用，本节讨论量子刚性球散射(它对应 13.1 节所讨论的经典情况)。体系的势能为

$$V(r)=\begin{cases}\infty & (r\leqslant a)\\ 0 & (r>a)\end{cases} \tag{13.3.20}$$

它与 8.6 节所讨论的无限深球形势阱正好相反。式(13.3.20)所示的势函数是球对称的，因此体系的波函数由式(13.3.19)表示。中央散射区与外侧中间区的边界条件为 $\psi(a,\theta)=0$，即

$$\sum_{l=0}^{\infty}i^l(2l+1)[j_l(ka)+ika_l h_l^{(1)}(ka)]P_l(\cos\theta)=0 \tag{13.3.21}$$

上式对于所有 θ 成立，故由 $P_l(\cos\theta)$ 的系数为零得到

$$a_l=i\frac{j_l(ka)}{kh_l^{(1)}(ka)} \tag{13.3.22}$$

这是分波振幅的一般性结果。将它代入式(13.3.15)可以计算散射截面。而总截面简单地由式(13.3.16)给出为

$$\sigma=\frac{4\pi}{k^2}\sum_{l=0}^{\infty}(2l+1)\left|i\frac{j_l(ka)}{h_l^{(1)}(ka)}\right|^2 \tag{13.3.23}$$

为了进一步讨论这个结果的物理意义，我们考虑低能散射(low-energy scattering)情况，它满足条件 $ka\ll1$。这个条件等价于 $\lambda/a\gg1$，即波长远大于刚性球的尺度，可见低能散射相当于长波散射(long-wavelength scattering)。下面我们在低能近似下化简式(13.3.23)中的绝对值。我们知道，球贝塞尔函数 $j_l(x)$ 和球诺伊曼函数 $y_l(x)$ 在 $x\ll1$ 情况下有渐进形式

$$j_l(x)\to\frac{2^l l!}{(2l+1)!}x^l,\quad y_l(x)\to-\frac{(2l)!}{2^l l!}\frac{1}{x^{l+1}} \tag{13.3.24}$$

这时 $|j_l(x)|\ll|y_l(x)|$。于是我们有

$$\left|\frac{\mathrm{j}_l(x)}{\mathrm{h}_l^{(1)}(x)}\right|=\left|\frac{\mathrm{j}_l(x)}{\mathrm{j}_l(x)+\mathrm{i}\mathrm{y}_l(x)}\right|\approx\left|\frac{\mathrm{j}_l(x)}{\mathrm{y}_l(x)}\right|$$

$$\approx\frac{2^l l\,!}{(2l+1)\,!}\frac{2^l l\,!}{(2l)\,!}x^{2l+1}=\frac{1}{2l+1}\left[\frac{2^l l\,!}{(2l)\,!}\right]^2 x^{2l+1}$$

因此式(13.3.23)变为

$$\sigma=\frac{4\pi}{k^2}\sum_{l=0}^{\infty}\frac{1}{2l+1}\left[\frac{2^l l\,!}{(2l)\,!}\right]^4(ka)^{4l+2} \tag{13.3.25}$$

这是量子刚性球散射在低能近似下的一般性结果。我们按照式(13.3.25)作出总截面σ随体系能量ka变化的曲线，如图13.3.2所示。事实上，在低能近似下，s分波($l=0$)在散射中起主要作用，可以忽略l变化($l=1,2,3,\cdots$)所引起的高次分波对散射截面的贡献，这本质上相应于经典刚性球的散射截面与角度θ的变化无关(如式(13.1.8)所示)。式(13.3.25)在$l=0$情况下给出

$$\sigma=4\pi a^2 \tag{13.3.26}$$

式(13.3.26)的正确性从图13.3.2所示的精确解可以明显看得出来。图中的曲线显示，在$ka\ll1$情况下，式(13.3.25)的求和确实可以极好地近似为$l=0$情况下的结果$\sigma=4\pi=12.566(a=1)$。还需要注意，式(13.3.26)表示总散射截面是刚性球的整个表面积(这是长波散射的特有性质)。它可以理解为：在量子体系的散射过程中，波可以“感受”整个球的表面，而经典粒子散射只限于球的截面(见式(13.1.10))。

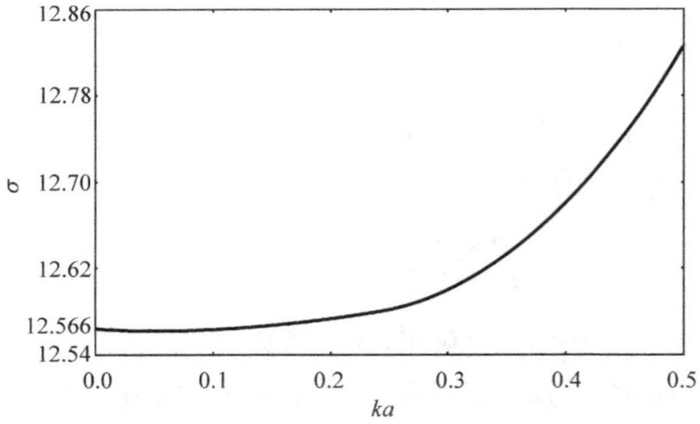

图13.3.2　低能散射：总截面σ随体系能量ka的变化曲线
(来自式(13.3.25)，数值计算中求和取前50项)
图中取$a=1$

上述分波法对于给定的势函数$V(r)$可以求出散射截面，特别适用于低能散射情况。不过，当入射粒子的能量较大，而势场相对较弱时，用下一节所述的玻恩近似更为方便。

13.4 玻恩近似

本节首先介绍薛定谔方程的一种特别解法，即所谓格林函数法（顾樵，数学物理方法，科学出版社，2012 年）。格林函数法是用于求解线性（甚至包括一些非线性）微分方程的一个非常有用的方法。它的基本思想是首先求一个"点源"（point source）对解的贡献，然后对"源"的分布作积分，使微分方程转化成一个具有相同待解函数的积分方程。在许多情况下，这个积分方程比原微分方程更容易处理。我们将会看到，用格林函数法可以得出与通常薛定谔方程等价的积分方程。它随后被用来处理玻恩近似下的量子散射问题。

13.4.1 薛定谔方程：格林函数法

设一个质量为 m 的粒子在势场 $V(\boldsymbol{r})$ 中运动，体系的波函数 $\psi(\boldsymbol{r})$ 满足定态薛定谔方程

$$-\frac{\hbar^2}{2m}\boldsymbol{\nabla}^2\psi+V(\boldsymbol{r})\psi=E\psi \tag{13.4.1}$$

其中，E 是体系的能量。方程(13.4.1)可以写成一个更简洁的形式：

$$(\boldsymbol{\nabla}^2+k^2)\psi=Q(\boldsymbol{r}) \tag{13.4.2}$$

其中

$$k=\frac{\sqrt{2mE}}{\hbar},\ Q(\boldsymbol{r})=\frac{2m}{\hbar^2}V(\boldsymbol{r})\psi(\boldsymbol{r}) \tag{13.4.3}$$

注意，方程(13.4.2)并不是一个简单的非齐次亥姆霍兹方程（inhomogeneous Helmholtz equation），因为"非齐次"项 Q 包含波函数 ψ 本身。不过，物理上 Q 可以理解为作用于体系的"源"。现在我们用格林函数法（Green's function method）求解该方程，与之相应的格林函数 $G(\boldsymbol{r}-\boldsymbol{r}_0)$ 所满足的方程为

$$(\boldsymbol{\nabla}^2+k^2)G(\boldsymbol{r}-\boldsymbol{r}_0)=\delta(\boldsymbol{r}-\boldsymbol{r}_0) \tag{13.4.4}$$

这里，$G(\boldsymbol{r}-\boldsymbol{r}_0)$ 表示位于 $\boldsymbol{r}_0$ 处的"点源"在 $\boldsymbol{r}$ 点形成的波函数。由方程(13.4.4)解出 $G(\boldsymbol{r}-\boldsymbol{r}_0)$ 之后，则体系的波函数 $\psi(\boldsymbol{r})$ 表示为对"源"分布函数 $Q(\boldsymbol{r}_0)$ 的积分

$$\psi(\boldsymbol{r}) = \int G(\boldsymbol{r}-\boldsymbol{r}_0)Q(\boldsymbol{r}_0)\mathrm{d}\boldsymbol{r}_0 \tag{13.4.5}$$

容易证明它满足薛定谔方程(13.4.2)。事实上

$$\begin{aligned}(\boldsymbol{\nabla}^2+k^2)\psi &= \int[(\boldsymbol{\nabla}^2+k^2)G(\boldsymbol{r}-\boldsymbol{r}_0)]Q(\boldsymbol{r}_0)\mathrm{d}\boldsymbol{r}_0\\ &= \int\delta(\boldsymbol{r}-\boldsymbol{r}_0)Q(\boldsymbol{r}_0)\mathrm{d}\boldsymbol{r}_0 = Q(\boldsymbol{r})\end{aligned} \tag{13.4.6}$$

下面我们首先用傅里叶变换法求解方程

$$(\nabla^2+k^2)G(\boldsymbol{r})=\delta(\boldsymbol{r}) \tag{13.4.7}$$

这里，$G(\boldsymbol{r})$表示位于坐标原点的点源（$\boldsymbol{r}_0=0$）在 $\boldsymbol{r}$ 点形成的波函数。一个三维函数 $G(\boldsymbol{r})$的傅里叶变换定义为

$$g(\boldsymbol{\omega}) = \iiint_{\infty} G(\boldsymbol{r})\mathrm{e}^{-\mathrm{i}\boldsymbol{\omega}\cdot\boldsymbol{r}}\mathrm{d}\boldsymbol{r} \tag{13.4.8}$$

对方程(13.4.7)两边取傅里叶变换，得到

$$-\omega^2 g + k^2 g = \iiint_{\infty} \delta(\boldsymbol{r})\mathrm{e}^{-\mathrm{i}\boldsymbol{\omega}\cdot\boldsymbol{r}}\mathrm{d}\boldsymbol{r} = 1 \tag{13.4.9}$$

因此函数 $G(\boldsymbol{r})$的傅里叶变换为

$$g(\omega)=\frac{1}{k^2-\omega^2} \tag{13.4.10}$$

只依赖于 ω 的绝对值，它的傅里叶反变换为

$$G(\boldsymbol{r}) = \frac{1}{(2\pi)^3}\iiint_{\infty} g(\omega)\mathrm{e}^{\mathrm{i}\boldsymbol{\omega}\cdot\boldsymbol{r}}\mathrm{d}\boldsymbol{\omega} = \frac{1}{(2\pi)^3}\iiint_{\infty} \frac{\mathrm{e}^{\mathrm{i}\boldsymbol{\omega}\cdot\boldsymbol{r}}}{k^2-\omega^2}\mathrm{d}\boldsymbol{\omega} \tag{13.4.11}$$

下面在球坐标系(ω,θ,ϕ)中计算这个积分。注意到矢量 $\boldsymbol{r}$ 是固定的，我们可以将极轴 ω_z 取为 $\boldsymbol{r}$ 的方向(图 13.4.1)，则 $\boldsymbol{\omega}\cdot\boldsymbol{r}=\omega r\cos\theta$。于是式(13.4.11)的积分变为

$$\begin{aligned}
G(r) &= \frac{1}{(2\pi)^3}\int_{r=0}^{\infty}\int_{\theta=0}^{\pi}\int_{\phi=0}^{2\pi}\frac{\mathrm{e}^{\mathrm{i}\omega r\cos\theta}}{k^2-\omega^2}\omega^2\sin\theta\mathrm{d}\omega\mathrm{d}\theta\mathrm{d}\phi \\
&= \frac{1}{(2\pi)^3}\int_0^{\infty}\frac{\omega^2}{k^2-\omega^2}\mathrm{d}\omega\int_0^{\pi}\mathrm{e}^{\mathrm{i}\omega r\cos\theta}\sin\theta\mathrm{d}\theta\int_0^{2\pi}\mathrm{d}\phi \\
&= \frac{1}{2\pi^2 r}\int_0^{\infty}\frac{\omega\sin(\omega r)}{k^2-\omega^2}\mathrm{d}\omega \\
&= -\frac{\mathrm{e}^{\mathrm{i}kr}}{4\pi r}
\end{aligned} \tag{13.4.12}$$

这就是位于坐标原点的点源($\boldsymbol{r}_0=0$)的格林函数(Green's function)，而位于任意 $\boldsymbol{r}_0$ 的点源的格林函数为

$$G(\boldsymbol{r}-\boldsymbol{r}_0)=-\frac{\mathrm{e}^{\mathrm{i}k|\boldsymbol{r}-\boldsymbol{r}_0|}}{4\pi|\boldsymbol{r}-\boldsymbol{r}_0|} \tag{13.4.13}$$

将它代入式(13.4.5)即得波函数 $\psi(\boldsymbol{r})$。不过所得的波函数对于描述散射问题是不完备的，因为式(13.4.5)显示，当势函数 $V(\boldsymbol{r})\to 0$ 时，有 $\psi(\boldsymbol{r})\to 0$。而这时方程(13.4.2)变为$(\nabla^2+k^2)\psi=0$，它的解应是平面波 $\mathrm{e}^{\mathrm{i}\boldsymbol{k}\cdot\boldsymbol{r}}$。为了解决这个问题，像分波法的处理一样，我们需要将体系在 $V(\boldsymbol{r})\to 0$ 情况下的解也考虑在内，组成体系的一般解

$$\psi(\boldsymbol{r}) = \Psi(\boldsymbol{r}) - \frac{m}{2\pi\hbar^2}\int \frac{e^{ik|\boldsymbol{r}-\boldsymbol{r}_0|}}{|\boldsymbol{r}-\boldsymbol{r}_0|}V(\boldsymbol{r}_0)\psi(\boldsymbol{r}_0)d\boldsymbol{r}_0 \tag{13.4.14}$$

其中，$\Psi(\boldsymbol{r})$满足方程$(\nabla^2+k^2)\Psi=0$，式(13.4.14)是薛定谔方程的积分形式，它与通常的微分形式是完全等价的(注意它并不是波函数$\psi(\boldsymbol{r})$的形式解，因为右边的积分中仍含有波函数)。这个积分方程是非常有用的，下面我们用它处理量子散射问题。

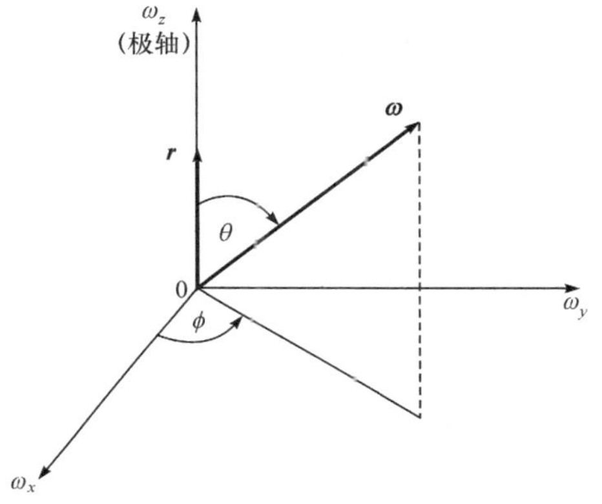

图 13.4.1　球坐标系(ω,θ,ϕ)

13.4.2　一般性结果

假设势函数$V(\boldsymbol{r}_0)$是分布于$\boldsymbol{r}_0=0$附近的局域势(图 13.3.1)。现在我们要计算在远离散射中心的$\boldsymbol{r}$处的波函数$\psi(\boldsymbol{r})$。那么在方程(13.4.14)中有$|\boldsymbol{r}|\gg|\boldsymbol{r}_0|$，所以

$$|\boldsymbol{r}-\boldsymbol{r}_0|^2 = r^2+r_0^2-2\boldsymbol{r}\cdot\boldsymbol{r}_0 \approx r^2\left(1-2\frac{\boldsymbol{r}\cdot\boldsymbol{r}_0}{r^2}\right) \tag{13.4.15}$$

因而

$$|\boldsymbol{r}-\boldsymbol{r}_0| \approx r\sqrt{1-2\frac{\boldsymbol{r}\cdot\boldsymbol{r}_0}{r^2}} \approx r\left(1-\frac{\boldsymbol{r}\cdot\boldsymbol{r}_0}{r^2}\right) = r-\boldsymbol{e}_r\cdot\boldsymbol{r}_0 \tag{13.4.16}$$

其中，$\boldsymbol{e}_r=\boldsymbol{r}/r$是$\boldsymbol{r}$方向的单位矢量。由于散射波沿$\boldsymbol{r}$方向，即$\boldsymbol{k}=k\boldsymbol{e}_r$，我们有

$$e^{ik|\boldsymbol{r}-\boldsymbol{r}_0|} \approx e^{ik(r-\boldsymbol{e}_r\cdot\boldsymbol{r}_0)} = e^{ikr}e^{-i\boldsymbol{k}\cdot\boldsymbol{r}_0} \tag{13.4.17}$$

式(13.4.17)所示的近似涉及敏感的位相因子，而分母上的$|\boldsymbol{r}-\boldsymbol{r}_0|$只关系到缓变的振幅因子，可以近似为$r$。这样式(13.4.14)写为(取入射平面波为$\Psi(\boldsymbol{r})=Ae^{ikz}$)

$$\psi(\boldsymbol{r}) = Ae^{ikz} - \frac{m}{2\pi\hbar^2}\frac{e^{ikr}}{r}\int e^{-i\boldsymbol{k}\cdot\boldsymbol{r}_0}V(\boldsymbol{r}_0)\psi(\boldsymbol{r}_0)d\boldsymbol{r}_0 \tag{13.4.18}$$

与标准形式(13.3.13)相比较，我们得到

$$f(\theta,\phi)=-\frac{m}{2\pi\hbar^2A}\int e^{-i\boldsymbol{k}\cdot\boldsymbol{r}_0}V(\boldsymbol{r}_0)\psi(\boldsymbol{r}_0)d\boldsymbol{r}_0 \tag{13.4.19}$$

这就是关于散射振幅的一般表达式(积分中仍含有波函数)。

13.4.3　玻恩近似

现在我们引入玻恩近似(Born approximation),以消除式(13.4.19)积分中的波函数。按照玻恩近似,入射平面波没有因为被势场的散射而发生严重的改变:散射波仍为平面波,而且散射波矢量的大小相对于入射波也没有改变(仍为 k),只是散射波矢量的方向由入射波的 $\boldsymbol{z}$ 方向变成 $\boldsymbol{r}$ 方向,如图 13.4.2 所示。这样在式(13.4.19)的积分中可以取

$$\psi(\boldsymbol{r}_0)\approx\Psi(\boldsymbol{r}_0)=Ae^{ikz_0}=Ae^{i\boldsymbol{k}'\cdot\boldsymbol{r}_0} \tag{13.4.20}$$

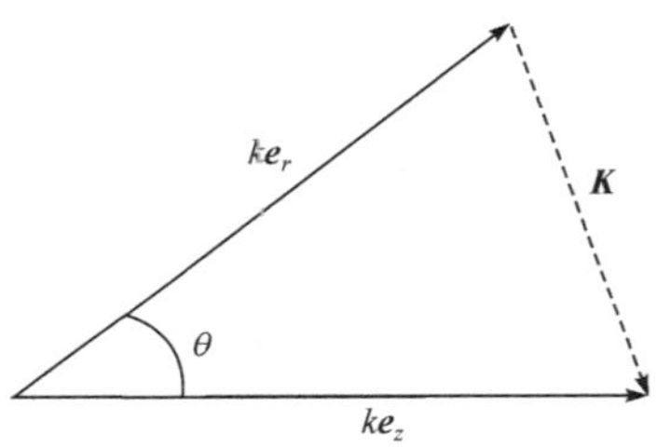

图 13.4.2　玻恩近似中的入射波矢量 $k\boldsymbol{e}_z\equiv\boldsymbol{k}'$ 和散射波矢量 $k\boldsymbol{e}_r\equiv\boldsymbol{k}$,以及二者的差 $\boldsymbol{k}'-\boldsymbol{k}\equiv\boldsymbol{K}$(其长度为 $K=2k\sin(\theta/2)$)

近似式(13.4.20)在势场弱到 $V(\boldsymbol{r})\to0$ 时是一个精确的等式(即 $\psi(\boldsymbol{r}_0)=\Psi(\boldsymbol{r}_0)$)。这意味着,玻恩近似本质上是一个弱势场近似。在这一近似下,式(13.4.19)变为

$$f(\theta,\phi)=-\frac{m}{2\pi\hbar^2}\int e^{i(\boldsymbol{k}'-\boldsymbol{k})\cdot\boldsymbol{r}_0}V(\boldsymbol{r}_0)d\boldsymbol{r}_0 \tag{13.4.21}$$

这就是玻恩近似关于散射振幅的基本结果(积分中不再包含波函数)。

特别是,对于低能散射,散射波矢量相对于入射波而言基本不变($\boldsymbol{k}\approx\boldsymbol{k}'$),从而式(13.4.21)简化为(略去 r_0 的下标)

$$f(\theta,\phi)=-\frac{m}{2\pi\hbar^2}\int V(\boldsymbol{r})d\boldsymbol{r} \tag{13.4.22}$$

这时散射振幅只涉及对势函数的积分,其结果是一个常数。

13.4.4　应用举例

本节通过几个典型例题说明玻恩近似在处理量子散射问题中的应用。

例 1　利用玻恩近似的基本结果(式(13.4.21))推导球对称势情况下的散射振幅。

解　在球对称势情况下,势函数表示为 $V(r_0)$。我们在球坐标系(r_0,θ_0,ϕ_0)中计算式(13.4.21)中的积分,注意到矢量差 $\boldsymbol{k}'-\boldsymbol{k}\equiv\boldsymbol{K}$(图 13.4.2)是固定的,我们可以将极轴 z_0 取为 $\boldsymbol{K}$ 的方向(图 13.4.1),这样

$$(\boldsymbol{k}'-\boldsymbol{k})\cdot\boldsymbol{r}_0=Kr_0\cos\theta_0 \tag{13.4.23}$$

代入式(13.4.21)，得到

$$f(\theta)=-\frac{m}{2\pi\hbar^2}\int_{r_0=0}^{\infty}\int_{\theta_0=0}^{\pi}\int_{\phi_0=0}^{2\pi}\mathrm{e}^{\mathrm{i}Kr_0\cos\theta_0}V(r_0)r_0^2\sin\theta_0\,\mathrm{d}r_0\,\mathrm{d}\theta_0\,\mathrm{d}\phi_0 \tag{13.4.24}$$

式(13.4.24)中关于 ϕ_0 的积分很简单(结果为 2π)；然后按照得到式(13.4.12)的方法完成对 θ_0 的积分；最后对 r_0 积分时略去下标，结果为

$$f(\theta)=-\frac{2m}{\hbar^2K}\int_0^{\infty}rV(r)\sin(Kr)\,\mathrm{d}r \tag{13.4.25}$$

注意 f 对 θ 的依赖性包含在 K 中(图 13.4.2)。式(13.4.25)就是玻恩近似在球对称势情况下关于散射振幅的结果。

例 2　汤川势(关于原子核内部束缚力的一个模型)表示为

$$V(r)=\beta\frac{\mathrm{e}^{-\mu r}}{r} \tag{13.4.26}$$

其中，β 和 μ 是常数，求玻恩近似下相应的散射振幅。

解　将汤川势(Yukawa potential)代入式(13.4.25)，得到散射振幅为

$$f(\theta)=-\frac{2m\beta}{\hbar^2K}\int_0^{\infty}\mathrm{e}^{-\mu r}\sin(Kr)\,\mathrm{d}r=-\frac{2m\beta}{\hbar^2(\mu^2+K^2)} \tag{13.4.27}$$

其中，$K=2k\sin(\theta/2)$。

例 3　在汤川势(式(13.4.26))中，取

$$\beta=\frac{q_1q_2}{4\pi\varepsilon_0},\quad \mu=0 \tag{13.4.28}$$

得到库仑势

$$V(r)=\frac{1}{4\pi\varepsilon_0}\frac{q_1q_2}{r} \tag{13.4.29}$$

利用式(13.4.27)和式(13.4.28)计算玻恩近似下的卢瑟福散射截面。

解　将式(13.4.28)代入式(13.4.27)得到卢瑟福散射振幅

$$f(\theta)=-\frac{q_1q_2}{4\pi\varepsilon_0}\frac{2m}{\hbar^2K^2} \tag{13.4.30}$$

利用 $K=2k\sin(\theta/2)$ 和式(13.4.3)中的前一个式子，式(13.4.30)变为

$$f(\theta)=-\frac{1}{16\pi\varepsilon_0}\frac{q_1q_2}{E\sin^2(\theta/2)} \tag{13.4.31}$$

由式(13.2.8)得到散射截面

$$D(\theta)=\left[\frac{1}{16\pi\varepsilon_0}\frac{q_1q_2}{E}\csc^2(\theta/2)\right]^2 \tag{13.4.32}$$

这正是卢瑟福散射截面的经典结果(见式(13.1.19))。非常巧合的是,经典理论和量子理论给出相同的结果。这意味着,在这个问题上,对量子理论结果(式(13.4.19))取玻恩近似(表现为式(13.4.20))与经典力学方法是等价的。

例 4　讨论在玻恩近似下质量为 m 的低能入射粒子被软性球散射(soft-sphere scattering)。

解　软性球势场表示为

$$V(r)=\begin{cases}V_0 & (r\leqslant a)\\ 0 & (r>a)\end{cases} \tag{13.4.33}$$

其中,$V_0>0$。在低能情况下,散射振幅直接由式(13.4.22)给出。对势函数积分后得到

$$f(\theta,\phi)=-\frac{m}{2\pi\hbar^2}V_0\left(\frac{4}{3}\pi a^3\right) \tag{13.4.34}$$

与 θ 和 ϕ 无关,散射截面为

$$D=|f|^2=\left(\frac{2mV_0a^3}{3\hbar^2}\right)^2 \tag{13.4.35}$$

进而有

$$\sigma=\int_0^{4\pi}D\mathrm{d}\Omega=4\pi\left(\frac{2mV_0a^3}{3\hbar^2}\right)^2 \tag{13.4.36}$$

这就是软性球散射的总截面。与刚性球的结果 $\sigma=4\pi a^2$(式(13.3.26))相比较可以看出,软性球情况下的总截面不但依赖于球的半径,还依赖于体系的其他参数。当软性球的半径为

$$a=\hbar\sqrt{\frac{3}{2mV_0}} \tag{13.4.37}$$

时,其总截面等于刚性球的结果。

第 14 章　角动量与自旋

角动量理论是量子力学理论的一个重要组成部分。角动量的算符表示、物理特性以及本征值问题在量子力学中都有广泛的应用。我们最初在第 7 章引入了角动量算符及其在球坐标系中的表示；在第 8 章求解了角动量平方算符和角动量算符的本征方程（它们具有共同的本征函数，即球谐函数）；在 9 章又讨论了角动量算符的对易性质和相应的测不准关系。另外，作为角动量的一个简单模型，我们在 10.6 节详细讨论了泡利矩阵的性质和若干应用。本章我们用算符代数法一般性地讨论角动量的本征值问题，引出角量子数取 $l=0,1,2,\cdots$ 和 $l=\frac{1}{2},\frac{3}{2},\frac{5}{2},\cdots$ 两种情况，并由此进入一个重要的纯量子力学现象——自旋。然后我们讨论角动量的叠加，涉及自旋-自旋组合和自旋-轨道耦合。作为角动量和自旋理论的应用，最后我们介绍原子在外磁场中的能级分裂，即塞曼效应，包含强磁场和弱磁场两种情况。

14.1　角动量：算符代数法

14.1.1　角动量算符与球谐函数

我们首先综述关于角动量的一些重要结果。角动量算符的基本对易关系（式(9.4.7)）为（略去算符顶端的符号）

$$[L_x,L_y]=\mathrm{i}\hbar L_z,\quad [L_y,L_z]=\mathrm{i}\hbar L_x,\quad [L_z,L_x]=\mathrm{i}\hbar L_y \tag{14.1.1}$$

角动量平方算符 L^2 和角动量算符 L_z 是对易的：

$$[L^2,L_z]=0 \tag{14.1.2}$$

二者有共同的本征函数（在球坐标系中表示）：

$$L^2\mathrm{Y}_{lm}(\theta,\phi)=l(l-1)\hbar^2\mathrm{Y}_{lm}(\theta,\phi) \tag{14.1.3a}$$

$$L_z\mathrm{Y}_{lm}(\theta,\phi)=m\hbar\mathrm{Y}_{lm}(\theta,\phi) \tag{14.1.3b}$$

其中，$\mathrm{Y}_{lm}(\theta,\phi)$是球谐函数（式(8.2.52)）：

$$\mathrm{Y}_{lm}(\theta,\phi)=A_{lm}\mathrm{P}_l^{\ m}(\cos\theta)\mathrm{e}^{\mathrm{i}m\phi}\begin{cases}l=0,1,2,\cdots\\ m=0,\pm1,\pm2,\cdots,\pm l\end{cases} \tag{14.1.4}$$

14.1.2　升阶算符和降阶算符

现在我们用算符代数法一般性地讨论角动量的本征值问题。设 L^2 和 L_z 具有

共同的本征函数 f：

$$L^2 f=\lambda f \tag{14.1.5a}$$

$$L_z f=\mu f \tag{14.1.5b}$$

其中，λ 和 μ 分别是相应的本征值。我们在 5.4 节讨论谐振子问题时引入了升阶算符 a^+ 和降阶算符 a，这提供了一个非常简单而有趣的算符代数方法。对于角动量问题，可以采用类似的方法，令

$$L^{\pm}=L_x\pm \mathrm{i}L_y \tag{14.1.6}$$

这就是角动量理论(angular momentum theory)中的升、降阶算符。它与泡利矩阵表述中的跃迁算符 $\sigma^{\pm}$(式(10.6.63))是类似的。首先注意到，因为 L_x 和 L_y 是厄米算符(它们表示可观察量)，所以 L^+ 和 L^- 不是厄米算符。它们与角动量算符的对易关系(commutation relations of angular momentum operators)为

$$[L_z,L^{\pm}]=[L_z,L_x]\pm \mathrm{i}[L_z,L_y]=\mathrm{i}\hbar L_y\pm \mathrm{i}(-\mathrm{i}\hbar \hat{L}_x)=\pm\hbar(L_x\pm \mathrm{i}L_y)$$

所以

$$[L_z,L^{\pm}]=\pm\hbar L^{\pm} \tag{14.1.7}$$

由于式(9.4.10)，当然也有

$$[L^2,L^{\pm}]=0 \tag{14.1.8}$$

式(14.1.5)表明，f 是 L^2 和 L_z 共同的本征函数。另外可以证明 $L^{\pm}f$ 也是 L^2 和 L_z 共同的本征函数。事实上，由式(14.1.8)，有

$$L^2(L^{\pm}f)=L^{\pm}(L^2 f)=L^{\pm}(\lambda f)=\lambda(L^{\pm}f) \tag{14.1.9}$$

可见 $L^{\pm}f$ 是 L^2 的本征函数，本征值为 λ。如果再次作用(比如用 L^+ 作用)，还是出现相同的本征值：

$$L^2[(L^+)^2 f]=L^+[L^2(L^+ f)]=\lambda[(L^+)^2 f] \tag{14.1.10a}$$

以此类推，用 L^+ 对 f 态连续作用 N 次，依然给出本征值 λ：

$$L^2[(L^+)^N f]=\lambda[(L^+)^N f] \tag{14.1.10b}$$

同理可证，用 L^- 对 f 态连续作用 N 次，也是给出本征值 λ：

$$L^2[(L^-)^N f]=\lambda[(L^-)^N f] \tag{14.1.10c}$$

我们进而考虑角动量算符 L_z 对 $L^{\pm}f$ 的作用。由式(14.1.7)写出 $L_zL^{\pm}=\pm\hbar L^{\pm}+L^{\pm}L_z$，用它两端作用于 f，并利用式(14.1.5b)，得到

$$L_z(L^{\pm}f)=\pm\hbar L^{\pm}f+L^{\pm}L_z f=(\mu\pm\hbar)(L^{\pm}f) \tag{14.1.11}$$

可见 $L^{\pm}f$ 也是 L_z 的本征函数，但本征值为 $\mu\pm\hbar$。将式(14.1.11)分开写为

$$L_z(L^+ f)=(\mu+\hbar)(L^+ f) \tag{14.1.12a}$$

$$L_z(L^- f)=(\mu-\hbar)(L^- f) \tag{14.1.12b}$$

我们在式(14.1.5b)中已经设定 f 是 L_z 的本征函数，本征值为 μ。式(14.1.12a)显示 L^+f 也是 L_z 的本征函数，但本征值增加一个 $\hbar$(变成 $\mu+\hbar$)，所以 L^+ 称为“升阶”算符；式(14.1.12b)显示 L^-f 也是 L_z 的本征函数，但本征值减少一个 $\hbar$(变成

$\mu-\hbar$)，所以 L^- 称为"降阶"算符。如果再次作用(比如用 L^+ 作用)，有

$$
\begin{aligned}
L_z[(L^+)^2 f] &= (\hbar L^+ + L^+ L_z)(L^+ f) = \hbar L^+ L^+ f + L^+ L_z L^+ f \\
&= \hbar[(L^+)^2 f] + L^+(\mu+\hbar)(L^+ f) \\
&= (\mu+2\hbar)[(L^+)^2 f]
\end{aligned}
\tag{14.1.13}
$$

本征值再增加一个 $\hbar$(变成 $\mu+2\hbar$)。但是这样操作所引起的 L_z 的本征值增加不可能永远持续下去，因为 L_z 的本征值要受到总角动量取值的限制。那么一定存在一个具有最大本征值的本征态。设 L^+ 对 f 态连续作用 N 次后达到这个状态，它的本征值为

$$\mu + N\hbar \equiv l\hbar \tag{14.1.14}$$

相应的状态是 $(L^+)^N f \equiv f_l$。接下去再用 L^+ 作用，便有

$$L^- f_l = 0 \tag{14.1.15}$$

我们的结论是，L_z 的最大本征值是 $l\hbar$(由式(14.1.14)确定)，相应的本征态是 f_l。

14.1.3 本征态和本征值

由式(14.1.10b)可知，L^+ 对 f 态连续作用 N 次后得到的状态 f_l 也是 L^2 的本征态，而且本征值仍为 λ。这样一来我们有

$$L^2 f_l = \lambda f_l \tag{14.1.16a}$$

$$L_z f_l = l\hbar f_l \tag{14.1.16b}$$

现在我们求其中的本征值 λ 和 l。由式(14.1.6)有

$$
\begin{aligned}
L^\pm L^\mp &= (L_x \pm \mathrm{i}L_y)(L_x \mp \mathrm{i}L_y) = L_x^2 + L_y^2 \mp \mathrm{i}(L_x L_y - L_y L_x) \\
&= L^2 - L_z^2 \mp \mathrm{i}(\mathrm{i}\hbar L_z) \\
&= L^2 - L_z^2 \pm \hbar L_z
\end{aligned}
$$

即

$$L^2 = L^+ L^- + L_z^2 - \hbar L_z \tag{14.1.17a}$$

$$L^2 = L^- L^+ + L_z^2 + \hbar L_z \tag{14.1.17b}$$

用式(14.1.17b)两端作用于 f_l，并利用式(14.1.15)和式(14.1.16b)，得到

$$L^2 f_l = (L^- L^+ + L_z^2 + \hbar L_z) f_l = (0 + l^2\hbar^2 + l\hbar^2) f_l = l(l+1)\hbar^2 f_l \tag{14.1.18}$$

再注意到式(14.1.16a)，我们有

$$\lambda = l(l+1)\hbar^2 \tag{14.1.19}$$

这是以 L_z 的本征值 $l\hbar$ 表示 L^2 的本征值(而 l 仍是未知的)。

下面我们进一步考查 l 的性质。注意到，与式(14.1.14)所描述的状态相反，也一定存在一个具有最小本征值的本征态(设 L^- 对 f 态连续作用 N' 次后达到这个状态)，它的本征值为

$$\mu - N'\hbar \equiv l'\hbar \tag{14.1.20}$$

相应的状态为$(L^-)^{N'}f\equiv f_{l'}$。接下去再用L^-作用，便有

$$L^- f_{l'}=0 \tag{14.1.21}$$

根据式(14.1.10c)，$f_{l'}$也是L^2和L_z的本征态。这样，对于最小本征值情况，我们有

$$L^2 f_{l'}=\lambda f_{l'} \tag{14.1.22a}$$

$$L_z f_{l'}=l'\hbar f_{l'} \tag{14.1.22b}$$

与式(14.1.18)所示的过程类似，现在用式(14.1.17a)两端作用于$f_{l'}$，并利用式(14.1.21)和式(14.1.22b)，得到

$$L^2 f_{l'}=(L^+L^-+L_z^2-\hbar L_z)f_{l'}=(0+l'^2\hbar^2-l'\hbar^2)f_{l'}=l'(l'-1)\hbar^2 f_{l'} \tag{14.1.23}$$

再注意到式(14.1.22a)，我们有

$$\lambda=l'(l'-1)\hbar^2 \tag{14.1.24}$$

比较式(14.1.19)与式(14.1.24)，可知$l(l+1)=l'(l'-1)$。满足这一关系有两种情况：一是$l'=l+1$(它意味着最小本征值高于最大本征值，这是不可能的)。那么只有另一种情况：$l'=-l$。即最小本征值为$-l\hbar$，相应的本征态为f_{-l}。

现在由式(14.1.14)和式(14.1.20)可以写出

$$\mu=-(N-l)\hbar=(N'-l)\hbar \tag{14.1.25}$$

可见算符L_z的设定本征值μ(式(14.1.5b))具有$\mu=m\hbar$的形式。当$m\hbar$每次增加$\hbar$，增加N次后，变为$l\hbar$。换言之，当m每次增加1，增加N次后，变为l；另一方面，当m每次减少1，减少N'次后，变为$-l$。所以L_z共有$(N+1+N')$个本征态。由式(14.1.25)知$N+N'=2l$。这样一来，关于l的取值存在两种情况：当$N+N'$为偶数(0,2,4,…)时，l为整数(0,1,2,…)；当$N+N'$为奇数(1,3,5,…)时，l为半整数$\left(\frac{1}{2},\frac{3}{2},\frac{5}{2},\cdots\right)$。我们的结论是：角动量平方算符$L^2$和角动量算符$L_z$的共同本征函数由$l$和$m$表征：

$$L^2 f_{lm}=l(l+1)\hbar^2 f_{lm} \tag{14.1.26a}$$

$$L_z f_{lm}=m\hbar f_{lm} \tag{14.1.26b}$$

其中，l的取值包含两种情况：

$$l=0,1,2,\cdots \tag{14.1.27a}$$

或

$$l=\frac{1}{2},\frac{3}{2},\frac{5}{2},\cdots \tag{14.1.27b}$$

式(14.1.27a)和式(14.1.27b)分别表示整数和半整数的角量子数(half-integer angular quantum numbers)。而对于l取值的任一种情况，m的取值为

$$m=-l,-l+1,\cdots,l-1,l \tag{14.1.28}$$

对于一个给定的 l 值，m 的取值有 $2l+1$ 个（对应 L_z 的 $(N+1+N')$ 个本征态）。具体而言，对于式(14.1.27a)的情况，m 的取值是奇数个（$m=0,\pm1,\pm2,\cdots,\pm l$）；对于式(14.1.27b)的情况，$m$ 的取值是偶数个$\left(m=\pm\frac{1}{2},\pm\frac{3}{2},\cdots,\pm l\right)$。两种情况下 L_z 的本征态和相应的本征值如图 14.1.1 所示。

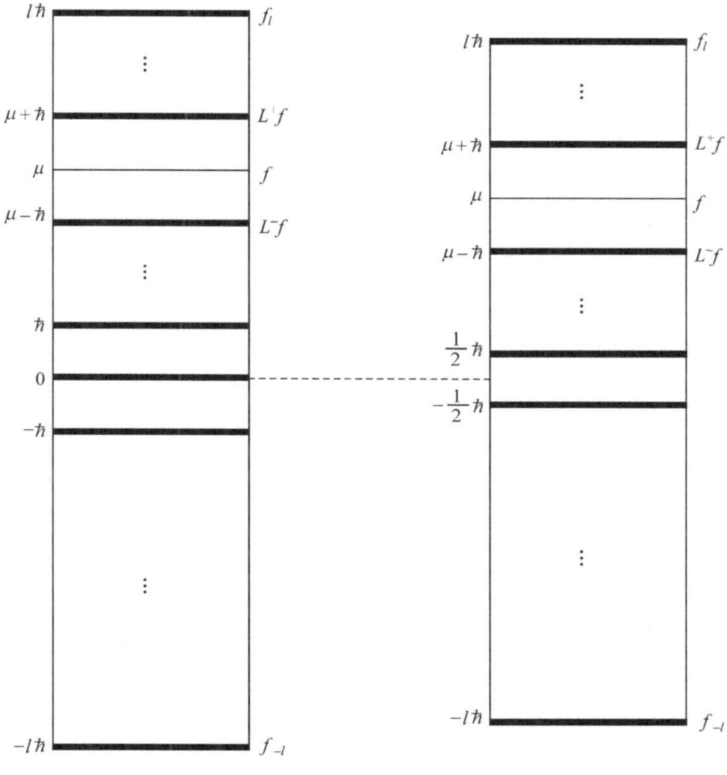

图 14.1.1　L_z 的本征态和相应的本征值

相邻本征态的间隔为 $\hbar$。由图中 f 态的位置可以看出，用 L^+ 对 f 态连续作用 N 次后达到 f_l 态，用 L^- 对 f 态连续作用 N' 次后达到 f_{-l} 态，显然一般情况下 $N\neq N'$

上述角动量的算符代数法不能给出本征函数 f_{lm} 的具体形式，这是因为在整个推导过程中没有涉及 L^2 和 L_z 在具体坐标系中的表示形式，而且没有引入任何限定条件。我们知道，球谐函数是 L^2 和 L_z 共同的本征函数（见式(14.1.3)），这是在球坐标系中求得的，而且加入了限定条件（式(8.2.20)）：$l=0,1,2,\cdots$（导致 $m=0,\pm1,\pm2,\cdots,\pm l$）。相比之下，算符代数法更具一般性，它导出了角量子数 l 取值的两种情况。在许多情况下，l 按式(14.1.27a)取值（如氢原子问题）。但是我们将会看到，对于电子自旋问题，必须按式(14.1.27b)取值。在这个问题上自旋角动量的角量子数为1/2，而相应的磁量子数由式(14.1.28)确定为−1/2和1/2。

14.1.4 典型例题

本节通过两个重要例题进一步说明角动量算符代数法的应用。

例1 设式(14.1.26)中的本征态f_{lm}可以用狄拉克符号表示为$|l,m\rangle$，则

$$L^2|l,m\rangle=l(l+1)\hbar^2|l,m\rangle \tag{14.1.29a}$$

$$L_z|l,m\rangle=m\hbar|l,m\rangle \tag{14.1.29b}$$

证明升阶算符、降阶算符分别使量子数m增加、减少1：

$$L^+|l,m\rangle=A_{lm}^+|l,m+1\rangle \tag{14.1.30a}$$

$$L^-|l,m\rangle=A_{lm}^-|l,m-1\rangle \tag{14.1.30b}$$

其中

$$A_{lm}^{\pm}=\hbar\sqrt{l(l+1)-m(m\pm1)}=\hbar\sqrt{(l\mp m)(l\pm m+1)} \tag{14.1.31}$$

证明 由式(14.1.7)写出

$$L_zL^+=L^+(L_z+\hbar) \tag{14.1.32a}$$

$$L_zL^-=L^-(L_z-\hbar) \tag{14.1.32b}$$

用式(14.1.32a)两端作用于$|l,m\rangle$，得

$$L_zL^+|l,m\rangle=L^+(L_z+\hbar)|l,m\rangle=(m+1)\hbar L^+|l,m\rangle \tag{14.1.33}$$

另外由式(14.1.29b)写出

$$L_z|l,m+1\rangle=(m+1)\hbar|l,m+1\rangle \tag{14.1.34}$$

由式(14.1.33)和式(14.1.34)可以看出，$L^+|l,m\rangle$和$|l,m+1\rangle$都是L_z的本征态，而且有相同的本征值$(m+1)\hbar$，因此二者只相差一个常数(用A_{lm}^+表示)，即

$$L^+|l,m\rangle=A_{lm}^+|l,m+1\rangle \tag{14.1.35a}$$

同理，由式(14.1.32b)和$L_z|l,m-1\rangle=(m-1)\hbar|l,m-1\rangle$，可得

$$L^-|l,m\rangle=A_{lm}^-|l,m-1\rangle \tag{14.1.35b}$$

接下来我们求式(14.1.35a)和式(14.1.35b)中的常数。首先注意到$L^{\mp}$是$L^{\pm}$的厄米共轭算符。事实上由于L_x和L_y均为厄米算符：$L_x^+=L_x$，$L_y^+=L_y$，则

$$(L^{\pm})^+=(L_x\pm iL_y)^+=L_x^+\mp iL_y^+=L_x\mp iL_y=L^{\mp} \tag{14.1.36}$$

由式(14.1.17b)写出$L^-L^+=L^2-L_z^2-\hbar L_z$，然后两边在$|l,m\rangle$态中求期待值，有

$$\langle l,m|L^-L^+|l,m\rangle=\langle l,m|(L^+)^+L^+|l,m\rangle=|A_{lm}^+|^2 \tag{14.1.37a}$$

$$\langle l,m|L^2-L_z^2-\hbar L_z|l,m\rangle=l(l+1)\hbar^2-m(m+1)\hbar^2 \tag{14.1.37b}$$

这里假定本征态是归一化的：$\langle l,m|l,m\rangle=1$(A_{lm}^+实际上是归一化常数)。由式(14.1.37)得到

$$A_{lm}^+=\hbar\sqrt{l(l+1)-m(m+1)}=\hbar\sqrt{(l-m)(l+m+1)} \tag{14.1.38a}$$

同理，由式(14.1.17a)写出 $L^+L^-=L^2-L_z^2+\hbar L_z$，同样在 $|l,m\rangle$ 态中求期待值，可得

$$A_{lm}^-=\hbar\sqrt{l(l+1)-m(m-1)}=\hbar\sqrt{(l+m)(l-m+1)} \tag{14.1.38b}$$

最后我们检查 L^+ 对最高本征态 $f_l=|l,l\rangle$ 的作用(式(14.1.15))以及 L^- 对最低本征态 $f_{-l}=|l,-l\rangle$ 的作用(式(14.1.21))。显然，当 $m=l$ 时，式(14.1.38a)给出 $A_{l,l}^+=0$，进而式(14.1.30a)给出 $L^+|l,l\rangle=0$。同样，当 $m=-l$ 时，有 $A_{l,-l}^-=0$，进而有 $L^-|l,-l\rangle=0$。

例 2　由角动量的测不准关系(式(9.5.12b))可知，如果 L_z 有确定值，则 L_x 和 L_y 都没有确定值。因此在 L_z 的本征态 $|l,m\rangle$ 中(L_z 有确定值 $m\hbar$)，L_x 和 L_y 都没有确定值。但可以讨论它们的期待值 $\langle L_x\rangle=\langle l,m|L_x|l,m\rangle$ 和 $\langle L_y\rangle=\langle l,m|L_y|l,m\rangle$。试计算 $\langle L_x\rangle$ 和 $\langle L_y\rangle$。

解　方法 1　由式(9.4.7b)第一式写出

$$L_x=\frac{1}{i\hbar}(L_yL_z-L_zL_y) \tag{14.1.39}$$

则

$$\langle L_x\rangle=\frac{1}{i\hbar}(\langle l,m|L_yL_z|l,m\rangle-\langle l,m|L_zL_y|l,m\rangle) \tag{14.1.40}$$

右边第一项利用式(14.1.29b)可写为

$$\langle l,m|L_yL_z|l,m\rangle=m\hbar\langle l,m|L_y|l,m\rangle \tag{14.1.41}$$

对于第二项，利用 L_z 的厄米性($L_z=L_z^+$)，有 $\langle l,m|L_z=\langle l,m|L_z^+=m\hbar\langle l,m|$，因此该项与第一项的结果(式(14.1.41))相同。于是式(14.1.40)变为 $\langle L_x\rangle=0$。同样，基于式(9.4.7b)第二式，可得 $\langle L_y\rangle=0$。可见算符 L_x 和 L_y 在 L_z 的本征态 $|l,m\rangle$ 中的期待值均为零。

方法 2　上面的解法是分别求 $\langle L_x\rangle$ 和 $\langle L_y\rangle$，下面的方法同时可得二者。我们计算升阶算符 L^+ 在 $|l,m\rangle$ 态中的平均值，利用式(14.1.30a)，有

$$\langle L_x\rangle+i\langle L_y\rangle=\langle L^+\rangle=\langle l,m|L^+|l,m\rangle=A_{lm}^+\langle l,m|l,m+1\rangle=0 \tag{14.1.42}$$

该复数为零，因此它的实部和虚部均为零：$\langle L_x\rangle=\langle L_y\rangle=0$。利用 $\langle L^-\rangle=0$ 可得同样结果。

需要说明，上面的运算用到本征函数 $|l,m\rangle$ 的正交性结果 $\langle l,m|l,m\pm1\rangle=0$。我们虽然没有证明它，但我们知道 L_z 是厄米算符，根据厄米算符本征函数正交性的一般性结论(见 7.2.2 节)，一定存在正交性关系式 $\langle l,m|l,m'\rangle=\delta_{mm'}$。

14.2　自　　旋

在经典力学中，一个刚性物体有两种角动量：轨道角动量($\boldsymbol{L}=\boldsymbol{r}\times\boldsymbol{p}$)，它是物

体质心相对于坐标原点的运动；自转角动量($\boldsymbol{S}=I\boldsymbol{\omega}$)，它是物体绕其质心的运动。例如，地球的轨道角动量来自每年绕太阳运转一周的公转，而地球的自转角动量来自每天绕自身南北极轴旋转一周的自转。但是，当角动量这个概念出现在量子力学中时，却有着不同的含义。如氢原子中电子绕核的运动产生轨道角动量(用角量子数 l 描述，不同的 l 值对应不同的轨道角动量)。此外，电子还有一种"自旋角动量"，但它并不是电子绕其质心运转产生的，因为迄今还没有发现电子的内部结构(它是一个点粒子)。它可以理解为轨道角动量之外的一种"内禀角动量"(intrinsic angular momentum)。本节将详细讨论这种内禀角动量的物理概念、实验观察和数学表述。

14.2.1 氢原子的轨道磁矩

关于氢原子(沿 z 轴方向)的磁矩，我们在 8.5.4 节用量子力学方法讨论过。这里我们将用更简单的经典方法讨论这个问题。我们知道，一个电流圈的磁矩由下面的矢量定义(图 14.2.1)：

$$\boldsymbol{\mu}=IS\boldsymbol{n} \tag{14.2.1}$$

其中，I 是电流强度，S 是圈的面积，而 $\boldsymbol{n}$ 是一个与 I 成右手螺旋的单位矢量。我们将由这个公式出发考查氢原子中电子运动的轨道磁矩(orbital moment)。按照玻尔的氢原子模型(图 14.2.2)，电子围绕原子核在半径为 r 的轨道上运动，电子运动形成的电流强度为

$$I=-\frac{e}{T} \tag{14.2.2}$$

其中，T 是电子运动一圈的时间(周期)，负号表示电流的方向与电子运动方向相反。电流圈的面积为 $S=\pi r^2$。因此电子运动的轨道磁矩为

$$\begin{aligned}\boldsymbol{\mu}&=-\frac{e}{T}\pi r^2\boldsymbol{n}=-e\left(\frac{\omega}{2\pi}\right)\pi r^2\boldsymbol{n}\\&=-\frac{e(\omega r)r}{2}\boldsymbol{n}=-\frac{e}{2m}(mvr\boldsymbol{n})\\&=-\frac{e}{2m}\boldsymbol{L}\end{aligned} \tag{14.2.3a}$$

其中，ω 和 v 分别是电子运动的角速度和线速度。式(14.2.3a)显示轨道磁矩正比于轨道角动量 $\boldsymbol{L}$，但二者的方向相反，如图 14.2.2 所示。式(14.2.3a)可以写为

$$\boldsymbol{\mu}_l=\gamma_l\boldsymbol{L}\left(\gamma_l=-\frac{e}{2m}\right) \tag{14.2.3b}$$

这里注出了下标 l，以示轨道磁矩，其中，γ_l 是相应于轨道角动量的回磁比(gyromagnetic factor)。

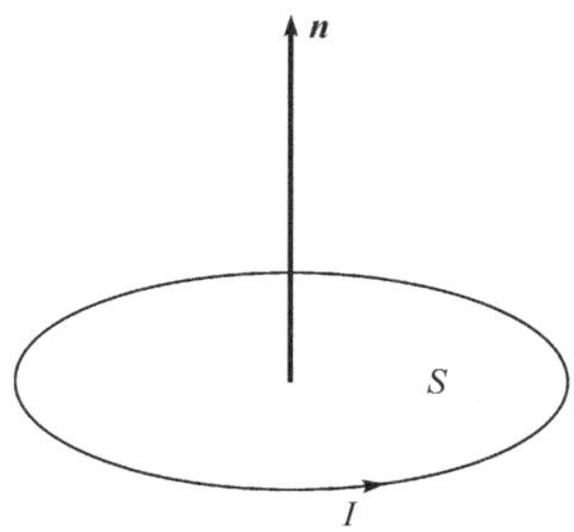

图 14.2.1　电流圈的磁偶极矩

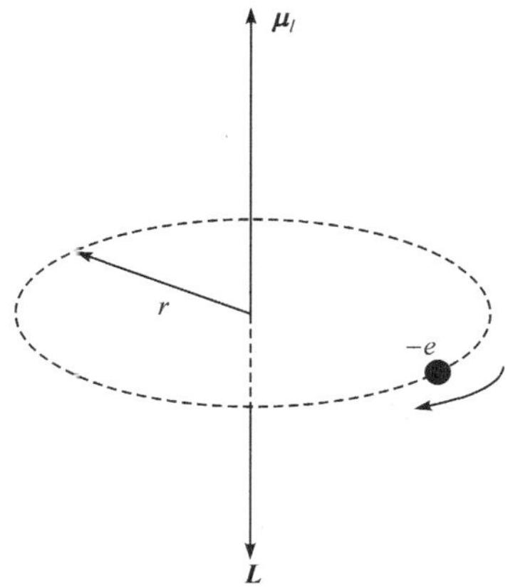

图 14.2.2　玻尔的氢原子模型：原子的轨道磁矩$\boldsymbol{\mu}_l$与角动量$\boldsymbol{L}$

根据氢原子的量子理论结果(式(14.1.3))，角动量平方算符 L^2 的本征值是 $l(l-1)\hbar^2(l=0,1,2,\cdots)$，而角动量算符 L_z 的本征值为 $m\hbar(m=0,\pm1,\pm2,\cdots,\pm l)$。这样一来，氢原子的轨道磁矩由式(14.2.3b)给出为

$$\mu^2=l(l+1)\mu_B^2,\quad \mu_z=-m\mu_B \tag{14.2.4}$$

其中，$\mu_B=\dfrac{e\hbar}{2m}$是玻尔磁子。式(14.2.4)与 8.5.4 节的结果相同。上述过程表明，氢原子的轨道磁矩可以用经典方法得出。

氢原子中的电子除了具有轨道磁矩之外，还有所谓自旋磁矩。在讨论自旋磁矩之前，我们需要介绍自旋角动量的概念。

14.2.2　自旋和自旋 1/2

自旋角动量(spin angular momentum)作为微观粒子的一种内禀角动量(通常用 $\boldsymbol{S}$ 表示)，也可以用算符代数法表述(与轨道角动量的表述极其相似)，基本对易关系为

$$[S_x,S_y]=i\hbar S_z,\quad [S_y,S_z]=i\hbar S_x,\quad [S_z,S_x]=i\hbar S_y \tag{14.2.5}$$

与轨道角量子数 l 相对应的是自旋量子数(spin quantum number)，用 s 表示(简称自旋)；与轨道磁量子数 m 相对应的是自旋磁量子数(spin magnetic quantum number)，用 m_s 表示；与本征方程(14.1.29)相对应的是

$$S^2|s,m_s\rangle=s(s+1)\hbar^2|s,m_s\rangle \tag{14.2.6a}$$

$$S_z|s,m_s\rangle=m_s\hbar|s,m_s\rangle \tag{14.2.6b}$$

与式(14.1.30)相对应的是

$$S^{\pm}|s,m_s\rangle=\hbar\sqrt{s(s+1)-m_s(m_s\pm1)}\,|s,m_s\pm1\rangle \tag{14.2.7}$$

其中，$S^{\pm}=S_x\pm\mathrm{i}S_y$。还有一个重要的情况是，自旋 s 的取值也像 l 那样有图 14.1.1 所示的两种情况：

$$s=0,1,2,\cdots \tag{14.2.8a}$$

或

$$s=\frac{1}{2},\frac{3}{2},\frac{5}{2},\cdots \tag{14.2.8b}$$

而无论对于哪种情况，m_s 的取值为

$$m_s=-s,-s+1,\cdots,s-1,s \tag{14.2.9}$$

另外，与轨道角动量类似，自旋角动量也相应于一个自旋磁矩(spin magnetic moment)，用 $\boldsymbol{\mu}_s$ 表示。与式(14.2.3b)相对应的自旋磁矩为

$$\boldsymbol{\mu}_s=\gamma_s\boldsymbol{S}\quad\left(\gamma_s=-g\,\frac{e}{2m}\right) \tag{14.2.10}$$

其中，γ_s 是相应于自旋角动量的回磁比，这里因子 $g=2$(这个值来自狄拉克的相对论量子力学理论，与量子电动力学的结果 $g=2+(\alpha/\pi)+\cdots=2.002$ 非常接近。二者之间的高度一致性被誉为 20 世纪物理学的辉煌成就之一)。

从量子物理学的角度看，自旋是微观粒子的固有性质，这是一个纯量子效应，没有经典对应。一个基本的事实是，每一种微观粒子都有一个特定的自旋。例如，π 介子和希格斯粒子(Higgs particle)的自旋为 $s=0$，光子的自旋为 $s=1$，引力子的自旋为 $s=2$ 等，所有这些自旋都取整数，属于式(14.2.8a)所示的情况。另一方面，电子、质子、中子以及所有夸克和轻子的自旋为 $s=\frac{1}{2}$，Δ 粒子的自旋为 $s=\frac{3}{2}$，这些自旋取半整数，属于式(14.2.8b)所示的情况。对于任何一种微观粒子，它的自旋 s 是永远不变的，这使得自旋角动量理论相对简单一些。相比之下，轨道角量子数 l 的取值是式(14.1.27a)所示的一系列整数。当体系受到扰动时，l 会从一个值变成另一个值。

显然自旋 1/2(spin1/2)是一个重要情况，相应的 m_s 取值由式(14.2.9)给出为 $m_s=-\frac{1}{2}$ 和 $m_s=\frac{1}{2}$，所以 S^2 和 S_z 的共同本征态 $|s,m_s\rangle$ 仅有两个：$\left|\frac{1}{2},\frac{1}{2}\right\rangle$ 和 $\left|\frac{1}{2},-\frac{1}{2}\right\rangle$，它们统称为自旋态，前者称为“自旋向上”(用 $|a\rangle$ 或 $|\uparrow\rangle$ 表示)；后者称为“自旋向下”(用 $|b\rangle$ 或 $|\downarrow\rangle$ 表示)。S^2 在两个自旋态的本征值均为 $s(s+1)\hbar^2=\frac{3}{4}\hbar^2$，而 S_z 在 $|a\rangle$ 和 $|b\rangle$ 中的本征值分别为 $s_z=\frac{1}{2}\hbar$ 和 $s_z=-\frac{1}{2}\hbar$。表 14.2.1 显示了轨道角动量与自旋 1/2 角动量的比较。

表 14.2.1　轨道角动量与自旋 1/2 角动量的比较

	轨道角动量	自旋 1/2 角动量
角动量平方算符	L^2	S^2
本征值	$l(l+1)\hbar^2$	$s(s+1)\hbar^2$
角量子数	$l=0,1,2,\cdots$	$s=\frac{1}{2}$
角动量算符	L_z	S_z
本征值	$m\hbar$	$m_s\hbar$
磁量子数	m 取$(2l+1)$个值：$m=0,\pm1,\cdots,\pm l$	m_s 取$(2s+1)$个值：$m_s=\begin{cases}\frac{1}{2}（自旋向上）\\ -\frac{1}{2}（自旋向下）\end{cases}$

需要说明，在描述微观粒子的状态时，通常用波函数 $\Psi(x,y,z,t)$。现在可以看出，粒子的自旋角动量是与轨道角动量无关的独立变量，它代表空间变量 x,y,z 之外的一个新的自由度。因此还需要用一个自旋变量(如用 S_z 的本征值 s_z)来描述粒子的自旋状态，所以具有完整变量的波函数应写为 $\Psi(x,y,z,s_z,t)$。当用量子数标注波函数时，如氢原子的波函数，则应加上相应于 s_z 的自旋磁量子数 m_s，写为 ψ_{nlmm_s}(或用狄拉克符号表示为 $|nlmm_s\rangle$)。这样一来，由于 m_s 取两个值，氢原子能量的简并度由 n^2(式(8.4.4))变为 $2n^2$。

例　写出光子、引力子、和 Δ 粒子的自旋、自旋磁量子数和相应的自旋本征值。

解　这三种粒子的自旋 s、自旋磁量子数 m_s 和相应的自旋本征值 s_z 为

光子：$s=1$；$m_s=-1,0,1$；$s_z=-\hbar,0,\hbar$。

引力子：$s=2$；$m_s=-2,-1,0,1,2$；$s_z=-2\hbar,-\hbar,0,\hbar,2\hbar$。

Δ 粒子：$s=\frac{3}{2}$；$m_s=-\frac{3}{2},-\frac{1}{2},\frac{1}{2},\frac{3}{2}$；$s_z=-\frac{3}{2}\hbar,-\frac{1}{2}\hbar,\frac{1}{2}\hbar,\frac{3}{2}\hbar$。

14.2.3　施特恩-格拉赫实验

许多实验事实都证明了自旋的存在，1922 年德国物理学家施特恩和格拉赫完成了电子自旋实验，这是量子力学早期最精彩的实验之一。施特恩-格拉赫实验(Stern-Gerlach experiment)的装置如图 14.2.3 所示，从高温炉 K 发出 s 态的银原子，沿 Y 方向行进，通过准直狭缝 BB 和不均匀磁场 $\boldsymbol{B}$(磁场沿 Z 轴方向，$\partial B/\partial Z\neq0$)，最后射到照相片 PP 上。实验结果显示，照相片上沿 Z 方向出现两条分立的黑斑(图 14.2.4)。按照原子的自旋磁矩概念，能圆满解释这个现象。

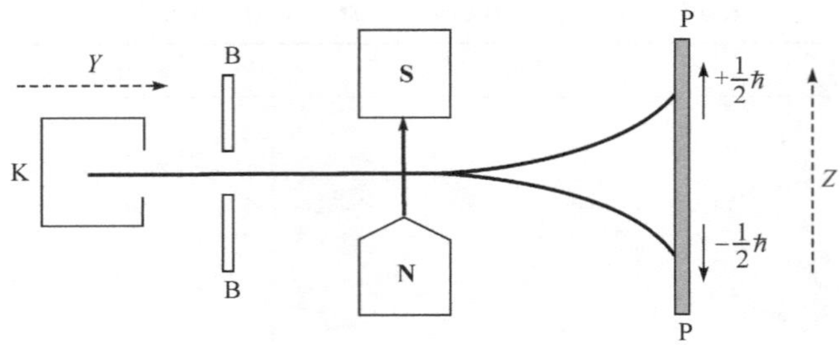

图 14.2.3 施特恩-格拉赫实验

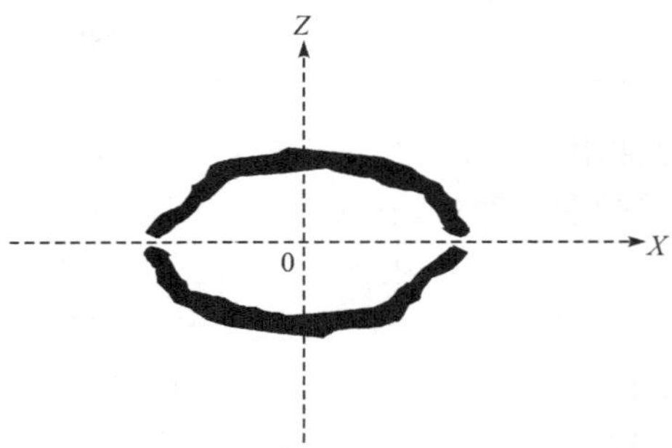

图 14.2.4 施特恩-格拉赫实验照片示意图
沿 Z 方向出现两条分立的黑斑，X 方向的展宽是由于原子束的有限宽度

我们知道，与电偶极矩 $\boldsymbol{p}$ 在电场 $\boldsymbol{E}$ 中具有能量 $V=-\boldsymbol{p}\cdot\boldsymbol{E}$(图 12.1.1)类似，磁偶极矩 $\boldsymbol{\mu}$ 在磁场 $\boldsymbol{B}$ 中具有能量

$$V=-\boldsymbol{\mu}\cdot\boldsymbol{B} \tag{14.2.11}$$

现在假定 $\boldsymbol{\mu}$ 是原子的总磁矩(图 14.2.5)，表示为

$$\boldsymbol{\mu}=\boldsymbol{\mu}_l+\boldsymbol{\mu}_s \tag{14.2.12}$$

其中，$\boldsymbol{\mu}_l$ 和 $\boldsymbol{\mu}_s$ 分别是轨道磁矩和自旋磁矩。现在磁场 $\boldsymbol{B}$ 沿 Z 轴方向，$\boldsymbol{\mu}$ 在磁场中的能量为 $V=-\mu_z B$。这样的能量施加给原子在 Z 方向的作用力为

$$F_z=-\frac{\partial V}{\partial Z}=\mu_z\frac{\partial B}{\partial Z} \tag{14.2.13}$$

这个力依赖于不均匀磁场和原子的总磁矩 $\boldsymbol{\mu}$。但实验中使用 s 态原子($l=0$)，其轨道磁矩 $\boldsymbol{\mu}_l=0$，因此总磁矩就是电子的自旋磁矩：$\boldsymbol{\mu}=\boldsymbol{\mu}_s$。利用式(14.2.10)将式(14.2.13)写为

$$F_z=\gamma_s s_z\frac{\partial B}{\partial Z} \tag{14.2.14}$$

而电子自旋角动量按照自旋态的不同取值为 $s_z=\pm\frac{1}{2}\hbar$，于是

$$F_z=\pm\frac{1}{2}\hbar\gamma_s\frac{\partial B}{\partial Z} \tag{14.2.15}$$

可见自旋向上和自旋向下的原子在 Z 方向受到大小相等、方向相反的作用力，因此它们沿 Z 轴的正、反方向运动，在照相片上感应出两条黑斑。出现两条斑是因为自旋磁矩在 Z 方向只取两个分立的值 $\pm\frac{1}{2}\gamma_s\hbar$。如果原子磁矩是连续变化的，则由式(14.2.13)可以看出原子在 Z 方向的受力是连续变化的，这样照相片上将出

现片状黑斑。另一方面，如果原子自旋磁矩为零，则原子在 Z 方向的受力为零，黑斑只会出现在 X 轴上。那么原子在 X 方向受力如何？我们知道原子的自旋角动量在 Z 方向有确定值 $\pm\frac{1}{2}\hbar$，这样在 X、Y 方向都没有确定值。由 14.1.4 节例 2 的结果可知 $\langle S_x\rangle=\langle S_y\rangle=0$，因此原子在 X 方向受力为零，不会发生偏转。

毋容置疑，施特恩-格拉赫实验在量子力学的创立和发展中扮演着十分重要的角色，它既是构建量子理论体系的一个奠基性实验，又是显示微观世界量子化特征的一种简单途径。它既是量子态制备的典型范例，又是量子态测量的成功样板。

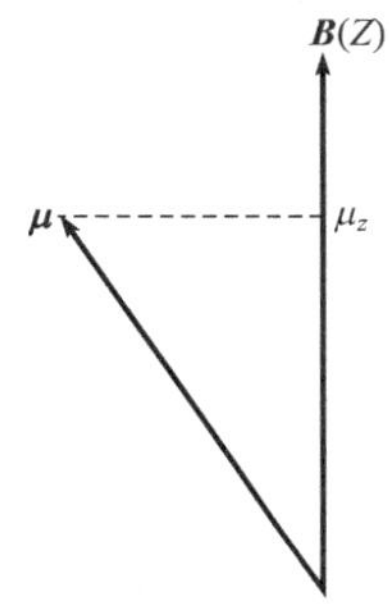

图 14.2.5　原子的总磁矩 $\boldsymbol{\mu}$ 及其在磁场 $\boldsymbol{B}$ 方向的投影 μ_z

作为本节的结束，我们简述自旋研究早期对这一现象的一种误解。起初的权威科学家认为电子不可能有“自转角动量”。因为如果是这样，当电子的自转角动量为 $\hbar$ 时，自转速度将超过光速！让我们解释这个情况，如果电子是一个半径为 R 的经典实心球，它的自转角动量为

$$I\omega=\left(\frac{2}{5}mR^2\right)\left(\frac{v}{R}\right)\sim mRv \tag{14.2.16}$$

其中，I 和 ω 是转动惯量和角频率，而 v 是球体“赤道”上一点的线速度，现在设 $mRv\sim\hbar$。另外，电子作为均匀带电实心球的电势能为 e^2/R，再利用爱因斯坦质能公式(Einstein’s mass-energy equation)，便有

$$\frac{e^2}{R}=mc^2 \tag{14.2.17}$$

这样

$$v\sim\frac{\hbar}{mR}=\left(\frac{\hbar c}{e^2}\right)c=\frac{c}{\alpha}=137c \tag{14.2.18}$$

其中

$$\alpha=\frac{e^2}{\hbar c}=\frac{1}{137} \tag{14.2.19}$$

是一个无量纲的常数，称为精细结构常数(fine structure constant)。这意味着电子以 $\hbar$ 为角动量自转时，其边沿速度为光速的 137 倍，这显然是荒谬的！结论很清楚：“电子自旋角动量”是一个通俗的说法，它代表电子的内禀角动量，绝对不是电子“自转”的产物。目前认为电子没有内部结构(是一个点粒子)，可见电子自旋的存在有更深刻的原因。

顺便指出，式(14.2.19)所示的精细结构常数被认为在物理学中扮演着最重要的角色，因为它反映了经典电磁学(e)，量子力学($\hbar$)和相对论(c)三者之间的联系。

14.2.4 自旋态的矢量表示

我们在 10.6.2 节讨论过，一个任意的双元素矢量

$$|\Omega\rangle=\begin{pmatrix}\mu\\ \nu\end{pmatrix} \tag{14.2.20a}$$

可以展开为

$$|\Omega\rangle=\mu|\Psi_a\rangle+\nu|\Psi_b\rangle \tag{14.2.20b}$$

其中

$$\boldsymbol{\Psi}_a=\begin{pmatrix}1\\ 0\end{pmatrix},\quad \boldsymbol{\Psi}_b=\begin{pmatrix}0\\ 1\end{pmatrix} \tag{14.2.21}$$

事实上，式(14.2.21)正好可以代表自旋 1/2 粒子的两个自旋态(自旋向上和自旋向下)。而式(14.2.20b)则是自旋 1/2 粒子的一般态。为了确认这一点，我们需要构造自旋矩阵(spin matrix)，即 S_x、S_y、S_z 的矩阵形式。由式(14.2.21)知，它们应为 2×2 矩阵。首先设

$$\boldsymbol{S}^2=\begin{pmatrix}a & b\\ c & d\end{pmatrix} \tag{14.2.22}$$

现在我们利用 $\boldsymbol{S}^2$ 的本征方程

$$\boldsymbol{S}^2\boldsymbol{\Psi}_a=\frac{3}{4}\hbar^2\ \boldsymbol{\Psi}_a,\quad \boldsymbol{S}^2\boldsymbol{\Psi}_b=\frac{3}{4}\hbar^2\boldsymbol{\Psi}_b \tag{14.2.23}$$

来确定式(14.2.22)中的矩阵元素。式(14.2.23)的第一个方程给出

$$\begin{pmatrix}a & b\\ c & d\end{pmatrix}\begin{pmatrix}1\\ 0\end{pmatrix}=\frac{3}{4}\hbar^2\begin{pmatrix}1\\ 0\end{pmatrix},\text{即}\begin{pmatrix}a\\ c\end{pmatrix}=\begin{bmatrix}\frac{3}{4}\hbar^2\\ 0\end{bmatrix} \tag{14.2.24a}$$

所以 $a=\frac{3}{4}\hbar^2$，$c=0$。第二个方程给出

$$\begin{pmatrix}a & b\\ c & d\end{pmatrix}\begin{pmatrix}0\\ 1\end{pmatrix}=\frac{3}{4}\hbar^2\begin{pmatrix}0\\ 1\end{pmatrix},\text{即}\begin{pmatrix}b\\ d\end{pmatrix}=\begin{bmatrix}0\\ \frac{3}{4}\hbar^2\end{bmatrix} \tag{14.2.24b}$$

所以 $b=0$，$d=\frac{3}{4}\hbar^2$。最终得到

$$\boldsymbol{S}^2=\frac{3}{4}\hbar^2\begin{pmatrix}1 & 0\\ 0 & 1\end{pmatrix} \tag{14.2.25}$$

类似地，由本征方程

$$\boldsymbol{S}_z\boldsymbol{\Psi}_a=\frac{1}{2}\hbar\boldsymbol{\Psi}_a,\quad \boldsymbol{S}_z\boldsymbol{\Psi}_b=-\frac{1}{2}\hbar\boldsymbol{\Psi}_b \tag{14.2.26}$$

得出

$$\boldsymbol{S}_z=\frac{\hbar}{2}\begin{pmatrix}1 & 0\\ 0 & -1\end{pmatrix} \tag{14.2.27}$$

进而,式(14.2.7)给出

$$\boldsymbol{S}^+\boldsymbol{\Psi}_b=\hbar\boldsymbol{\Psi}_a,\quad \boldsymbol{S}^-\boldsymbol{\Psi}_a=\hbar\boldsymbol{\Psi}_b,\quad \boldsymbol{S}^+\boldsymbol{\Psi}_a=\boldsymbol{S}^-\boldsymbol{\Psi}_b=0 \tag{14.2.28}$$

由此得出

$$\boldsymbol{S}^+=\hbar\begin{pmatrix}0 & 1\\ 0 & 0\end{pmatrix},\quad \boldsymbol{S}^-=\hbar\begin{pmatrix}0 & 0\\ 1 & 0\end{pmatrix} \tag{14.2.29}$$

然后由 $\boldsymbol{S}^\pm=\boldsymbol{S}_x\pm\mathrm{i}\boldsymbol{S}_y$,并利用式(14.2.29)得出

$$\boldsymbol{S}_x=\frac{\hbar}{2}\begin{pmatrix}0 & 1\\ 1 & 0\end{pmatrix},\quad \boldsymbol{S}_y=\frac{\hbar}{2}\begin{pmatrix}0 & -\mathrm{i}\\ \mathrm{i} & 0\end{pmatrix} \tag{14.2.30}$$

由于 $\boldsymbol{S}_x,\boldsymbol{S}_y,\boldsymbol{S}_z$ 都含有因子 $\hbar/2$,$\boldsymbol{S}$ 可以更简洁地写为 $\boldsymbol{S}=(\hbar/2)\boldsymbol{\sigma}$,其中

$$\boldsymbol{\sigma}_x=\begin{pmatrix}0 & 1\\ 1 & 0\end{pmatrix},\quad \boldsymbol{\sigma}_y=\begin{pmatrix}0 & -\mathrm{i}\\ \mathrm{i} & 0\end{pmatrix},\quad \boldsymbol{\sigma}_z=\begin{pmatrix}1 & 0\\ 0 & -1\end{pmatrix} \tag{14.2.31}$$

它们正是泡利矩阵。这样一来,自旋 1/2 的数学表述归结为泡利矩阵,而式(14.2.21)所示的状态正是 $\boldsymbol{\sigma}_z$ 的本征态。我们在 10.6 节对泡利矩阵进行了全面细致的讨论,其所有结果都适用于自旋 1/2 情况。比如,在自旋态(10.6.32)中,利用(10.6.35)和(10.6.47)可得期待值 $\langle \boldsymbol{S}_z\rangle=-\hbar/6$ 和 $\langle \boldsymbol{S}_x\rangle=\hbar/3$。再如,由(10.6.39)和(10.6.40)可推出 $\boldsymbol{S}_x$ 和 $\boldsymbol{S}_y$ 在自旋向上态中的测不准关系(来自式(9.5.11)):$\Delta\boldsymbol{S}_x\Delta\boldsymbol{S}_y\geqslant(\hbar/2)\langle\boldsymbol{S}_z\rangle=\hbar^2/4$,事实上有 $\Delta\boldsymbol{S}_x=\Delta\boldsymbol{S}_y=\hbar/2$,这表明自旋向上态是一个最小测不准态(类似于相干态)。

下面我们利用自旋 1/2 的泡利矩阵表述,讨论一个饶有兴趣的问题,它就是乌伦贝克(Uhlenbeck)和歌德斯密脱(Goudsmit)在 1925 年为解释电子自旋现象所提出的假设:电子自旋角动量在任何方向的投影只有两个可能的值 $\pm\dfrac{1}{2}\hbar$。

自旋 1/2 粒子的一般态(式(14.2.20a))可以按照自旋态(14.2.21)展开:

$$|\Omega\rangle=\mu\begin{pmatrix}1\\ 0\end{pmatrix}+\nu\begin{pmatrix}0\\ 1\end{pmatrix} \tag{14.2.32}$$

因此,在 $|\Omega\rangle$ 态中测量 S_z,得到的可能值为 $\dfrac{1}{2}\hbar$ 和 $-\dfrac{1}{2}\hbar$,相应的概率为 $|\mu|^2$ 和 $|\nu|^2$ $(|\mu|^2+|\nu|^2=1)$。现在问,在 $|\Omega\rangle$ 态中测量 S_x,可能值是什么?概率是多少?我们的回答是:测量 S_x 所得到的可能值也是 $\pm\dfrac{1}{2}\hbar$。按照经典物理图像,确实难以想象一个任意角动量(矢量)在 x 和 z 方向的投影取相同的值。

现在我们利用角动量的量子理论来解释这个问题,首先按 10.6.2 节例 4 的方法求解 $\boldsymbol{S}_x=\dfrac{\hbar}{2}\begin{pmatrix}0 & 1\\ 1 & 0\end{pmatrix}$ 的本征方程

$$\boldsymbol{S}_x\boldsymbol{\Phi}=\varepsilon\boldsymbol{\Phi} \tag{14.2.33}$$

其中，ε 是本征值，而 $\boldsymbol{\Phi}$ 为列矢量：

$$\boldsymbol{\Phi}=\begin{pmatrix}a_1\\a_2\end{pmatrix} \tag{14.2.34}$$

将本征方程(14.2.33)写为

$$\begin{pmatrix}0&\frac{1}{2}\hbar\\\frac{1}{2}\hbar&0\end{pmatrix}\begin{pmatrix}a_1\\a_2\end{pmatrix}-\varepsilon\begin{pmatrix}1&0\\0&1\end{pmatrix}\begin{pmatrix}a_1\\a_2\end{pmatrix}=0 \tag{14.2.35}$$

即

$$\begin{pmatrix}-\varepsilon&\frac{1}{2}\hbar\\\frac{1}{2}\hbar&-\varepsilon\end{pmatrix}\begin{pmatrix}a_1\\a_2\end{pmatrix}=0 \tag{14.2.36}$$

由久期方程解出本征值

$$\varepsilon=\pm\frac{1}{2}\hbar \tag{14.2.37}$$

进而求出归一化的本征矢(见式(10.6.44))：

$$\boldsymbol{\Phi}_a=\begin{pmatrix}1/\sqrt{2}\\1/\sqrt{2}\end{pmatrix},\quad \boldsymbol{\Phi}_b=\begin{pmatrix}1/\sqrt{2}\\-1/\sqrt{2}\end{pmatrix} \tag{14.2.38}$$

它们作为 $\boldsymbol{S}_x$ 的本征矢具有完备性，一般态 $|\Omega\rangle$(式(14.2.32))可以按它们展开为

$$|\Omega\rangle=\frac{\mu+\nu}{\sqrt{2}}\begin{pmatrix}1/\sqrt{2}\\1/\sqrt{2}\end{pmatrix}+\frac{\mu-\nu}{\sqrt{2}}\begin{pmatrix}1/\sqrt{2}\\-1/\sqrt{2}\end{pmatrix} \tag{14.2.39}$$

可见在一般态 $|\Omega\rangle$ 中测量 S_x，可能值仍然是 $\pm\frac{1}{2}\hbar$，相应的概率为 $\frac{1}{2}|\mu+\nu|^2$ 和 $\frac{1}{2}|\mu-\nu|^2$。这里存在一个特殊情况，如果 $\mu=\nu=1/\sqrt{2}$，式(14.2.39)所示的一般态约化为

$$|\Omega\rangle=\begin{pmatrix}1/\sqrt{2}\\1/\sqrt{2}\end{pmatrix}=\boldsymbol{\Phi}_a \tag{14.2.40}$$

它正是 $\boldsymbol{S}_x$ 的一个本征态(见式(14.2.38)中的 $\boldsymbol{\Phi}_a$)。这时式(14.2.32)也确实变为这个态。这个情况是容易理解的：当一般态 $|\Omega\rangle$ 就是 $\boldsymbol{S}_x$ 的一个本征态时，它按 $\boldsymbol{S}_x$ 本征态的展开，当然只有这个态本身。

我们进一步计算在一般态 $|\Omega\rangle$ 中测量 S_y 的可能值和相应的概率。为此求解 $\boldsymbol{S}_y=\frac{\hbar}{2}\begin{pmatrix}0&-\mathrm{i}\\\mathrm{i}&0\end{pmatrix}$ 的本征方程，所得本征值仍为 $\pm\frac{1}{2}\hbar$，而归一化的本征矢是

$$\begin{pmatrix} 1/\sqrt{2} \\ \mathrm{i}/\sqrt{2} \end{pmatrix} \text{和} \begin{pmatrix} 1/\sqrt{2} \\ -\mathrm{i}/\sqrt{2} \end{pmatrix} \tag{14.2.41}$$

一般态$|\Omega\rangle$(式(14.2.32))可以按它们展开为

$$|\Omega\rangle = \frac{\mu - \mathrm{i}\nu}{\sqrt{2}} \begin{pmatrix} 1/\sqrt{2} \\ \mathrm{i}/\sqrt{2} \end{pmatrix} + \frac{\mu + \mathrm{i}\nu}{\sqrt{2}} \begin{pmatrix} 1/\sqrt{2} \\ -\mathrm{i}/\sqrt{2} \end{pmatrix} \tag{14.2.42}$$

可见在一般$|\Omega\rangle$态中测量S_y,可能值还是$\pm\frac{1}{2}\hbar$,相应的概率均为$\frac{1}{2}(|\mu|^2+|\nu|^2)$。

综合上述结果,在一般态

$$|\Omega\rangle = \begin{pmatrix} \mu \\ \nu \end{pmatrix} \tag{14.2.43}$$

中测量电子自旋角动量S_x,S_y,S_z,所得到的可能值都是$\pm\frac{1}{2}\hbar$。因为坐标轴x,y,z的安置具有任意性。这意味着,电子自旋角动量在任何方向的投影只有这两个可能值。

14.3　角动量的组合与耦合

14.3.1　自旋-自旋组合:三重态和单态

考虑两个自旋1/2粒子,例如基态氢原子中的电子和质子(它们的轨道角动量均为零)。每个粒子可自旋向上或自旋向下,所以共有四种可能的自旋组合(spin combinations):

$$|a\rangle|A\rangle,\quad |a\rangle|B\rangle,\quad |b\rangle|A\rangle,\quad |b\rangle|B\rangle \tag{14.3.1}$$

其中,$|a\rangle$和$|b\rangle$代表电子($|A\rangle$和$|B\rangle$代表质子)的自旋向上和自旋向下。现在我们计算这个氢原子的总自旋角动量。设该氢原子的自旋算符为

$$\boldsymbol{S} = \boldsymbol{S}_1 + \boldsymbol{S}_2 \tag{14.3.2}$$

其中,$\boldsymbol{S}_1$和$\boldsymbol{S}_2$分别是电子和质子的自旋算符(这里已经假定两个自旋之间不存在相互作用)。用$S_z = S_{1z} + S_{2z}$作用于式(14.3.1)所示的任一个组合态(用$\chi_1\chi_2$表示,其中χ_1和χ_2分别代表电子和质子),注意到S_{1z}只作用在χ_1上,S_{2z}只作用在χ_2上,我们有

$$\begin{aligned} S_z\chi_1\chi_2 &= (S_{1z}+S_{2z})\chi_1\chi_2 = (S_{1z}\chi_1)\chi_2 + \chi_1(S_{2z}\chi_2) \\ &= (m_{1s}\hbar\chi_1)\chi_2 + \chi_1(m_{2s}\hbar\chi_2) \\ &= (m_{1s}+m_{2s})\hbar\chi_1\chi_2 = m_s\hbar\chi_1\chi_2 \end{aligned} \tag{14.3.3}$$

可见每一个组合态都是S_z的本征态,相应的自旋磁量子数为$m_s = m_{1s} + m_{2s}$。具

体而言,式(14.3.1)中各个组合态的 m_s 值为

$$m_s=1,\quad m_s=0,\quad m_s=0,\quad m_s=-1 \tag{14.3.4}$$

式(14.3.1)所示的4个组合态可以重新组合成下列形式:

$$|1,1\rangle=|a\rangle|A\rangle \tag{14.3.5a}$$

$$|1,0\rangle=\frac{1}{\sqrt{2}}(|a\rangle|B\rangle+|b\rangle|A\rangle) \tag{14.3.5b}$$

$$|1,-1\rangle=|b\rangle|B\rangle \tag{14.3.5c}$$

$$|0,0\rangle=\frac{1}{\sqrt{2}}(|a\rangle|B\rangle-|b\rangle|A\rangle) \tag{14.3.6}$$

现在我们来证明,它们就是自旋角动量本征态 $|s,m_s\rangle$(见式(14.2.6))。为此首先需要确认其中的第二个量子数(1,0,−1,0)是自旋磁量子数 m_s。事实上由式(14.3.4)可知,式(14.3.5)的三个态的自旋磁量子数为 1,0+0=0,−1;而式(14.3.6)那个态的自旋磁量子数为 0−0=0。可见这四个态中的第二个量子数确实是自旋磁量子数 m_s。我们还需要进一步确认这四个态中的第一个量子数(1,1,1,0)是自旋量子数。为此我们写出

$$\begin{aligned}S^2&=(\boldsymbol{S}_1+\boldsymbol{S}_2)\cdot(\boldsymbol{S}_1+\boldsymbol{S}_2)=S_1^2+S_2^2+2\boldsymbol{S}_1\cdot\boldsymbol{S}_2\\&=S_1^2+S_2^2+2(S_{1x}S_{2x}+S_{1y}S_{2y}+S_{1z}S_{2z})\end{aligned} \tag{14.3.7}$$

现在用它作用于式(14.3.5)和式(14.3.6)中的一个组合态,例如作用于 $|a\rangle|B\rangle$,并利用自旋态的矢量形式(14.2.21),以及式(14.2.30)和式(14.2.27),我们有

$$S_{1x}S_{2x}(|a\rangle|B\rangle)=\frac{\hbar}{2}\begin{pmatrix}0&1\\1&0\end{pmatrix}\begin{pmatrix}1\\0\end{pmatrix}\frac{\hbar}{2}\begin{pmatrix}0&1\\1&0\end{pmatrix}\begin{pmatrix}0\\1\end{pmatrix}=\frac{\hbar^2}{4}|b\rangle|A\rangle \tag{14.3.8a}$$

$$S_{1y}S_{2y}(|a\rangle|B\rangle)=\frac{\hbar}{2}\begin{pmatrix}0&-\mathrm{i}\\\mathrm{i}&0\end{pmatrix}\begin{pmatrix}1\\0\end{pmatrix}\frac{\hbar}{2}\begin{pmatrix}0&-\mathrm{i}\\\mathrm{i}&0\end{pmatrix}\begin{pmatrix}0\\1\end{pmatrix}=\frac{\hbar^2}{4}|b\rangle|A\rangle \tag{14.3.8b}$$

$$S_{1z}S_{2z}(|a\rangle|B\rangle)=\frac{\hbar}{2}\begin{pmatrix}1&0\\0&-1\end{pmatrix}\begin{pmatrix}1\\0\end{pmatrix}\frac{\hbar}{2}\begin{pmatrix}1&0\\0&-1\end{pmatrix}\begin{pmatrix}0\\1\end{pmatrix}=-\frac{\hbar^2}{4}|a\rangle|B\rangle \tag{14.3.8c}$$

这三个结果相加,得到

$$\boldsymbol{S}_1\cdot\boldsymbol{S}_2(|a\rangle|B\rangle)=\frac{\hbar^2}{4}(2|b\rangle|A\rangle-|a\rangle|B\rangle) \tag{14.3.9a}$$

同样可得

$$\boldsymbol{S}_1\cdot\boldsymbol{S}_2(|b\rangle|A\rangle)=\frac{\hbar^2}{4}(2|a\rangle|B\rangle-|b\rangle|A\rangle) \tag{14.3.9b}$$

于是我们有

$$\boldsymbol{S}_1\cdot\boldsymbol{S}_2|1,0\rangle=\frac{1}{\sqrt{2}}\boldsymbol{S}_1\cdot\boldsymbol{S}_2(|a\rangle|B\rangle+|b\rangle|A\rangle)$$

$$=\frac{1}{\sqrt{2}}\frac{\hbar^2}{4}(2|b\rangle|A\rangle-|a\rangle|B\rangle+2|a\rangle|B\rangle-|b\rangle|A\rangle)$$

$$=\frac{1}{\sqrt{2}}\frac{\hbar^2}{4}(|a\rangle|B\rangle+|b\rangle|A\rangle)=\frac{\hbar^2}{4}|1,0\rangle \tag{14.3.10a}$$

$$\boldsymbol{S}_1\cdot\boldsymbol{S}_2|0,0\rangle=\frac{1}{\sqrt{2}}\boldsymbol{S}_1\cdot\boldsymbol{S}_2(|a\rangle|B\rangle-|b\rangle|A\rangle)$$

$$=\frac{1}{\sqrt{2}}\frac{\hbar^2}{4}(2|b\rangle|A\rangle-|a\rangle|B\rangle-2|a\rangle|B\rangle+|b\rangle|A\rangle)$$

$$=-\frac{1}{\sqrt{2}}\frac{3\hbar^2}{4}(|a\rangle|B\rangle-|b\rangle|A\rangle)=-\frac{3\hbar^2}{4}|0,0\rangle \tag{14.3.10b}$$

另外由式(14.2.25)，得到

$$S_{1,2}^2|1,0\rangle=\frac{3\hbar^2}{4}|1,0\rangle,S_{1,2}^2|0,0\rangle=\frac{3\hbar^2}{4}|0,0\rangle \tag{14.3.11}$$

我们最终得到

$$S^2|1,0\rangle=\left(\frac{3\hbar^2}{4}+\frac{3\hbar^2}{4}+2\frac{\hbar^2}{4}\right)|1,0\rangle=2\hbar^2|1,0\rangle \tag{14.3.12a}$$

$$S^2|0,0\rangle=\left(\frac{3\hbar^2}{4}+\frac{3\hbar^2}{4}-2\frac{3\hbar^2}{4}\right)|0,0\rangle=0 \tag{14.3.12b}$$

可见$|1,0\rangle$态是S^2的本征态，本征值为$s(s+1)\hbar^2=2\hbar^2\rightarrow s=1$(同理可证，$|1,1\rangle$和$|1,-1\rangle$也是$S^2$的本征值为$2\hbar^2$的本征态)，另一方面$|0,0\rangle$态也是$S^2$的本征态，但本征值为$s(s+1)^2=0\rightarrow s=0$。

至此可以确认，式(14.3.5)的三个态的自旋量子数为1，它们称为三重态(triplet state)；而式(14.3.6)那个态的自旋量子数为0，称为单态(single state)。换言之，这四个态中的第一个量子数(1,1,1,0)确实是自旋量子数s。我们的结论是，两个自旋1/2粒子的组合总自旋可以为$s=1$或$s=0$(取决于它们处于三重态或是单态)。需要指出，在式(14.3.5)和式(14.3.6)中，对电子和质子进行交换(a和A交换，b和B交换)时，$|1,1\rangle$，$|1,0\rangle$，$|1,-1\rangle$均不改变，因此它们是对称态；而$|0,0\rangle$变为

$$\frac{1}{\sqrt{2}}(|A\rangle|b\rangle-|B\rangle|a\rangle)=-\frac{1}{\sqrt{2}}(|a\rangle|B\rangle-|b\rangle|A\rangle)=-|0,0\rangle \tag{14.3.13}$$

相对于$|0,0\rangle$变号，这是反对称态。我们的结论是：由式(14.3.1)所示的四个组合态只能构成四个独立的具有确定对称性的量子态，那就是对称态$|1,1\rangle$，$|1,0\rangle$，$|1,-1\rangle$和反对称态$|0,0\rangle$。需要说明，上述对称态和反对称态我们之前遇到过，那就是氢原子斯塔克效应所引起的能级分裂态(见式(11.3.22a)和式(11.3.22c))。

以上所讨论的两个自旋1/2粒子的组合只是自旋-自旋组合中最简单的例子，

一般情况是自旋为 s_1 和 s_2 的两个粒子的组合。可以证明，这种情况下的总自旋从 s_1+s_2 开始取值，逐步减少 1，直到 $|s_1-s_2|$，即

$$s=s_1+s_2, s_1+s_2-1, s_1+s_2-2, \cdots, |s_1-s_2| \tag{14.3.14}$$

例如，自旋为 3/2 和 2 的两个粒子的组合，其总自旋为 $s=7/2, 5/2, 3/2, 1/2$。

另外，如果一个氢原子处于任意态 ψ_{nlmm_s}（电子的轨道角动量不为零），则电子的总角动量（轨道加自旋）量子数为

$$j=l+\frac{1}{2} \text{ 或 } j=l-\frac{1}{2} \tag{14.3.15}$$

在 14.3.2 节我们将讨论自旋角动量和轨道角动量的耦合。

14.3.2　自旋-轨道耦合：能级精细结构

现在我们考虑一个无微扰氢原子中电子的自旋角动量 $\boldsymbol{S}$ 和轨道角动量 $\boldsymbol{L}$ 之间的相互作用，即自旋-轨道耦合（spin-orbit coupling）。首先我们知道，电子的自旋角动量 $\boldsymbol{S}$ 决定了自旋磁矩 $\boldsymbol{\mu}_s$（式(14.2.10)）：

$$\boldsymbol{\mu}_s=-\frac{e}{m}\boldsymbol{S} \tag{14.3.16}$$

那么如果该自旋磁矩 $\boldsymbol{\mu}_s$ 处于磁场 $\boldsymbol{B}$ 中，将产生相互作用能量（式(14.2.11)）

$$V=-\boldsymbol{\mu}_s\cdot\boldsymbol{B} \tag{14.3.17}$$

不过，在一个无微扰原子中，磁场 $\boldsymbol{B}$ 从何而来？事实上，电子绕核的轨道运动所产生的环电流正好提供了一个自旋磁矩所需要的磁场。换言之，轨道角动量 $\boldsymbol{L}$ 形成的磁场促成了电子自旋角动量 $\boldsymbol{S}$ 和轨道角动量 $\boldsymbol{L}$ 之间的耦合 $\boldsymbol{S}\cdot\boldsymbol{L}$。下面我们对这一耦合进行定量计算。一个巧妙的方法是利用电子静止坐标系。

电子绕着核内的质子做轨道运动，这是一个正常的物理图像。不过从电子的角度来看，质子在绕着它运动，如图 14.3.1 所示（这与图 14.2.2 的图像正好相反）。而且质子的运动形成一个连续的环电流 $I=e/T$（它与式(14.2.2)的电流等效，现在 e 为质子电荷）。这样的环电流将对环中心的电子产生一个磁场，它由毕奥-萨伐尔定律（Biot-Safar law）给出：

$$B=\frac{2\pi I}{rc^2} \quad (\text{CGS 单位制}) \tag{14.3.18}$$

它的方向与质子旋转构成右手螺旋。另一方面，在质子静止坐标系中，电子的轨道角动量（参见式(14.2.3a)）为

$$L=2\pi mr^2/T \tag{14.3.19}$$

而 $\boldsymbol{L}$ 的方向和 $\boldsymbol{B}$ 相同，如图 14.3.1 所示。由式(14.3.18)和式(14.3.19)得到

$$\boldsymbol{B}=\frac{e}{mc^2r^3}\boldsymbol{L} \tag{14.3.20}$$

将式(14.3.16)和式(14.3.20)代入式(14.3.17),得到

$$V=\frac{e^2}{m^2c^2r^3}\boldsymbol{S}\cdot\boldsymbol{L} \qquad (14.3.21)$$

这个结果还需要进一步修正。我们是在电子静止坐标系中讨论问题的,但它不是一个惯性系(因为电子在绕核的轨道运动中存在加速度)。相应的修正是引入相对论动力学效应——托马斯旋进(Thomas precessicn),即乘一个 1/2 因子,则式(14.3.21)变为

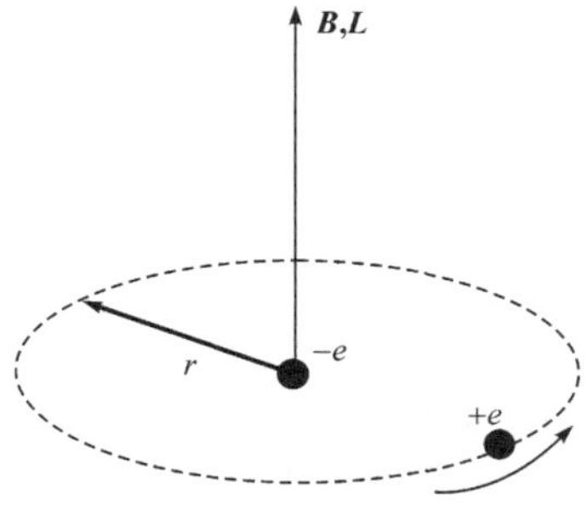

图 14.3.1　电子静止坐标系:质子绕电子运动

$$V'=\frac{1}{2}\frac{e^2}{m^2c^2r^3}\boldsymbol{S}\cdot\boldsymbol{L} \qquad (14.3.22)$$

这就是自旋-轨道耦合能量的最终表示式。需要说明,如果在上述推导中既不采用电子自旋回磁比修正(即直接利用经典结果(14.2.3b))又不进行托马斯旋进修正,也得到式(14.3.22)的结果。这只是一个巧合而已。

考虑到自旋-轨道耦合后,氢原子的哈密顿算符变为

$$H=H_0+V' \quad \left(H_0=-\frac{\hbar^2}{2m}\nabla^2+V(r)\right) \qquad (14.3.23)$$

下一步我们要将 V' 作为微扰算符,计算它在无微扰态(即 H_0 的本征态)的期待值,从而得到能量修正。由于哈密顿算符 H 中有自旋-轨道耦合项 $\boldsymbol{S}\cdot\boldsymbol{L}$,它所含的 L_z 和 S_z 都不和 H 对易,因此轨道角动量和自旋角动量都不是守恒量(参看 9.7 节),无微扰态不能用量子数 m 和 m_s 来描述。或者说,m 和 m_s 在现在情况下不是"好量子数"(good quantum number)。我们考查总角动量

$$\boldsymbol{J}=\boldsymbol{S}+\boldsymbol{L} \qquad (14.3.24)$$

由它得到

$$J^2=(\boldsymbol{S}+\boldsymbol{L})\cdot(\boldsymbol{S}+\boldsymbol{L})=S^2+L^2+2\boldsymbol{S}\cdot\boldsymbol{L} \qquad (14.3.25)$$

即

$$\boldsymbol{S}\cdot\boldsymbol{L}=\frac{1}{2}(J^2-L^2-S^2) \qquad (14.3.26)$$

现在 L^2、J^2、J_z 都与 H 对易,所以 n、l、j、m_j 是"好量子数",因此我们取 H_0 的本征态 $|nljm_j\rangle$ 为无微扰态。算符 $\boldsymbol{S}\cdot\boldsymbol{L}$ 在这个态的本征值为

$$\frac{\hbar^2}{2}[j(j+1)-l(l+1)-s(s+1)] \quad \left(s=\frac{1}{2}\right) \qquad (14.3.27)$$

从而微扰算符 V' 在无微扰态 $|nljm_j\rangle$ 的期待值为

$$\langle V'\rangle=\langle nljm_j|V'|nljm_j\rangle=\frac{1}{4}\frac{e^2\hbar^2}{m^2c^2}\left[j(j+1)-l(l+1)-\frac{3}{4}\right]\left\langle\frac{1}{r^3}\right\rangle \tag{14.3.28}$$

其中

$$\left\langle\frac{1}{r^3}\right\rangle=\left\langle nljm_j\left|\frac{1}{r^3}\right|nljm_j\right\rangle=\int_0^\infty\left(\frac{1}{r^3}\right)|R_{nl}(r)|^2r^2\mathrm{d}r \tag{14.3.29}$$

积分中的$|R_{nl}(r)|^2r^2$是氢原子的径向概率密度(见式(8.4.7))。为了计算式(14.3.29)左边的期待值,我们利用氢原子的克拉默斯关系(Kramers' relations of hydrogen atom)

$$\frac{\lambda+1}{n^2}\langle r^\lambda\rangle-(2\lambda+1)a\langle r^{\lambda-1}\rangle+\frac{\lambda}{4}[(2l+1)^2-\lambda^2]a^2\langle r^{\lambda-2}\rangle=0 \tag{14.3.30}$$

其中,λ为整数。式(14.3.30)将r的三个相邻幂的期待值联系起来。在该式中取$\lambda=-1$,再利用式(11.2.88),得到

$$\left\langle\frac{1}{r^3}\right\rangle=\frac{1}{l\left(l+\frac{1}{2}\right)(l+1)n^3a^3}\quad(l=1,2,3,\cdots) \tag{14.3.31}$$

这样式(14.3.28)变成

$$\begin{aligned}\langle V'\rangle&=\frac{1}{4}\frac{e^2\hbar^2}{m^2c^2}\frac{j(j+1)-l(l+1)-\frac{3}{4}}{l\left(l+\frac{1}{2}\right)(l+1)n^3a^3}\\&=\frac{e^4}{4a^2n^4}\frac{1}{mc^2}\frac{n\left[j(j+1)-l(l+1)-\frac{3}{4}\right]}{l\left(l+\frac{1}{2}\right)(l+1)}\\&=\frac{E_n^2}{mc^2}\frac{n\left[j(j+1)-l(l+1)-\frac{3}{4}\right]}{l\left(l+\frac{1}{2}\right)(l+1)}\end{aligned} \tag{14.3.32}$$

其中,$E_n=-\dfrac{e^2}{2an^2}$是无微扰氢原子的本征能量(式(8.5.1))。利用式(14.3.15),式(14.3.32)可以写为

$$\langle V'\rangle=\frac{E_n^2}{mc^2}\begin{cases}\dfrac{n}{j\left(j+\frac{1}{2}\right)} & \left(j=l+\frac{1}{2}\right)\\[2ex] -\dfrac{n}{\left(j+\frac{1}{2}\right)(j+1)} & \left(j=l-\frac{1}{2}\right)\end{cases} \tag{14.3.33}$$

这就是氢原子的自旋-轨道耦合引起的能量修正。将它与式(11.2.89)相比较可以看出,两个完全不同的物理机制(相对论动能修正和自旋-轨道耦合)给出数量级同为 $E_n^2/(mc^2)$ 的能量修正(这是一个有趣的结果)。现在我们把式(11.2.89)和式(14.3.33)相加,对于式(14.3.33)所示的两种情况,得到相同的结果:

$$\langle H'\rangle+\langle V'\rangle=-\frac{E_n^2}{2mc^2}\left(\frac{4n}{j+\frac{1}{2}}-3\right) \tag{14.3.34}$$

它刻画了氢原子的能量精细结构(energy fine structure)。它不但与主量子数 n 有关,还与总角动量(自旋加轨道)量子数 j 有关。将精细结构并入无微扰能量,我们得到

$$\begin{aligned}E_{nj}&=E_n+\langle H'\rangle+\langle V'\rangle\\&=-\frac{e^2}{2an^2}-\frac{E_n^2}{2mc^2}\left(\frac{4n}{j+\frac{1}{2}}-3\right)=-\frac{13.6\mathrm{eV}}{n^2}\left[1+\frac{\alpha^2}{n^2}\left(\frac{n}{j+\frac{1}{2}}-\frac{3}{4}\right)\right]\end{aligned} \tag{14.3.35}$$

最后一步用到了式(8.5.3b),上式中的 α 是式(14.2.19)所示的精细结构常数。式(14.3.35)就是考虑到动能的相对论修正和自旋-轨道耦合之后氢原子能量的表示式。

需要强调,从式(14.3.31)开始我们必须取 $l\neq0$。从物理上来讲,当 $l=0$ 时(轨道角动量为零),不应当存在自旋角动量与轨道角动量的耦合。事实上,式(14.3.35)不包括 $l=0$ 的情况。不过 $l=0$ 的项在形式上描述一个特殊的物理作用。相关问题将在相对论量子力学中详细讨论(见 17.4.2 节)。

14.4　塞曼效应

作为角动量和自旋理论的应用,本节介绍塞曼效应(Zeeman effect)。塞曼效应是原子在外磁场作用下发生能级分裂的现象,它是 1896 年由荷兰物理学家塞曼发现的。塞曼效应是由外磁场 $\boldsymbol{B}_{\text{ext}}$ 与原子磁矩(包括轨道磁矩 $\boldsymbol{\mu}_l$ 和自旋磁矩 $\boldsymbol{\mu}_s$)的耦合引起的,其相互作用哈密顿算符由式(14.2.11)给出为

$$V=-(\boldsymbol{\mu}_l+\boldsymbol{\mu}_s)\cdot\boldsymbol{B}_{\text{ext}} \tag{14.4.1}$$

其中,$\boldsymbol{\mu}_l$ 和 $\boldsymbol{\mu}_s$ 分别由式(14.2.3b)和式(14.3.16)表示。于是式(14.4.1)写为

$$V=\frac{e}{2m}(\boldsymbol{L}+2\boldsymbol{S})\cdot\boldsymbol{B}_{\text{ext}} \tag{14.4.2}$$

塞曼效应的特性主要取决于外磁场 $\boldsymbol{B}_{\text{ext}}$ 与原子内部磁场 $\boldsymbol{B}_{\text{int}}$(由式(14.3.20)表示)的相对强度。如果 $|\boldsymbol{B}_{\text{ext}}|\gg|\boldsymbol{B}_{\text{int}}|$,则 V 所引起的塞曼效应起主要作用,精细结构

可以被忽略(或作为微扰处理);如果$|\boldsymbol{B}_{\text{int}}|\gg|\boldsymbol{B}_{\text{ext}}|$,则精细结构起主要作用,$V$可以作为微扰处理。本节我们将以氢原子为例,对这两种情况进行详细的讨论。

14.4.1 强磁场情况

设外磁场$\boldsymbol{B}_{\text{ext}}$沿z轴方向,则相互作用哈密顿算符(14.4.2)写为

$$V=\frac{e}{2m}B_{\text{ext}}(L_z+2S_z) \tag{14.4.3}$$

我们首先考虑简单塞曼效应(外磁场很强,可以完全忽略精细结构),体系的哈密顿算符为

$$H_0=-\frac{\hbar^2}{2m}\nabla^2+V(r)+\frac{e}{2m}B_{\text{ext}}(L_z+2S_z) \tag{14.4.4}$$

现在H_0的本征态为$|nlmm_s\rangle$,体系的能量为

$$\varepsilon_{nlmm_s}=-\frac{13.6\text{eV}}{n^2}+\mu_B B_{\text{ext}}(m+2m_s)\quad\left(m_s=\pm\frac{1}{2}\right) \tag{14.4.5}$$

其中,μ_B为玻尔磁子。式(14.4.5)就是简单塞曼效应的能级分裂。特别是对于s态氢原子($l=0,m=0$),式(14.4.5)变为

$$\varepsilon_{n00\pm\frac{1}{2}}=-\frac{13.6\text{eV}}{n^2}\pm\mu_B B_{\text{ext}} \tag{14.4.6}$$

这就是s态氢原子在简单塞曼效应中的能级分裂(图14.4.1)。分裂间隔为$\varepsilon_{n00+\frac{1}{2}}-\varepsilon_{n00-\frac{1}{2}}=2\mu_B B_{\text{ext}}$(与$B_{\text{ext}}$成正比),与能级$n$无关。这样的能级分裂与施特恩-格拉赫实验中原子分成两束的现象有相同的物理机制:s态原子有自旋角动量$\pm\frac{1}{2}\hbar$。当磁场$B_{\text{ext}}=0$时,分裂消失,式(14.4.6)退化为氢原子的本征能级。

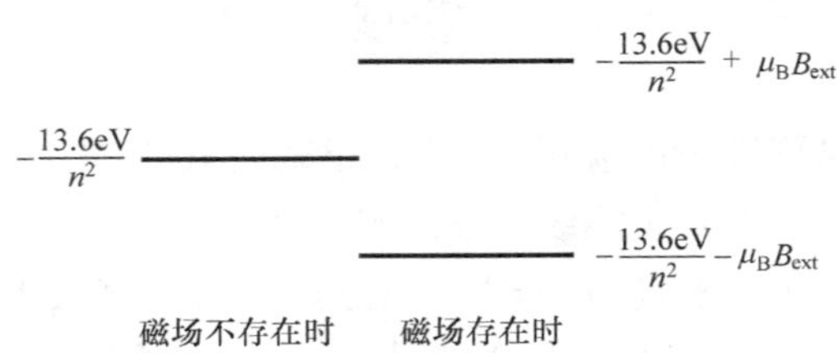

图14.4.1　简单塞曼效应:氢原子在强磁场中的能级分裂

不过我们可以做得更精确一些,那就是将H_0(式(14.4.4))作为体系的无微扰哈密顿算符,将精细结构作为微扰,求它在无微扰态(即H_0的本征态$|nlmm_s\rangle$)中的期待值。由此引起的能量修正为

$$\langle H'+V'\rangle=\langle nlmm_s|(H'+V')|nlmm_s\rangle \tag{14.4.7}$$

其中,H'(见式(11.2.77))描述相对论动能修正;V'(见式(14.3.22))描述自旋-轨

道耦合。式(14.4.7)中的$\langle nlmm_s|H'|nlmm_s\rangle$表示$H'$在无微扰态的期待值,所以仍由式(11.2.89)表示;对于自旋-轨道耦合项(式(14.3.22)),我们有

$$\langle \boldsymbol{S}\cdot\boldsymbol{L}\rangle=\langle S_x\rangle\langle L_x\rangle+\langle S_y\rangle\langle L_y\rangle+\langle S_z\rangle\langle L_z\rangle \tag{14.4.8}$$

这里已经利用了$\langle S_xL_x\rangle=\langle S_x\rangle\langle L_x\rangle$(两个独立自由度之间没有关联,对于$y$和$z$分量同样如此)。注意到在$L_z$的本征态$|nlmm_s\rangle$中,$\langle L_x\rangle=\langle L_y\rangle=0$(见14.1.4节例2),同理在$S_z$的本征态$|nlmm_s\rangle$中,$\langle S_x\rangle=\langle S_y\rangle=0$;而$\langle L_z\rangle=m\hbar$,$\langle S_z\rangle=m_s\hbar$,所以$\langle \boldsymbol{S}\cdot\boldsymbol{L}\rangle=mm_s\hbar^2$。这样自旋-轨道耦合引起的能量修正为(利用式(14.3.31)并参照式(14.3.32)的计算)

$$\langle V'\rangle=\frac{1}{4}\frac{e^2h^2}{m^2c^2}mm_s\left\langle\frac{1}{r^3}\right\rangle=\frac{E_n^2}{mc^2}\frac{nmm_s}{l\left(l+\dfrac{1}{2}\right)(l+1)} \tag{14.4.9}$$

现在将相对论修正$\langle H'\rangle$[式(11.2.89)]、自旋-轨道耦合修正$\langle V'\rangle$(式(14.4.9))以及无微扰情况下的结果ε_{nlmm_s}(式(14.4.5))合并起来,得到

$$\begin{aligned}E_{nlmm_s}&=\varepsilon_{nlmm_s}+\langle H'\rangle+\langle V'\rangle\\&=-\frac{13.6\mathrm{eV}}{n^2}\left\{1+\frac{\alpha^2}{n}\left[\frac{l(l+1)-mm_s}{l\left(1+\dfrac{1}{2}\right)(l+1)}-\frac{3}{4n}\right]\right\}+\mu_B B_{\mathrm{ext}}(m+2m_s)\end{aligned} \tag{14.4.10}$$

这就是氢原子在强磁场中的能量表示式,它显示了能量对四个量子数n,l,m,m_s的依赖性。现在能量与磁量子数m有关,原来m不同而能量相同的简并现象被外磁场解除。对于确定的量子数n,l,m,能级E_{nlmm_s}因$m_s=\pm\dfrac{1}{2}$分裂成两个。特别是在$l=0,m=0$情况下,有

$$\lim_{l\to0,m\to0}\left[\frac{l(l+1)-mm_s}{l\left(l+\dfrac{1}{2}\right)(l+1)}\right]=1 \tag{14.4.11}$$

式(14.4.10)变为

$$E_{n00\pm\frac{1}{2}}=-\frac{13.6\mathrm{eV}}{n^2}\left[1+\frac{\alpha^2}{n}\left(1-\frac{3}{4n}\right)\right]\pm\mu_B B_{\mathrm{ext}} \tag{14.4.12}$$

对于基态($n=1$),式(14.4.12)化为

$$E_{100\pm\frac{1}{2}}=-13.6\mathrm{eV}\left(1+\frac{\alpha^2}{4}\right)\pm\mu_B B_{\mathrm{ext}} \tag{14.4.13}$$

$E_{100\pm\frac{1}{2}}$作为$\mu_B B_{\mathrm{ext}}$的函数如图14.4.2所示。可以看出,能级分裂间隔$E_{100+\frac{1}{2}}-E_{100-\frac{1}{2}}=2\mu_B B_{\mathrm{ext}}$随$\mu_B B_{\mathrm{ext}}$而增大。

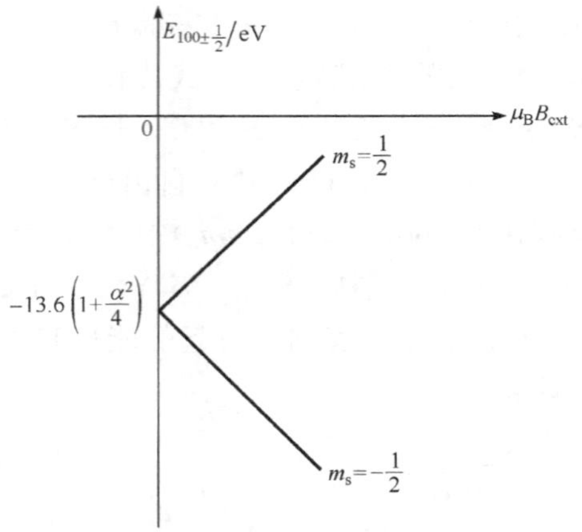

图 14.4.2　基态氢原子的强磁场塞曼分裂

随着 $\mu_B B_{ext}$ 的增加，$E_{100+\frac{1}{2}}$ 上升而 $E_{100-\frac{1}{2}}$ 下降，因此能级分裂间隔增大

14.4.2　弱磁场情况

在 $|\boldsymbol{B}_{int}|\gg|\boldsymbol{B}_{ext}|$ 情况下，精细结构(见式(14.3.35))将是主要的，我们可以将哈密顿算符 V(式(14.4.2))作为对精细结构的微扰，求它在无微扰态的期待值，以得到能量修正。现在由于精细结构中包含自旋-轨道耦合项 $\boldsymbol{S}\cdot\boldsymbol{L}$(见式(14.3.22))，因此轨道角动量和自旋角动量都不再是守恒量，m 和 m_s 不是"好量子数"。我们考查总角动量

$$\boldsymbol{J}=\boldsymbol{S}+\boldsymbol{L} \tag{14.4.14}$$

由它得到

$$L^2=J^2+S^2-2\boldsymbol{S}\cdot\boldsymbol{J} \tag{14.4.15}$$

即

$$\boldsymbol{S}\cdot\boldsymbol{J}=\frac{1}{2}(J^2-L^2+S^2) \tag{14.4.16}$$

现在 L^2、J^2、J_z 都是守恒量，所以 n、l、j、m_j 是"好量子数"，因此我们取 $|nljm_j\rangle$ 为无微扰态，由此得到能量修正

$$\langle V\rangle=\langle nljm_j|V|nljm_j\rangle=\frac{e}{2m}\boldsymbol{B}_{ext}\cdot\langle\boldsymbol{L}+2\boldsymbol{S}\rangle \tag{14.4.17}$$

虽然有 $\boldsymbol{L}+2\boldsymbol{S}=\boldsymbol{J}+\boldsymbol{S}$，但是我们并不能立即求出 $\langle\boldsymbol{S}\rangle$，因为 $|nljm_j\rangle$ 不是 $\boldsymbol{S}$ 的本征态。现在总角动量 $\boldsymbol{J}$ 是一个固定的矢量，矢量 $\boldsymbol{L}$ 和 $\boldsymbol{S}$ 绕着 $\boldsymbol{J}$ 旋进(旋进中量值 $l(l+1)\hbar^2$ 和 $s(s+1)\hbar^2$ 保持不变，即矢量 $\boldsymbol{L}$ 和 $\boldsymbol{S}$ 的长度不变)，如图 14.4.3 所示。注意到，矢量 $\boldsymbol{S}$ 在旋进中的平均位置恰好是它在 $\boldsymbol{J}$ 矢量上的投影，即

$$\boldsymbol{S}_{ave}=\frac{\boldsymbol{S}\cdot\boldsymbol{J}}{J^2}\boldsymbol{J} \tag{14.4.18}$$

其中，投影值为

$$\frac{\boldsymbol{S}\cdot\boldsymbol{J}}{J^2}=\frac{J^2-L^2+S^2}{2J^2}=\frac{\hbar^2}{2j(j+1)}[j(j+1)-l(l+1)+s(s+1)]\left(s=\frac{1}{2}\right) \quad (14.4.19)$$

现在我们可以求微扰算符 $\boldsymbol{L}+2\boldsymbol{S}$ 在无微扰态 $|nljm_j\rangle$ 的期待值。期待值现在就是平均值，我们将 $\langle\boldsymbol{S}\rangle$ 用 $\langle\boldsymbol{S}_{\text{ave}}\rangle$ 代替，并利用式(14.4.19)，得到

$$\langle\boldsymbol{L}+2\boldsymbol{S}\rangle=\langle\boldsymbol{J}+\boldsymbol{S}\rangle=\left\langle\left(1+\frac{\boldsymbol{S}\cdot\boldsymbol{J}}{J^2}\right)\boldsymbol{J}\right\rangle=\left[1-\frac{j(j+1)-l(l+1)+\frac{3}{4}}{2j(j+1)}\right]\langle\boldsymbol{J}\rangle \quad (14.4.20)$$

方括号中的因子称为朗道 g 因子，用 g_j 表示：

$$g_j=1+\frac{j(j+1)-l(l+1)+\frac{3}{4}}{2j(j+1)} \quad (14.4.21)$$

我们可以取 z 轴沿 $\boldsymbol{B}_{\text{ext}}$ 方向，由式(14.4.20)得到

$$\langle V\rangle=\frac{e}{2m}g_jB_{\text{ext}}\langle J_z\rangle=\mu_{\text{B}}g_jB_{\text{ext}}m_j \quad (14.4.22)$$

其中

$$m_j=-j,-j+1,\cdots,j-1,j \quad (14.4.23)$$

将式(14.4.22)加入无微扰部分(式(14.3.35))，得到氢原子在弱磁场微扰下的能量

$$E_{nljm_j}=-\frac{13.6\text{eV}}{n^2}\left[1+\frac{\alpha^2}{n^2}\left(\frac{n}{j+\frac{1}{2}}-\frac{3}{4}\right)\right]+\mu_{\text{B}}g_jB_{\text{ext}}m_j \quad (14.4.24)$$

对于基态$\left(n=1,l=0,j=\frac{1}{2}\right)$，由式(14.4.21)得到 $g_j=2$，由式(14.4.23)得到 $m_j=-\frac{1}{2}$，$\frac{1}{2}$，则式(14.4.24)变为

$$E_{10\frac{1}{2}\pm\frac{1}{2}}=-13.6\text{eV}\left(1+\frac{\alpha^2}{4}\right)\pm\mu_{\text{B}}B_{\text{ext}} \quad (14.4.25)$$

它与强磁场情况下的能级分裂(式(14.4.13))相同。特别是，当忽略精细结构时(由于 $\alpha^2/4=1.3\times10^{-5}\ll1$)，式(14.4.13)和式(14.4.25)约化为

$$-13.6\text{eV}\pm\mu_{\text{B}}B_{\text{ext}} \quad (14.4.26)$$

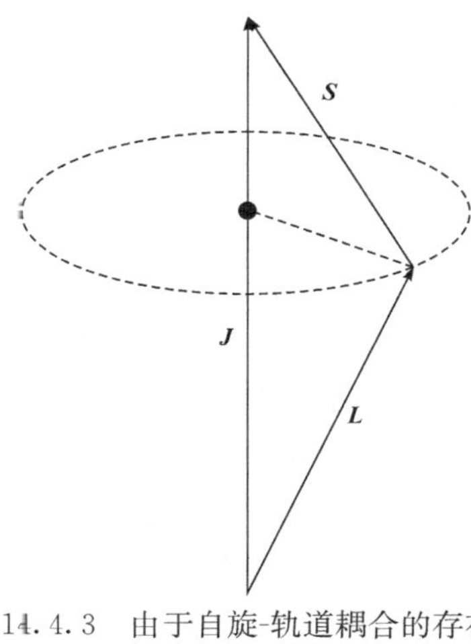

图 14.4.3　由于自旋-轨道耦合的存在，$\boldsymbol{L}$ 和 $\boldsymbol{S}$ 都不是守恒量，它们绕着固定的总角动量 $\boldsymbol{J}$ 旋进(旋进中 $\boldsymbol{L}$ 和 $\boldsymbol{S}$ 的长度不变)

这正是简单塞曼效应(式(14.4.6))在基态情况下的结果。可见无论外磁场的强弱，基态氢原子呈现相同的能级分裂。

第 15 章　全同粒子与固体

到目前为止我们所讨论的体系主要涉及单个微观粒子。例如，一维无限深势阱中的粒子，线性谐振子，氢原子等。只是第 12 章结尾介绍的超荧光和超辐射属于多原子体系问题。实际的量子体系往往是由多粒子组成的。固有性质完全相同的粒子组成的体系称为全同粒子体系，它们服从全同性原理。本章以全同二粒子体系为例，在按照全同性原理构造其本征函数的过程中，自然引出对称波函数和反对称波函数，以及玻色子和费米子等重要概念，并推导出费米子所遵循的泡利不相容原理。我们进而阐述固体(作为一个典型的全同粒子体系)的量子理论，包括电子气模型和能带论。通过求解电子气模型，我们得到固体中所允许的电子波矢量和相应能量的取值，并引入费米面和费米能级的重要概念。关于能带论，我们首先分析晶体中周期势场形成的物理机制，并求解克勒尼希-彭尼模型，得出电子能量的带状结构，然后讨论能量与波数的散射关系(E-k 图)。接下来我们在能带论和泡利不相容原理的意义上，诠释绝缘体、导体和半导体的区别。进而我们通过与周期势场中电子能带结构的对比，讨论周期介质中光子的能带与禁带，即所谓"光子晶体"。然后我们详细讨论可分辨粒子、全同费米子和全同玻色子的量子统计力学，涉及三粒子体系和一般 N 粒子情况。作为固体材料的一个简单而重要的例子，我们最后介绍石墨烯的基本性质、能带结构以及石墨烯中的奇异量子特性。

15.1　全同粒子的不可区分性

在量子力学中，质量、电荷、自旋等固有性质完全相同的微观粒子称为"全同粒子"(identical particles)。例如，所有的电子(在忽略自旋的情况下或者它们处于相同的自旋态)都是全同粒子。但是同类分子不一定是全同粒子，如图 15.1.1 所示的两种 H_2O 分子，它们的化学组分相同，但两根化学键的夹角(angle between chemical bonds)不同。从体系能量对微观结构的依赖性来讲，二者的哈密顿算符不同，因而本征能量和本征波函数不同，它们不属于全同粒子。

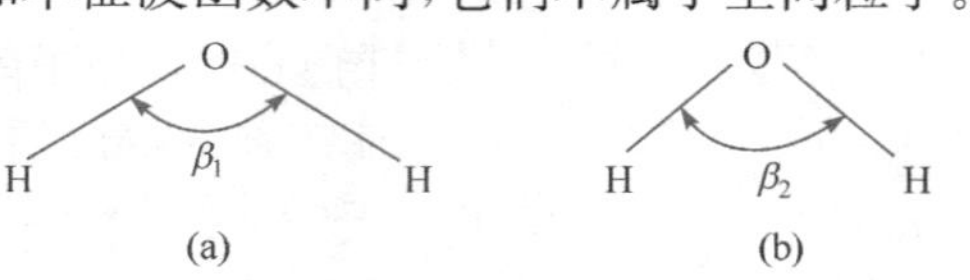

图 15.1.1　H_2O 分子的化学键夹角

若 $\beta_1 \neq \beta_2$，二者不属于全同粒子

在经典力学中，尽管两个物体 A 和 B 看上去完全相同（如斯诺克台面上的两个红球），我们仍然可以区分它们。因为它们在运动过程中都有自己确定的轨道；在任一时刻，都有确定的位置和速度。这样，我们就可以判断哪个是 A，哪个是 B。在量子力学中，情况完全不是这样，粒子的状态不是用位置和速度描述，而是用波函数描述。“波”是弥漫于整个空间的，我们不能问“波在哪？”两个粒子在运动中，其波函数会在空间发生重叠（图 15.1.2）。在重叠区域内，我们便无法分辨哪个是 A 粒子，哪个是 B 粒子。

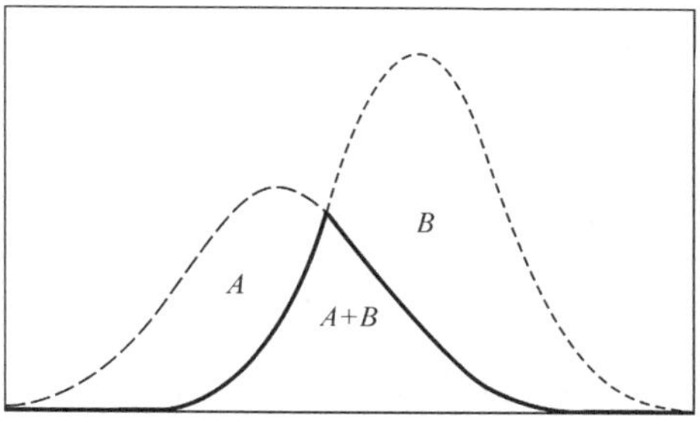

图 15.1.2　全同粒子的不可区分性：在波函数的重叠区域（$A+B$）内无法分辨 A、B 粒子

全同粒子的这种不可区分性是微观粒子的固有特性。由于这一特性，由全同粒子所组成的体系中，两个粒子相互代换并不会引起体系状态的改变，这就是所谓“全同性原理”（identity principle）。受这一原理支配，全同粒子体系具有一系列特殊的性质。下面我们考查全同二粒子体系的量子特性。

15.2　二粒子体系

15.2.1　二粒子体系

一个单粒子体系的状态由波函数 $\Psi(\boldsymbol{r},t)$ 描述，它是空间坐标 $\boldsymbol{r}$ 和时间 t 的函数（忽略自旋变量 s_z），$|\Psi(\boldsymbol{r},t)|^2\mathrm{d}\boldsymbol{r}$ 表示在体积元 $\mathrm{d}\boldsymbol{r}$ 内发现粒子的概率。而二粒子体系的状态则是第一个粒子的坐标 $\boldsymbol{r}_1$ 和第二个粒子的坐标 $\boldsymbol{r}_2$ 以及时间 t 的函数

$$\Psi(\boldsymbol{r}_1,\boldsymbol{r}_2,t) \tag{15.2.1}$$

它随时间的变化由薛定谔方程

$$\frac{\partial\Psi}{\partial t}=-\frac{\mathrm{i}}{\hbar}H\Psi \tag{15.2.2}$$

描述，其中，H 是体系的哈密顿算符：

$$H=-\frac{\hbar^2}{2m_1}\nabla_1^2-\frac{\hbar^2}{2m_2}\nabla_2^2+U(\boldsymbol{r}_1)+U(\boldsymbol{r}_2)+V(\boldsymbol{r}_1,\boldsymbol{r}_2,t) \tag{15.2.3}$$

式中，m_j（$j=1$ 或 2）是第 j 个粒子的质量；$-\dfrac{\hbar^2}{2m_j}\nabla_j^2$ 是第 j 个粒子的动能算符；$U(\boldsymbol{r}_j)$ 表示第 j 个粒子在外场中的能量；$V(\boldsymbol{r}_1,\boldsymbol{r}_2,t)$ 表示二粒子之间的相互作用能量。对于现在的情况，波函数的统计解释是

$$|\Psi(\boldsymbol{r}_1,\boldsymbol{r}_2,t)|^2\mathrm{d}\boldsymbol{r}_1\mathrm{d}\boldsymbol{r}_2 \tag{15.2.4}$$

表示在体积元 $\mathrm{d}\boldsymbol{r}_1$ 内发现第一个粒子并在体积元 $\mathrm{d}\boldsymbol{r}_2$ 内发现第二个粒子的概率。当然 Ψ 必须是归一化的：

$$\int|\Psi(\boldsymbol{r}_1,\boldsymbol{r}_2,t)|^2\mathrm{d}\boldsymbol{r}_1\mathrm{d}\boldsymbol{r}_2=1 \tag{15.2.5}$$

如果相互作用势函数 V 不显含时间 t，按照 2.3.1 节的方法可得体系的本征解

$$\Psi(\boldsymbol{r}_1,\boldsymbol{r}_2,t)=\psi(\boldsymbol{r}_1,\boldsymbol{r}_2)\exp\left(-\frac{\mathrm{i}}{\hbar}Et\right) \tag{15.2.6}$$

其中，E 是体系的总能量，定态波函数 $\psi(\boldsymbol{r}_1,\boldsymbol{r}_2)$满足

$$-\frac{\hbar^2}{2m_1}\nabla_1^2\psi-\frac{\hbar^2}{2m_2}\nabla_2^2\psi+U(\boldsymbol{r}_1)+U(\boldsymbol{r}_2)+V(\boldsymbol{r}_1,\boldsymbol{r}_2)=E\psi \tag{15.2.7}$$

这就是二粒子体系(two-particle system)的定态薛定谔方程。

15.2.2　体系的本征函数

由两个全同粒子组成的体系称为双全同粒子体系(double identical particle system)，如果不考虑粒子之间的相互作用，体系的哈密顿算符由式(15.2.3)给出为

$$H=-\frac{\hbar^2}{2m_1}\nabla_1^2-\frac{\hbar^2}{2m_2}\nabla_2^2+U(\boldsymbol{r}_1)+U(\boldsymbol{r}_2) \tag{15.2.8}$$

由此可以看出，将两个粒子相互调换后，体系的哈密顿算符不变，因此式(15.2.8)可以写为

$$H=H_0(\boldsymbol{r}_1)+H_0(\boldsymbol{r}_2) \tag{15.2.9}$$

其中

$$H_0(\boldsymbol{r}_j)=-\frac{\hbar^2}{2m_j}\nabla_j^2+U(\boldsymbol{r}_j)\quad(j=1\text{ 或 }2) \tag{15.2.10}$$

式(15.2.9)就是双全同粒子体系的哈密顿算符。下面我们求它的本征函数，为此首先写出 $H_0(\boldsymbol{r}_j)$的本征方程：

$$H_0(\boldsymbol{r}_j)\phi_n(\boldsymbol{r}_j)=\varepsilon_n\phi_n(\boldsymbol{r}_j)\quad(j=1\text{ 或 }2) \tag{15.2.11}$$

这里，$\phi_i(\boldsymbol{r}_j)$是第 i 个本征函数；ε_i 是相应的本征值。

设体系的两个粒子处于不同的本征态：

$$H_0(\boldsymbol{r}_1)\phi_i(\boldsymbol{r}_1)=\varepsilon_i\phi_i(\boldsymbol{r}_1) \tag{15.2.12a}$$

$$H_0(\boldsymbol{r}_2)\phi_k(\boldsymbol{r}_2)=\varepsilon_k\phi_k(\boldsymbol{r}_2) \tag{15.2.12b}$$

即第一个粒子处于 i 态而第二个粒子处于 k 态，这里我们实际上假定两个粒子是可以区分开来的(否则第一个粒子处于 i 态而第二个粒子处于 k 态的说法就没有意义)。现在我们证明哈密顿算符(15.2.9)有本征方程：

$$H\Phi(\boldsymbol{r}_1,\boldsymbol{r}_2)=E\Phi(\boldsymbol{r}_1,\boldsymbol{r}_2) \tag{15.2.13}$$

其中，本征函数为

$$\Phi(\boldsymbol{r}_1,\boldsymbol{r}_2)=\phi_i(\boldsymbol{r}_1)\phi_k(\boldsymbol{r}_2) \tag{15.2.14}$$

而相应的本征值为

$$E=\varepsilon_i+\varepsilon_k \tag{15.2.15}$$

即体系的波函数是两个粒子的波函数相乘，体系的能量是两个粒子的能量相加。

证明　由式(15.2.9)和式(15.2.14)，并利用本征方程(15.2.12)，我们有

$$\begin{aligned}H\Phi(\boldsymbol{r}_1,\boldsymbol{r}_2)&=[H_0(\boldsymbol{r}_1)+H_0(\boldsymbol{r}_2)][\phi_i(\boldsymbol{r}_1)\phi_k(\boldsymbol{r}_2)]\\&=H_0(\boldsymbol{r}_1)[\phi_i(\boldsymbol{r}_1)\phi_k(\boldsymbol{r}_2)]+H_0(\boldsymbol{r}_2)[\phi_i(\boldsymbol{r}_1)\phi_k(\boldsymbol{r}_2)]\\&=\varepsilon_i\phi_i(\boldsymbol{r}_1)\phi_k(\boldsymbol{r}_2)+\phi_i(\boldsymbol{r}_1)\varepsilon_k\phi_k(\boldsymbol{r}_2)\\&=(\varepsilon_i+\varepsilon_k)\phi_i(\boldsymbol{r}_1)\phi_k(\boldsymbol{r}_2)\\&=E\Phi(\boldsymbol{r}_1,\boldsymbol{r}_2)\end{aligned} \tag{15.2.16}$$

即式(15.2.13)得证。这表示式(15.2.14)是体系的本征函数。

现在我们一般性地构造双全同粒子体系的波函数。首先，式(15.2.14)中两个粒子相互调换（现在第一个粒子处于 k 态而第二个粒子处于 i 态）给出

$$\Phi(\boldsymbol{r}_2,\boldsymbol{r}_1)=\phi_k(\boldsymbol{r}_1)\phi_i(\boldsymbol{r}_2) \tag{15.2.17}$$

根据全同性原理，式(15.2.17)与式(15.2.14)描述同一个量子态，因而它们之间只相差一个常数因子，以 λ 表示这一因子，则

$$\Phi(\boldsymbol{r}_2,\boldsymbol{r}_1)=\lambda\Phi(\boldsymbol{r}_1,\boldsymbol{r}_2) \tag{15.2.18a}$$

再将该等式两边的 $\boldsymbol{r}_1$ 和 $\boldsymbol{r}_2$ 互换，并利用式(15.2.18a)，得到

$$\Phi(\boldsymbol{r}_1,\boldsymbol{r}_2)=\lambda\Phi(\boldsymbol{r}_2,\boldsymbol{r}_1)=\lambda^2\Phi(\boldsymbol{r}_1,\boldsymbol{r}_2) \tag{15.2.18b}$$

由此得出 $\lambda=\pm1$。这意味着，按照全同性原理对体系本征函数 $\Phi(\boldsymbol{r}_1,\boldsymbol{r}_2)$ 中 $\boldsymbol{r}_1$ 和 $\boldsymbol{r}_2$ 互换时，得到的状态 $\Phi(\boldsymbol{r}_2,\boldsymbol{r}_1)$ 有两种情况：

$$\Phi(\boldsymbol{r}_2,\boldsymbol{r}_1)=\Phi(\boldsymbol{r}_1,\boldsymbol{r}_2)=\phi_i(\boldsymbol{r}_1)\phi_k(\boldsymbol{r}_2) \tag{15.2.19a}$$

$$\Phi(\boldsymbol{r}_2,\boldsymbol{r}_1)=-\Phi(\boldsymbol{r}_1,\boldsymbol{r}_2)=-\phi_i(\boldsymbol{r}_1)\phi_k(\boldsymbol{r}_2) \tag{15.2.19b}$$

式(15.2.19a)表示粒子互换后波函数不变，所以是对称波函数；而(15.2.19b)表示粒子互换后波函数反号，所以是反对称波函数。

波函数 $\Phi(\boldsymbol{r}_1,\boldsymbol{r}_2)$（式(15.2.14)）和 $\Phi(\boldsymbol{r}_2,\boldsymbol{r}_1)$（式(15.2.17)）均不具有对称性，但由它们可以构成如下归一化波函数：

$$\Phi_{\mathrm{S}}=\frac{1}{\sqrt{2}}[\Phi(\boldsymbol{r}_1,\boldsymbol{r}_2)+\Phi(\boldsymbol{r}_2,\boldsymbol{r}_1)] \tag{15.2.20a}$$

$$\Phi_{\mathrm{A}}=\frac{1}{\sqrt{2}}[\Phi(\boldsymbol{r}_1,\boldsymbol{r}_2)-\Phi(\boldsymbol{r}_2,\boldsymbol{r}_1)] \tag{15.2.20b}$$

显然，在粒子坐标互换（$\boldsymbol{r}_1\leftrightarrow\boldsymbol{r}_2$）情况下，波函数 Φ_{S} 维持不变，而波函数 Φ_{A} 变为 $-\Phi_{\mathrm{A}}$。因此 Φ_{S} 属于式(15.2.19a)所示的对称波函数，而 Φ_{A} 属于式(15.2.19b)所

示的反对称波函数。这种具有确定对称性的波函数，我们之前遇到过，例如，式(14.3.5)所示的波函数是对称的，而式(14.3.6)所示的波函数是反对称的。

事实上，除了 $\Phi(\boldsymbol{r}_1,\boldsymbol{r}_2)$（式(15.2.14)）之外，容易证明，$\Phi(\boldsymbol{r}_2,\boldsymbol{r}_1)$（式(15.2.17)）、$\Phi_S$（式(15.2.20a)）和 Φ_A（式(15.2.20b)）都是体系的本征函数，并且属于相同的本征值 $E=\varepsilon_i+\varepsilon_k$。

15.2.3　玻色子与费米子

以上论证表明，理论上允许存在由 Φ_S 和 Φ_A 描述的两种全同粒子：它们分别称为玻色子(Bosons)和费米子(Fermions)。光子和介子是玻色子(希格斯粒子也是玻色子)，而电子和质子是费米子。一般情况是

玻色子：自旋为 $\hbar$ 的整数倍　　(15.2.21a)

费米子：自旋为 $\hbar$ 的半整数倍　　(15.2.21b)

下面我们讨论玻色子和费米子的性质。如果任意两个全同粒子(两个玻色子或两个费米子)处于同一个态(如 k 态)，则式(15.2.14)和式(15.2.17)写为

$$\Phi(\boldsymbol{r}_1,\boldsymbol{r}_2)=\phi_k(\boldsymbol{r}_1)\phi_k(\boldsymbol{r}_2) \tag{15.2.22a}$$

$$\Phi(\boldsymbol{r}_2,\boldsymbol{r}_1)=\phi_k(\boldsymbol{r}_1)\phi_k(\boldsymbol{r}_2) \tag{15.2.22b}$$

则玻色子和费米子的波函数(式(15.2.20a)和式(15.2.20b))分别变为

$$\Phi_S=\frac{1}{\sqrt{2}}[\Phi(\boldsymbol{r}_1,\mathrm{r}_2)+\Phi(\boldsymbol{r}_2,\boldsymbol{r}_1)]=\phi_k(\boldsymbol{r}_1)\phi_k(\boldsymbol{r}_2) \tag{15.2.23a}$$

$$\Phi_A=\frac{1}{\sqrt{2}}[\Phi(\boldsymbol{r}_1,\boldsymbol{r}_2)-\Phi(\boldsymbol{r}_2,\boldsymbol{r}_1)]=0 \tag{15.2.23b}$$

式(15.2.23a)表示体系中的两个玻色子能处在同一个态。式(15.2.23b)则意味着，如果两个全同费米子处于同一个状态，我们将得不到任何波函数，即两个全同费米子不可能占据相同的量子态。换言之，在同一个量子态中找到两个全同费米子的概率为零。这就是著名的泡利不相容原理(Pauli exclusion principle)。它并不是一个假设，而是按照全同性原理构造双全同粒子体系波函数的自然结果。不过，微观粒子还有一个自由度——自旋。自旋向上和自旋向下的费米子不属于全同粒子，它们可以处于同一个量子态上，如图 4.7.2 所示。

泡利不相容原理是由奥地利物理学家泡利在 1925 年根据光谱实验规律总结出来的，它是描述微观粒子基本性质的规律之一，是量子力学的一个重要原理。泡利由此而获得 1945 年诺贝尔物理学奖。

例　质量同为 m 的两个粒子处于宽度为 a 的一维无限深势阱中，单粒子本征态为(式(3.1.15))

$$\psi_n(x)=\sqrt{\frac{2}{a}}\sin\left(\frac{n\pi}{a}x\right) \tag{15.2.24a}$$

相应的本征能量为(式(3.1.12))

$$E_n=\frac{n^2\pi^2\hbar^2}{2ma^2}\equiv n^2\varepsilon \tag{15.2.24b}$$

式中,$n=1,2,3,\cdots$对于三种情况(二粒子是可分辨的,二粒子是全同玻色子,二粒子是全同费米子),写出体系的前两个本征函数和相应的本征能量。

解　如果二粒子是可分辨的,第一个粒子处于 n 态而第二个粒子处于 m 态,则体系的本征函数是简单的相乘,而本征能量是简单的相加:

$$\Phi_{nm}(x_1,x_2)=\psi_n(x_1)\psi_m(x_2),\quad E_{nm}=(n^2+m^2)\varepsilon \tag{15.2.25}$$

基态($n=1,m=1$)为

$$\Phi_{11}=\frac{2}{a}\sin\left(\frac{\pi}{a}x_1\right)\sin\left(\frac{\pi}{a}x_2\right),\quad E_{11}=2\varepsilon \tag{15.2.26}$$

第一激发态是二重简并的:

$$\Phi_{12}=\psi_1(x_1)\psi_2(x_2)=\frac{2}{a}\sin\left(\frac{\pi}{a}x_1\right)\sin\left(\frac{2\pi}{a}x_2\right),\quad E_{12}=5\varepsilon \tag{15.2.27a}$$

$$\Phi_{21}=\psi_2(x_1)\psi_1(x_2)=\frac{2}{a}\sin\left(\frac{2\pi}{a}x_1\right)\sin\left(\frac{\pi}{a}x_2\right),\quad E_{12}=5\varepsilon \tag{15.2.27b}$$

如果两个粒子为全同玻色子,基态保持不变(式(15.2.26)),而第一激发态为

$$\begin{aligned}\Phi_S&=\frac{1}{\sqrt{2}}(\Phi_{12}+\Phi_{21})\\&=\frac{\sqrt{2}}{a}\left[\sin\left(\frac{\pi}{a}x_1\right)\sin\left(\frac{2\pi}{a}x_2\right)+\sin\left(\frac{2\pi}{a}x_1\right)\sin\left(\frac{\pi}{a}x_2\right)\right]\end{aligned} \tag{15.2.28}$$

能量仍为 5ε。

如果两个粒子为全同费米子,能量为 2ε 态的本征函数为零(这个状态是不存在的),而能量为 5ε 态的本征函数为

$$\begin{aligned}\Phi_A&=\frac{1}{\sqrt{2}}(\Phi_{12}-\Phi_{21})\\&=\frac{\sqrt{2}}{a}\left[\sin\left(\frac{\pi}{a}x_1\right)\sin\left(\frac{2\pi}{a}x_2\right)-\sin\left(\frac{2\pi}{a}x_1\right)\sin\left(\frac{\pi}{a}x_2\right)\right]\end{aligned} \tag{15.2.29}$$

这是体系的基态波函数。

15.3　固体的量子理论

我们在 15.2 节利用全同性原理求出了双全同粒子体系的波函数:玻色子体系的波函数是对称的(式(15.2.20a));费米子体系的波函数是反对称的(式(15.2.20b))。特别是我们推导出了泡利不相容原理——费米子体系的任意一个

量子态上最多只能存在两个自旋相反的粒子。本节将在这些知识的基础上讨论电子在固体中的量子特性。

15.3.1 固体中的电子:两种模型

固体中的电子如图 15.3.1 所示,少数价电子因为受到的束缚力较弱,将会变得更加自由,可以在晶格中晃来晃去地自由运动。对它产生作用的不再是单个"母"原子的库仑力,而是整个晶格形成的势场。我们将介绍两种重要的模型来描述电子在晶体中的运动。第一种是索末菲的电子气模型(electron gas model),该模型忽略了电子之间的排斥力,把电子看作一个盒子里的自由电子,整个模型可以视为三维情况下的无限深方势阱(具有限制性边界条件)。第二种是克勒尼希-彭尼模型,它引入了一种周期势场来描述规则排列的原子核对电子的吸引作用。这个模型虽然同样忽略了电子之间的排斥作用,但它的解引出电子的能带结构(band structure)。

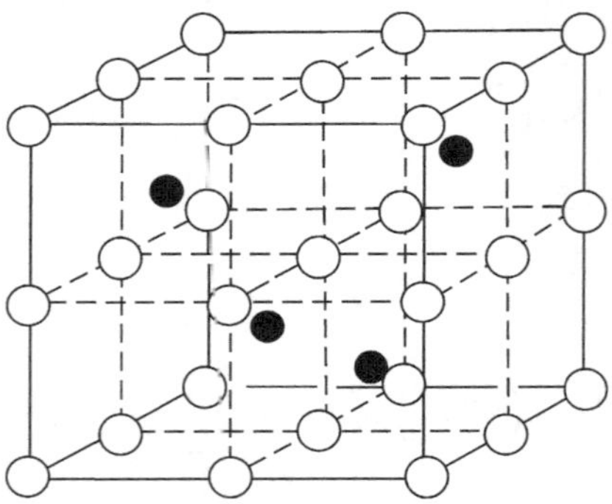

图 15.3.1 晶体中的少数价电子可以自由运动

上述两种模型是关于固体量子理论(quantum theory of solids)的基本模型。它们不但展示了泡利不相容原理在固体理论中的重要地位,而且为理解绝缘体、导体、半导体的导电性质提供了极具启发性的思路。

15.3.2 自由电子气模型

设所考虑的体系为长方形固体,三边长度分别是 L_x、L_y、L_z。假定电子在固体中不受任何力的作用,但它不能从固体表面逸出。这实际上是一个三维无限深方势阱模型,其势能为

$$V(x,y,z)=\begin{cases}0 & (0<x<L_x,0<y<L_y,0<z<L_z)\\ \infty & (\text{其他地方})\end{cases} \tag{15.3.1}$$

固体内电子的薛定谔方程为

$$-\frac{\hbar^2}{2m}\nabla^2\psi=E\psi \tag{15.3.2}$$

其中,m 是电子的质量;ψ 和 E 分别为本征态和本征能量。将方程(15.3.2)在直角坐标系中分离变量:$\psi=X(x)Y(y)Z(z)$,则各分量满足的方程为

$$-\frac{\hbar^2}{2m}\frac{\mathrm{d}^2X}{\mathrm{d}x^2}=E_xX,\quad -\frac{\hbar^2}{2m}\frac{\mathrm{d}^2Y}{\mathrm{d}y^2}=E_yY,\quad -\frac{\hbar^2}{2m}\frac{\mathrm{d}^2Z}{\mathrm{d}z^2}=E_zZ \tag{15.3.3}$$

并有 $E_x+E_y+E_z=E$。令

$$k_x^2=\frac{2mE_x}{\hbar^2},\quad k_y^2=\frac{2mE_y}{\hbar^2},\quad k_z^2=\frac{2mE_z}{\hbar^2} \tag{15.3.4}$$

方程(15.3.3)变为

$$\frac{\mathrm{d}^2X}{\mathrm{d}x^2}+k_x^2X=0,\quad \frac{\mathrm{d}^2Y}{\mathrm{d}y^2}-k_y^2Y=0,\quad \frac{\mathrm{d}^2Z}{\mathrm{d}z^2}+k_z^2Z=0 \tag{15.3.5}$$

利用边界条件

$$X(0)=Y(0)=Z(0)=0,\quad X(L_x)=Y(L_y)=Z(L_z)=0 \tag{15.3.6}$$

求解方程(15.3.5),得到本征值

$$k_x=\frac{n_x\pi}{L_x},\quad k_y=\frac{n_y\pi}{L_y},\quad k_z=\frac{n_z\pi}{L_z} \tag{15.3.7}$$

和相应的本征函数

$$X(x)=\sqrt{\frac{2}{L_x}}\sin\left(\frac{n_x\pi}{L_x}x\right),\quad Y(y)=\sqrt{\frac{2}{L_y}}\sin\left(\frac{n_y\pi}{L_y}y\right),\quad Z(z)=\sqrt{\frac{2}{L_z}}\sin\left(\frac{n_z\pi}{L_z}z\right)$$

其中,$n_x,n_y,n_z=1,2,3,\cdots$。这样整个体系的本征函数为

$$\psi=\sqrt{\frac{8}{L_xL_yL_z}}\sin\left(\frac{n_x\pi}{L_x}x\right)\sin\left(\frac{n_y\pi}{L_y}y\right)\sin\left(\frac{n_z\pi}{L_z}z\right) \tag{15.3.8}$$

体系能量的允许取值为

$$E=\frac{\pi^2\hbar^2}{2m}\left(\frac{n_x^2}{L_x^2}+\frac{n_y^2}{L_y^2}+\frac{n_z^2}{L_z^2}\right)=\frac{\hbar^2k^2}{2m} \tag{15.3.9}$$

其中

$$\boldsymbol{k}\equiv\{k_x,k_y,k_z\}=\left\{\frac{n_x\pi}{L_x},\frac{n_y\pi}{L_y},\frac{n_z\pi}{L_z}\right\} \tag{15.3.10}$$

是固体中电子波矢量的允许取值。由于 n_x、n_y、n_z 均为正数,相应的三维 k-空间对应第一象限(占整个空间的 1/8,如图 1.1.11 所示)。

在三维 k-空间,每个电子态所占的体积为 π^3/V(见 1.1.4 节的例题),其中 $V=L_xL_yL_z$ 是固体的体积。假设该固体包含 N 个原子,每个原子具有 q 个"自由"电子。对于宏观尺度的固体,N 具有阿伏伽德罗常量(见式(1.2.37))的数量级,相比之下 q 却是一个很小的数(通常为 1 或 2)。由于一个电子包含自旋相反的两个状态,每个状态所占的体积为$\frac{1}{2}(\pi^3/V)$。所以 Nq 个电子的所有状态在 k-空间所占的体积为

$$Nq\left(\frac{1}{2}\frac{\pi^3}{V}\right)=\frac{1}{8}\cdot\left(\frac{4}{3}\pi k_{\mathrm{F}}^3\right) \tag{15.3.11}$$

其中,k_{F} 是电子态所占据的 1/8 球体的半径。由此得到

$$k_{\mathrm{F}}=(3\rho\pi^2)^{1/3}\quad\left(\rho\equiv\frac{Nq}{V}\right) \tag{15.3.12}$$

其中，ρ 是自由电子密度(单位体积内自由电子的数目)。

k-空间中电子态所占据的区域与未被占据部分的分界面称为费米面(Fermi surface)，它是一个 1/8 球面，k_F 就是这个球面的半径(简言之，k_F 是费米面的半径)。与 k_F 对应的能级称为费米能级(Fermi energy)，用 E_F 表示。对于自由电子气，由式(15.3.9)得到费米能级为

$$E_F=\frac{\hbar^2 k_F^2}{2m}=\frac{\hbar^2}{2m}(3\rho\pi^2)^{2/3} \tag{15.3.13}$$

我们可以进而计算固体中自由电子气的总能量。将 k 看作连续变量，则 k-空间中 1/8 球壳(厚度为 dk)的体积是

$$\frac{1}{8}\cdot(4\pi k^2)dk=\frac{1}{2}\pi k^2 dk \tag{15.3.14}$$

球壳中的电子态数目为

$$\left(\frac{1}{2}\pi k^2 dk\right)\left(\frac{2V}{\pi^3}\right)=\frac{V}{\pi^2}k^2 dk \tag{15.3.15}$$

其中，$(2V/\pi^3)$ 是态密度$\left(\text{等价于式(15.3.11)左端的单态体积}\frac{1}{2}(\pi^3/V)\right)$。每个态的能量由式(15.3.9)表示，所以球壳内全部电子态的总能量为

$$dE=\frac{\hbar^2 k^2}{2m}\frac{V}{\pi^2}k^2 dk=\frac{\hbar^2 V}{2\pi^2 m}k^4 dk \tag{15.3.16}$$

然后对 k 在费米面内积分，得到

$$E=\frac{\hbar^2 V}{2\pi^2 m}\int_0^{k_F}k^4 dk=\frac{\hbar^2 V k_F^5}{10\pi^2 m} \tag{15.3.17}$$

这就是体积为 V 的固体中全部电子态的总能量，它与费米面半径的 5 次方成正比。进而可得一个自由电子的平均能量与费米能级的比值$\frac{E/(Nq)}{E_F}=\frac{3}{5}$。

上述自由电子气模型的最重要结果是 k-空间中电子态所占据的费米面半径 k_F(式(15.3.12))和费米能级 E_F(式(15.3.13))。它们在固体物理学(solid state physics)和半导体物理学(semiconductor physics)中有非常广泛的应用。

15.3.3 能带形成的机制

现在我们从另一个角度讨论固体的量子性质。一个基本问题是：固体中规则排列的、带正电而基本固定不动的原子核将对电子产生怎样的作用？为此我们考查一个基态氢原子的径向概率密度分布(图 8.5.3)。如果这个氢原子附近还存在另一个氢原子，则两个原子将相互影响，两个电子的波函数会发生交叠(图 15.3.2)。交叠电子云作为一种微扰将作用于两个电子，使每一个电子发生能级漂移(energy-level shift)。由于两个电子所感受到的微扰来自不同的方向，因此两个

电子能级漂移的方向不同(一上一下),结果造成原子的固有能级变成两个分立的能级。如果 N 个原子相互靠近,由于各个电子受到的微扰不同,其能级漂移的方向和大小也不相同,这样整个体系的能量便形成由 N 个能级构成的能带(图 15.3.3)。可见,能带形成是体系的原子密度较大,原子的波函数出现交叠而使固有能级发生漂移的结果。

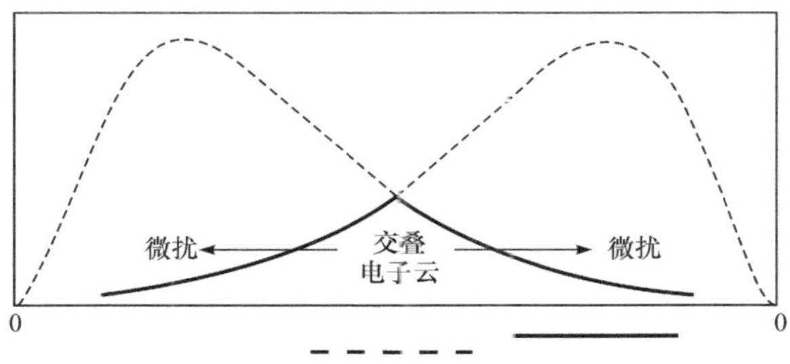

图 15.3.2　两个氢原子相互靠近时,两个电子的波函数发生交叠,交叠电子云作为微扰使原子的固有能级(虚线)发生漂移,形成两个分立的能级(实线)

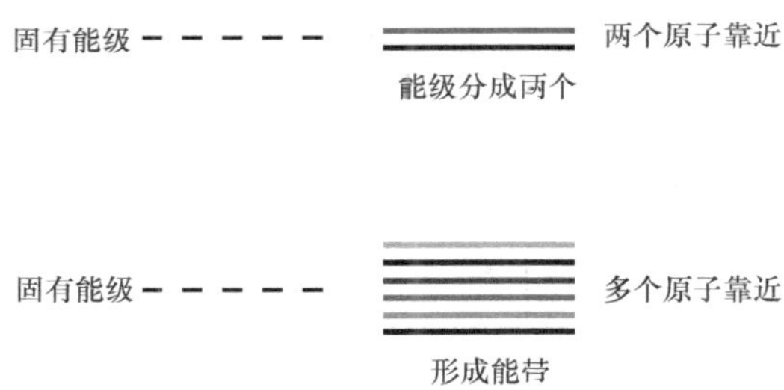

图 15.3.3　能带的形成

15.3.4　克勒尼希-彭尼模型

研究表明,在晶体中运动的电子处于一个周期势场(periodic potential)中,那么周期势场中的电子具有怎样的能级结构? 1931 年,克勒尼希(Kronig)和彭尼(Penney)求解了周期势场中电子的薛定谔方程,结果显示,电子的本征能量具有带状结构,即所谓"能带"(energy band)。能带论(energy band theory)在阐明固体的导电机制,绝缘体、导体、半导体的本质区别,超晶格(superlattice)材料的性质,合金的特殊性质,以及金属的结合能等方面取得了重大成果。能带论是现代固体电子技术的理论基础,对于半导体物理学、微电子学及光电子学的发展起到了不可估量的作用。下面我们首先分析晶体中周期势场形成的机制。

氢原子的库仑势曲线如图 8.5.1(b)所示。图 15.3.4 显示了一个氢原子在空间两个相反方向形成的库仑势场。在一维晶体列阵中存在许多原子,它们所形成的势场将发生交叠(图 15.3.5)。两个原子之间的势场如图 15.3.6 所示,而晶体中的电子就处于这样的势场之中(它是两个负电势的叠加)。这样一来,在整个晶体中便形成一个周期势场(图 15.3.7)。为了描述电子在一维周期势场中的量子特性,克勒尼希和彭尼提出了一个理想化的周期势场模型,如图 15.3.8 所示。这个模型可以引出电子在周期性晶格中的许多重要特征。

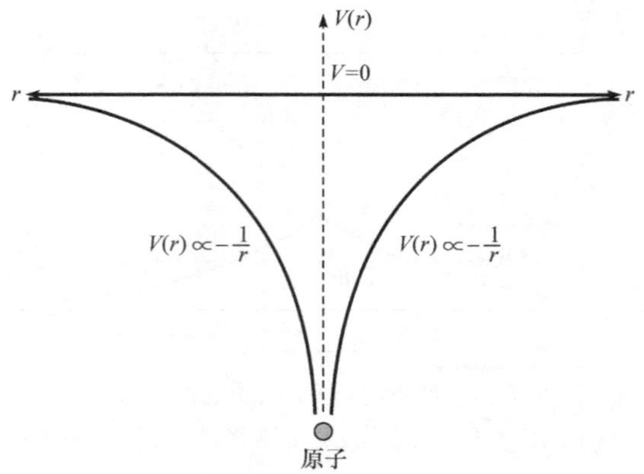

图 15.3.4　一个氢原子在空间两个相反方向形成的库仑势场

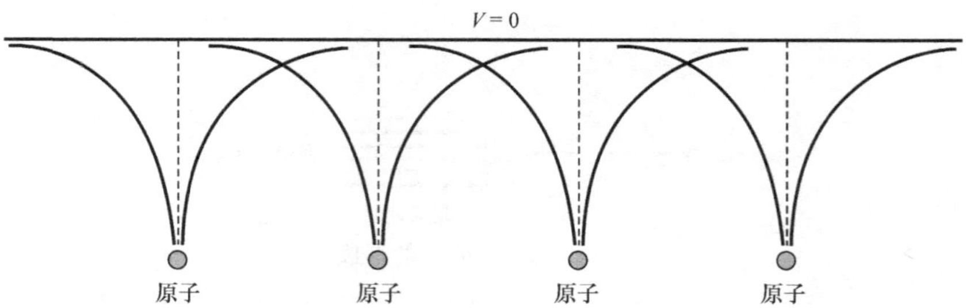

图 15.3.5　一维晶体列阵中的许多原子在空间形成的势场(发生交叠)

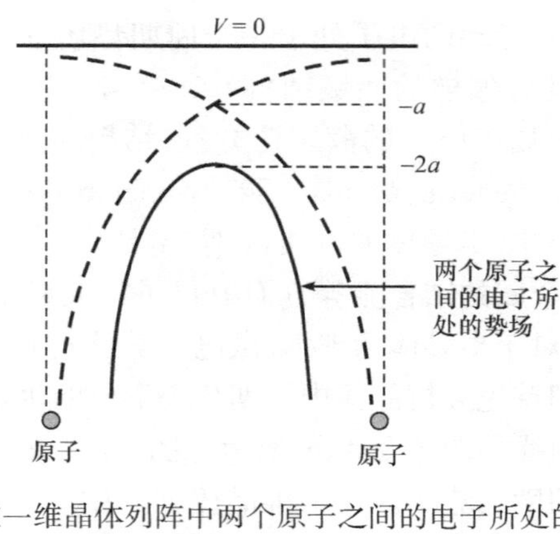

图 15.3.6　在一维晶体列阵中两个原子之间的电子所处的势场是两个负电势的叠加(中央电势可以表示为$(-a)+(-a)=-2a$)

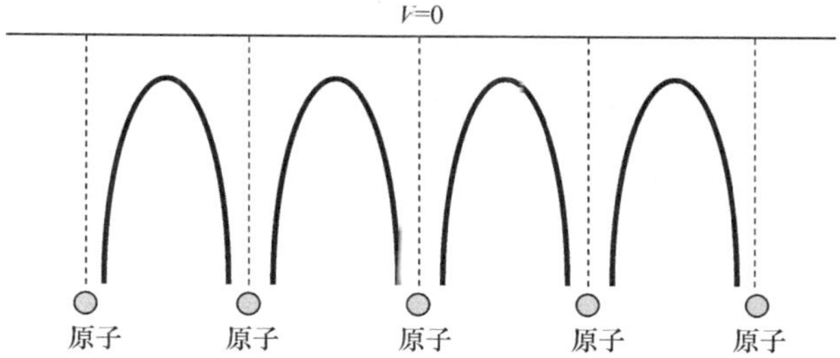

图 15.3.7　一维晶体中的周期势场

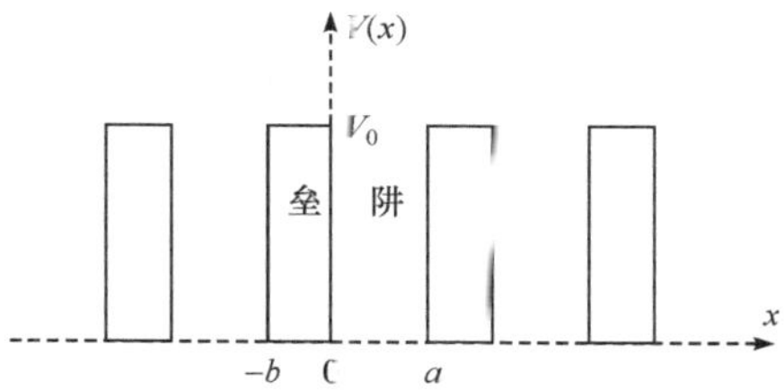

图 15.3.8　克勒尼希-彭尼模型：一维方形周期势场，周期为 $c=a+b$

15.3.5　能带论

按照克勒尼希-彭尼模型(Kronig-Penney model)，一维晶体中的周期势场表示为

$$V(x)=\begin{cases}V_0 & (\text{势垒})\\ 0 & (\text{势阱})\end{cases} \tag{15.3.18}$$

其中，V_0 为常数。电子在该势场中的薛定谔方程为

$$-\frac{\hbar^2}{2m}\frac{\mathrm{d}^2\psi}{\mathrm{d}x^2}+V(x)\psi=E\psi \tag{15.3.19}$$

其中，m 是电子的质量；$\psi(x)$ 是电子的本征函数；E 是相应的本征值。

一般认为，为了得到周期势场中薛定谔方程的解，需要利用布洛赫定理(Bloch's theorem)。该定理指出，电子在周期势场中的波函数必须写为

$$\psi(x)=u(x)\mathrm{e}^{\mathrm{i}kx} \tag{15.3.20}$$

其中，参数 k 是一个运动常量。我们这里采用一种新的方法求解薛定谔方程(15.3.19)，无需利用布洛赫定理。

(1) 高能情况：$E>V_0$。

我们考查周期势场中的任意 x 点和相邻周期中的$(x+c)$点，这两点的势能相等(均为 V_0 或均为零)，因此电子在这两点出现的概率相等：

$$|\psi(x)|^2=|\psi(x+c)|^2 \tag{15.3.21}$$

这样波函数 $\psi(x)$和 $\psi(x+c)$仅相差一个位相因子，即

$$\psi(x)=e^{i\delta}\psi(x+c) \tag{15.3.22}$$

我们考查周期势场中的一个基本单元(图 15.3.9)，其中三个区域的波函数分别为 $\psi_1(x)$，$\psi_2(x)$和 $\psi_3(x)$，我们有

$$\frac{d^2\psi_1}{dx^2}+\alpha^2\psi_1=0 \quad (-b<x<0) \tag{15.3.23a}$$

$$\frac{d^2\psi_2}{dx^2}+\beta^2\psi_2=0 \quad (0<x<a) \tag{15.3.23b}$$

$$\psi_3(x)=e^{i\delta}\psi_1(x+c) \quad (a<x<c) \tag{15.3.23c}$$

其中

$$\alpha^2=\frac{2m(E-V_0)}{\hbar^2} \tag{15.3.24a}$$

$$\beta^2=\frac{2mE}{\hbar^2} \tag{15.3.24b}$$

本征方程(15.3.23a)和(15.3.23b)的通解为

$$\psi_1(x)=A\exp(i\alpha x)+B\exp(-i\alpha x) \tag{15.3.25a}$$

$$\psi_2(x)=C\exp(i\beta x)+D\exp(-i\beta x) \tag{15.3.25b}$$

其中，A、B、C 和 D 是任意常数。利用式(15.3.23c)和式(15.3.25a)可以写出 $\psi_3(x)$的表示式：

$$\psi_3(x)=e^{i\delta}\{A\exp[i\alpha(x+c)]+B\exp[-i\alpha(x+c)]\} \tag{15.3.25c}$$

同样 $\psi_3(x)$和 $\psi_1(x-c)$也是相差一个位相因子，即

$$\psi_3(x)=e^{i\delta}\{A\exp[i\alpha(x-c)]+B\exp[-i\alpha(x-c)]\} \tag{15.3.25d}$$

式(15.3.25c)和式(15.3.25d)是等价的，这里我们取式(15.3.25d)(因为随后的计算较为简单)。

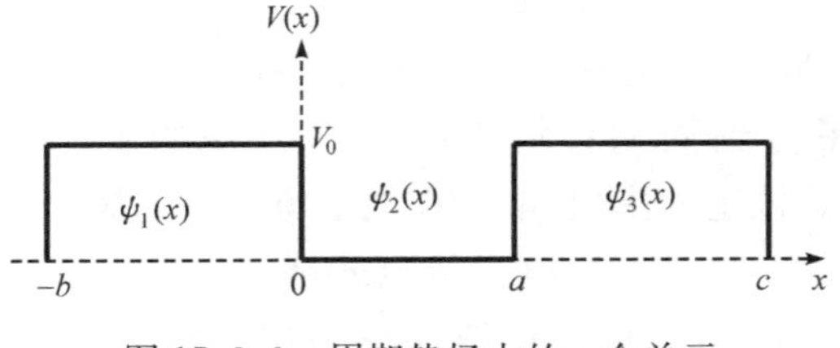

图 15.3.9　周期势场中的一个单元

我们先来考查参数 β(见式(15.3.24b))的物理意义。与推导式(3.1.6)的过程相同，我们有

$$\beta=\sqrt{\frac{2mE}{\hbar^2}}=\sqrt{\frac{2m}{\hbar^2}\frac{p^2}{2m}}=\frac{p}{\hbar}=\frac{1}{\hbar}\frac{h}{\lambda}=\frac{2\pi}{\lambda} \tag{15.3.26}$$

其中

$$E=\frac{p^2}{2m},\quad p=\frac{\lambda}{h} \tag{15.3.27}$$

是自由粒子的能量和动量，可见 β 是自由电子波（即 $V_0=0$ 情况下周期势场中的电子波）的波数。利用式(15.3.24b)作出自由粒子能量 E 随无量纲波数 βa 的变化曲线，如图 15.3.10 所示。

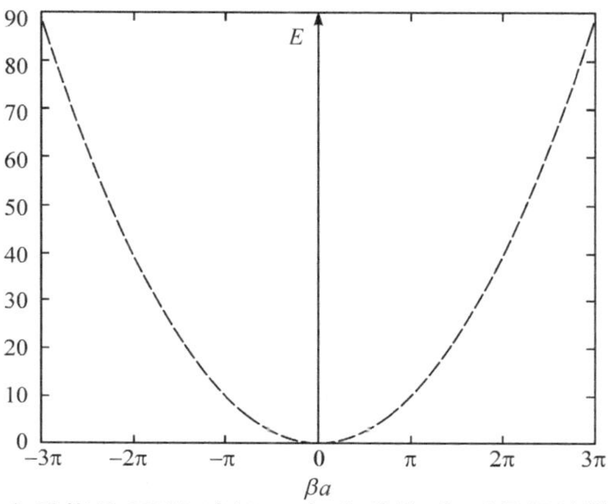

图 15.3.10　自由电子能量 E(以 $\hbar^2/(2ma^2)$ 为单位)与无量纲波数 βa 的抛物线关系 $E=\frac{\hbar^2}{2ma^2}(\beta a)^2$(来自式(15.3.24b))

现在我们利用波函数的边界条件

$$\psi_1(0)=\psi_2(0),\quad \psi_2(a)=\psi_3(a) \tag{15.3.28}$$

$$\left.\frac{\mathrm{d}\psi_1}{\mathrm{d}x}\right|_{x=0}=\left.\frac{\mathrm{d}\psi_2}{\mathrm{d}x}\right|_{x=0},\quad \left.\frac{\mathrm{d}\psi_2}{\mathrm{d}x}\right|_{x=a}=\left.\frac{\mathrm{d}\psi_3}{\mathrm{d}x}\right|_{x=a} \tag{15.3.29}$$

来确定常数 A,B,C 和 D。将式(15.3.25a)、式(15.3.25b)和式(15.3.25d)代入式(15.3.28)和式(15.3.29)，整理后得到

$$A+B-C-D=0 \tag{15.3.30a}$$

$$A\alpha-B\alpha-C\beta+D\beta=0 \tag{15.3.30b}$$

$$A\mathrm{e}^{\mathrm{i}(\delta-\alpha b)}+B\mathrm{e}^{\mathrm{i}(\delta+\alpha b)}-C\mathrm{e}^{\mathrm{i}\beta a}-D\mathrm{e}^{-\mathrm{i}\beta a}=0 \tag{15.3.30c}$$

$$A\alpha\mathrm{e}^{\mathrm{i}(\delta-\alpha b)}-B\alpha\mathrm{e}^{\mathrm{i}(\delta+\alpha b)}-C\beta\mathrm{e}^{\mathrm{i}\beta a}+D\beta\mathrm{e}^{-\mathrm{i}\beta a}=0 \tag{15.3.30d}$$

这是一个关于 A、B、C、D 的线性齐次方程组，它有非零解的必要充分条件是系数行列式为零：

$$\begin{vmatrix} 1 & 1 & -1 & -1 \\ \alpha & -\alpha & -\beta & \beta \\ \mathrm{e}^{\mathrm{i}(\delta-\alpha b)} & \mathrm{e}^{\mathrm{i}(\delta+\alpha b)} & -\mathrm{e}^{\mathrm{i}\beta a} & -\mathrm{e}^{-\mathrm{i}\beta a} \\ \alpha\mathrm{e}^{\mathrm{i}(\delta-\alpha b)} & -\alpha\mathrm{e}^{\mathrm{i}(\delta+\alpha b)} & -\beta\mathrm{e}^{\mathrm{i}\beta a} & \beta\mathrm{e}^{-\mathrm{i}\beta a} \end{vmatrix}=0 \tag{15.3.31}$$

展开并整理后得

$$4\alpha\beta(1+e^{2i\delta})-e^{i\delta}[8\alpha\beta\cos(\alpha b)\cos(\beta a)-4(\alpha^2+\beta^2)\sin(\alpha b)\sin(\beta a)]=0 \tag{15.3.32}$$

两边同除以 $4\alpha\beta$,得

$$e^{i\delta}\left[(e^{-i\delta}+e^{i\delta})-2\cos(\alpha b)\cos(\beta a)+\frac{\alpha^2+\beta^2}{\alpha\beta}\sin(\alpha b)\sin(\beta a)\right]=0 \tag{15.3.33}$$

即

$$\cos\delta=\cos(\alpha b)\cos(\beta a)-\frac{\alpha^2+\beta^2}{2\alpha\beta}\sin(\alpha b)\sin(\beta a) \tag{15.3.34}$$

这是 $E>V_0$ 情况下周期势场中电子能量 E(变量)所满足的超越方程。现在振幅因子$\frac{\alpha^2+\beta^2}{2\alpha\beta}$包含能量 E,需要被化简。假定势垒宽度 b 很小,以致 $\cos(\alpha b)\approx 1$, $\sin(\alpha b)\approx\alpha b$,式(15.3.34)变为

$$\begin{aligned}\cos\delta&=\cos(\beta a)-\frac{\alpha^2+\beta^2}{2\alpha\beta}\alpha b\sin(\beta a)\\&=\cos(\beta a)-\frac{\alpha^2+\beta^2}{2}ab\cdot\frac{\sin(\beta a)}{\beta a}\\&=\cos(\beta a)-\frac{abm(2E-V_0)}{\hbar^2}\cdot\frac{\sin(\beta a)}{\beta a}\end{aligned} \tag{15.3.35}$$

进而假定 V_0 接近于 E,以致 $2E-V_0\approx V_0$,这样式(15.3.35)变为

$$\cos\delta=\cos(\beta a)-\gamma\frac{\sin(\beta a)}{\beta a} \tag{15.3.36}$$

其中

$$\gamma=\frac{abmV_0}{\hbar^2} \tag{15.3.37}$$

是无量纲参量。我们作出式(15.3.36)右边的函数

$$f(\beta a)\equiv\cos(\beta a)-\gamma\frac{\sin(\beta a)}{\beta a} \tag{15.3.38}$$

随 βa 变化的曲线,如图 15.3.11 所示。需要注意的是,$f(\beta a)$对于 βa 的某些取值,超出了[−1,1]的范围。在这些超出范围,超越方程(15.3.36),即$\cos\delta=f(\beta a)$,是无解的。为了满足该方程,必须有$-1\leqslant f(\beta a)\leqslant 1$。这意味着,只有函数 $f(\beta a)$在[−1,1]区间内所对应的 βa 取值,才是能量的允许值,它们形成了一段段分立的能带(图 15.3.11 中的能带结构)。在能带之间的间隙,能量不能取值。

(2) 低能情况:$E<V_0$。

这时图 15.3.9 所示的基本单元维持不变,式(15.3.23)在形式上也保持不变,

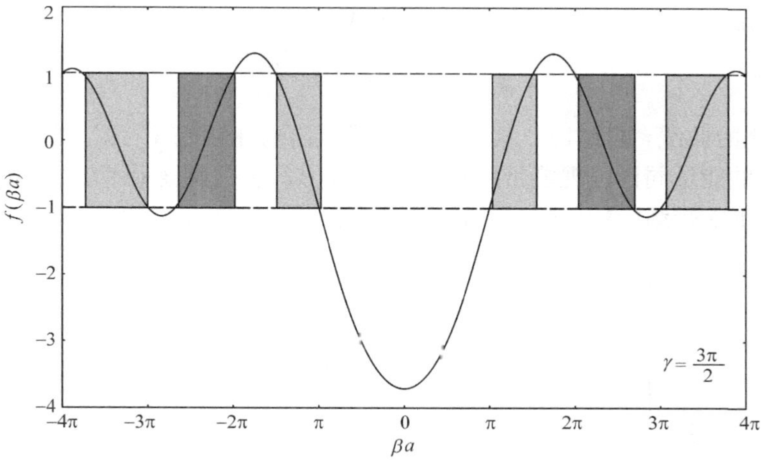

图 15.3.11　$f(\beta a)$随 βa 变化的曲线(来自式(15.3.38))

$f(\beta a)$在[−1,1]区间所对应的 βa 值形成能带

但式(15.3.24a)中的 α 变成虚数:

$$\alpha=\sqrt{\frac{2m(E-V_0)}{\hbar^2}}=\mathrm{i}\sqrt{\frac{2m(V_0-E)}{\hbar^2}}=\mathrm{i}\rho\quad(\rho\text{ 是实数})\tag{15.3.39}$$

这样我们不必再次求解薛定谔方程,只需要将超越方程(15.3.34)中的 α 换成 $\mathrm{i}\rho$ 便得到

$$\cos\delta=\cos(\mathrm{i}\rho b)\cos(\beta a)+\frac{\rho^2-\beta^2}{2\mathrm{i}\rho\beta}\sin(\mathrm{i}\rho b)\sin(\beta a)\tag{15.3.40}$$

利用关系式

$$\cos(\mathrm{i}\rho b)=\cosh(\rho b),\quad \sin(\mathrm{i}\rho b)=\mathrm{i}\sinh(\rho b)\tag{15.3.41}$$

式(15.3.40)变为

$$\cos\delta=\cosh(\rho b)\cos(\beta a)+\frac{\rho^2-\beta^2}{2\beta\rho}\sinh(\rho b)\sin(\beta a)\tag{15.3.42}$$

现在化简式(15.3.42)。假定势垒宽度 b 很小,以致 $\cosh(\rho b)\approx1$,$\sinh(\rho b)\approx\rho b$,则式(15.3.42)变为

$$\begin{aligned}\cos\delta&=\cos(\beta a)+\frac{\rho^2-\beta^2}{2\beta\rho}\rho b\sin(\beta a)\\&=\cos(\beta a)+\frac{\rho^2-\beta^2}{2}ab\cdot\frac{\sin(\beta a)}{\beta a}\\&=\cos(\beta a)+\frac{abm(V_0-2E)}{\hbar^2}\cdot\frac{\sin(\beta a)}{\beta a}\end{aligned}\tag{15.3.43}$$

进而假定 $V_0\gg E$,以致 $V_0-2E\approx V_0$,这样式(15.3.43)变为

$$\cos\delta=\cos(\beta a)+\gamma\frac{\sin(\beta a)}{\beta a}\tag{15.3.44}$$

其中,γ 仍由式(15.3.37)表示。我们作出式(15.3.44)右边的函数

$$g(\beta a)\equiv\cos(\beta a)+\gamma\frac{\sin(\beta a)}{\beta a} \tag{15.3.45}$$

随 βa 变化的曲线,如图 15.3.12 所示。很明显,对于现在 $E<V_0$ 的情况,周期势场中电子的能量同样出现能带结构。图 15.3.13 进一步显示了 $E>V_0$ 和 $E<V_0$ 两种情况下能带结构的比较(简明起见只取 $\beta a>0$ 部分)。

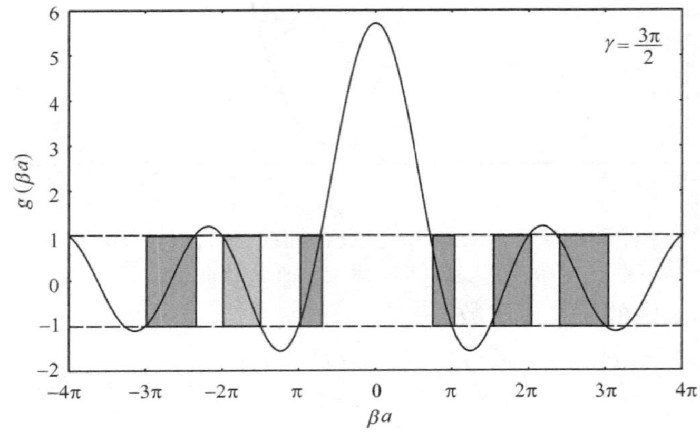

图 15.3.12　$g(\beta a)$随 βa 变化的曲线(来自式(15.3.45))

$g(\beta a)$在[−1,1]区间所对应的 βa 值形成能带

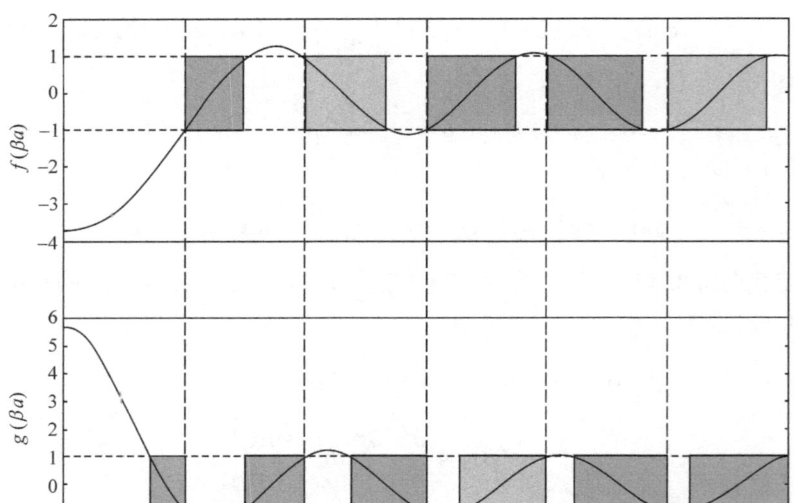

图 15.3.13　$E>V_0$ 和 $E<V_0$ 两种情况下的能带结构比较

二者的第 n 个能带在 $n\pi$ 处相连接($n=1,2,3,\cdots$),图中取 $\gamma=3\pi/2$

上述讨论表明，在周期势场中，电子的本征能量既不是连续的，也不是一条条分立的，而是随 βa 的变化形成了一段段宽度不等的能带，电子的能量只能在能带内取值(称为允带)，不能在能带的间隙取值(称为禁带)。对于相同的 γ 值，在 $E>V_0$ 情况下，各个能带的前端点位于 $\pi,2\pi,3\pi,\cdots$，而 $E<V_0$ 情况下各个能带的后端点位于 $\pi,2\pi,3\pi,\cdots$，换言之，二者的第 n 个能带在 $n\pi$ 处相连接。

现在我们考查位相 δ 的物理意义。由式(15.3.44)和式(15.3.36)写出

$$\cos\delta=\cos(\beta a)\pm\gamma\frac{\sin(\beta a)}{\beta a}\quad\begin{pmatrix}E<V_0\\E>V_0\end{pmatrix}\tag{15.3.46}$$

对于自由电子情况($V_0=0$，所以 $\gamma=0$)，式(15.3.46)变为 $\cos\delta=\cos(\beta a)$，则

$$\delta=\beta a\quad(\beta\text{是自由电子波的波数})\tag{15.3.47a}$$

这样，对于 $V_0\neq0$ 的周期势场，这一位相应写为

$$\delta=ka\quad(k\text{是周期势场中电子波的波数})\tag{15.3.47b}$$

于是式(15.3.46)可以写为

$$\cos(ka)=\cos(\beta a)\pm\gamma\frac{\sin(\beta a)}{\beta a}\quad\begin{pmatrix}E<V_0\\E>V_0\end{pmatrix}\tag{15.3.48}$$

由式(15.3.48)我们可以在能带图上标出相应于 $\cos(ka)=\pm1$ 的 ka 值，如图 15.3.14 所示。可以看出，相应于 $0<ka<\pi$ 的区间是能量允带；能量在 $ka=\pi$ 的间隙不能取值(禁带)。接下来，$\pi<ka<2\pi$ 区间又对应允带；而 $ka=2\pi$ 间隙又对应禁带。以此类推，允带和禁带交替出现。由式(15.3.24b)知，电子的能量 E 与参数 β 有关，而式(15.3.48)显示 β 与周期势场中电子波的波数 k 有关，这样我们可以作出 E 随 k 变化的曲线(即所谓 E-k 图)，它通常称为色散曲线(dispersion curve)，如图 15.3.15 所示。图中还直观地显示了允带和禁带。可以看出，随着能量的增长，允带的宽度也明显增大。

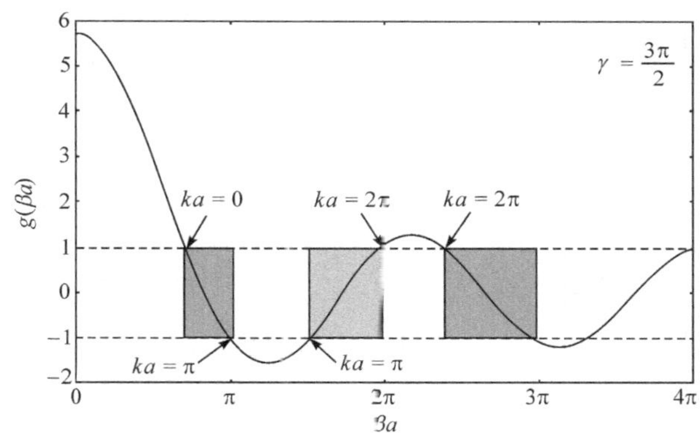

图 15.3.14　能带结构($E<V_0$)和相应于 $\cos(ka)=\pm1$ 的 ka 值

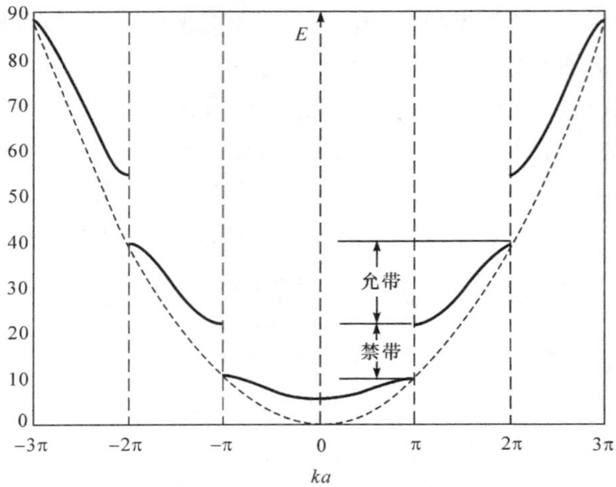

图 15.3.15　周期势场中电子的色散曲线($E<V_0$)

能量 E(以 $\hbar^2/(2ma^2)$ 为单位)与无量纲波数 ka 的关系(E-k 图),

图中取 $\gamma=3\pi/2$。图中还显示了允带和禁带。虚线是自由电子的色散曲线(图 15.3.10)

图 15.3.15 所示的 E-k 图还可以进一步简化,注意到式(15.3.48)左边的余弦函数 $\cos(ka)$是以 2π 为周期的,因此将变量 ka 换成 $ka\pm2n\pi(n=1,2,3,\cdots)$后,其值不变:$\cos(ka)=\cos(ka\pm2n\pi)$。这样我们可以将图 15.3.15 中小于 $-\pi$ 的部分和大于 π 的部分以 2π 为周期平移到 $-\pi<ka<\pi$ 区域内,这样便得到图 15.3.16 所示的 E-k 图。该图形是一个简约的色散曲线,通常称为简约布里渊区(simple Brillouin zone)。

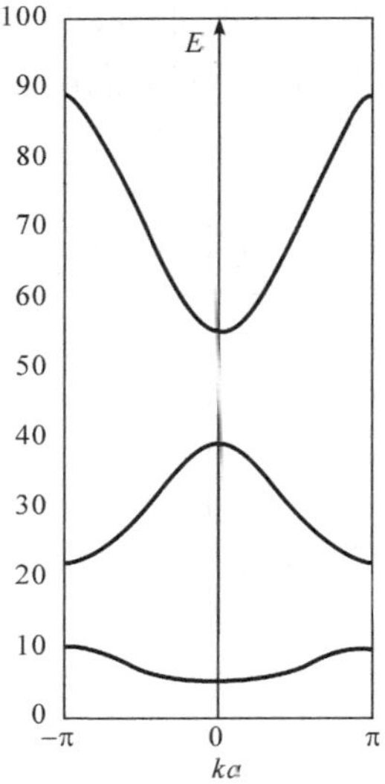

图 15.3.16　E-k 图的简约布里渊区(来自图 15.3.15)

例　设一维晶体中周期势场的势阱宽度 $a=5\text{Å}$,参数 $\gamma=10$,对于 $E<V_0$ 情况计算最低能量允带的宽度。

解　由图 15.3.16 可以看出,最低能量允带的宽度 ΔE 等于 ka 从 0 变化到 π 所对应的能量的变化量,即

$$\Delta E=E|_{ka=\pi}-E|_{ka=0} \qquad (15.3.49)$$

当 $ka=0$ 时,由式(15.3.48)得到

$$1=\cos(\beta a)+10\frac{\sin(\beta a)}{\beta a} \qquad (15.3.50)$$

此超越方程的解为 $\beta a=2.628$。另外由图 15.3.14 可以看出,当 $\beta a=\pi$ 时,$ka=\pi$。由式(15.3.24b)得到

$$E=\frac{\hbar^2}{2ma^2}(\beta a)^2=\frac{\hbar^2\pi^2}{2ma^2} \qquad (15.3.51)$$

于是式(15.3.49)给出

$$\begin{aligned}\Delta E &= E|_{\beta a=\pi} - E|_{\beta a=2.628} \\ &= \frac{\hbar^2}{2ma^2}(\pi^2 - 2.628^2) \\ &= \frac{(1.054\times10^{-34})^2}{2\times9.11\times10^{-31}\times(5\times10^{-10})^2}\times2.963 = 0.447\text{eV}\end{aligned}$$

这就是图 15.3.16 所示的最低能量允带的宽度。

15.3.6　绝缘体、导体、半导体

以上讨论的周期势场中只有一个电子。对于一个实际的(1mol)固体材料，所包含的电子数为 Nq，其中，N 是原子数(即阿伏伽德罗常量，见式(1.2.37))，q 是每个原子具有的“自由”电子数。如果 $q=1$，由于 N 个原子相互作用所形成的能带包含 N 个能级(图 15.3.3)，根据泡利不相容原理，两个自旋相反的电子可以占据一个能级，于是 N 个电子填充一个能带的一半。如果 $q=2$，则 $2N$ 个电子完全填充一个能带。这个能带相应于基态。如果 $q=3$，其余的电子还将填充第二个能带(相应于第一激发态)的一半。以此类推，体系中的所有电子将按照泡利不相容原理逐步向高能带填充。

现在，当一个能带被完全填充时，如果要激发其中的一个电子就需要一个较大的能量，因为电子要跳过一个禁带，才能跃迁到第二个能带。电子在这种材料中很难形成漂移电流，这样的材料就是绝缘体(insulation)。相反，如果一个能带是部分填充的，对电子激发时，它将跃迁到该能带的较高能级，因此只需要较小的能量。电子在这种材料中容易形成漂移电流，这种材料就是典型的导体(conductor)。如果对绝缘体进行掺杂(加入少量具有一定 q 值的“杂质”原子)，这将把一些“额外”的电子推到下一个较高的能带，使这个能带底部出现少量的电子。如果此时外加一个电场，这些电子就会得到能量跃迁到该能带中较高的能级，当电子在固体中运动时便形成微弱的漂移电流，这种材料就是所谓半导体(semiconductor)。可见半导体是导电性能介于绝缘体和导体之间的一种材料。

半导体是处于电中性的，这意味着一旦一个带负电的电子离开它所在的能带，跃入能量较高的能带，就会在原来的能带中产生一个空量子态，称为空穴(hole)，它是带正电的。电子与空穴成对地产生。例如，当半导体的温度逐渐升高时，就有越来越多的电子获得足够的热能而跃入高能带，在低能带中产生等量的空穴。在半导体物理学中，电子原来所在的能带称为“价带”(valance band)，而电子所跃入的能带称为“导带”(conduction band)。它们之间的能量间隙称为“带隙”(band gap)，通常用 E_g 表示。这样，半导体的导带与价带可以用 E-k 图表示，如

图 15.3.17所示。

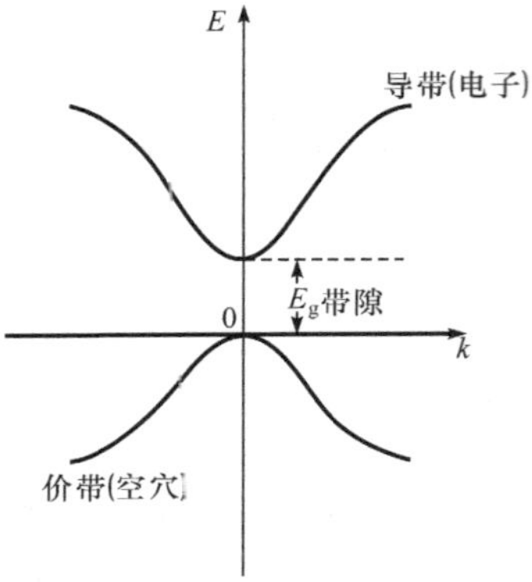

图 15.3.17 半导体导带和价带的 E-k 图

在 E-k 图的意义上可以引入半导体物理学的一个重要概念——有效质量(effective mass)。我们首先考查自由粒子的质量,由自由粒子的能量-动量关系

$$E=\frac{p^2}{2m}=\frac{\hbar^2}{2m}k^2 \tag{15.3.52}$$

得到

$$\frac{\mathrm{d}E}{\mathrm{d}k}=\frac{\hbar^2}{m}k,\quad \frac{\mathrm{d}^2E}{\mathrm{d}k^2}=\frac{\hbar^2}{m} \tag{15.3.53}$$

由此可以将自由粒子的质量写为

$$m=\frac{\hbar^2}{\mathrm{d}^2E/\mathrm{d}k^2} \tag{15.3.54}$$

这样的质量表示式具有一般的意义。在半导体物理中,电子与空穴统称为"载流子"(carriers),载流子的有效质量是在色散关系(dispersion relation)的意义上定义的:

$$m^*=\frac{\hbar^2}{\mathrm{d}^2E/\mathrm{d}k^2} \tag{15.3.55}$$

它表示,有效质量 m^* 与 E-k 曲线在任意 k 点的曲率成反比。这意味着,载流子的有效质量不是常数,是随 k 变化的,而且是可正可负的。很明显,处于导带最小值附近的电子有正的有效质量,而处于价带最大值附近的空穴有负的有效质量。

半导体的另一个重要参数是迁移率(mobility),它描述载流子在电场作用下的漂移特性,表示为

$$\mu=\frac{et}{m^*} \tag{15.3.56}$$

其中,$-e$ 是电子电量;t 是载流子在漂移中与杂质原子或晶格热振动原子发生碰撞的平均时间间隔;m^* 是载流子的有效质量。式(15.3.56)表示,迁移率与有效质量成反比。

现在我们考查图 15.3.18 所示的半导体 E-k 图。导带最低点是个尖点,斜率不连续$\left(\left.\frac{\mathrm{d}E}{\mathrm{d}k}\right|_{k^-}\neq\left.\frac{\mathrm{d}E}{\mathrm{d}k}\right|_{k^+}\right)$,因而该点的曲率趋于无穷大$\left(\frac{\mathrm{d}^2E}{\mathrm{d}k^2}\to\infty\right)$,则该点的电子有效质量为零($m_n^*=0$),这导致电子迁移率 $\mu_n\to\infty$。我们将会看到,对于某些特殊的材料,其载流子的有效质量确实可以趋于零。

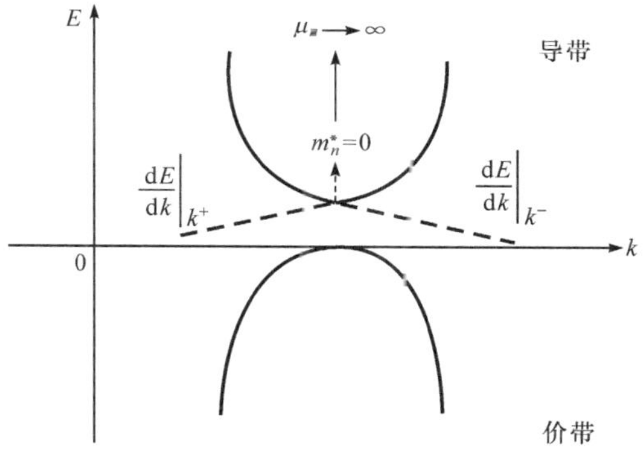

图 15.3.18　一种特殊的半导体：导带最低点是一个尖点（电子的有效质量为零）

15.3.7　光子晶体

按照量子力学的基本原理，电子与光子的特性是相互对应的（二者都具有波粒二相性）。电子具有怎样的特征，光子也有相应的性质。电子在晶体（周期势场）中具有能带结构，那么，光子在某种“晶体”中也应该具有能带结构。

1987 年，Yablonovitch 和 John 各自独立地提出了光子晶体（photonic crystal）的概念。这里所谓的“晶体”，是指具有不同介电常数的介质的周期性排列。由于介质的周期性，在其中传输的光波可能会出现光子能带结构（photonic band structures）和光子带隙（photonic band gap）。图 15.3.19 显示了光波在一维周期性介质（periodic media）中的传播。

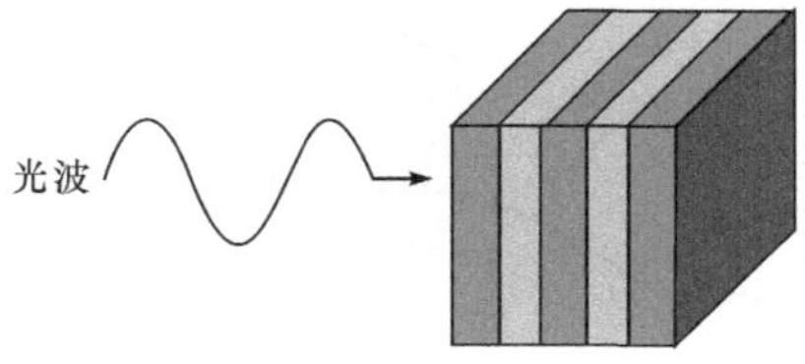

图 15.3.19　光子晶体：光波在一维周期性介质中的传播

现在我们讨论光子能带结构形成的条件。一列在介质中传播的单色平面波可以表示为

$$\boldsymbol{E}(\boldsymbol{r},t)=\boldsymbol{E}(\boldsymbol{r})\mathrm{e}^{\mathrm{i}(\boldsymbol{k}\cdot\boldsymbol{r}-\omega t)} \tag{15.3.57}$$

其中，$\boldsymbol{E}(\boldsymbol{r})$是光波的空间分布；$\boldsymbol{k}$ 和 ω 是单色波的波矢量和频率；$\boldsymbol{r}$ 和 t 是空间和时间变量。利用麦克斯韦方程（1.1.43）和物质方程（1.1.44），可以得到 $\boldsymbol{E}(\boldsymbol{r})$ 所满足的亥姆霍兹方程（矢量形式）

$$\nabla^2\boldsymbol{E}(\boldsymbol{r})+\frac{\omega^2\varepsilon}{c^2}\boldsymbol{E}(\boldsymbol{r})=0 \tag{15.3.58}$$

式中，ε 是介电常数，我们将它写成

$$\varepsilon=\bar{\varepsilon}+\varepsilon_s(\boldsymbol{r}) \tag{15.3.59}$$

其中，$\bar{\varepsilon}$ 是一个平均值，而 $\varepsilon_s(\boldsymbol{r})$在 $\bar{\varepsilon}$ 附近变化。将式（15.3.59）代入方程（15.3.58），最终可以得到一个标量方程

$$\left\{-\nabla^2+\left(\frac{\omega}{c}\right)^2[-\varepsilon_s(\boldsymbol{r})]\right\}E(\boldsymbol{r})=\frac{\omega^2\bar{\varepsilon}}{c}E(\boldsymbol{r}) \tag{15.3.60}$$

可以看出,该方程与薛定谔方程

$$\left[-\frac{\hbar^2}{2m}\nabla^2+V(\boldsymbol{r})\right]\psi(\boldsymbol{r})=E\psi(\boldsymbol{r}) \tag{15.3.61}$$

在形式上是相互对应的:

$$\left(\frac{\omega}{c}\right)^2[-\varepsilon_s(\boldsymbol{r})]\leftrightarrow V(\boldsymbol{r}),\quad \frac{\omega^2\bar{\varepsilon}}{c}\leftrightarrow E \tag{15.3.62}$$

如 15.3.3 节所述,电子呈现能带结构的条件是周期势场:$V(x)=V(x+c)$。这样如果将式(15.3.60)中的 $\varepsilon_s(\boldsymbol{r})$ 取为周期性的:

$$\varepsilon(\boldsymbol{r})=\varepsilon(\boldsymbol{r}+\boldsymbol{c}_n)\quad(\boldsymbol{c}_n\text{ 是周期}) \tag{15.3.63}$$

则可以得到关于本征值$(\omega^2\varepsilon)/c$ 取值(即频率 ω 取值)的允带和禁带。图 15.3.20 显示了光子晶体的色散曲线(dispersion curve of photonic crystal)示意图。注意到真空中光子能量 E 与波数 k 的关系是线性的:$E=\hbar\omega=\hbar ck$(即 $\omega=ck$),而自由电子情况下是抛物线(图 15.3.10),因此周期介质中的光子能带与周期势场中的电子能带(图 15.3.15)在结构形式上是不同的。光子晶体的基本特性是:频率落在光子能带内的入射光波可以通过介质,而频率落在光子带隙内的光波无法在介质中传播。可见利用光子晶体可以开通或阻止光子在体系中的传播。

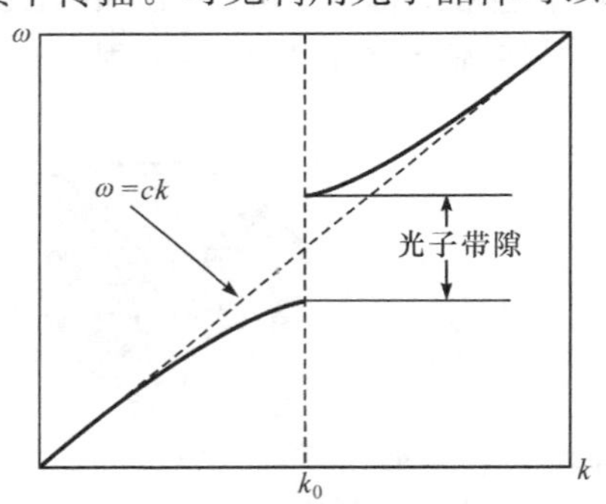

图 15.3.20　光子晶体的散射曲线(ω-k 图)
光子带隙出现在 $k=k_0$,虚线($\omega=ck$)是真空中光子的色散曲线

1991 年,Yablonovich 成功制备了第一块光子晶体。他所采用的方法是在折射率为 3.6 的材料上用机械方法钻出许多直径为 1mm 的孔,并呈周期性分布。利用它可阻止体系内层的微波从任何方向传播出去。

利用光子晶体的原理还可以制成光子晶体光纤(photonic crystal fiber)。最简单的结构如图 15.3.21 所示:纤芯是空气,在纤芯周围采用周期性介质作为包层,让传输光的频率落在周期性介质包层的禁带之内。这样光波只能沿着空气纤芯传播,而不能进入包层。其优点是光信号在空气中传播(而不是像普通光纤那样在介质中传播),从而大大降低了光能量的损耗。

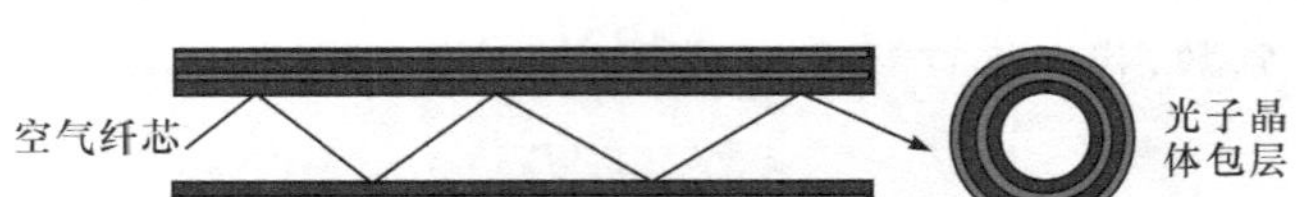

图 15.3.21　光子晶体光纤

15.4　量子统计力学

对于由大量粒子组成的体系，我们所感兴趣的并不是其中某一个粒子的状态，而是这些粒子作为一个整体的统计学性质。举个简单的例子，处于容器中的气体会对容器壁产生一定的压力。这种压力实际上是由各个气体分子撞击器壁造成的，但我们不会注意这些分子的个体行为。同理，晶体的导电性能也是由大量电子的统计学性质所决定的。

要确定多粒子体系的统计学性质(statistical properties of many-particle systems)，就要了解粒子所遵循的统计分布规律。对于一个粒子间无相互作用的体系，粒子在各个能态上的分布通常有三种不同的方式：① 玻尔兹曼分布。这种分布认为粒子是可以一一分辨的，而且对每个能态上所允许占据的粒子数没有限制。容器中的气体分子在压强较低时的状态就符合这种分布。② 玻色-爱因斯坦分布。这种分布中的粒子是不可区分的，对每个能态上所允许占据的粒子数仍没有限制。最典型的例子是黑体辐射的光子数分布。③ 费米-狄拉克分布。这种分布中的粒子也是不可区分的，但每个能态上最多只允许一个粒子(可以没有粒子)。前几节所讨论的晶体中的电子就服从这种分布。本节首先对于三粒子体系讨论这些统计分布，然后推广到一般的 N 粒子情况。

15.4.1　三粒子体系

我们首先讨论一个简单的例子——三粒子体系，这将为理解上述三种统计分布提供一个直观而清晰的物理图象。设体系中的三个粒子无相互作用(质量均为 m)，它们处于宽度为 a 的一维无限深势阱中(见 3.1.1 节)。体系的总能量为

$$E=E_a+E_b+E_c=\frac{\pi^2\hbar^2}{2ma^2}(n_a^2+n_b^2+n_c^2)\equiv(n_a^2+n_b^2+n_c^2)\varepsilon \tag{15.4.1}$$

其中，$n_a,n_b,n_c=1,2,3,\cdots$。作为一个例子，我们取

$$E=363\varepsilon \tag{15.4.2a}$$

即

$$n_a^2+n_b^2+n_c^2=363 \tag{15.4.2b}$$

不难发现，三个正整数满足式(15.4.2b)的取值方式共有 13 种：三个均为 11；两个为 13 而一个为 5(包含三种排列)；一个为 19 而两个为 1(包含三种排列)；三个分别为 17、7、5(包含六种排列)。这样一来，$\{n_a,n_b,n_c\}$的所有可能排列方式如下：

$$\{11,11,11\} \tag{15.4.3a}$$

$$\{13,13,5\},\quad \{13,5,13\},\quad \{5,13,13\} \tag{15.4.3b}$$

$$\{19,1,1\},\quad \{1,19,1\},\quad \{1,1,19\} \tag{15.4.3c}$$

$$\{17,7,5\},\quad \{17,5,7\},\quad \{7,17,5\},\quad \{7,5,17\},\{5,17,7\},\{5,7,17\} \tag{15.4.3d}$$

如果粒子是可分辨的,以上每个排列都代表一个独立的量子态。按照统计力学的基本原理:在热平衡条件下这些态出现的概率相等。不过由式(15.4.3)可以看出,单粒子的量子数 $n\equiv n_j$($j=a,b$ 或 c)的取值共有七个:$n=1,5,7,11,13,17,19$。这意味着就单个粒子而言,体系只有七个独立的能级 E_n:

$$E_1=\varepsilon,\quad E_5=25\varepsilon,\quad E_7=49\varepsilon,\quad E_{11}=121\varepsilon,\quad E_{13}=169\varepsilon,\quad E_{17}=289\varepsilon,\quad E_{19}=361\varepsilon \tag{15.4.4a}$$

它们相应于七个分立的状态 ψ_n:

$$\psi_1,\psi_5,\psi_7,\psi_{11},\psi_{13},\psi_{17},\psi_{19} \tag{15.4.4b}$$

现在我们考查各个 ψ_n 态上的粒子布居数 N_n:由式(15.4.3a),三个粒子均处于 ψ_{11} 态,即 $N_{11}=3$;由式(15.4.3b),一个粒子处于 ψ_5 态,两个粒子处于 ψ_{13} 态,即 $N_5=1,N_{13}=2$;由式(15.4.3c),两个粒子处于 ψ_1 态,一个粒子处于 ψ_{19} 态,即 $N_1=2,N_{19}=1$;由式(15.4.3d),三个粒子分别处于 ψ_5、ψ_7、ψ_{17} 态,即 $N_5=N_7=N_{17}=1$。这样,各个 ψ_n 态上的粒子布居数占总粒子数的比例为

$$\psi_1:\frac{2}{3};\quad \psi_5:\frac{1}{3},\frac{1}{3};\quad \psi_7:\frac{1}{3};\quad \psi_{11}:\frac{3}{3};\quad \psi_{13}:\frac{2}{3};\quad \psi_{17}:\frac{1}{3},\quad \psi_{19}:\frac{1}{3} \tag{15.4.5}$$

另外我们注意到,各个 ψ_n 态在式(15.4.3)所示的 13 个量子态中所占的比例为

$$\psi_1:\frac{3}{13};\quad \psi_5:\frac{3}{13},\frac{6}{13};\quad \psi_7:\frac{6}{13};\quad \psi_{11}:\frac{1}{13};\quad \psi_{13}:\frac{3}{13};\quad \psi_{17}:\frac{6}{13};\quad \psi_{19}:\frac{3}{13} \tag{15.4.6}$$

由式(15.4.5)和式(15.4.6),我们得到单粒子能量取 E_n 值的概率 P_n:

$$P_1=\frac{2}{3}\times\frac{3}{13}=\frac{2}{13},\quad P_5=\frac{1}{3}\times\frac{3}{13}+\frac{1}{3}\times\frac{6}{13}=\frac{3}{13},\quad P_7=\frac{1}{3}\times\frac{6}{13}=\frac{2}{13}$$

$$P_{11}=\frac{3}{3}\times\frac{1}{13}=\frac{1}{13},\quad P_{13}=\frac{2}{3}\times\frac{3}{13}=\frac{2}{13},\quad P_{17}=\frac{1}{3}\times\frac{6}{13}=\frac{2}{13}$$

$$P_{19}=\frac{1}{3}\times\frac{3}{13}=\frac{1}{13}$$

总概率为

$$\begin{aligned}\sum_n P_n &= P_1+P_5+P_7+P_{11}+P_{13}+P_{17}+P_{19}\\ &=\frac{2}{13}+\frac{3}{13}+\frac{2}{13}+\frac{1}{13}+\frac{2}{13}+\frac{2}{13}+\frac{1}{13}=1\end{aligned} \tag{15.4.7}$$

利用式(15.4.4a),得到单粒子的平均能量

$$\sum_n E_nP_n=\left(\frac{2}{13}+\frac{3\times25}{13}+\frac{2\times49}{13}+\frac{121}{13}+\frac{2\times169}{13}+\frac{2\times289}{13}+\frac{361}{13}\right)\varepsilon=121\varepsilon$$

这与式(15.4.2a)相吻合。

以上是可分辨粒子(distinguished particles)的结果。对于全同费米子(identical fermions),粒子之间是不可区分的,而且每个量子态上最多只允许存在一个粒子(在忽略自旋的情况下或者三个粒子处于相同的自旋态)。这样式(15.4.3)中只有

$$\{5,7,17\} \tag{15.4.8}$$

是允许存在的排列,而式(15.4.4b)变为

$$\psi_5, \psi_7, \psi_{17} \tag{15.4.9}$$

结果为

$$P_5 = P_7 = P_{17} = \frac{1}{3} \tag{15.4.10}$$

总概率依然为 1。单粒子的平均能量仍然为 121ε。

对于全同玻色子(identical bosons),粒子之间也是不可区分的,但对每个能态上所允许占据的粒子数没有限制。这样式(15.4.3)约化为四种排列:

$$\{11,11,11\} \tag{15.4.11a}$$

$$\{5,13,13\} \tag{15.4.11b}$$

$$\{1,1,19\} \tag{15.4.11c}$$

$$\{5,7,17\} \tag{15.4.11d}$$

而体系所包含的量子态仍由式(15.4.4)给出。于是单粒子能量取 E_n 值的概率 P_n 为

$$P_1 = \frac{2}{3}\times\frac{1}{4} = \frac{1}{6},\quad P_5 = \frac{1}{3}\times\frac{1}{4} + \frac{1}{3}\times\frac{1}{4} = \frac{1}{6},\quad P_7 = \frac{1}{3}\times\frac{1}{4} = \frac{1}{12}$$

$$P_{11} = \frac{3}{3}\times\frac{1}{4} = \frac{1}{4},\quad P_{13} = \frac{2}{3}\times\frac{1}{4} = \frac{1}{6},\quad P_{17} = \frac{1}{3}\times\frac{1}{4} = \frac{1}{12}$$

$$P_{19} = \frac{1}{3}\times\frac{1}{4} = \frac{1}{12}$$

概率总和依然为 1,单粒子的平均能量仍然为 121ε。

以上关于三粒子体系的讨论,使我们清楚地看到粒子的属性如何决定量子态的数目以及量子态出现的概率。下面我们讨论一般 N 粒子体系。

15.4.2　N 粒子体系

现在考虑一个任意势场中的 N 粒子体系(体系的总能量为 E)。设单粒子的能量为 $E_1, E_2, \cdots$,简并度分别为 $g_1, g_2, \cdots$(即能量为 E_n 的单粒子态有 g_n 个)。对于确定的 N,各个能态上的粒子数($N_1, N_2, N_3, \cdots$)是变化的。体系的一个组态(configuration)是:能量为 E_1 的粒子有 N_1 个,能量为 E_2 的粒子有 N_2 个,…,能

量为 E_n 的粒子有 N_n 个,…。现在我们问:在约束条件

$$\sum_{n=1}^{\infty} N_n = N \tag{15.4.12a}$$

和

$$\sum_{n=1}^{\infty} N_n E_n = E \tag{15.4.12b}$$

之下,当$(N_1, N_2, N_3, \cdots)$变化时,体系有多少个不同的组态?如果将答案表示为

$$Q(N_1, N_2, N_3, \cdots) \tag{15.4.13}$$

显然它取决于体系中的粒子是可分辨的,是全同费米子,还是全同玻色子。所以我们将按照这三种情况分别讨论。

首先考虑粒子是可分辨的,我们的问题可以形象地表达为:从 N 个粒子中拿出 N_1 个粒子,放入能量为 E_1 的 1 号箱子,有多少种不同的组合方式?显然,答案是二项式系数(binomial coefficient)

$$\binom{N}{N_1} \equiv \frac{N!}{N_1!\ (N-N_1)!} \tag{15.4.14}$$

现在我们进一步考查 1 号箱子里的 N_1 个可分辨粒子有多少种不同的排列方法。这个箱子里的粒子有共同的能量 E_1,但每一个粒子有 g_1 个状态,所以对于式(15.4.14)中的每一种组合方式,由于粒子取不同的态而有 $g_1^{N_1}$ 种可能的排列。那么从 N 个粒子中拿出 N_1 个粒子放入所含状态数为 g_1 的 1 号箱子的方法数为

$$\frac{g_1^{N_1} N!}{N_1!\ (N-N_1)!} \tag{15.4.15}$$

现在要从剩余的$(N-N_1)$个粒子中拿出 N_2 个粒子,放入能量为 E_2、所含状态数为 g_2 的 2 号箱子中,可能的方法数目(按照式(15.4.15))为

$$\frac{g_2^{N_2} (N-N_1)!}{N_2!\ (N-N_1-N_2)!} \tag{15.4.16}$$

对于 1 号箱子的每一种排列(式(15.4.15)),2 号箱子有式(15.4.16)所示的排列方式。如果体系只有两个箱子,则组态数目(式(15.4.13))为二者的乘积。事实上,单粒子能量 E_n 的取值有无穷多个(即能量箱子有无穷多个),因此体系的组态数目为

$$\begin{aligned} &Q(N_1, N_2, N_3, \cdots) \\ &= \frac{g_1^{N_1} N!}{N_1!\ (N-N_1)!} \frac{g_2^{N_2} (N-N_1)!}{N_2!\ (N-N_1-N_2)!} \frac{g_3^{N_3} (N-N_1-N_2)!}{N_3!\ (N-N_1-N_2-N_3)!} \cdots \\ &= N!\ \frac{g_1^{N_1}}{N_1!} \frac{g_2^{N_2}}{N_2!} \frac{g_3^{N_3}}{N_3!} \cdots = N! \prod_{n=1}^{\infty} \frac{g_n^{N_n}}{N_n!} \end{aligned} \tag{15.4.17}$$

对于全同费米子,问题变得简单很多。因为它们是不可分辨的,哪个粒子处于

哪个态是无所谓的。N_n 个粒子在 n 号箱子里，只给出一种组合方式，没有 N_n 个粒子相互间的排列问题。另外，每个单粒子态最多只能容纳一个粒子。这样每一个箱子所放入的粒子数不能超过该箱子的量子态数。按照这些要求，向 1 号箱子里(有 g_1 个量子态)放入 N_1 个粒子，向 2 号箱子里(有 g_2 个量子态)放入 N_2 个粒子，…的方法数为

$$\binom{g_1}{N_1}=\frac{g_1!}{N_1!\ (g_1-N_1)!},\quad \binom{g_2}{N_2}=\frac{g_2!}{N_2!\ (g_2-N_2)!},\quad \cdots \tag{15.4.18}$$

这样

$$Q(N_1,N_2,N_3,\cdots)=\prod_{n=1}^{\infty}\frac{g_n!}{N_n!(g_n-N_n)!} \tag{15.4.19}$$

对于全同玻色子，问题变得复杂一些。同样地，N_n 个粒子在 n 号箱子里，只给出一种组合方式，没有 N_n 个粒子相互间的排列问题。但是现在的情况是，每个单粒子态上所容纳的粒子数没有限制(可以为零)。我们的问题变成：将 N_n 个全同粒子置于 g_n 个不同的态上，共有多少种组合方式？我们首先讨论一个简单的情况：粒子数为 $N_n=3$，状态数为 $g_n=2$，这时存在图 15.4.1 所示的 4 种组合方式。在一般情况下，它等于从(N_n+g_n-1)个元素中取出(g_n-1)个元素的组合数

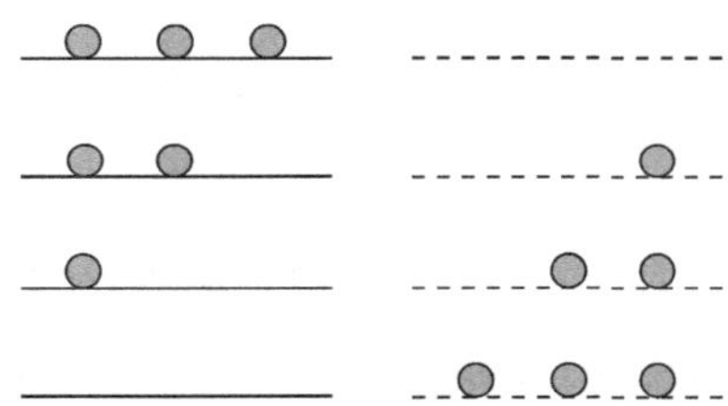

图 15.4.1　粒子数 $N_n=3$(圆点代表粒子)和状态数 $g_n=2$(实线和虚线代表属于相同能级的两个不同状态)的组合有 4 种方法，它来自组合数$\binom{3+2-1}{2-1}=4$

$$\binom{N_n+g_n-1}{g_n-1}=\frac{(N_n+g_n-1)!}{N_n!\ (g_n-1)!} \tag{15.4.20}$$

这样我们有

$$Q(N_1,N_2,N_3,\cdots)=\prod_{n=1}^{\infty}\frac{(N_n+g_n-1)!}{N_n!(g_n-1)!} \tag{15.4.21}$$

15.4.3　最概然布居数

在热平衡条件下，体系的各个状态出现的概率是彼此相等的。所以 N 个粒子分布的最概然组态(most probable configuration)相应于组态数目 $Q(N_1,N_2,N_3,\cdots)$在约束条件(15.4.12)之下取极大值。

我们知道，求多变量函数 Q 在约束条件

$$f(x_1,x_2,x_3,\cdots)=0,\quad g(x_1,x_2,x_3,\cdots)=0,\quad \cdots \tag{15.4.22}$$

之下的极大值通常采用拉格朗日乘子法。按照这个方法，我们需要引入一个新的函数

$$G(x_1,x_2,x_3,\cdots;\alpha,\beta,\cdots)\equiv Q+\alpha f+\beta g+\cdots \tag{15.4.23}$$

其中，$\alpha,\beta,\cdots$是拉格朗日乘子。然后令 G 对所有变量 x_n 的偏微分为零：

$$\frac{\partial G}{\partial x_n}=0\quad (n=1,2,3,\cdots) \tag{15.4.24}$$

由此得到相应于 Q 取极大值的结果。

将组态数目 $Q(N_1,N_2,N_3,\cdots)$替换成它的对数 $\ln Q$ 可以简化计算(使乘积变为求和)。事实上 Q 的极大值和 $\ln Q$ 的极大值对应变量$(N_1,N_2,N_3,\cdots)$的相同取值。现在我们将约束条件(15.4.12)写为

$$f=N-\sum_{n=1}^{\infty}N_n=0,\quad g=E-\sum_{n=1}^{\infty}N_nE_n=0$$

令

$$G\equiv \ln Q+\alpha\left(N-\sum_{n=1}^{\infty}N_n\right)+\beta\left(E-\sum_{n=1}^{\infty}N_nE_n\right) \tag{15.4.25}$$

下面我们将按三种情况讨论 G 的极大值。

如果粒子是可分辨的，则 Q 由式(15.4.17)给出，我们有

$$G=\ln(N!)+\sum_{n=1}^{\infty}[N_n\ln(g_n)-\ln(N_n!)]+\alpha\left(N-\sum_{n=1}^{\infty}N_n\right)+\beta\left(E-\sum_{n=1}^{\infty}N_nE_n\right) \tag{15.4.26}$$

假定布居数 $N_n\gg1$，我们可以利用斯特林近似式(Stirling approximation)：

$$\ln(z!)\approx z\ln z-z \tag{15.4.27}$$

将式(15.4.26)写为

$$G=\sum_{n=1}^{\infty}[N_n\ln(g_n)-N_n\ln(N_n)+N_n-\alpha N_n-\beta N_nE_n]+\ln(N!)+\alpha N+\beta E \tag{15.4.28}$$

式(15.4.28)对 N_n 求偏微分，由

$$\frac{\partial G}{\partial N_n}=\ln(g_n)-\ln(N_n)-\alpha-\beta E_n=0 \tag{15.4.29}$$

得到

$$N_n=g_n\mathrm{e}^{-(\alpha+\beta E_n)} \tag{15.4.30}$$

它相应于 $Q(N_1,N_2,N_3,\cdots)$取极大值，因此是可分辨粒子情况下的最概然布居数(most probable occupation number)。具体而言，能量为 $E_1,E_2,\cdots$的状态上的最概然粒子数为

$$N_1=g_1\mathrm{e}^{-(\alpha+\beta E_1)},\quad N_2=g_2\mathrm{e}^{-(\alpha+\beta E_2)},\quad \cdots$$

可见能量越高的状态粒子的布居越少。

对于全同费米子,Q 由式(15.4.19)给出,我们有

$$G=\sum_{n=1}^{\infty}\{\ln(g_n!)-\ln(N_n!)-\ln[(g_n-N_n)!]\}+\alpha\left(N-\sum_{n=1}^{\infty}N_n\right)+\beta\left(E-\sum_{n=1}^{\infty}N_nE_n\right) \tag{15.4.31}$$

假定 $N_n\gg1$,且 $g_n-N_n\gg1$,这样斯特林近似式可以应用于所有项,式(15.4.31)变为

$$G=\sum_{n=1}^{\infty}\{g_n\ln(g_n)-N_n\ln(N_n)-(g_n-N_n)\ln[(g_n-N_n)]-\alpha N_n-\beta N_nE_n\}+\alpha N+\beta E \tag{15.4.32}$$

进而由

$$\frac{\partial G}{\partial N_n}=-\ln(N_n)+\ln(g_n-N_n)-\alpha-\beta E_n=0 \tag{15.4.33}$$

得到

$$N_n=\frac{g_n}{e^{(\alpha+\beta E_n)}+1} \tag{15.4.34}$$

这就是全同费米子的最概然布居数。

最后我们考查全同玻色子,Q 由式(15.4.21)给出,我们有

$$G=\sum_{n=1}^{\infty}\{\ln[(N_n+g_n-1)!]-\ln(N_n!)-\ln[(g_n-1)!]\}+\alpha\left(N-\sum_{n=1}^{\infty}N_n\right)+\beta\left(E-\sum_{n=1}^{\infty}N_nE_n\right) \tag{15.4.35}$$

假定 $N_n\gg1$,且 $g_n\gg1$,由斯特林近似式得到

$$G=\sum_{n=1}^{\infty}[(N_n+g_n-1)\ln(N_n+g_n-1)-N_n\ln(N_n)-(g_n-1)\ln(g_n-1)-\alpha N_n-\beta N_nE_n]+\alpha N+\beta E \tag{15.4.36}$$

进而由

$$\frac{\partial G}{\partial N_n}=\ln(N_n+g_n-1)-\ln(N_n)-\alpha-\beta E_n=0 \tag{15.4.37}$$

得到

$$N_n=\frac{g_n-1}{e^{(\alpha-\beta E_n)}-1} \tag{15.4.38}$$

这就是全同玻色子的最概然布居数(为了与费米子的结果保持一致,可以将分子上的常数写成 g_n,以后我们都将这样处理)。

15.4.4 参数的物理意义

参数 α 和 β 是作为拉格朗日乘子引入的，它们与粒子总数 N 及总能量 E 有关。将布居数表达式(15.4.30)、式(15.4.34)和式(15.4.38)代入约束条件(15.4.12)就可以确定 α 和 β。然而要想这样做，需要知道所讨论的势场、所允许的能量 E_n 以及相应的简并度 g_n。下面我们以 15.3.2 节的自由电子气模型为例讨论一个具体的体系(考虑可分辨粒子情况)。

体系的一个量子态为(式(15.3.8))

$$\psi=\sqrt{\frac{8}{L_xL_yL_z}}\sin\left(\frac{n_x\pi}{L_x}x\right)\sin\left(\frac{n_y\pi}{L_y}y\right)\sin\left(\frac{n_z\pi}{L_z}z\right) \tag{15.4.39}$$

其中，$n_x,n_y,n_z=1,2,3,\cdots$，相应的能量(式(15.3.9))是

$$E_k=\frac{\hbar^2k^2}{2m} \tag{15.4.40}$$

这里

$$\boldsymbol{k}=\left\{\frac{n_x\pi}{L_x},\frac{n_y\pi}{L_y},\frac{n_z\pi}{L_z}\right\} \tag{15.4.41}$$

是体系允许的波矢量。与之前的处理方法一样，我们把 k-空间的变量 k 看作连续变化的，一个量子态所占的体积为 π^3/V(即态密度为 V/π^3)。我们将第一象限内的 1/8 球壳(半径为 k，厚度为 $\mathrm{d}k$)作为前述的“箱子”(其体积由式(15.3.14)表示，如图 1.1.11 所示)，则“简并度”(即箱子内的量子态数目)为

$$g_k=\left(\frac{1}{2}\pi k^2\,\mathrm{d}k\right)\frac{V}{\pi^3}=\frac{V}{2\pi^2}k^2\,\mathrm{d}k \tag{15.4.42}$$

现在约束条件(15.4.12a)变成积分的形式，利用式(15.4.30)和式(15.4.40)，得到

$$N=\frac{V\mathrm{e}^{-\alpha}}{2\pi^2}\int_0^\infty \mathrm{e}^{-\beta\frac{\hbar^2k^2}{2m}}k^2\,\mathrm{d}k=V\mathrm{e}^{-\alpha}\left(\frac{m}{2\pi\beta\hbar^2}\right)^{3/2} \tag{15.4.43}$$

所以

$$\mathrm{e}^{-\alpha}=\frac{N}{V}\left(\frac{2\pi\beta\hbar^2}{m}\right)^{3/2} \tag{15.4.44}$$

而约束条件(15.4.12b)给出

$$E=\frac{V\mathrm{e}^{-\alpha}}{2\pi^2}\frac{\hbar^2}{2m}\int_0^\infty \mathrm{e}^{-\beta\frac{\hbar^2k^2}{2m}}k^4\,\mathrm{d}k=\frac{3V}{2\beta}\mathrm{e}^{-\alpha}\left(\frac{m}{2\pi\beta\hbar^2}\right)^{3/2} \tag{15.4.45}$$

用式(15.4.45)除以式(15.4.43)，得到

$$\frac{E}{N}=\frac{3}{2\beta} \tag{15.4.46}$$

这个结果使我们想起经典物理学的一个结论：一个原子在温度 T 时的平均动能为

$$\frac{E}{N}=\frac{3}{2}k_{\mathrm{B}}T \tag{15.4.47}$$

其中，k_{B} 是玻尔兹曼常量。式(15.4.46)与式(15.4.47)相比较给出

$$T=\frac{1}{k_{\mathrm{B}}\beta} \tag{15.4.48}$$

这说明拉格朗日参数 β 与温度 T 成反比。事实上式(15.4.48)可以理解为温度 T(在拉格朗日参数 β 意义上)的定义。

另一个拉格朗日参数 α 通常以化学势(chemical potential)

$$\mu(T)\equiv-\alpha k_{\mathrm{B}}T \tag{15.4.49}$$

的形式出现。由式(15.4.25)可以看出，α 与粒子数的守恒条件有关(如果体系的粒子数不守恒，即约束条件(15.4.12a)不再成立，则 $\alpha=0$)。可分辨粒子的化学势由式(15.4.44)决定，它给出(注意到式(15.4.48))

$$\mu(T)=k_{\mathrm{B}}T\left[\ln\left(\frac{N}{V}\right)+\frac{3}{2}\ln\left(\frac{2\pi\hbar^2}{mk_{\mathrm{B}}T}\right)\right] \tag{15.4.50}$$

类似地，用式(15.4.34)和式(15.4.38)分别代替式(15.4.30)，我们可以得到全同费米子和全同玻色子的总粒子数和总能量：

$$N=\frac{V}{2\pi^2}\int_0^{\infty}\frac{k^2}{\exp\left[\dfrac{(\hbar^2k^2/2m)-\mu(T)}{k_{\mathrm{B}}T}\right]\pm1}\mathrm{d}k \tag{15.4.51a}$$

$$E=\frac{V}{2\pi^2}\frac{\hbar^2}{2m}\int_0^{\infty}\frac{k^4}{\exp\left[\dfrac{(\hbar^2k^2/2m)-\mu(T)}{k_{\mathrm{B}}T}\right]\pm1}\mathrm{d}k \tag{15.4.51b}$$

其中，±1 相应于费米子和玻色子。由式(15.4.51a)可以确定化学势 $\mu(T)$，进而由式(15.4.51b)得到总能量 E。特别是还可以利用 $E\sim T$ 关系讨论固体(全同费米子体系或全同玻色子体系)的比热 $C=\partial E/\partial T$。但问题是式(15.4.51)的积分不能表示为初等函数的形式，对这些问题只能进行数值计算。

15.4.5　量子统计分布与平均粒子数

利用式(15.4.48)和式(15.4.49)，可以将布居数表达式(15.4.30)、式(15.4.34)和式(15.4.38)统一写成

$$N_n=g_n\exp\left(-\frac{E_n-\mu}{k_{\mathrm{B}}T}\right)\quad(\text{玻尔兹曼分布}) \tag{15.4.52a}$$

$$N_n=\frac{g_n}{\exp\left(\dfrac{E_n-\mu}{k_{\mathrm{B}}T}\right)+1}\quad(\text{费米-狄拉克分布}) \tag{15.4.52b}$$

$$N_n=\frac{g_n}{\exp\left(\frac{E_n-\mu}{k_B T}\right)-1} \quad (玻色\text{-}爱因斯坦分布) \tag{15.4.52c}$$

其中,玻尔兹曼分布适用于可分辨粒子(在 $\mu=0$ 情况下与式(1.1.8)相吻合);费米-狄拉克分布(Fermi-Dirac distribution)适用于全同费米子;玻色-爱因斯坦分布(Bose-Einstein distribution)适用于全同玻色子。

注意,式(15.4.52)表示处于某一个给定能级的粒子数,我们可以进而对该能级上的所有量子态求平均粒子数(average particle number),为此用 N_n 除以简并度 g_n 即可:

$$\langle n\rangle=\begin{cases}\dfrac{1}{\exp\left(\dfrac{E-\mu}{k_B T}\right)} & (玻尔兹曼分布) \quad (15.4.53a)\\[2ex] \dfrac{1}{\exp\left(\dfrac{E-\mu}{k_B T}\right)+1} & (费米-狄拉克分布) \quad (15.4.53b)\\[2ex] \dfrac{1}{\exp\left(\dfrac{E-\mu}{k_B T}\right)-1} & (玻色-爱因斯坦分布) \quad (15.4.53c)\end{cases}$$

其中,$\langle n\rangle$表示在同一个能级 E 上(相对于不同状态)的平均粒子数。

我们的结论是:费米-狄拉克分布和玻色-爱因斯坦分布在函数形式上的不同源于费米子和玻色子本质属性的不同,二者服从不同的统计方法。需要指出,这两种统计方法虽然都没有考虑粒子间的相互作用,但全同粒子在统计学意义上却是"相关的"。即一个粒子的状态会影响其他粒子的状态,表现出多粒子体系的内部相关性。如费米子,一个量子态上已有一个粒子占据时,它排斥其他全同粒子对这一量子态的占据;而玻色子则不同,占据一个量子态的粒子允许其他全同粒子对这一量子态的占据。可见量子统计法(quantum statistical method)本身包含着统计元素之间的相关性,而不像经典统计学那样,统计元素之间是相互独立的。

15.5 量子统计力学的应用

本节介绍量子统计力学在几个重要问题中的应用。

15.5.1 化学势与费米能级

我们首先考查费米-狄拉克分布在绝对温度 $T\to 0$ 时的极限行为。为此将费米-狄拉克分布(15.4.52b)中的能级看作连续变化的,则有

$$N_E \sim \frac{1}{\exp\left[\frac{E-\mu(T)}{k_B T}\right]+1} \tag{15.5.1}$$

在 $T\to 0$ 时，我们有

$$\exp\left[\frac{E-\mu(T)}{k_B T}\right]\to\begin{cases}0 & (E<\mu(0))\\ \infty & (E>\mu(0))\end{cases} \tag{15.5.2}$$

所以

$$N_E\to\begin{cases}1 & (E<\mu(0))\\ 0 & (E>\mu(0))\end{cases} \tag{15.5.3}$$

这意味着，能量小于 $\mu(0)$ 的态都被占据着，而能量大于 $\mu(0)$ 的态都是空的。因此 $T\to 0$ 极限情况下的费米-狄拉克分布如图 15.5.1 中的折线所示。按照费米面的定义（式(15.3.13)），绝对零度的化学势 $\mu(0)$ 显然就是费米能量：

$$\mu(0)=E_F \tag{15.5.4}$$

当 $T>0$ 时，费米-狄拉克分布变得平滑，如图 15.5.1 中的实线所示。

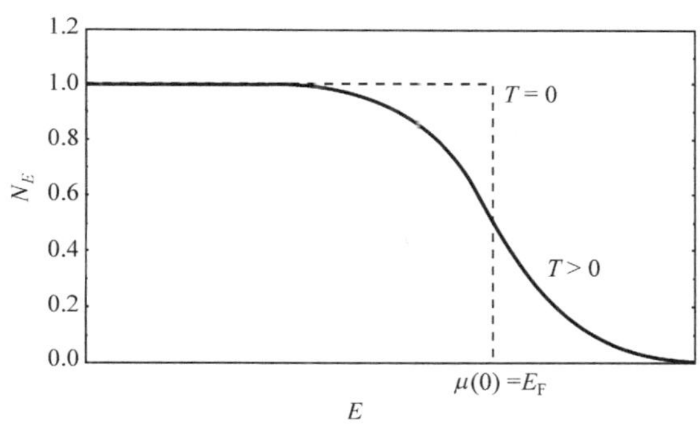

图 15.5.1　费米-狄拉克分布

15.5.2　黑体辐射与平均光子数

作为玻色-爱因斯坦分布（式(15.4.52c)）的应用，我们将推导出普朗克黑体辐射公式(12.3.17)。我们知道，光子是自旋为 1 的玻色子，服从玻色-爱因斯坦分布。然而黑体辐射的强度随温度而升高，所以光子数是不守恒的，约束条件(15.4.12a)不再成立，式(15.4.25)中参数 $c=0$（则 $\mu=0$）。而光子的能量为 $E_n=\hbar\omega$，于是式(15.4.52c)写为

$$N_n=\frac{g_n}{\exp\left(\frac{\hbar\omega}{k_B T}\right)-1} \tag{15.5.5}$$

这就是黑体辐射光子数。设辐射的有效体积为 V，则 dk 范围内的光子简并度（参

看式(15.4.42))为

$$g_k=\left(\frac{1}{2}\pi k^2\mathrm{d}k\right)(2V/\pi^3)=\frac{V}{\pi^2}k^2\mathrm{d}k \tag{15.5.6}$$

式中,$(2V/\pi^3)$是态密度,其中的因子 2 是由于一个光子有两个偏振态(参看式(1.1.62))。进而利用关系式 $k=2\pi/\lambda=\omega/c$,将式(15.5.6)写为

$$g_\omega=\frac{V}{\pi^2c^3}\omega^2\mathrm{d}\omega \tag{15.5.7}$$

于是式(15.5.5)写为

$$N_\omega=\frac{1}{\exp\left(\frac{\hbar\omega}{k_\mathrm{B}T}\right)-1}\frac{V}{\pi^2c^3}\omega^2\mathrm{d}\omega \tag{15.5.8}$$

它表示光子数,而一个光子的能量为 $\hbar\omega$,因此单位体积辐射的能量为

$$\frac{\hbar\omega}{V}N_\omega=\frac{\hbar\omega}{V}\frac{1}{\exp\left(\frac{\hbar\omega}{k_\mathrm{B}T}\right)-1}\frac{V}{\pi^2c^3}\omega^2\mathrm{d}\omega=\rho(\omega)\mathrm{d}\omega \tag{15.5.9}$$

可见

$$\rho(\omega)=\frac{\hbar}{\pi^2c^3}\frac{\omega^3}{\exp\left(\frac{\hbar\omega}{k_\mathrm{B}T}\right)-1} \tag{15.5.10}$$

这正是普朗克黑体辐射公式(式(12.3.17)),它表示温度为 T 时单位体积、单位频率间隔的辐射能量。由式(15.5.5)得到黑体辐射的平均光子数

$$\langle n\rangle=\frac{1}{\exp\left(\frac{\hbar\omega}{k_\mathrm{B}T}\right)-1} \tag{15.5.11}$$

因此平均光子能量为

$$\langle\varepsilon\rangle=\frac{\hbar\omega}{\exp\left(\frac{\hbar\omega}{k_\mathrm{B}T}\right)-1} \tag{15.5.12}$$

这正是式(1.2.20)的结果。

15.5.3 晶格振动、声子与德拜模型

晶格中的原子围绕其平衡位置不停地振动,由于原子之间的相互作用,振动以波的形式在晶格中传播,这就是所谓格波(lattice waves)。在简谐近似下,格波可以表示为 $\boldsymbol{u}_{l,j}=\boldsymbol{A}_k\exp[\mathrm{i}(\omega t-\boldsymbol{k}\cdot\boldsymbol{r}_{l,j})]$,其中,$\boldsymbol{u}_{l,j}$是第 l 个原胞中第 j 个原子的位移,$\boldsymbol{r}_{l,j}$是该原子的坐标,ω 是原子振动的频率,$\boldsymbol{k}$ 是格波的波矢量。

对格波进行量子化(参见 16.1 节),可以引出声子(phonon),它是格波能量的

最小单元。声子是玻色子，因此一个格波模(相应于一个特定的频率)可以包含多个声子。对于频率为 ω 的格波模，每个声子的能量为 $E=\hbar\omega$ (注意声子的能量远小于光子)。一个格波模的平均声子数与黑体辐射的平均光子数(式(15.5.11))有相同的形式，因此一个格波模的能量为

$$\frac{E}{\exp\left(\frac{E}{k_B T}\right)-1} \tag{15.5.13}$$

下面将由它出发计算固体的比热.这涉及著名的德拜模型(Debye model)。1912 年荷兰物理学家德拜基于声子的概念和玻色—爱因斯坦统计规则，计算了固体的能量和比热。与之前爱因斯坦的单一频率处理(见式(1.2.37))不同，德拜模型把晶格振动归结为多频率的，而且对于边长为 L、含有原子数 N 的正方晶体，假定存在一个最大频率 $\nu_{\max}$ (注意光子的频率是无界的)，它相应于最大模数 $n_{\max}$ (对于光子是无限的)。考虑沿正方晶体一个轴向的格波模，假定它们满足驻波条件 $L=(\lambda_n/2)n\ (n=1,\ 2,\cdots,n_{\max})$，其中 λ_n 是第 n 个格波模的波长，则正方晶体的(单轴)总能量是对模数 n 的求和：

$$U_1=3\sum_{n=1}^{n_{\max}}\frac{E_n}{\exp\left(\frac{E_n}{k_B T}\right)-1} \tag{15.5.14}$$

其中 3 是由于每个声子有三个可能的偏振态(一个纵向，两个横向)；E_n 是一个声子的能量：

$$E_n=h\nu_n=\frac{hV_s}{\lambda_n}=\frac{hV_s}{2L}n \tag{15.5.15}$$

V_s 是声子传播的速度。

在三维情况下，利用波矢量 $\boldsymbol{k}_n=\{k_x,k_y,k_z\}$ 可以写出

$$E_n^2=V_s^2p_n^2=V_s^2(\hbar k_n)^2=V_s^2\hbar^2(k_x^2+k_y^2+k_z^2) \tag{15.5.16a}$$

其中 $p_n=h/\lambda_n$ 是声子的动量。另一方面，由式(15.5.15)可得

$$E_n^2=V_s^2\left(\frac{h}{2L}\right)^2n^2=V_s^2\left(\frac{h}{2L}\right)^2(n_x^2+n_y^2+n_z^2) \tag{15.5.16b}$$

可见

$$\{n_x,n_y,n_z\}=\frac{L}{\pi}\{k_x,k_y,k_z\} \tag{15.5.16c}$$

其中，n_x,n_y,n_z 是一组正整数。式(15.5.16c)与式(1.1.60)相同，因此模数 $\{n_x,n_y,n_z\}$ 张成一个无量纲的 n-空间。

对于所考虑的正方晶体，在体积 L^3 内有 N 个原子，这意味着每一条边有 $\sqrt[3]{N}$ 个原子，因此原子的间距为 $L/\sqrt[3]{N}$。可以合理假定格波的最短波长为原子间距的 2 倍(图 15.5.2)，即

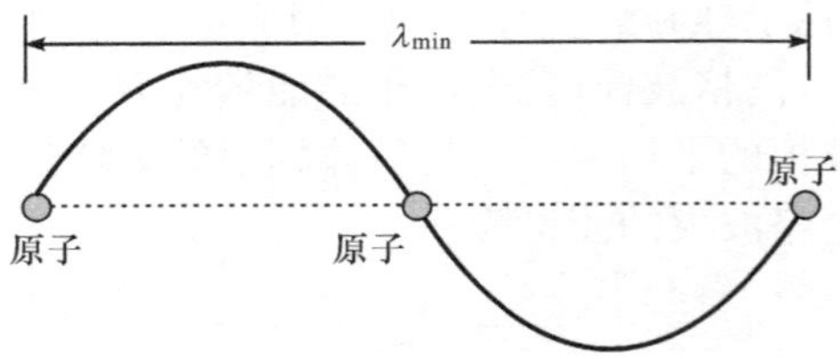

图 15.5.2 格波的最短波长 $\lambda_{\min}$ 是驻波条件 $L=(\lambda/2)n$ 在 L 取最小值（原子间隔）而 $n=1$ 情况下所确定的波长

$$\lambda_{\min}=\frac{2L}{\sqrt[3]{N}} \tag{15.5.17}$$

利用它和式(15.5.15)得到模数(n_x,n_y,n_z)的最大值

$$n_{\max}=\sqrt[3]{N} \tag{15.5.18}$$

假定模数是连续变化的，则由式(15.5.14)可将三维晶体的总能量写成积分的形式

$$U=3\int_0^{\sqrt[3]{N}}\int_0^{\sqrt[3]{N}}\int_0^{\sqrt[3]{N}}\frac{E(n)}{\exp\left[\dfrac{E(n)}{k_{\mathrm{B}}T}\right]-1}\mathrm{d}n_x\mathrm{d}n_y\mathrm{d}n_z \tag{15.5.19}$$

其中，积分区域是$\{n_x,n_y,n_z\}$空间的第一象限中的正方体(图 15.5.3(a))，体积为N。现在将积分(15.5.19)变换到球坐标系：

$$U=3\int_0^{\pi/2}\int_0^{\pi/2}\int_0^{a}\frac{E(n)}{\exp\left[\dfrac{E(n)}{k_{\mathrm{B}}T}\right]-1}n^2\sin\theta\mathrm{d}n\mathrm{d}\theta\mathrm{d}\phi \tag{15.5.20}$$

这里已经将积分区域近似地用 n-空间中半径为 a 的 1/8 球体(图 15.5.3(b))代替：它的体积与图 15.5.3(a)所示的正方体相等，即

$$\frac{1}{8}\cdot\frac{4}{3}\pi a^3=N \tag{15.5.21}$$

由此确定出

$$a=\left(\frac{6N}{\pi}\right)^{1/3} \tag{15.5.22}$$

完成式(15.5.20)中的角向积分，然后利用式(15.5.15)将它写为

$$U=\frac{3\pi}{2}\int_0^{a}\frac{hV_sn}{2L}\frac{n^2}{\exp\left(\dfrac{hV_sn}{2Lk_{\mathrm{B}}T}\right)-1}\mathrm{d}n \tag{15.5.23}$$

为了对它化简，引入变量代换

$$x=\frac{hV_sn}{2Lk_{\mathrm{B}}T} \tag{15.5.24}$$

式(15.5.23)变为

$$U = 9k_{\mathrm{B}}NT\left(\frac{T}{T_{\mathrm{D}}}\right)^{3}\int_{0}^{T_{\mathrm{D}}/T}\frac{x^{3}}{\mathrm{e}^{x}-1}\mathrm{d}x \tag{15.5.25}$$

其中

$$T_{\mathrm{D}}=\frac{hV_{s}a}{2Lk_{\mathrm{B}}}=\frac{hV_{s}}{2Lk_{\mathrm{B}}}\sqrt[3]{\frac{6N}{\pi}} \tag{15.5.26}$$

具有温度的量纲，称为德拜温度(Debye temperature)。式(15.5.25)表示边长为 L 的立方固体(包含 N 个原子)处于温度 T 时的能量。

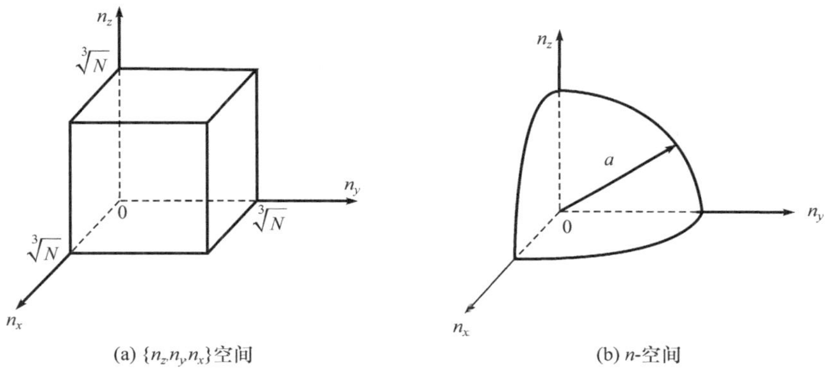

图 15.5.3　$\{n_x, n_y, n_z\}$空间和 n-空间的积分区域：二者的体积相等(均为 N)

我们现在考查 1mol 的固体，则式(15.5.25)中的 N 表示阿伏伽德罗常量，这样

$$U=3RTD\left(\frac{T_{\mathrm{D}}}{T}\right) \tag{15.5.27}$$

其中，$R=k_{\mathrm{B}}N=8.3\mathrm{J/(mol \cdot K)}$是普适气体常数，而

$$D(x) = 3x^{-3}\int_{0}^{x}\frac{\xi^{3}}{\mathrm{e}^{\xi}-1}\mathrm{d}\xi \tag{15.5.28}$$

称为德拜函数(Debye function)。进而得到固体比热为

$$C=\frac{\partial U}{\partial T}=3Rf_{\mathrm{D}}\left(\frac{T_{\mathrm{D}}}{T}\right) \tag{15.5.29}$$

其中

$$f_{\mathrm{D}}(x) = 3x^{-3}\int_{0}^{x}\frac{\xi^{4}\mathrm{e}^{\xi}}{(\mathrm{e}^{\xi}-1)^{2}}\mathrm{d}\xi \tag{15.5.30}$$

称为德拜比热函数(Debye specific heat function)。式(15.5.29)就是德拜模型关于固体比热的结果。在高温极限下($T \gg T_{\mathrm{D}}$)，利用 $\mathrm{e}^{\xi} \to 1+\xi$(当 ξ 很小时)，有

$$f_{\mathrm{D}}(x) \to 3x^{-3}\int_{0}^{x}\xi^{2}\mathrm{e}^{\xi}\mathrm{d}\xi \approx 3x^{-3}\int_{0}^{x}\xi^{2}\mathrm{d}\xi \approx = 1 \tag{15.5.31}$$

由此给出 $C \to 3R$，这正是熟知的经典结果。

利用式(15.5.29)和式(15.5.30)作出固体比热 C 随温度参量 T/T_D 变化的曲线,并与实验结果相比较,如图 15.5.4 所示。可以看出,在所测量的整个温度范围内,德拜模型的预言值与测量值相符合(没有出现图 1.2.8 中的系统性误差)。为了考查德拜模型与爱因斯坦模型(见 1.2.4 节例 3)的差别,我们作出德拜比热函数 $f_D(x)$ 和爱因斯坦比热函数 $c(x)$(来自图 1.2.7)的曲线,如图 15.5.5 所示。可以看出,当温度较高($x\to0$)时,二者给出 $c(0)=f_D(0)\to1$,即 $C\to3R$。但 $x>0$ 时,$c(x)$值普遍低于 $f_D(x)$值。这就是爱因斯坦模型存在系统性误差而德拜模型与实验相符合的原因。

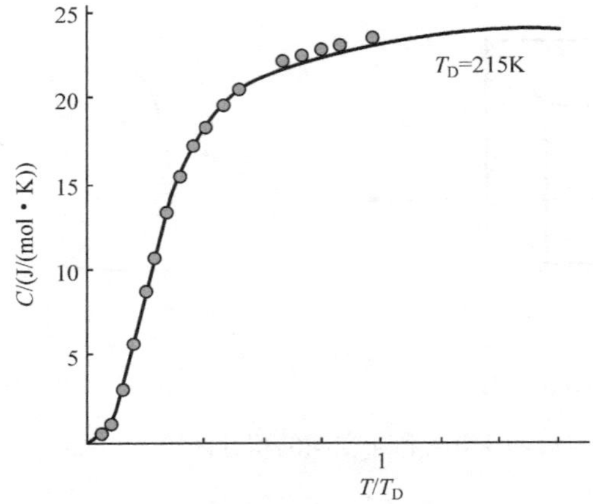

图 15.5.4　固体比热 C 随温度参量 T/T_D 变化的曲线(来自式(15.5.29)和式(15.5.30))
图中的实验数据来自银比热的测量

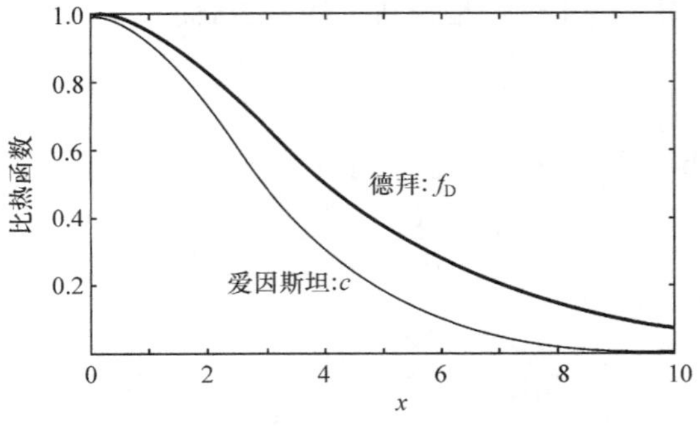

图 15.5.5　德拜比热函数和爱因斯坦比热函数

不过需要指出,按照德拜模型,德拜温度只与材料的性质有关而与温度无关(式(15.5.26))。但实验上发现,一些晶体的德拜温度与温度有关(如重要的半导体材料铟)。这说明,关于德拜模型还有进一步的问题有待研究。

15.6 石 墨 烯

一片薄膜材料能薄到什么程度？2010 年诺贝尔物理学奖得主、英国曼彻斯特大学的科学家海姆(Geim)和诺沃肖洛夫(Novoselov)造出了原子厚度的薄膜——石墨烯(graphene)。石墨烯作为一种具有完美晶格结构的二维材料，有许多奇特的性质：它的密度仅有 $0.77\mathrm{mg/m^2}$，但强度比钢高出 100 倍；它非常致密，连氦原子(最小的气体原子)也无法穿过；它的电导率是铜的 1.6 倍；导热性胜过其他所有的已知材料；它几乎是完全透明的，对光的吸收率只有 2.3%。石墨烯可以被刻成分子大小的单电子晶体管，即使 1nm 宽的石墨烯元件，稳定性依然良好。

石墨烯的奇特性质源于其晶格结构中电子运动的相对论量子力学机制。石墨烯激发被无质量费米子的二维狄拉克方程描述，它给出零带隙的能带结构，特别是狄拉克点附近的线性色散关系。这导致一系列奇异的量子现象，包括具有完全透过率的量子隧穿效应、反常的量子霍尔效应、以及在 1eV 线性范围内与粒子物理学结果的类似性等。因此石墨烯的理论研究同样具有深刻的学术意义。

石墨烯作为一种完美的新型材料和一个奇妙的量子体系，它的问世和应用将会对物理学、化学、材料科学、量子信息学、生命科学、以及众多技术领域产生重大的影响，从而开创当代科学与技术的新纪元。

15.6.1 石墨烯：碳原子网

想象有一张平面网。每一个网格都是一个标准的六角形，每一个结点上都有一个碳原子。这张网可以说没有高度，是二维而不是三维的，这就是石墨烯。石墨烯包含烯类物质的基本特征——碳原子之间的双键连接(每个网孔有两处是烯键)，如图 15.6.1(a)所示。而图 15.6.1(b)展示了用透射电子显微镜所观察到的石墨烯晶格结构。石墨烯作为一层碳原子网，卷起来是一个碳纳米管，而它的 20 个六元环则包成一个 C_{60} 分子(图 1.5.4(a))，如图 15.6.2 所示。

石墨烯是由一层碳原子组成的，但石墨烯的厚度并不简单地等于碳原子的直径。这个情况涉及多重因素，我们需要从基态氢原子径向概率密度(图 8.5.3)说起。该结果显示，对于一个氢原子体系，其中约半数原子的轨道取玻尔半径 $a=0.053\mathrm{nm}$，另外一半原子的轨道大于或小于玻尔半径。同样，量子理论计算给出基态碳原子的最概然半径 $r_C=0.07\mathrm{nm}$，这表示电子处在这个轨道上的概率最大，但在整个空间($0<r<\infty$)的概率都不为零。所以石墨烯的一层碳原子中，其轨道半径有大有小。另外，一个碳原子的坐标有测不准原理所导致的微观不确定性($\Delta x\Delta p\sim h$)。除此之外，碳原子的空间位置还存在宏观热力学效应所带来的起伏。由于上述原因(导致原子半径不同、原子位置不同)，石墨烯的厚度大于碳原子

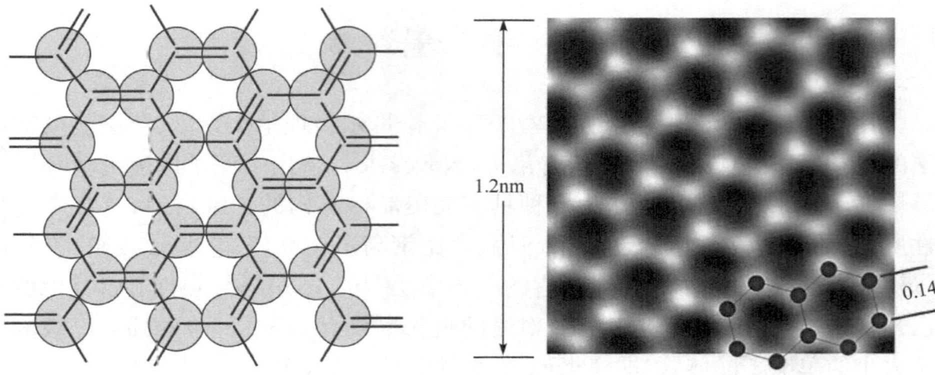

图 15.6.1　(a)石墨烯的晶格结构示意图;(b)透射电子显微镜下的石墨烯晶格结构:发亮部分为碳原子,碳原子间距为 0.14nm,晶格常数为 0.24nm

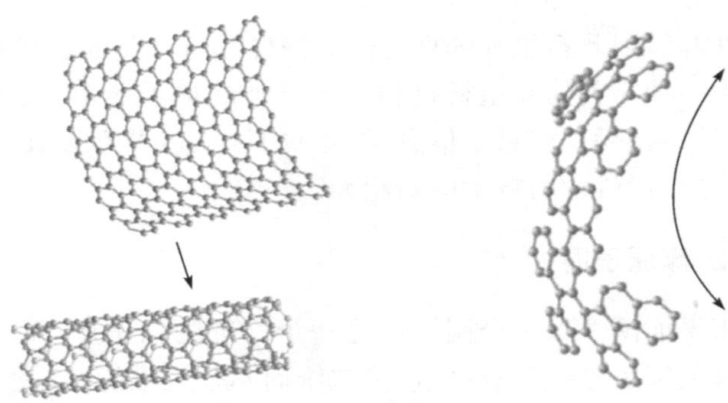

图 15.6.2　石墨烯作为一层碳原子网,卷起来是一个碳纳米管,而它的 20 个六元环则包成一个球状 C_{60} 分子(球表面自然形成 12 个五元环)

的直径。实际上,石墨烯是从石墨中剥离出来的一层碳原子。因此石墨烯的厚度其实就是石墨中层与层的间距,为 $D=0.335\text{nm}$(图 15.6.3),它是碳原子最概然直径的 2.4 倍。石墨中碳原子层之间是依靠微弱的范德瓦尔斯力(van der Waals force)结合起来的(20kJ/mol),层与层之间的结合很松散,容易脱落。铅笔在纸上轻轻划过,留下的痕迹就可能是几层甚至仅仅一层石墨烯。而石墨烯中碳原子之间的连接却非常柔韧,受到外部压力时,原子网弯曲变形,但不改变网格的排列,保持稳定的空间结构(就像一张柔韧的"尼龙网")。

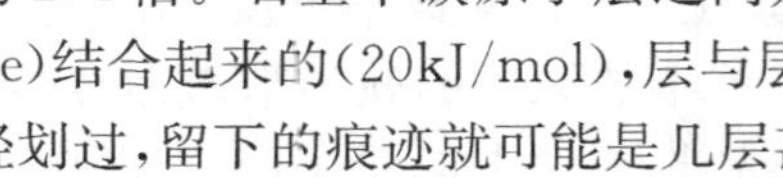

图 15.6.3　石墨烯的厚度为 $D=0.335\text{nm}$,碳原子的最概然直径为 $2r_C=0.14\text{nm}$

石墨烯的晶格结构非常完美，几乎没有缺陷(不像通常晶体那样普遍存在缺陷)，呈现整体化一的高度有序。石墨烯的所有奇特性质都与这种近乎理想化的晶格结构有关。在没有晶格缺陷的情况下，电子能在石墨烯网面上快速地、长距离地、畅通无阻地传播，就像无质量的光子一样。而在普通导体中，电子传播时往往是弹跳式的(好像弹球机中的球体一样，在传播中不断撞击台面)，这就大大削弱了它的导电性能。

关于石墨烯的化学性质，由于碳-碳化学键很短(C ═C 键为 1.34Å，C—C 键为 1.54Å)，碳-碳原子之间的结合能很高(C ═C 键为 614kJ/mol，C—C 键为 348kJ/mol)，这是石墨烯具有稳定结构的根本原因。另外，看似脆弱的石墨烯(一层碳原子)却有惊人的机械强度。如果用 $1m^2$ 的石墨烯做成一张“吊床”，可以承受一只猫的重量，而吊床本身的重量仅为 0.77mg，只相当于猫的一根胡子。

15.6.2　石墨烯的能带结构

石墨烯的奇特性质可以在其 E-k 图的意义上作出圆满的解释。由石墨烯中原子排列的空间结构可以得出石墨烯的能带结构(energy band structure of graphene)，如图 15.6.4所示。能带的费米面由六对圆锥面构成，它们相互连接，没有带隙。锥面的连接点称为狄拉克点(Dirac point)。因此石墨烯是一种零带隙的半导体(图 15.6.5)。

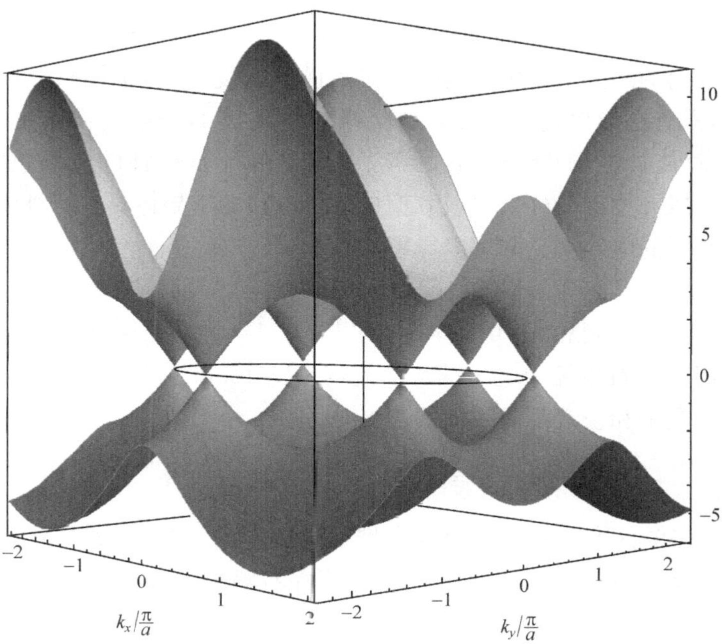

图 15.6.4　石墨烯的能带结构

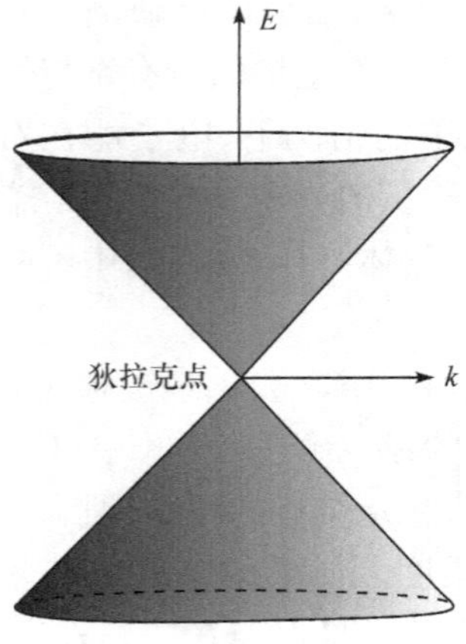

图 15.6.5　石墨烯是零带隙的半导体

位于狄拉克点的载流子既属于导带又属于价带;既是电子又是空穴;有效质量既为正又为负。由此断定:载流子在狄拉克点的有效质量为零。事实上,正如图 15.3.18所示,如果导带最低点是尖点,则该点电子的有效质量为零。而有效质量 $m^* \to 0$ 意味着实际质量 $m \to 0$(实际质量与有效质量相差一个常数因子,即 $m = Cm^*$)。这样石墨烯中的电子就像无质量的光子一样。这导致石墨烯中的电子具有极高的迁移率($\mu_n = 2\times10^5\,\mathrm{cm^2/(V\cdot s)}$),它是砷化镓材料的 24 倍。

我们再来考查石墨烯的电导率。本征石墨烯(intrinsic grapheme)的费米能级处于那些圆锥面的连接点。由于这些连接点的态密度为零,本征石墨烯的电导率是相当低的,只有电导率量子 Ae^2/h 的量级($A=1$ 或 4,目前尚没有定论)。通过对石墨烯激发(施加电场)能改变它的费米能级。用不同极性的电场激发时,石墨烯材料可以变成 n 型掺杂(电子)或 p 型掺杂(空穴)的半导体材料。被激发的石墨烯材料有相当高的电导率。利用电导率的表示式

$$\sigma = en\mu_n \tag{15.6.1}$$

取浓度 $n = 10^{12}\,\mathrm{cm^{-2}}$,可得 $\sigma = 0.96\times10^6\,\Omega^{-1}\cdot\mathrm{cm^{-1}}$,它是铜材料的 1.6 倍。

最后我们考查石墨烯中电子的传播速度。图 15.6.5 显示,在狄拉克点附近,色散关系对于电子和空穴都是线性的:

$$E = h\nu = h\frac{V_\mathrm{F}}{\lambda} = \hbar V_\mathrm{F} k \tag{15.6.2}$$

其中,V_F 是电子的速度。利用石墨烯能带结构的数据,可以计算出狄拉克点附近的线性色散关系的斜率 $\mathrm{d}E/\mathrm{d}k$,由此得到电子在石墨烯中传播的速度

$$V_\mathrm{F} = \frac{1}{\hbar}\frac{\mathrm{d}E}{\mathrm{d}k} \tag{15.6.3}$$

这是一个常数,其值为

$$V_F \approx \frac{c}{300} = 10^6 \text{m/s} \tag{15.6.4}$$

电子以如此高的速度传播,这是石墨烯具有极好导电性的原因。

15.6.3　奇异的量子效应

石墨烯具有非常奇特的量子效应,首先表现在奇特的电子遂穿效应。通常的电子隧穿效应(见 3.5.1 节)是指电子可以穿过能量较高的势垒,在一般情况下,电子在势垒后侧出现的概率很低。发生在石墨烯中的电子遂穿效应并非如此,电子在穿过势垒时,好像势垒不存在一样,没有任何阻挡。这是因为它的实际质量 $m \to 0$。那么按照势垒贯穿概率的表达式(3.5.4b),有

$$T = \exp\left\{-\frac{2}{\hbar}\int_a^b \sqrt{2m[V(x)-E]}\mathrm{d}x\right\} \to 1 \tag{15.6.5}$$

可见电子隧穿透过率接近于 1,即势垒对电子的传播没有阻碍。

石墨烯中的量子霍尔效应(quantum Hall effect in graphene)也变得很反常。我们知道,量子霍尔效应是关于半导体材料的横向电导率对磁场的依赖性。在通常的量子霍尔效应中,电阻率的值取 e^2/h 的整数倍。电阻率发生突变的“台阶”高度为 $e^2/h(n\neq0)$ 和 $2e^2/h(n=0)$,如图 15.6.6 所示。因此霍尔电导率是量子化的:

$$\sigma_{xy} = \pm N\frac{e^2}{h} \quad (N=1,2,3,\cdots) \tag{15.6.6}$$

其中,± 对应电子与空穴。另外我们知道,观察量子霍尔效应需要很纯净的硅或砷化镓材料,很低的环境温度(约 3K)以及很强的磁场。

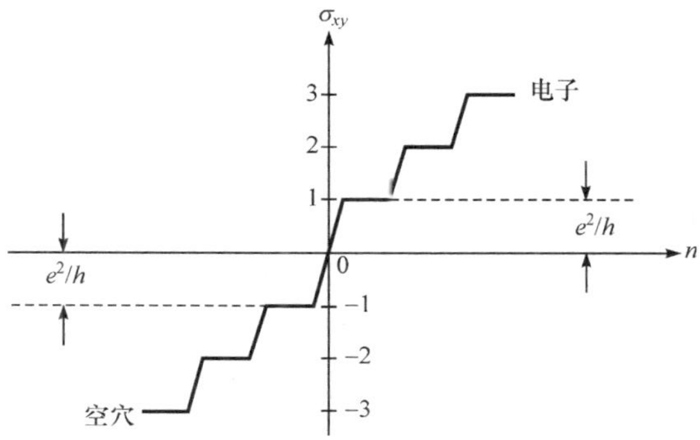

图 15.6.6　通常的量子霍尔效应

n 是载流子的浓度

石墨烯中量子霍尔效应的结果如图 15.6.7(a)所示,电阻率的取值变为 $4e^2/h$

的半整数倍,电阻率发生突变的台阶高度在 $n\neq0$ 和 $n=0$ 处均为 $4e^2/h$。所以石墨烯的霍尔电导率表示为

$$\sigma_{xy}=\pm4\left(N-\frac{1}{2}\right)\frac{e^2}{h}\quad(N=1,2,3,\cdots)\tag{15.6.7}$$

双层石墨烯的量子霍尔效应的结果如图 15.6.7(b)所示,它的结构与通常量子霍尔效应相同,但电阻率发生突变的台阶高度为 $4e^2/h(n\neq0)$ 和 $8e^2/h(n=0)$,是图 15.6.3所示通常值的 4 倍。由此,它的霍尔电导率为

$$\sigma_{xy}=\pm4N\frac{e^2}{h}\quad(N=1,2,3,\cdots)\tag{15.6.8}$$

石墨烯中的这些反常量子霍尔效应在常温下就可以观察到(约 20℃)。

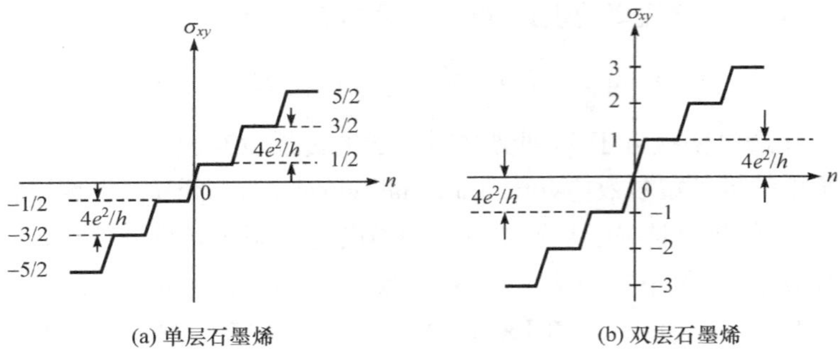

图 15.6.7　石墨烯的反常量子霍尔效应

n 是载流子的浓度

另外,石墨烯色散关系的线性区域(满足式(15.6.2))对应能量在 1eV 以内,大于这个能量值时,色散关系变成非线性的。这个现象与粒子物理学结果是类似的。

15.6.4　石墨烯的狄拉克方程

狄拉克建立了描述费米子的相对论量子力学方程(见 17.3 节)。相应的哈密顿算符对于动量和质量的依赖性是线性的:

$$H=c\boldsymbol{\alpha}\cdot\boldsymbol{p}+\beta mc^2\tag{15.6.9}$$

其中,$\boldsymbol{p}$ 和 m 是狄拉克费米子(包括电子和空穴)的动量和质量;β 具有矩阵形式;$\boldsymbol{\alpha}$ 是三维泡利矩阵。石墨烯中的电子质量 $m\to0$,哈密顿算符用二分量形式表示为

$$H=\hbar V_{\mathrm{F}}\boldsymbol{\sigma}\cdot\boldsymbol{k}=\hbar V_{\mathrm{F}}\begin{pmatrix}0 & k_x-\mathrm{i}k_y\\ k_x+\mathrm{i}k_y & 0\end{pmatrix}\tag{15.6.10}$$

其中,$\boldsymbol{k}=\{k_x,k_y\}$是狄拉克费米子的波矢量;$\boldsymbol{\sigma}$ 是二维泡利矩阵;V_{F} 是狄拉克费米子的速度(与波矢量 $\boldsymbol{k}$ 无关),它扮演光速的角色。由哈密顿算符(15.6.10)所确定

的本征方程为

$$\hbar V_{\mathrm{F}}\begin{pmatrix} 0 & k_x - \mathrm{i}k_y \\ k_x + \mathrm{i}k_y & 0 \end{pmatrix}\begin{pmatrix} a \\ b \end{pmatrix} = E\begin{pmatrix} a \\ b \end{pmatrix} \tag{15.6.11}$$

这就是石墨烯的相对论狄拉克方程(relativistic Dirac equation of graphene),其中,E 是本征能量。方程(15.6.11)的解给出散射关系,一个典型的结果是

$$E = \pm\gamma_0 \sqrt{1 + 4\cos^2(\pi k_y a) + 4\cos(\pi k_y a)\cos(\pi k_x \sqrt{3}a)} \tag{15.6.12}$$

其中,$\gamma_0 \approx 2.8\mathrm{eV}$ 是最邻近跳跃能(the nearest-neighbor hopping energy);$a \approx 0.24\mathrm{nm}$ 是晶格常数。

第 16 章　辐射场的量子态

到目前为止，我们所讨论的量子体系主要涉及实物粒子。本章我们将讨论辐射场的量子性质。我们首先计算一个谐振腔中的单模电磁场的能量，结果显示了单模场与谐振子的等价性，由此对单模场进行量子化，并随之引入光子数算符的重要概念。然后我们介绍一些基本的辐射场态，包括光子数态、混沌态、相干态、压缩态、“薛定谔猫”态（包括偶、奇相干态）等。我们从光子数分布、平均光子数、归一化光子数方差、正交分量的起伏等方面详细讨论了这些辐射场态的量子统计性质，并指出它们在量子光学和量子信息科学（包括量子通信与量子计算）中所扮演的基础性角色。我们特别研究了微腔“薛定谔猫”态的退相干现象，并提出利用位相调制方法维持其相干性的理论分析和实验方案。然后我们进入到描述单模辐射场与单个二能级原子相互作用的杰恩斯-卡明斯模型，作为该模型的精确解，我们引出刻画辐射场与原子相耦合的穿衣态，并讨论由穿衣态的叠加所构成的一般体系的量子统计性质。我们进而介绍腔 QED 的基本概念以及利用它实现量子计算机的应用前景。最后我们讨论纠缠态的一般概念、典型实验、以及若干重要应用。

16.1　辐射场的量子化

我们在第 5 章论证了谐振子的哈密顿算符（式(5.4.5)）与它的代数形式（式(5.4.11)）的等价性：

$$\hat{H}=\frac{\hbar\omega}{4}(X^2+P^2)=\hbar\omega\left(a^+a+\frac{1}{2}\right) \tag{16.1.1}$$

其中，ω 是谐振子的频率，而

$$X=a+a^+,\quad P=-\mathrm{i}(a-a^+) \tag{16.1.2}$$

是无量纲的坐标算符和无量纲的动量算符（见式(5.4.4)），a 和 a^+ 是湮没算符和产生算符。

本节我们将要证明，一个频率为 ω 的单模辐射场正好由式(16.1.1)所示的哈密顿算符描述，因此它与一个谐振子是等价的。

16.1.1　无损耗传输线的量子化

我们首先讨论一个简单的例子——无损耗传输线的量子化(quantization of lossless transmission line)。考虑一段沿 z 轴安置的无损耗传输线(长度为 l),利用传输线微元 Δz 的等效线路(图 16.1.1),可以得到传输线上的电压 $V(z,t)$ 和电流 $I(z,t)$ 的耦合方程

$$\frac{\partial V}{\partial z}=-L\frac{\partial I}{\partial t},\ \frac{\partial I}{\partial z}=-C\frac{\partial V}{\partial t} \tag{16.1.3}$$

其中,L 和 C 分别是单位长度的电感和电容。式(16.1.3)中电压 V 和电流 I 的耦合能被解开,二者都满足波动方程

$$\frac{\partial^2 V}{\partial t^2}=c^2\frac{\partial^2 V}{\partial x^2},\ \frac{\partial^2 I}{\partial t^2}=c^2\frac{\partial^2 I}{\partial x^2} \tag{16.1.4}$$

其中,$c=\sqrt{1/(LC)}$ 是传输速度。方程(16.1.4)可以用分离变量法求解,其通解为

$$V(z,t)=\sqrt{\frac{\varepsilon}{2LC}}\left[a\mathrm{e}^{\mathrm{i}(kz-\omega t)}+a^{*}\mathrm{e}^{-\mathrm{i}(kz-\omega t)}\right]=\sqrt{\frac{L}{C}}I(z,t) \tag{16.1.5}$$

其中,ε 是实常数;a 是复常数;k 是分离常数:

$$k=\frac{\omega}{c}=\omega\sqrt{LC}=\frac{2\pi}{\lambda} \tag{16.1.6}$$

式中,λ 是传输线上的行波波长。式(16.1.5)表示沿 z 轴正、反方向传播的两个行波的叠加。

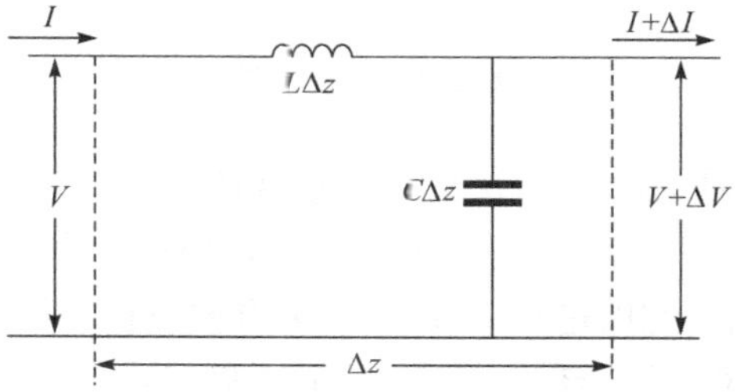

图 16.1.1　无损耗传输线:微元 Δz 的等效线路

整个传输线所含的能量为

$$\begin{aligned}H&=\frac{1}{2}\int_0^l (CV^2+LI^2)\mathrm{d}z=\int_0^l CV^2\mathrm{d}z\\&=\frac{\varepsilon}{2l}\left\{\frac{1}{\mathrm{i}2k}\left[a^2\mathrm{e}^{-\mathrm{i}2\omega t}(\mathrm{e}^{\mathrm{i}2kl}-1)-(a^{*})^2\mathrm{e}^{\mathrm{i}2\omega t}(\mathrm{e}^{-\mathrm{i}2kl}-1)\right]+2a^{*}al\right\}\end{aligned} \tag{16.1.7}$$

假定传输线满足驻波条件(这时两个行波叠加成一个驻波):

$$l=\frac{\lambda}{2}n=\frac{\pi}{k}n \quad (n=1,2,3,\cdots) \tag{16.1.8}$$

则 $e^{\pm i2kl}=e^{\pm i2\pi n}=1$，于是式(16.1.7)变成

$$H=\varepsilon a^* a \tag{16.1.9}$$

现在将 a 和 a^* 分别看作湮没算符 a 和产生算符 a^+(满足对易关系$[a,a^+]=1$)，并取 $\varepsilon=\hbar\omega$，则式(16.1.9)变成算符形式

$$\hat{H}=\hbar\omega a^+ a \tag{16.1.10}$$

其中，$a^+ a$ 正是粒子数算符(见式(10.3.6))。至此可以看出，一段无损耗传输线在满足驻波条件时，它的一个驻波模与谐振子等效(不包括零点能)。我们将会看到(见16.8节)，式(16.1.10)恰好是单模辐射场的哈密顿算符(零点能在这里是无关紧要的)。

以上讨论提供了一个经典体系被量子化成谐振子的简单例子，它直观而清晰地显示了量子化的过程。下面我们将讨论经典电磁场的量子化。

16.1.2　单模辐射场的量子化

自由电磁场的麦克斯韦方程组由式(1.1.43)给出为($\rho=0,\boldsymbol{J}=0$)

$$\nabla\cdot\boldsymbol{E}=0 \tag{16.1.11a}$$

$$\nabla\times\boldsymbol{E}=-\frac{\partial\boldsymbol{B}}{\partial t} \tag{16.1.11b}$$

$$\nabla\cdot\boldsymbol{B}=0 \tag{16.1.11c}$$

$$\nabla\times\boldsymbol{B}=\mu_0\varepsilon_0\frac{\partial\boldsymbol{E}}{\partial t} \tag{16.1.11d}$$

其中，μ_0 和 ε_0 分别是真空磁导率和真空介电常数。设一维无源谐振腔(图16.1.2(a))的腔轴沿 z 方向，腔长为 L，横截面积为 S。现在考虑其中一个频率为 ω 的腔模(图16.1.2(b))，假定它的电场 $\boldsymbol{E}(\boldsymbol{r},t)$ 沿 x 方向偏振，即 $\boldsymbol{E}(\boldsymbol{r},t)=\boldsymbol{e}_x E_x(z,t)$，其中，$\boldsymbol{e}_x$ 是 x 方向的单位矢量，且 $E_x(z,t)$ 满足边界条件 $E_x(0,t)=0,E_x(L,t)=0$，即腔模满足驻波条件：

$$L=\frac{\lambda}{2}n \quad (n=1,2,3,\cdots) \tag{16.1.12}$$

这个驻波模的电场可以写为

$$E_x(z,t)=\sqrt{\frac{E}{V\varepsilon_0}}X(t)\sin(kz) \tag{16.1.13}$$

其中，$X(t)$是一个与时间有关的无量纲振幅，$V=SL$ 是谐振腔的体积，E 是任意常数，而

$$k=\omega\sqrt{\mu_0\varepsilon_0}=\frac{\pi}{L}n \tag{16.1.14}$$

是驻波模的波数。容易看出 $\boldsymbol{E}(\boldsymbol{r},t)=\boldsymbol{e}_xE_x(z,t)$ 满足方程(16.1.11a)。由方程(16.1.11d)求得相应的磁场为 $\boldsymbol{B}(\boldsymbol{r},t)=\boldsymbol{e}_yB_y(z,t)$，它沿 y 方向偏振，其中

$$B_y(z,t)=\left(\frac{\mu_0\varepsilon_0}{k}\right)\sqrt{\frac{E}{V\varepsilon_0}}\dot{X}(t)\cos(kz) \tag{16.1.15}$$

显然 $\boldsymbol{B}(\boldsymbol{r},t)=\boldsymbol{e}_yB_y(z,t)$ 满足方程(16.1.11c)。

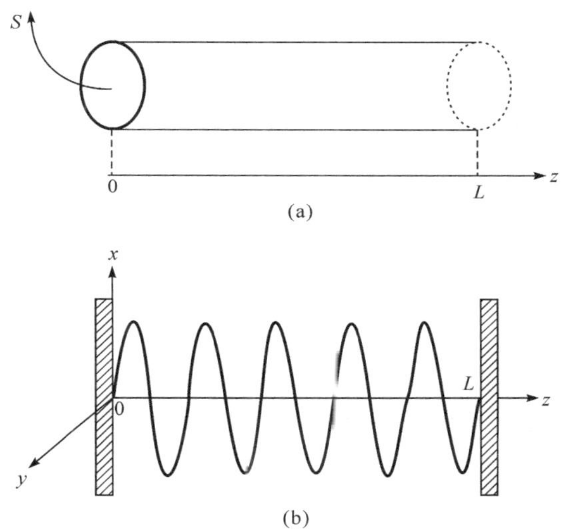

图 16.1.2　一维无源谐振腔(a)和其中的驻波模(b)

腔内电磁场的能量为

$$\begin{aligned}H&=\frac{1}{2}\int_V\left[\varepsilon_0E^2(\boldsymbol{r},t)+\frac{1}{\mu_0}B^2(\boldsymbol{r},t)\right]\mathrm{d}V=\frac{S}{2}\int_0^L\left[\varepsilon_0E_x^2(z,t)+\frac{1}{\mu_0}B_y^2(z,t)\right]\mathrm{d}z\\&=\frac{E}{2L}\left[X^2(t)\int_0^L\sin^2(kz)\mathrm{d}z+(\dot{X}/\omega)^2\int_0^L\cos^2(kz)\mathrm{d}z\right]\\&=\frac{E}{4}[X^2(t)+P^2(t)]\end{aligned} \tag{16.1.16}$$

其中，$P(t)=\dot{X}/\omega$。式(16.1.16)表示一个频率为 ω 的谐振子。事实上，将式(16.1.13)和式(16.1.15)代入方程(16.1.11b)，立即得到

$$\ddot{X}+\omega^2X=0 \tag{16.1.17}$$

它正是经典谐振子的运动方程，其通解为

$$X(t)=X\cos(\omega t)+P\sin(\omega t) \tag{16.1.18}$$

其中，$X\equiv X(0)$；$P\equiv P(0)$。将式(16.1.18)中的 X 和 P 分别看作无量纲坐标算符

和无量纲动量算符（满足对易关系$[X,P]=2\mathrm{i}$），并将式（16.1.18）代入式（16.1.16）得到$X^2(t)+P^2(t)=X^2+P^2$（体系的能量守恒），然后取$E=\hbar\omega$，则式（16.1.16）变成算符形式

$$\hat{H}=\frac{\hbar\omega}{4}(X^2+P^2) \tag{16.1.19}$$

这正是式（16.1.1）所示的谐振子的哈密顿算符。可见无源谐振腔内的一个驻波模等效于一个谐振子，从而可以将它的哈密顿算符表示为

$$\hat{H}=\hbar\omega\left(a^+a+\frac{1}{2}\right) \tag{16.1.20}$$

其中，湮没算符a和产生算符a^+满足对易关系$[a,a^+]=1$。而a^+a则是光子数算符，$\hbar\omega$是一个光子的能量。

上述过程是对单模电磁场的量子化（quantization of single-mode electromagnetic field）。事实上，还可以对一般的多模电磁场进行量子化处理，而最终的哈密顿算符为

$$\hat{H}=\sum_\lambda \hbar\omega_\lambda\left(a_\lambda^+a_\lambda+\frac{1}{2}\right) \tag{16.1.21}$$

其中，$a_\lambda^+a_\lambda$是第λ个模的光子数算符，而$\hbar\omega_\lambda$是该模的光子能量。

需要说明的是，电磁场的量子化（引入光子数算符和光子能量）通常称为"二次量子化"（second quantization）。相对而言，实物粒子的量子化（导致分立的能级）称为一次量子化。

16.1.3 电场算符及其正交分量

在二次量子化中，电场由函数（16.1.13）变成算符形式（利用式（16.1.18））

$$\begin{aligned}E_x(z,t)&=\sqrt{\frac{\hbar\omega}{V\varepsilon_0}}[X\cos(\omega t)+P\sin(\omega t)]\sin(kz)\\&=\sqrt{\frac{\hbar\omega}{V\varepsilon_0}}[a\exp(-\mathrm{i}\omega t)+a^+\exp(\mathrm{i}\omega t)]\sin(kz)\end{aligned} \tag{16.1.22}$$

现在可以看出，无量纲坐标算符X和无量纲动量算符P可以扮演电场算符的两个正交分量（quadrature components）。它们称为正交算符（quadrature operators），服从对易关系（见式（5.4.9b））

$$[X,P]=2\mathrm{i} \tag{16.1.23}$$

相应的测不准关系为（见式（10.3.36））

$$\Delta X\Delta P\geqslant 1 \tag{16.1.24}$$

其中

$$(\Delta X)^2=\langle X^2\rangle-\langle X\rangle^2,\quad (\Delta P)^2=\langle P^2\rangle-\langle P\rangle^2 \tag{16.1.25}$$

是正交分量起伏(fluctuations of quadrature components)。利用式(16.1.2)可以将式(16.1.25)写为

$$\begin{pmatrix}(\Delta X)^2\\(\Delta P)^2\end{pmatrix}=1+2\langle a^+a\rangle\pm2\mathrm{Re}\langle a^2\rangle-4\begin{pmatrix}\mathrm{Re}^2\langle a\rangle\\\mathrm{Im}^2\langle a\rangle\end{pmatrix}\tag{16.1.26}$$

对于实际问题,利用式(16.1.26)计算正交分量的起伏是直截了当的。

16.2 光子数态

我们在 10.3.1 节一般性地定义了数态$|n\rangle$。当 n 代表光子数时,它就是光子数态(photon number states)。光子数态可以表示为

$$|n\rangle=\frac{1}{\sqrt{n!}}(a^+)^n|0\rangle\quad(n=0,1,2,\cdots)\tag{16.2.1}$$

其中,$|0\rangle$是真空态。光子数态是光子数算符 a^+a 的本征态

$$a^+a|n\rangle=n|n\rangle\tag{16.2.2}$$

用光子湮没算符 a 和光子产生算符 a^+ 分别作用于光子数态给出

$$a|n\rangle=\sqrt{n}|n-1\rangle\tag{16.2.3a}$$

$$a^+|n\rangle=\sqrt{n+1}|n+1\rangle\tag{16.2.3b}$$

光子数态满足正交性关系式

$$\langle m|n\rangle=\delta_{mn}\tag{16.2.4a}$$

和完备性关系式

$$\sum_{n=0}^{\infty}|n\rangle\langle n|=1\tag{16.2.4b}$$

现在我们利用式(10.3.34)计算光子数态的二阶关联函数(second-order correlation function of number state)。我们有

$$g^{(2)}(0)=1+\frac{\langle n|a^+aa^+a|n\rangle-\langle n|a^+a|n\rangle^2-\langle n|a^+a|n\rangle}{\langle n|a^+a|n\rangle^2}=1-\frac{1}{n}\tag{16.2.5}$$

其中,$g^{(2)}(0)<1$,这表示光子数态具有光子反聚束效应(见 16.5.2 节)。

注意式(16.2.5)的结果不适用于真空态$|0\rangle$,我们用 Mandel 因子

$$Q=\frac{(\Delta n)^2-\langle n\rangle}{\langle n\rangle}\tag{16.2.6}$$

来代替二阶关联函数,其中,$(\Delta n)^2=\langle n^2\rangle-\langle n\rangle^2$。对于光子数态$|n\rangle$,我们有

$$Q=-1\tag{16.2.7}$$

它适用于所有光子数态(包括真空态)。

下面求数态的正交分量起伏(fluctuations of quadrature components in number state)，我们有

$$\langle X\rangle=\langle n|(a+a^{+})|n\rangle=0,\langle P\rangle=-\mathrm{i}\langle n|(a-a^{+})|n\rangle=0 \tag{16.2.8}$$

而

$$\begin{aligned}\langle X^2\rangle&=\langle n|(a+a^{+})^2|n\rangle=\langle n|aa^{+}|n\rangle+\langle n|a^{+}a|n\rangle\\&=\sqrt{n+1}\langle n|a|n+1\rangle+n=2n+1\end{aligned} \tag{16.2.9a}$$

同样可得

$$\langle P^2\rangle=2n+1 \tag{16.2.9b}$$

所以

$$\Delta X=\Delta P=\sqrt{2n+1} \tag{16.2.10}$$

可见，光子数态在真空情况下($n=0$)成为一个最小测不准态。

16.3 混 沌 态

混沌态(chaotic state)就是诱导黑体辐射的量子态，也称为热场(thermal field)。混沌态是在最大熵原理的意义上定义的。而这一原理的出发点是量子熵(quantum entropy)

$$S=-k_{\mathrm{B}}\mathrm{Tr}\rho\ln\rho \tag{16.3.1}$$

其中，k_{B} 是玻尔兹曼常量，而 ρ 是密度算符(见 9.3 节)。如果测量一个频率为 ω 的单模辐射场的平均光子数，所得结果为 N，现在问导致该结果的密度算符是什么？最大熵原理告诉我们，最合理的密度算符是在归一化条件 $\mathrm{Tr}\rho=1$ 和测量结果 $\mathrm{Tr}(a^{+}a\rho)=N$ 之下，对量子熵(16.3.1)进行最大化的结果。按照与 1.1.2 节例题(经典情况)类似的方法，可求出混沌态的密度算符(density operator of chaotic state)：

$$\rho=\frac{1}{Z}\exp(-\lambda a^{+}a)=\frac{N^{a^{+}a}}{(N+1)^{a^{+}a+1}} \tag{16.3.2}$$

其中，$Z=1/(1-e^{-\lambda})$，$\lambda=\hbar\omega/(k_{\mathrm{B}}T)$，而

$$N=\frac{1}{\exp\left(\frac{\hbar\omega}{k_{\mathrm{B}}T}\right)-1} \tag{16.3.3}$$

式(16.3.2)就是混沌态的密度算符。而混沌态的光子数分布是密度算符在光子数态的对角元

$$P_n=\langle n|\rho|n\rangle=\langle n|\frac{N^{a^{+}a}}{(N+1)^{a^{+}a+1}}|n\rangle=\frac{N^n}{(N+1)^{n+1}} \tag{16.3.4}$$

下面的计算要用到几个求和公式，这里先列出如下。如果 $|x|<1$，有(式(1.2.19))

$$\sum_{n=0}^{\infty} x^n = \frac{1}{1-x} \tag{16.3.5a}$$

对式(16.3.5a)两边关于 x 微分，两边再乘以 x；然后按这种方式再操作一次，可得

$$\sum_{n=0}^{\infty} nx^n = \frac{x}{(1-x)^2} \tag{16.3.5b}$$

$$\sum_{n=0}^{\infty} n^2x^n = \frac{x(1+x)}{(1-x)^3} \tag{16.3.5c}$$

利用式(16.3.5b)，得到平均光子数

$$\langle n \rangle = \sum_{n=0}^{\infty} nP_n = \frac{1}{N+1}\sum_{n=0}^{\infty} n\left(\frac{N}{N+1}\right)^n = N \tag{16.3.6}$$

可见式(16.3.3)中的 N 就是混沌态的平均光子数(average photon number of chaotic state)。它正是式(15.5.11)所示的黑体辐射的平均光子数。

现在我们利用式(10.3.34)计算混沌态的二阶关联函数(second-order correlation function of chaotic state)。由式(16.3.5c)得到

$$\langle n^2 \rangle = \frac{1}{N+1}\sum_{n=0}^{\infty} n^2\left(\frac{N}{N+1}\right)^n = 2N^2 + N \tag{16.3.7}$$

现在 $(\Delta n)^2 = \langle n^2 \rangle - \langle n \rangle^2 = N^2 + N$，所以

$$g^{(2)}(0) = 1 + \frac{(\Delta n)^2 - \langle n \rangle}{\langle n \rangle^2} = 2 \tag{16.3.8}$$

关于混沌态的正交分量起伏(fluctuations of quadrature components in chaotic state)，我们按照式(16.1.26)求出

$$\langle a \rangle = \mathrm{Tr}(\rho a) = \frac{1}{Z}\sum_{n=0}^{\infty}\langle n|\mathrm{e}^{-\lambda a^+ a}a|n\rangle$$

$$= \frac{1}{Z}\sum_{n=0}^{\infty}\mathrm{e}^{-\lambda n}\sqrt{n}\langle n|n-1\rangle = 0$$

同理可得 $\langle a^2 \rangle = 0$。所以

$$(\Delta X)^2 = (\Delta P)^2 = 1 + 2\langle a^+ a \rangle = 1 + 2N \tag{16.3.9}$$

这就是式(12.4.5)的来源。

16.4　相　干　态

我们在 10.3.3 节和 10.3.4 节得出了有关相干态的一些基本性质，现归纳如下。首先相干态 $|\alpha\rangle$ 是湮没算符 a 的本征态

$$a|\alpha\rangle = \alpha|\alpha\rangle \tag{16.4.1}$$

其中，α 是相应的本征值(为任意复数)。相干态可以按照数态展开为

$$|\alpha\rangle=\exp\left(-\frac{1}{2}|\alpha|^{2}\right)\sum_{n=0}^{\infty}\frac{\alpha^{n}}{\sqrt{n!}}|n\rangle \tag{16.4.2}$$

其中,展开系数的绝对值平方

$$P_{n}=|\langle n|\alpha\rangle|^{2}=\exp\left(-|\alpha|^{2}\right)\frac{|\alpha|^{2n}}{n!} \tag{16.4.3}$$

是一个泊松分布。在这一分布中,二阶关联函数为

$$g^{(2)}(0)=1 \tag{16.4.4}$$

而相干态的 Mandel 因子(式(16.2.6))为 $Q=0$。

相干态的正交分量起伏为

$$\Delta X=1,\quad \Delta P=1 \tag{16.4.5}$$

可见相干态是一个最小测不准态($\Delta X\Delta P=1$)。其测不准乘积取测不准原理所允许的最小值。在这个意义上,相干态是一个最接近场的经典描述的量子态。而相干态的两个正交分量的起伏是相等的($\Delta X=\Delta P=1$),这意味着每一个分量的起伏都是真空起伏(或称零点起伏)。

下面我们进一步讨论相干态的其他重要性质。

16.4.1 平移算符

我们首先证明相干态$|\alpha\rangle$可以表示为

$$|\alpha\rangle=D(\alpha)|0\rangle \tag{16.4.6}$$

其中,$|0\rangle$是真空态,而

$$D(\alpha)=e^{\alpha a^{+}-\alpha^{*}a} \tag{16.4.7}$$

是一个由 a 和 a^{+}构成的算符。

证明　方法 1　由对易式(10.3.3)

$$[a,a^{+}]=aa^{+}-a^{+}a=1 \tag{16.4.8}$$

得到

$$[a,\alpha a^{+}-\alpha^{*}a]=\alpha[a,a^{+}]=\alpha \tag{16.4.9}$$

反复使用式(16.4.9),可得

$$[a,(\alpha a^{+}-\alpha^{*}a)^{n}]=n\alpha\,(\alpha a^{+}-\alpha^{*}a)^{n-1} \tag{16.4.10}$$

利用算符函数的定义式(7.1.16),得到

$$\begin{aligned}[a,e^{\alpha a^{+}-\alpha^{*}a}]&=\sum_{n=0}^{\infty}\frac{1}{n!}[a,(\alpha a^{+}-\alpha^{*}a)^{n}]\\&=\sum_{n=0}^{\infty}\alpha\frac{(\alpha a^{+}-\alpha^{*}a)^{n-1}}{(n-1)!}=\alpha e^{\alpha a^{+}-\alpha^{*}a}\end{aligned}$$

两边作用于任意态$|\psi\rangle$,得到

$$\alpha e^{\alpha a^+ - \alpha^* a}|\psi\rangle = [a, e^{\alpha a^+ - \alpha^* a}]|\psi\rangle = a e^{\alpha a^+ - \alpha^* a}|\psi\rangle - e^{\alpha a^+ - \alpha^* a} a|\psi\rangle \tag{16.4.11}$$

即

$$e^{\alpha a^+ - \alpha^* a}(a+\alpha)|\psi\rangle = a e^{\alpha a^+ - \alpha^* a}|\psi\rangle \tag{16.4.12}$$

在式(16.4.12)中取$|\psi\rangle = |0\rangle$，并利用式(10.3.5a)，得到

$$a e^{\alpha a^+ - \alpha^* a}|0\rangle = \alpha e^{\alpha a^+ - \alpha^* a}|0\rangle \tag{16.4.13}$$

可见 $e^{\alpha a^+ - \alpha^* a}|0\rangle$是湮没算符 a 的本征态，本征值为 α，由此它就是相干态$|\alpha\rangle$：

$$|\alpha\rangle = e^{\alpha a^+ - \alpha^* a}|0\rangle \tag{16.4.14}$$

很明显，算符 $D(\alpha) = e^{\alpha a^+ - \alpha^* a}$的作用是将真空态$|0\rangle$平移至相干态$|\alpha\rangle$，故称为平移算符(displacement operator)，如图 16.4.1 所示。

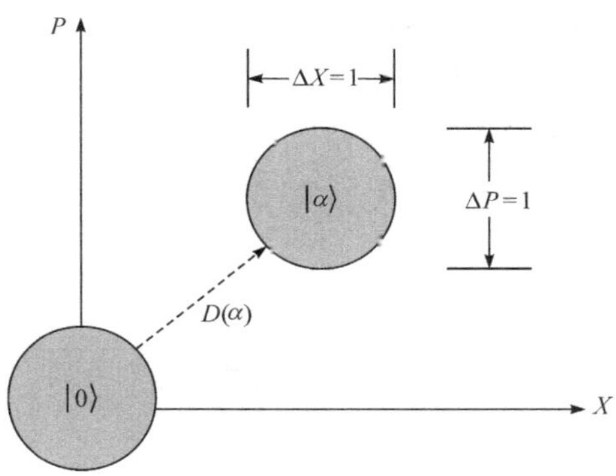

图 16.4.1　平移算符 $D(\alpha)$作用于真空态$|0\rangle$形成相干态$|\alpha\rangle$
这里 $\Delta X=1, \Delta P=1$

方法 2　设不对易算符 A 和 B 满足

$$[A,[A,B]] = [B,[A,B]] = 0 \tag{16.4.15}$$

则存在下列算符定理：

$$e^{A+B} = e^A e^B e^{-[A,B]/2} \tag{16.4.16}$$

按照这个定理，平移算符式(16.4.7)可以写为

$$D(\alpha) = e^{-|\alpha|^2/2} e^{\alpha a^+} e^{-\alpha^* a} \tag{16.4.17}$$

式(16.4.17)的厄米共轭为

$$D^+(\alpha) = [e^{-|\alpha|^2/2} e^{\alpha a^+} e^{-\alpha^* a}]^+ = e^{-|\alpha|^2/2} e^{-\alpha a^+} e^{\alpha^* a} = D^{-1}(\alpha) \tag{16.4.18}$$

可见 $D(\alpha)$是一个幺正算符(见 10.5.2 节)。我们有

$$D^+(\alpha) a D(\alpha) = a + \alpha \tag{16.4.19}$$

$$D^+(\alpha) a^+ D(\alpha) = a^+ + \alpha^* \tag{16.4.20}$$

为了证明

$$|\alpha\rangle = D(\alpha)|0\rangle \tag{16.4.21}$$

是相干态，我们用算符 $D^+(\alpha)a$ 作用于式(16.4.21)两边，并利用式(16.4.19)和式(10.3.5a)，有

$$D^+(\alpha)a|\alpha\rangle=D^+(\alpha)aD(\alpha)|0\rangle=(a+\alpha)|0\rangle=\alpha|0\rangle \tag{16.4.22}$$

对它前后两端用平移算符 $D(\alpha)$作用，得到

$$D(\alpha)D^+(\alpha)a|\alpha\rangle=D(\alpha)\alpha|0\rangle=\alpha D(\alpha)|0\rangle=\alpha|\alpha\rangle \tag{16.4.23}$$

根据幺正算符的性质 $D(\alpha)D^+(\alpha)=1$，式(16.4.23)写为

$$a|\alpha\rangle=\alpha|\alpha\rangle \tag{16.4.24}$$

这正是相干态的本征方程，可见式(16.4.21)中的$|\alpha\rangle$确实是相干态，即相干态可以写为式(16.4.14)的形式。

16.4.2 非正交性

下面我们证明相干态是非正交的。

证明 由式(16.4.2)和它的共轭式，即

$$\langle\beta|=\exp\left(-\frac{1}{2}|\beta|^2\right)\sum_{m=0}^{\infty}\frac{(\beta^*)^m}{\sqrt{m!}}\langle m|,\ |\alpha\rangle=\exp\left(-\frac{1}{2}|\alpha|^2\right)\sum_{n=0}^{\infty}\frac{\alpha^n}{\sqrt{n!}}|n\rangle \tag{16.4.25}$$

我们有

$$\langle\beta|\alpha\rangle=e^{-\frac{1}{2}(|\alpha|^2+|\beta|^2)}\sum_{m=0}^{\infty}\sum_{n=0}^{\infty}\frac{(\beta^*)^m}{\sqrt{m!}}\frac{\alpha^n}{\sqrt{n!}}\langle m|n\rangle \tag{16.4.26}$$

利用数态的正交性关系式(16.2.4a)，得到

$$\langle\beta|\alpha\rangle=e^{-\frac{1}{2}(|\alpha|^2+|\beta|^2)}\sum_{n=0}^{\infty}\frac{(\alpha\beta^*)^n}{n!}=e^{-\frac{1}{2}(|\alpha|^2+|\beta|^2)+\alpha\beta^*} \tag{16.4.27}$$

这表明相干态不是正交的($\langle\beta|\alpha\rangle\neq0$)。式(16.4.27)称为相干态的非正交性(non-orthogonality of coherent states)关系式，它有非常重要的应用(例如式(16.6.2)～式(16.6.5)的得出就用到这一关系式)。由式(16.4.27)得

$$|\langle\beta|\alpha\rangle|^2=e^{-|\alpha-\beta|^2} \tag{16.4.28}$$

可见两个相干态随着$|\alpha-\beta|$的增大而趋于正交。

16.4.3 完备性

现在我们证明相干态的完备性(completeness of coherent states)关系式

$$\frac{1}{\pi}\int|\alpha\rangle\langle\alpha|\mathrm{d}\alpha^2=1 \tag{16.4.29}$$

其中，α 是复数，积分遍及整个复平面。

证明 我们令 $\alpha=x+\mathrm{i}y=re^{\mathrm{i}\theta}$，则 $\mathrm{d}\alpha^2=\mathrm{d}x\mathrm{d}y=r\mathrm{d}r\mathrm{d}\theta$。由

$$|\alpha\rangle=\exp\left(-\frac{1}{2}|\alpha|^2\right)\sum_{n=0}^{\infty}\frac{\alpha^n}{\sqrt{n!}}|n\rangle,\ \langle\alpha|=\exp\left(-\frac{1}{2}|\alpha|^2\right)\sum_{m=0}^{\infty}\frac{(\alpha^*)^m}{\sqrt{m!}}\langle m| \tag{16.4.30}$$

给出

$$\frac{1}{\pi}\int|\alpha\rangle\langle\alpha|\mathrm{d}\alpha^2=\frac{1}{\pi}\sum_{n=0}^{\infty}\sum_{m=0}^{\infty}\frac{|n\rangle\langle m|}{\sqrt{n!}\sqrt{m!}}\int\exp(-|\alpha|^2)\alpha^n(\alpha^*)^m\mathrm{d}\alpha^2 \tag{16.4.31}$$

变换到极坐标,式(16.4.31)变成

$$\frac{1}{\pi}\int|\alpha\rangle\langle\alpha|\mathrm{d}\alpha^2=\frac{1}{\pi}\sum_{n=0}^{\infty}\sum_{m=0}^{\infty}\frac{|n\rangle\langle m|}{\sqrt{n!}\sqrt{m!}}\int_0^{\infty}r^{n+m+1}\exp(-r^2)\mathrm{d}r\int_0^{2\pi}\mathrm{e}^{\mathrm{i}(n-m)\theta}\mathrm{d}\theta \tag{16.4.32}$$

利用式(8.2.46),即

$$\int_0^{2\pi}\mathrm{e}^{\mathrm{i}(n-m)\theta}\mathrm{d}\theta=2\pi\delta_{nm} \tag{16.4.33}$$

式(16.4.32)变为

$$\begin{aligned}\frac{1}{\pi}\int|\alpha\rangle\langle\alpha|\mathrm{d}\alpha^2&=2\sum_{n=0}^{\infty}\frac{|n\rangle\langle n|}{n!}\int_0^{\infty}r^{2n+1}\exp(-r^2)\mathrm{d}r\\&=\sum_{n=0}^{\infty}\frac{|n\rangle\langle n|}{n!}\int_0^{\infty}\xi^n\exp(-\xi)\mathrm{d}\xi\quad(\xi=r^2)\\&=\sum_{n=0}^{\infty}|n\rangle\langle n|=1\end{aligned} \tag{16.4.34}$$

其中的计算用到积分公式 $\int_0^{\infty}\xi^n\exp(-\xi)\mathrm{d}\xi=n!$ 和光子数态的完备性关系式(16.2.4b)。式(16.4.34)就是相干态的完备性关系式。它们构成了数学家所谓的超完备集(overcompleteness)。

16.4.4　在坐标表象的波函数

现在我们求相干态 $|\alpha\rangle$ 在坐标表象的波函数 $\langle x|\alpha\rangle$。将式(16.4.2)向 $\langle x|$ 投影,得到

$$\begin{aligned}\langle x|\alpha\rangle&=\langle x|\exp\left(-\frac{1}{2}|\alpha|^2\right)\sum_{n=0}^{\infty}\frac{\alpha^n}{\sqrt{n!}}|n\rangle\\&=\exp\left(-\frac{1}{2}|\alpha|^2\right)\sum_{n=0}^{\infty}\frac{\alpha^n}{\sqrt{n!}}\langle x|n\rangle=\exp\left(-\frac{1}{2}|\alpha|^2\right)\sum_{n=0}^{\infty}\frac{\alpha^n}{\sqrt{n!}}\psi_n(x)\end{aligned}$$

其中,$\psi_n(x)=\langle x|n\rangle$ 是数态 $|n\rangle$ 在 x 表象的波函数,即谐振子的本征态(式(5.2.29a))

$$\psi_n(x)=\left(\frac{\lambda}{\sqrt{\pi}}\right)^{1/2}\left(\frac{1}{2^n n!}\right)^{1/2}\mathrm{H}_n(\lambda x)\exp\left(-\frac{1}{2}\lambda^2x^2\right)\quad\left(\lambda=\sqrt{\frac{m\omega}{\hbar}}\right) \tag{16.4.35}$$

这样我们有

$$\langle x|\alpha\rangle=\left(\frac{\lambda}{\sqrt{\pi}}\right)^{1/2}\exp\left(-\frac{1}{2}|\alpha|^2-\frac{1}{2}\lambda^2x^2\right)\sum_{n=0}^{\infty}\frac{1}{n!}\left(\frac{\alpha}{\sqrt{2}}\right)^n\mathrm{H}_n(\lambda x)\tag{16.4.36}$$

利用厄米多项式的生成函数(式(5.2.7))

$$\exp(2xr-r^2)=\sum_{n=0}^{\infty}\mathrm{H}_n(x)\frac{r^n}{n!}\tag{16.4.37}$$

式(16.4.36)变为

$$\langle x|\alpha\rangle=\left(\frac{\lambda^2}{\pi}\right)^{1/4}\exp\left(-\frac{1}{2}\lambda^2x^2+\sqrt{2}\lambda\alpha x-\frac{1}{2}|\alpha|^2-\frac{1}{2}\alpha^2\right)\tag{16.4.38}$$

这就是相干态在坐标表象的波函数(wave function of coherent states in coordinate representation)。在自然单位中($\hbar=m=\omega=1$),式(16.4.38)变为

$$\langle x|\alpha\rangle=\frac{1}{\pi^{1/4}}\exp\left(-\frac{1}{2}x^2+\sqrt{2}\alpha x-\frac{1}{2}|\alpha|^2-\frac{1}{2}\alpha^2\right)\tag{16.4.39}$$

它是一个简洁而有用的结果。

16.5　压　缩　态

16.5.1　压缩态

如前所述,相干态是一个最小测不准态。事实上,还存在其他类型的最小测不准态。如果一个辐射场态的两个正交算符在满足 $\Delta X\Delta P=1$ 的前提下,其 X 分量(或 P 分量)有低于相干态的起伏,这就是所谓压缩态(squeezed states)。压缩态可以定义为 $\Delta X<1<\Delta P$(或 $\Delta P<1<\Delta X$),如图 16.5.1 所示。我们可以进一步在 $\Delta X-\Delta P$ 平面讨论压缩态(图 16.5.2)。在该平面上,$\Delta X\Delta P=1$ 是一条双曲线,双曲线上的每一点对应一个最小测不准态,中央点(1,1)是相干态,而其他各点都是压缩态。事实上,A_x 区域($\Delta X<1$)和 A_p 区域($\Delta P<1$)也是压缩态,但不是最小测不准态,它们相应于 $\Delta X\Delta P>1$。在 B 区不存在压缩态,它相应于 $\Delta X>1$ 和 $\Delta P>1$。在双曲线和坐标轴围成的区域内,有 $\Delta X\Delta P<1$,不存在这样的量子态,因为它违背测不准原理。

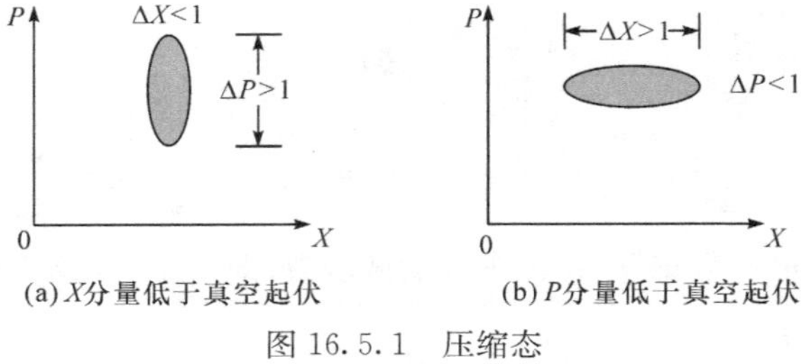

图 16.5.1　压缩态

这里 $\Delta X\Delta P=1$

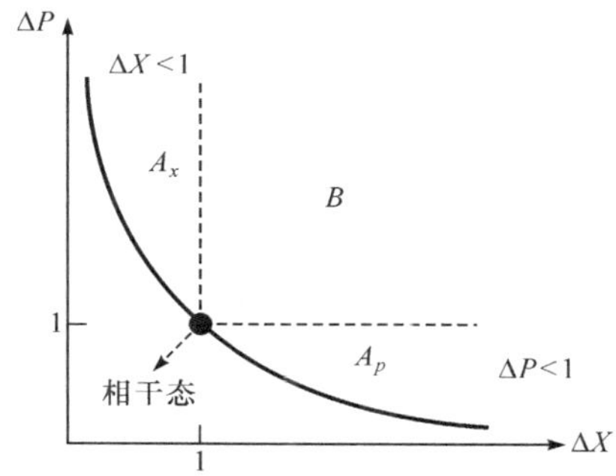

图 16.5.2　ΔX-ΔP 平面

实线为双曲线 $\Delta X\Delta P=1$，它与虚线围成的区域内(即 A_x 和 A_p)存在压缩态

一个工作在压缩态的辐射源，它的一个正交分量的量子噪声低于零点起伏，因此有极大的信噪比。我们将会看到，压缩态的量子起伏在理论上可以趋近于零，这意味着压缩光可以有无穷大信噪比(infinity signal-to-noise ratio)。所以压缩态信号在超低噪声的光通信(optical communications)中有重要的应用价值。另外，用极低噪声的压缩光作为信号源能进行超高精度的测量，例如探测引力波(gravitational waves)。

16.5.2　非经典光

一个辐射场的量子统计性质能用一种类似于经典概率论的方法进行分析，它是基于格劳伯-苏达 P 表示(Glauber-Sudarshan P representation)：

$$\rho=\int P(\alpha)\,|\alpha\rangle\langle\alpha|\,\mathrm{d}^2\alpha \tag{16.5.1}$$

本质上，格劳伯-苏达 P 表示是将一个光场的密度算符(light field density operator)ρ 表示为相干态密度算符(coherent state density operator)$|\alpha\rangle\langle\alpha|$(见式(9.3.20))的统计叠加，这里 $P(\alpha)$扮演了一个分布函数的角色。利用式(16.5.1)可以将一个光场的密度算符方程(称为主方程)变成关于函数 $P(\alpha)$的微分方程。这样一种表示方法已经广泛应用于量子光学的许多研究课题，因为量子力学平均的计算在这里被简化成经典平均。事实上，如果存在一个正定的非奇异函数 $P(\alpha)$，任何算符 F 的量子力学期待值能在式(16.5.1)的意义上表示为

$$\langle F\rangle=\int P(\alpha)F(\alpha)\mathrm{d}^2\alpha \tag{16.5.2}$$

其中，$F(\alpha)=\langle\alpha|F|\alpha\rangle$，式(16.5.2)类似于观察量 $F(\alpha)$在分布函数 $P(\alpha)$中的经典平均。

分布函数 $P(\alpha)$对于一些典型的光场是确定的，例如，相干态的分布函数显然为

$$P(\alpha)=\delta(\alpha-\alpha_0) \tag{16.5.3a}$$

下面我们证明混沌态的分布函数为

$$P(\alpha)=\frac{1}{\pi N}\exp\left(-\frac{|\alpha|^2}{N}\right) \tag{16.5.3b}$$

证明　我们的思路是以(16.5.3b)为前提进行合理推导，如果推出的结果是正确的，则说明该前提是正确的。为此将光子数分布 $P_n=\langle n|\rho|n\rangle$ 中的 ρ 用式(16.5.1)代替，并利用式(16.4.3)和式(16.5.3b)，可得

$$\begin{aligned}P_n&=\langle n|\rho|n\rangle=\langle n|\int P(\alpha)|\alpha\rangle\langle\alpha|\mathrm{d}\alpha^2|n\rangle\\&=\int P(\alpha)|\langle n|\alpha\rangle|^2\mathrm{d}\alpha^2=\frac{1}{\pi N}\int\exp\left(-\frac{|\alpha|^2}{N}\right)\exp(-|\alpha|^2)\frac{|\alpha|^{2n}}{n!}\mathrm{d}\alpha^2\\&=\frac{1}{\pi Nn!}\int\exp\left(-\frac{(1+N)}{N}|\alpha|^2\right)|\alpha|^{2n}\mathrm{d}\alpha^2\end{aligned} \tag{16.5.4}$$

利用积分公式

$$\frac{1}{\pi n!}\int\exp(-C|\alpha|^2)|\alpha|^{2n}\mathrm{d}\alpha^2=\frac{1}{C^{n+1}} \tag{16.5.5}$$

式(16.5.4)变为

$$P_n=\frac{N^n}{(N+1)^{n+1}} \tag{16.5.6}$$

这正好是混沌态的光子数分布(见式(16.3.4))，它的正确性说明式(16.5.3b)是混沌态的分布函数。

但是一个压缩态没有非奇异的分布函数，这样一种光场的量子统计性质不能用经典的表达式(16.5.2)来计算，因此压缩态是一个非经典光(nonclassical light)。确切地说，一个非经典光的含义是不存在非奇异的格劳伯-苏达 P 表示。

另一类非经典光是亚泊松光子统计(sub-Poisson photon statistics)，它的光子数分布比具有相同平均数的泊松分布更窄。从二阶关联函数 $g^{(2)}(0)$(见式(10.3.34))的意义上说，一个相干态具有泊松光子统计，其二阶关联函数为 $g^{(2)}(0)=1$。混沌态则有较高的强度起伏：$g^{(2)}(0)=2$。由于 $g^{(2)}(0)$表示两个光子同时到达的概率，当这个概率呈现比相干态更高的值时($g^{(2)}(0)>1$)，称为光子聚束(photon bunching)。而具有亚泊松光子统计的光场给出比相干态更低的概率($g^{(2)}(0)<1$)，故称为光子反聚束(photon antibunching)。具有光子反聚束的光场，其格劳伯-苏达 P 表示的分布函数是高度奇异的，从这个意义上说，这样的光场是非经典的。压缩态和光子反聚束是典型的非经典效应，它们已经在一些量子光学系统被观察到。

16.5.3　双光子相干态

1976年，美国科学家袁氏(Yuen)提出了一个压缩态模型，称为双光子相干态(two-photon coherent states)。这个态中不但存在正交分量的压缩，而且还有亚

泊松光子统计。

考虑湮没算符与产生算符的线性组合：

$$b=\mu a+\nu a^{+} \tag{16.5.7}$$

简单起见，设系数 μ 和 ν 是实数，满足条件

$$\mu^2-\nu^2=1 \tag{16.5.8}$$

这样可以取

$$\mu=\cosh r,\quad \nu=\sinh r \tag{16.5.9}$$

其中，$r(-\infty<r<\infty)$称为压缩参量。由$[a,a^{+}]=1$可以推导出$[b,b^{+}]=1$，即算符 b 和 b^{+} 满足玻色对易关系。

设算符 b 的本征方程为

$$b|\beta\rangle=\beta|\beta\rangle \tag{16.5.10}$$

其中，$|\beta\rangle$是本征态（即所谓双光子相干态），本征值 β 为任意复数。下面我们在$|\beta\rangle$态中求 X 分量的起伏。由式(16.5.7)得到

$$a+a^{+}=\frac{b+b^{+}}{\mu+\nu} \tag{16.5.11}$$

于是

$$\begin{aligned}\langle X\rangle&=\langle\beta|X|\beta\rangle=\langle\beta|a+a^{+}|\beta\rangle\\&=\frac{1}{\mu+\nu}\langle\beta|b+b^{+}|\beta\rangle=\frac{1}{\mu+\nu}(\beta+\beta^{*})\end{aligned}$$

而

$$\begin{aligned}\langle X^2\rangle&=\langle\beta|X^2|\beta\rangle=\langle\beta|(a+a^{+})^2|\beta\rangle=\frac{1}{(\mu+\nu)^2}\langle\beta|(b+b^{+})^2|\beta\rangle\\&=\frac{1}{(\mu+\nu)^2}\langle\beta|bb+2b^{+}b+b^{+}b^{+}+1|\beta\rangle\quad（利用[b,b^{+}]=1）\\&=\frac{1}{(\mu+\nu)^2}[(\beta+\beta^{*})^2+1]\end{aligned}$$

则

$$\begin{aligned}(\Delta X)^2&=\langle X^2\rangle-\langle X\rangle^2\\&=\frac{1}{(\mu+\nu)^2}[(\beta+\beta^{*})^2+1]-\frac{1}{(\mu+\nu)^2}(\beta+\beta^{*})^2\\&=\frac{1}{(\mu+\nu)^2}\end{aligned}$$

这样

$$\Delta X=\frac{1}{\mu+\nu}=\frac{1}{\cosh r+\sinh r}=\mathrm{e}^{-r} \tag{16.5.12a}$$

同样可得

$$\Delta P=\frac{1}{\mu-\nu}=\frac{1}{\cosh r-\sinh r}=\mathrm{e}^{r} \tag{16.5.12b}$$

从结果式(16.5.12)可以得出下面的结论:①双光子相干态$|\beta\rangle$是一个最小测不准态($\Delta X\Delta P=1$);②$|\beta\rangle$是一个压缩态,当压缩参量$r>0$时,X分量有压缩,当$r<0$时,P分量有压缩;③当$r\to\pm\infty$时,ΔX或$\Delta P\to 0$(无穷大信噪比);④ 当$r=0$时,$|\beta\rangle$约化成一个相干态($\Delta X=1,\Delta P=1$)。

双光子相干态的光子数分布为

$$P_n=|\langle n|\beta\rangle|^2=\frac{1}{n!\ \mu}\left(\frac{\nu}{2\mu}\right)^n\left|\mathrm{H}_n\left(\frac{\beta}{\sqrt{2\mu\nu}}\right)\right|^2\exp\left(-|\beta|^2+\frac{\nu}{2\mu}\beta^2+\frac{\nu}{2\mu}\beta^{*2}\right) \tag{16.5.13}$$

其中,$\beta=\mu\alpha+\nu\alpha^*$;$\mathrm{H}_n$是$n$阶厄米多项式。图16.5.3显示了式(16.5.13)在不同压缩参量情况下的光子数分布曲线。可以看出,一个压缩态的光子数分布可以是亚泊松分布、泊松分布或超泊松分布。在相同平均光子数情况下,超泊松分布比泊松分布更宽,而亚泊松分布比泊松分布更窄。

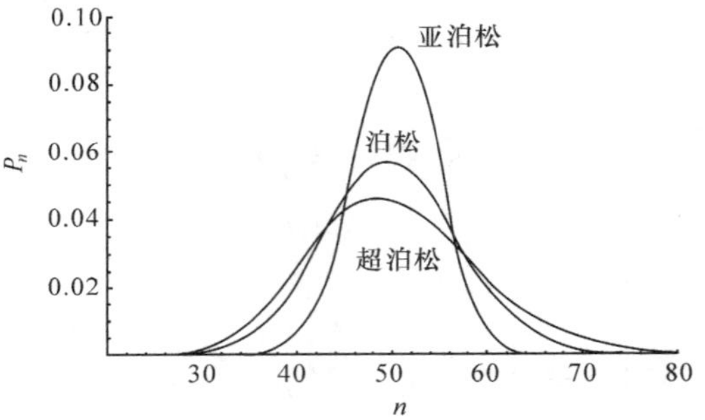

图16.5.3　压缩态的光子数分布

图中取$|\alpha|^2=50$

16.5.4　压缩态的物理图像

压缩态的产生有一个非常简明的物理图像(图16.5.4)。如果一个经典光场的复振幅用E表示,则这个光场的强度为E^*E(E^*是E的复共轭)。而一个量子光场的光子数由算符a^+a表示(a^+是a的厄米共轭),因此E^*E相应于a^+a。现在一个压缩态光场算符是a和a^+的组合,它相应于一束经典光与它的共轭光(conjugate light)的相干叠加。

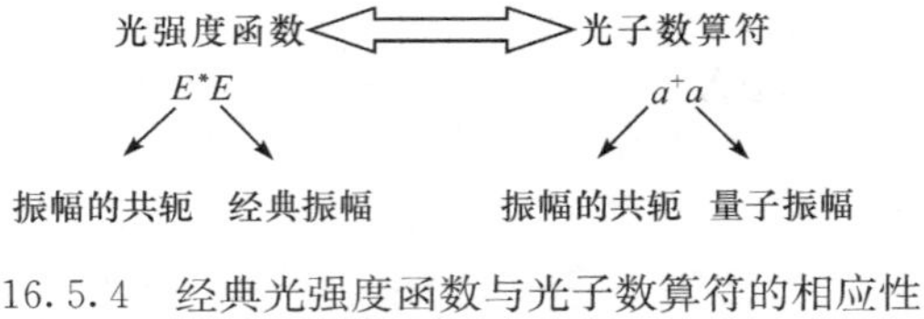

图16.5.4　经典光强度函数与光子数算符的相应性

根据压缩态的这个物理图像，1985 年美国 Bell 实验室的科学家斯鲁施尔（Slusher）等人利用四波混频（four-wave mixing frequency）方法，最先观察到压缩光。因为四波混频作用中正好存在一束光与它的共轭光的相干叠加。

16.6　薛定谔猫态

叠加原理是量子力学的基本原理之一。正如狄拉克（Dirac）在其名著《量子力学原理》（*The Principles of Quantum Mechanics*）中所指出的那样："任何两个或更多的态能被叠加成一个新态。"正是基于这个原理，我们考虑由两个相干态叠加而成的一个辐射场态，它被表示为

$$|\Psi\rangle=\frac{1}{\sqrt{A}}(|\alpha e^{i\phi_1}\rangle+e^{i\theta}|\alpha e^{i\phi_2}\rangle) \tag{16.6.1}$$

其中，A 是归一化常数（由 $\langle\Psi|\Psi\rangle=1$ 确定）；$e^{i\theta}(-\pi\leqslant\theta\leqslant\pi)$ 是一个任意的位相因子。式（16.6.1）中的两个分量相干态有相同的幅度 α（正实数）但是不同的位相 ϕ_1 和 ϕ_2，因此它们是宏观可区分的。也就是说，$|\Psi\rangle$ 是一个所谓的"薛定谔猫态"（Schrödinger cat state），它是一只猫的"活态"与"死态"的叠加：

$|C\rangle=\frac{1}{\sqrt{2}}\Big\{\Big|$  $\Big\rangle+\Big|$  $\Big\rangle\Big\}$

叠加态式（16.6.1）的量子统计性质（quantum statistical properties）对位相差 $\phi\equiv\phi_1-\phi_2$ 的依赖性是本节讨论的重点。我们将会看到，这个叠加态包含许多奇特的现象，例如，光子数分布的振荡（oscillation photon number distribution），平均光子数的相长干涉（constructive interference）和相消干涉（destructive interference），亚泊松光子统计，以及压缩态等。

16.6.1　薛定谔猫态

我们对于式（16.6.1）所示的薛定谔猫态（以下简称猫态）计算其光子数分布 $P_n=|\langle n|\Psi\rangle|^2$，平均光子数 $N=\langle a^+a\rangle$，归一化光子数方差 $V=[\langle n^2\rangle-\langle n\rangle^2]/\langle n\rangle$（注意 V 与 Mandel Q 因子（见式（16.2.6））的关系为 $V=Q+1$），以及正交分量起伏 $(\Delta X)^2$、$(\Delta P)^2$。计算中特别利用相干态的非正交性关系式（16.4.27），最终得到如下结果（见《*Radiation and Bioinformation*》，Qiao Gu，Science Press，2003）：

$$P_n=e^{-\alpha^2}\frac{\alpha^{2n}}{n!}\frac{1+\cos(n\phi-\theta)}{1+e^{-\lambda}\cos\Omega} \tag{16.6.2}$$

$$N=\alpha^2\,\frac{1+e^{-\lambda}\cos(\Omega+\phi)}{1+e^{-\lambda}\cos\Omega} \tag{16.6.3}$$

$$V=1-2\lambda e^{-\lambda}\frac{\cos(\Omega+\phi)+e^{-\lambda}\cos^2(\phi/2)}{(1+e^{-\lambda}\cos\Omega)[1+e^{-\lambda}\cos(\Omega+\phi)]} \tag{16.6.4}$$

$$\begin{pmatrix}(\Delta X)^2\\(\Delta P)^2\end{pmatrix}=1-2\lambda\frac{e^{-2\lambda}\begin{pmatrix}\cos^2(\Phi/2)\\\sin^2(\Phi/2)\end{pmatrix}\pm e^{-\lambda}\cos\Phi\cos\Omega-\begin{pmatrix}\sin^2(\Phi/2)\\\cos^2(\Phi/2)\end{pmatrix}}{(1+e^{-\lambda}\cos\Omega)^2}\tag{16.6.5}$$

其中，$\Phi\equiv\phi_1+\phi_2$，而

$$\lambda=2\alpha^2\ \sin^2(\phi/2),\quad \Omega=\alpha^2\sin\phi-\theta\tag{16.6.6}$$

由式(16.6.5)可以看出，相对于 Φ 的变化而言，当 $\Phi=0$ 时，$(\Delta X)^2$ 有最小值，当 $\Phi=\pi$时，$(\Delta P)^2$ 有最小值，它们是相等的：

$$(\Delta X)^2|_{\Phi=0}=(\Delta P)^2|_{\Phi=\pi}\equiv S\tag{16.6.7a}$$

另一方面，当 $\Phi=\pi$ 时，$(\Delta X)^2$ 有最大值，而 $\Phi=0$ 时，$(\Delta P)^2$ 有最大值，它们也是相等的：

$$(\Delta X)^2|_{\Phi=\pi}=(\Delta P)^2|_{\Phi=0}\equiv R\tag{16.6.7b}$$

其中，$\Phi=0$ 意味着两个分量态在相空间 X-P 是关于 X 轴对称的(图 16.6.1(a))，而 $\Phi=\pi$ 时它们关于 P 轴对称(图 16.6.1(b))。这样从式(16.6.5)和式(16.6.7)我们有

$$S=1-2\lambda e^{-\lambda}\frac{e^{-\lambda}+\cos\Omega}{(1+e^{-\lambda}\cos\Omega)^2}\tag{16.6.8}$$

$$R=1+2\lambda\frac{1}{1+e^{-\lambda}\cos\Omega}\tag{16.6.9}$$

随后讨论压缩态时，只需考虑式(16.6.8)即可，它代表任一个正交分量的起伏最小值。

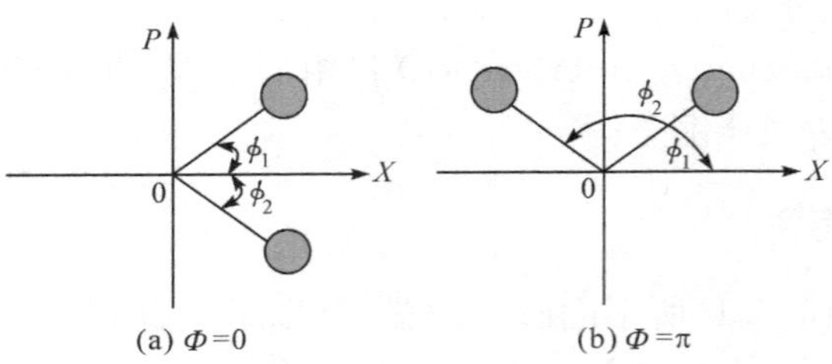

图 16.6.1 两个分量相干态在相空间的位置

为了显示猫态(16.6.1)的量子统计性质，我们首先作出光子数分布(16.6.2)的各种图样，如图 16.6.2 所示。另外，图 16.6.3～图 16.6.5 显示了平均光子数、归一化光子数方差(normalized variance of photon number)以及正交分量起伏随位相差 ϕ 的变化曲线。这些结果被讨论如下。

(1) 平均光子数的相消干涉，亚泊松光子统计和压缩态这三种效应之间存在着一定的相应性：

$$(\mathcal{N}<1)\leftrightarrow(V<1)\leftrightarrow(S<1)\tag{16.6.10}$$

事实上，当 ϕ 从零开始增加时，这三个效应同时出现，它们还在 $\phi\to\pi$ 时同时消失。特别是当 $\alpha>4$ 时，V 和 S 趋于重合。

(2) 这三种效应对幅度 α 有类似的依赖性。当 α 较小时，在相当宽的 ϕ 区域内存在这三种效应。随着 α 的增加，这三种效应逐渐减弱而且出现的区域变得越来越小，另外，这些区域还向 $\phi=0$ 方向移动。当幅度 α 变得充分大时，所有这些效应消失，在整个 $\phi\in(0,\pi)$ 区域有 $\mathcal{N}\to1,V\to1,S\to1$。这个态不是相干态，因为 $\Delta X\Delta P\to\infty$(由于 $R\to\infty$)，即测不准乘积为无穷大。

(3) 一个泊松分布给出 $V=1$(与式(10.3.35)等价)，图 16.6.2 中的每一个虚线图样都是泊松分布。而 $V=1$ 可以对应一个单峰的非泊松分布，如图 16.6.2(d) 所示。还能导致一个强烈振荡的分布，如图 16.6.2(i)所示。这样我们得到一个重要的结论：泊松分布给出 $V=1$，但 $V=1$ 不一定对应泊松分布。

(4) 光子数分布的振荡是一个奇异的量子现象(没有经典对应)，它可以存在于亚泊松分布和超泊松分布两种情况之中。二者相比，亚泊松分布情况下的光子数振荡更强一些，如图 16.6.2(g)和(h)所示的振荡强于(e)和(f)情况。光子数分布振荡能在相空间 X-P 干涉性的意义上给出深刻的解释。

(5) 具有不同位相($\phi_1\neq\phi_2$)的两个单光子相干态($\alpha=1$)的叠加显示了奇异的特征：相消干涉和压缩态存在于整个 $\varphi\in(0,\pi)$ 区域。而亚泊松和超泊松光子统计分别出现在位相差较小和较大的区域。

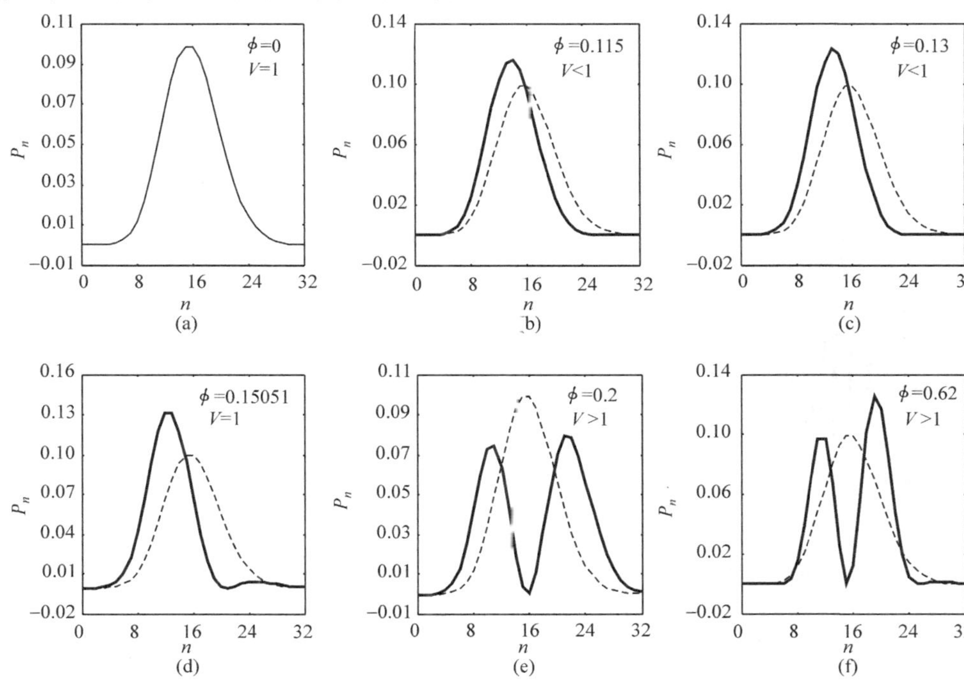

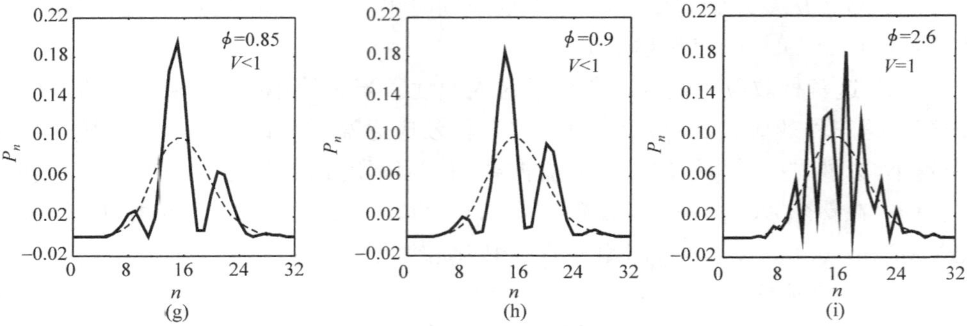

图 16.6.2　猫态(16.6.1)的光子数分布(式(16.6.2))

随着位相差 ϕ 的变化，光子数分布呈现各种图样，每个图样中的虚线表示

具有相同平均值的泊松分布。图中取 $\alpha=4, \theta=0$

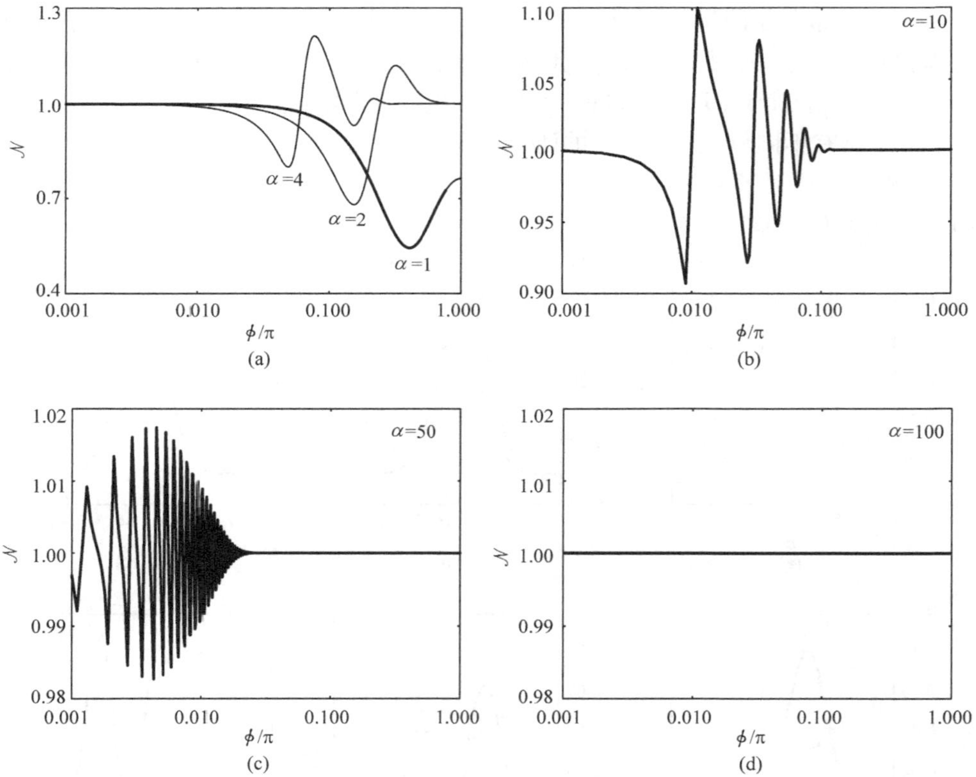

图 16.6.3　相对平均光子数 $\mathcal{N}\equiv N/\alpha^2$(式(16.6.3))随相对位相差 ϕ/π(对数坐标)的变化

这里 $\mathcal{N}>1$($\mathcal{N}<1$)相应于光子数的相长(相消)干涉。

对于较大的幅度 α，$\mathcal{N}\to 1$(与位相差的大小无关)，干涉现象消失。图中取 $\theta=0$

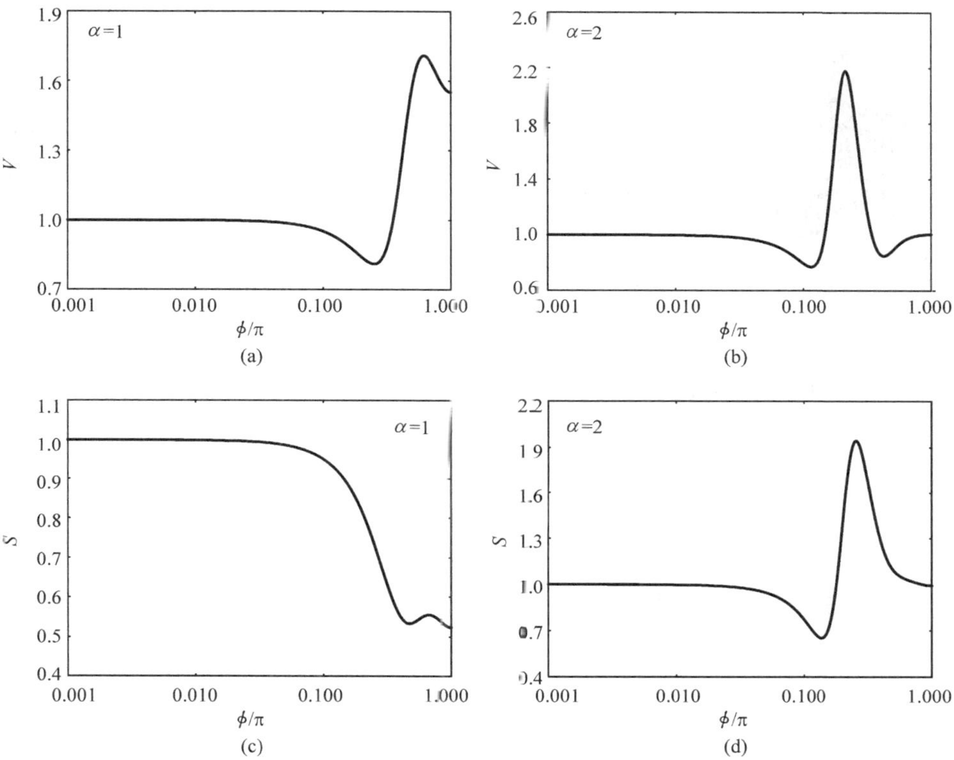

图 16.6.4　归一化光子数方差 V(式(16.6.4))和正交分量起伏 S(式(16.6.8))随相对位相差 ϕ/π(对数坐标)的变化

其中幅度 α 取较小值，这里存在亚泊松光子统计($V<1$)和压缩态($S<1$)。图中取 $\theta=0$

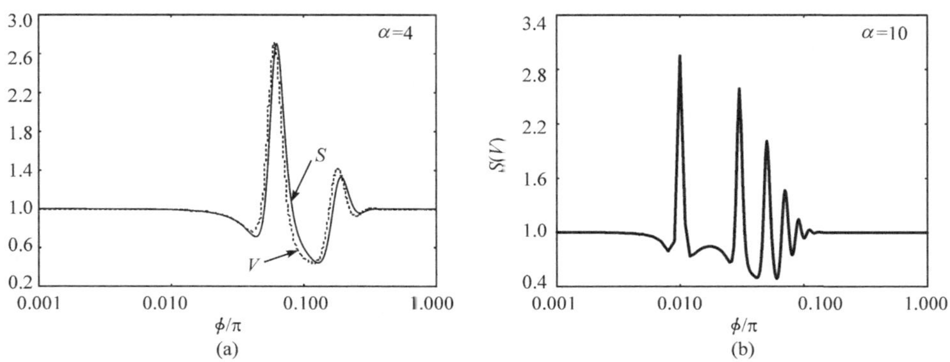

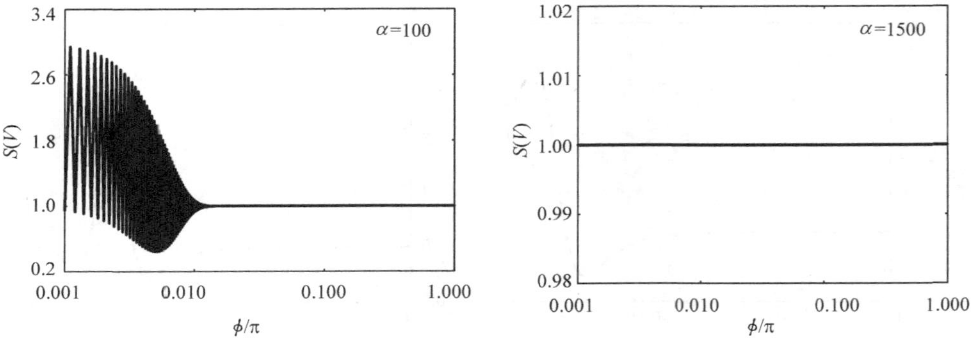

(c)　　(d)

图 16.6.5　归一化光子数方差 V(式(16.6.4))和正交分量起伏 S(式(16.6.8))随相对位相差 ϕ/π(对数坐标)的变化

(a)当 $\alpha=4$ 时,V 与 S 非常接近(当 $\alpha>4$ 时二者重合),这里存在亚泊松光子统计($V<1$)和压缩态($S<1$);(b)、(c)亚泊松光子统计和压缩态随 α 的增加而减弱;(d)亚泊松光子统计和压缩态在 α 取较大值时消失。图中取 $\theta=0$

16.6.2　偶相干态和奇相干态

现在利用上述结果讨论偶相干态(even coherent state)和奇相干态(odd coherent state)的性质,它们定义为

$$|\Psi\rangle^{\pm}=\frac{1}{\sqrt{A^{\pm}}}(|\alpha\rangle\pm|-\alpha\rangle) \tag{16.6.11}$$

这里,α 仍为幅度(正实数),式(16.6.11)可以写成式(16.6.1)的形式

$$|\Psi\rangle^{\pm}=\frac{1}{\sqrt{A^{\pm}}}(|\alpha\rangle+e^{i\theta^{\pm}}|\alpha e^{i\pi}\rangle)\quad\begin{pmatrix}\theta^{+}=0\\ \theta^{-}=\pi\end{pmatrix} \tag{16.6.12}$$

可以看出,偶相干态 $|\Psi\rangle^{+}$ 和奇相干态 $|\Psi\rangle^{-}$ 都是位相差为 π 的两个相干态的叠加(区别在于位相因子 $e^{i\theta^{\pm}}$)。偶、奇相干态(16.6.12)作为猫态(16.6.1)的特殊情况($\phi_1=0,\ \phi_2=\pi$),有下列结果:

$$P_n^{\pm}=\frac{\alpha^{2n}}{n!}\begin{bmatrix}\operatorname{sech}(\alpha^2)\cos^2(n\pi/2)\\ \operatorname{csch}(\alpha^2)\sin^2(n\pi/2)\end{bmatrix} \tag{16.6.13}$$

$$N^{\pm}=\alpha^2\begin{bmatrix}\tanh(\alpha^2)\\ \coth(\alpha^2)\end{bmatrix} \tag{16.6.14}$$

$$V^{\pm}=1\pm2\alpha^2\operatorname{csch}(2\alpha^2) \tag{16.6.15}$$

$$S^{\pm}=1\mp2\alpha^2\exp(-\alpha^2)\begin{bmatrix}\operatorname{sech}(\alpha^2)\\ \operatorname{csch}(\alpha^2)\end{bmatrix} \tag{16.6.16}$$

$$R^{\pm}=1+2\alpha^2\left\{1+\begin{bmatrix}\tanh(\alpha^2)\\ \coth(\alpha^2)\end{bmatrix}\right\} \tag{16.6.17}$$

我们对这些结果讨论如下。

(1) 偶相干态和奇相干态均有振荡的光子数分布(图 16.6.6)。偶相干态只含有偶数的光子概率,而奇数的光子概率为零,即 $P_n^+=0(n=1,2,3,\cdots)$;与此相反,奇相干态只含有奇数的光子概率,而偶数的光子概率为零,即 $P_n^-=0\ (n=0,2,4,\cdots)$。

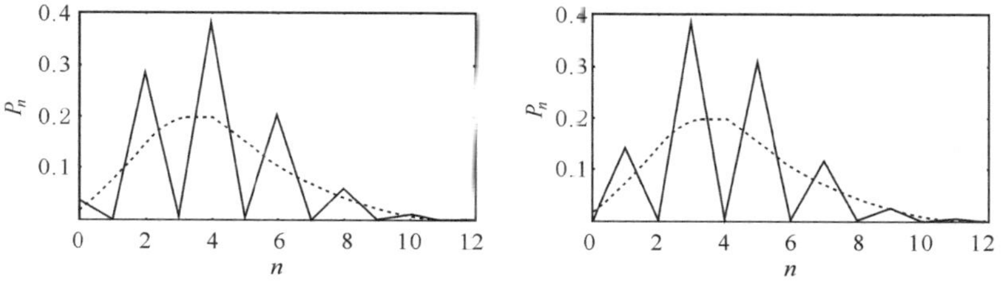

(a) 偶相干态　　(b) 奇相干态

图 16.6.6　偶相干态 $|\Psi\rangle^+$ 和奇相干态 $|\Psi\rangle^-$ 的光子数分布(式(16.6.13))
图中的虚线表示具有相同平均值的泊松分布。图中取 $\alpha=2$

(2) 对于任何非零的幅度 α,偶相干态($\theta^+=0$)有相消干涉($\mathcal{N}^+\equiv N^+/\alpha^2=\tanh(\alpha^2)<1$)和压缩态($S^+<1$),但是没有亚泊松光子统计($V^+>1$);与此相反,奇相干态($\theta^-=\pi$)有相长干涉($\mathcal{N}^-\equiv N^-/\alpha^2=\coth(\alpha^2)>1$)和亚泊松光子统计($V^-<1$),但是没有压缩态($S^->1$)。归一化光子数方差 V^- 对幅度 α 的依赖性如图 16.6.7(a)所示。

(3) 偶相干态的正交分量起伏 S^+ 随幅度 α 的变化如图 16.6.7(b)所示,它在 $\alpha_{\rm m}$ 取极小值,而 $\alpha_{\rm m}$ 是超越方程

$$\exp(-2\alpha_{\rm m}^2)=2\alpha_{\rm m}^2-1 \tag{16.6.18}$$

的解,数值计算给出 $\alpha_{\rm m}\approx0.8$。相应的起伏为 $S_{\rm m}^+\approx0.44$,它具有 56%的压缩度。

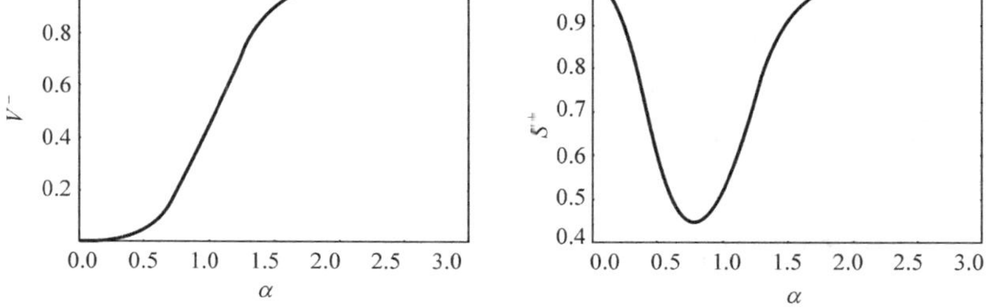

(a)　　(b)

图 16.6.7　(a)奇相干态的归一化光子数方差 V^-(式(16.6.15))随幅度 α 的单调变化;
(b)偶相干态的正交分量起伏 S^+(式(16.6.16))随幅度 α 的变化
奇相干态在整个 $\alpha\in[0,\infty)$ 范围有亚泊松光子统计($V^{-1}<1$),当 $\alpha=0$ 时,$V^-=0$;
当 $\alpha\to\infty$ 时,$V^-\to1$;而偶相干态在 $x_{\rm m}\approx0.8$ 时有极小值 $S_{\rm m}^+\approx0.44$

(4) 偶、奇相干态的干涉效应、亚泊松光子统计和压缩态只存在于低幅度情况。随着 α 的增大,它们迅速趋于 $\mathcal{N}^\pm\to1$,$V^\pm\to1$,$S^\pm\to1$。这不是一个相干态,它

有 $\Delta X\Delta P\to\infty$(由于 $R\to\infty$),即测不准乘积为无穷大。

我们在以上几节详细讨论了数态、混沌态、相干态、压缩态、薛定谔猫态(包括偶、奇相干态)等辐射场态的量子统计性质。需要指出,这些态在量子光学和量子信息科学(包括量子通信与量子计算)中扮演基础性的角色。

16.7 薛定谔猫态的相干性

16.7.1 薛定谔猫态的退相干

量子信息学(quantum Informatics)的一个主要研究领域是量子计算(quantum computing)。实现量子计算本质上是利用量子相干性(quantum coherence),不过测量操作会影响量子相干性,使之出现坍缩现象,即所谓"退相干"(decoherence)。法国科学家阿罗什在 1996 年利用微腔 QED(microcavity quantum electrical dynamics)制备了一个原子-腔场纠缠态(atom-field entangled state)

$$|\Psi(t)\rangle=\frac{1}{\sqrt{2}}\left(|a\rangle\otimes|\alpha e^{i\phi/2}\rangle+|b\rangle\otimes|\alpha e^{-i\phi/2}\rangle\right) \tag{16.7.1}$$

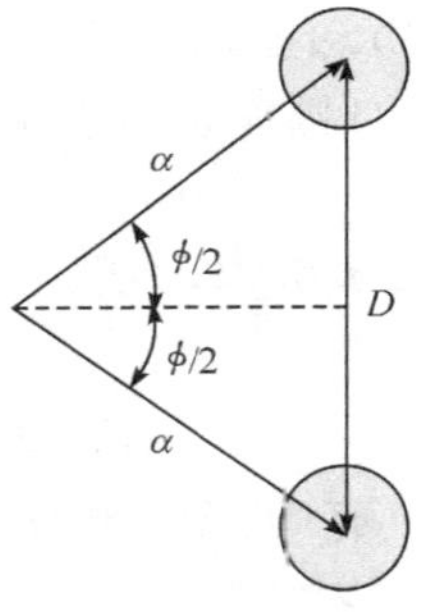

图 16.7.1 D 因子刻画薛定谔猫态的相干性

其中,$|a\rangle$ 和 $|b\rangle$ 代表原子的高、低能态,而腔场正是两个相干态的叠加,即薛定谔猫态

$$|\Psi\rangle=\frac{1}{\sqrt{A}}\left(|\alpha e^{i\phi/2}\rangle+|\alpha e^{-i\phi/2}\rangle\right) \tag{16.7.2}$$

阿罗什的研究显示,这个猫态的相干性被因子

$$D=2\alpha\sin(\phi/2) \tag{16.7.3}$$

刻画(图 16.7.1),其中,α 是单个相干态的幅度,ϕ 是两个分量相干态的位相差。当 D 因子较小时,猫态具有明显的相干性。当 D 增大时,猫态出现退相干:叠加态(16.7.2)趋于单态 $|\alpha e^{i\phi/2}\rangle$ 或 $|\alpha e^{-i\phi/2}\rangle$。特别是当幅度 α 较大或位相差 $\phi\to\pi$ 时,猫态的相干性完全消失。所有这些现象都与 16.6 节的理论描述相符合。

16.7.2 用位相调制维持相干性

如何维持薛定谔猫态的相干性?一个简单而有效的方法是在薛定谔猫态中引入位相调制(phase modulation),即对式(16.7.2)的一个分量态添加一个位相因子 $e^{i\theta}$,成为

$$|\Psi\rangle=\frac{1}{\sqrt{A}}\left(|\alpha e^{i\phi/2}\rangle+e^{i\theta}|\alpha e^{-i\phi/2}\rangle\right) \tag{16.7.4}$$

我们将会看到,在薛定谔猫态(16.7.4)中选择适当的调制位相 θ,可以使之在较宽的 ϕ 范围内保持稳定的相干性。由于式(16.7.4)属于式(16.6.1)的形式,我们可

以用 16.6.1 节的一般性结果描述猫态(16.7.4)的量子统计性质。特别是，它的相对平均光子数可以由式(16.6.3)写为

$$\mathcal{N}(\alpha,\theta,\phi)=\frac{1+\exp[-2\alpha^2\sin^2(\phi/2)]\cos(\alpha^2\sin\phi-\theta+\phi)}{1+\exp[-2\alpha^2\sin^2(\phi/2)]\cos(\alpha^2\sin\phi-\theta)} \tag{16.7.5}$$

为了考查调制位相 θ 的作用，我们利用式(16.7.5)作出不同 θ 值情况下 $\mathcal{N}(\alpha,\theta,\phi)$ 随 ϕ 变化的曲线，如图 16.7.2 所示。可以看出，在 $\phi\to 0$ 区域，调制位相 $\theta=\pi$ 可以诱导一个平稳的具有相长干涉的猫态。而其他 θ 值均导致 $\mathcal{N}(\alpha,\theta,0)=1$(无干涉现象)。事实上，由式(16.7.5)可以直接看出，当 $\phi=0$ 而 $\theta\neq\pi$ 时，有 $\mathcal{N}(\alpha,\theta,0)=1$。

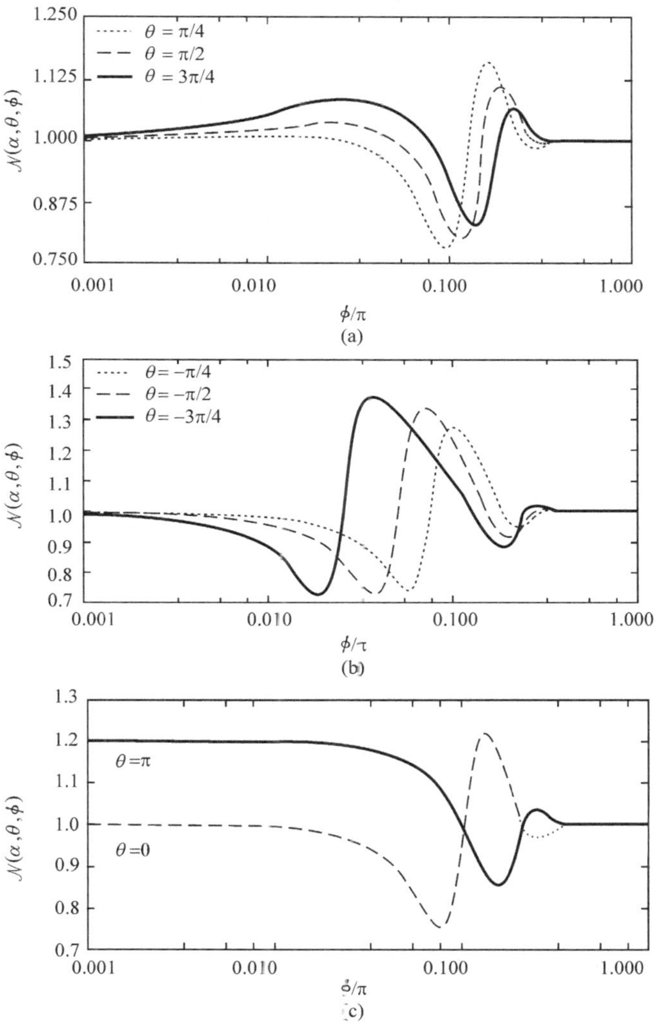

图16.7.2　相对平均光子数 $\mathcal{N}(\alpha,\theta,\phi)$随 ϕ 变化的曲线(式(16.7.5))

图中 α 取阿罗什的实验数据 $\alpha_0=3.1$。当 $\theta=\pi$ 时，$\mathcal{N}(\alpha,\pi,\phi)\xrightarrow{\phi\to 0}1.2$

下面我们讨论 $\theta=\pi$ 情况，这时式(16.7.5)变为

$$\mathcal{N}(\alpha,\pi,\phi)=\frac{1-\exp\left[-2\alpha^2\sin^2\left(\frac{\phi}{2}\right)\right]\cos(\alpha^2\sin\phi+\phi)}{1-\exp\left[-2\alpha^2\sin^2\left(\frac{\phi}{2}\right)\right]\cos(\alpha^2\sin\phi)} \tag{16.7.6}$$

它是 ϕ 的偶函数(关于 $\phi=0$ 对称)，如图 16.7.3 所示。可以看出，当调制位相取 $\theta=\pi$时，$\mathcal{N}(\alpha,\pi,\phi)$在 $\phi=0$ 附近显示相长干涉特征，并在 ϕ 变化的较宽范围内保持稳定性。这是维持猫态相干性的最佳区域。

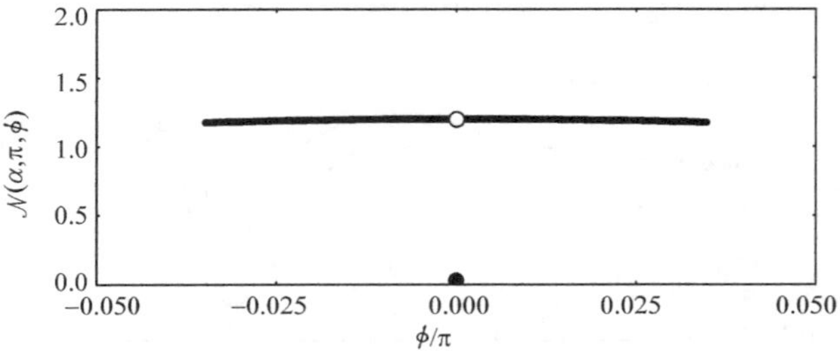

图 16.7.3 相对平均光子数 $\mathcal{N}(\alpha,\pi,\phi)$随 ϕ 变化的稳定性(式(16.7.6))

处于 $\phi=0$ 附近的猫态(16.7.4)具有相长干涉特征，并在 ϕ 变化的较宽范围内保持稳定的相干性。而 $\phi=0$ 是一个特殊点(见 16.7.4 节)。图中 α 取阿罗什的实验数据 $\alpha_0=3.1$

16.7.3 薛定谔猫态的量子统计性质

我们进一步考查 $\mathcal{N}(\alpha,\pi,\phi)$在 $\phi\to0$ 时对幅度 α 的依赖性。这时式(16.7.6)呈现不定式 0/0，对它用洛必达法则，得到

$$\lim_{\phi\to0}\frac{1-\exp\left[-2\alpha^2\sin^2\left(\frac{\phi}{2}\right)\right]\cos(\alpha^2\sin\phi+\phi)}{1-\exp\left[-2\alpha^2\sin^2\left(\frac{\phi}{2}\right)\right]\cos(\alpha^2\sin\phi)}=\frac{\alpha^4+3\alpha^2+1}{\alpha^4+\alpha^2} \tag{16.7.7}$$

这样我们有

$$\lim_{\phi\to0}\mathcal{N}(\alpha,\theta,\phi)=\begin{cases}1 & (\theta\neq\pi)\\ \dfrac{\alpha^4+3\alpha^2+1}{\alpha^4+\alpha^2} & (\theta=\pi)\end{cases} \tag{16.7.8}$$

我们进而基于位相调制条件 $\theta=\pi$、位相差条件 $\phi\to0$、式(16.6.2)、式(16.7.8)、式(16.6.4)和式(16.6.8)，作出薛定谔猫态(16.7.4)的光子数分布和其他相关曲线，如图 16.7.4 所示。可以看出，该猫态的光子数分布比具有相同平均值的泊松分布更窄，而且存在相长干涉、亚泊松光子统计和压缩态。从所得结果还可以看出，当幅度 $\alpha\to\infty$时，有 $\mathcal{N}(\infty)\to1$，$V(\infty)\to1$，$S(\infty)\to1$，猫态的相干性消失。

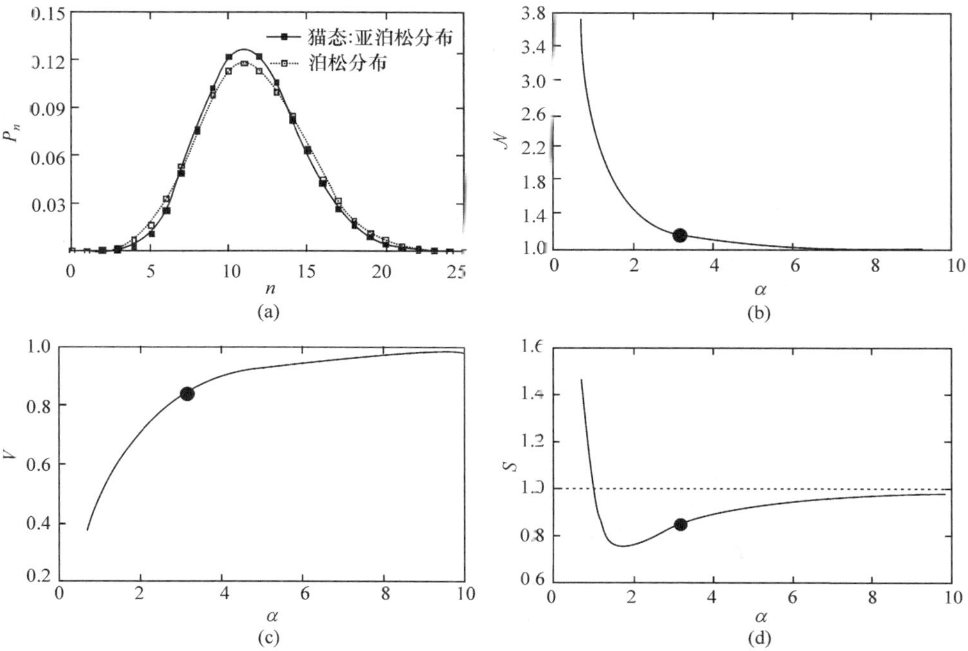

图 16.7.4　薛定谔猫态(16.7.4)在 $\phi \to 0$ 的量子统计性质($\theta=\pi$)

(a) 光子数分布 P_n(平均值为 $N=11.5$)比具有相同平均值的泊松分布更窄;(b) 对于任意有限的幅度 α,相对平均光子数 $\mathcal{N}(\alpha)>1$(存在相长干涉),α 越小相长干涉效应越强,其中 $\mathcal{N}(\alpha_0)=1.2$;(c) 对于任意有限的幅度 α,归一化光子数方差 $V(\alpha)<1$(存在亚泊松光子统计),α 越小亚泊松效应越强,其中 $V(\alpha_0)=0.84$;(d) 在 $\alpha>1$ 区域,正交分量起伏 $S(\alpha)<1$(存在压缩态),其中最低起伏为 $S(1.7)=0.75$,而 $S(\alpha_0)=0.85$。图中的 $\alpha_0=3.1$ 是阿罗什的实验数据

16.7.4　位相调制的实验方案

按照上述理论结果,阿罗什的实验数据 α_0 还可以进一步优化。实际上,如图 16.7.4 所示,如果进一步减小 α_0 值,则猫态的光子信号会具有更强的相长干涉效应、更强的亚泊松光子统计和更深的压缩效应(例如,要得到具有最佳压缩效应的猫态,可取 $\alpha=1.7$)。实验中可以按照图 16.7.5 所示的方案,将具有优化幅度 α 的输入相干光 $|\alpha e^{i\phi}\rangle$(位相 ϕ 可取任意值)分成两束,它们具有相同的位相。其中一束经过相移器 $e^{i\pi}$ 后变成 $e^{i\pi}|\alpha e^{i\phi}\rangle$,它与另一束相干光 $|\alpha e^{i\phi}\rangle$ 叠加,便形成猫态,其量子统计性质如图 16.7.4 所示。

最后我们必须说明,上述用位相调制方法维持薛定谔猫态相干性的理论结果和实验方案都是对于 $\phi \to 0$ 而言。然而,如果两个分量态的位相差严格为零,则上述猫态为

$$|\Psi\rangle=\frac{1}{\sqrt{A}}(|\alpha e^{i\phi}\rangle+e^{i\pi}|\alpha e^{i\phi}\rangle)=\frac{1}{\sqrt{A}}(|\alpha e^{i\phi}\rangle-|\alpha e^{i\phi}\rangle)=0 \qquad (16.7.9)$$

这样的猫态是不存在的，即 $\mathcal{N}(\alpha,\pi,0)=0$（图 16.7.3）。不过，只要两个分量态的位相差不严格为零（无论它有多小），上述理论结果都是成立的。那么实验方案（图 16.7.5）中参与叠加的$|\alpha e^{i\phi}\rangle$和 $e^{i\pi}|\alpha e^{i\phi}\rangle$的位相差是否严格为零呢？这实际上是不可能的，因为输入相干光$|\alpha e^{i\phi}\rangle$中的位相 ϕ 有量子起伏，分光之后每个分量态的位相都存在量子起伏，测不准原理导致所有的位相不可能取确定值，所以两个分量态在最终叠加时不可能有绝对相等的位相，实际过程将按图 16.7.5 的方案进行。

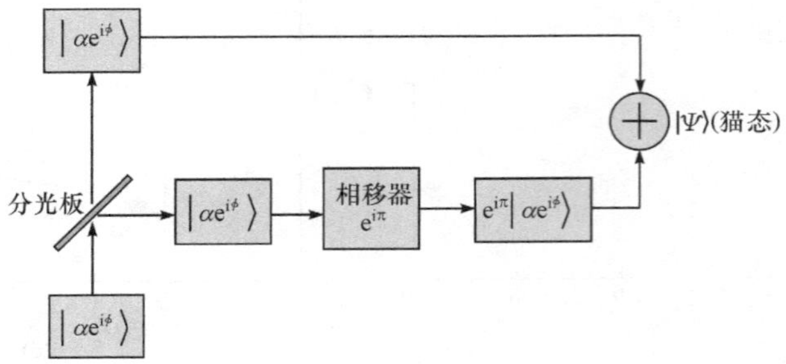

图 16.7.5　位相调制的实验方案

16.8　杰恩斯-卡明斯模型：穿衣态

单模辐射场与单个二能级原子的相互作用由杰恩斯-卡明斯模型（Jaynes-Cummings model，JCM）描述，它在量子光学（quantum optics）和量子信息学中有非常重要的应用。本节首先对 JCM 哈密顿进行精确求解，由此引出穿衣态，进而求解含时 JCM 体系的薛定谔方程，得到它的一般解。这些结果将为研究各种初态的 JCM 体系的量子统计性质提供基础。

16.8.1　JCM 的精确解

我们考虑一个单模辐射场与单个二能级原子组成的体系（图 16.8.1）。利用式（16.1.20）（略去零点能）和式（10.6.61），并考虑到辐射场-原子的耦合作用，可以写出 JCM 哈密顿算符

$$H=\hbar\omega a^{+}a+\frac{1}{2}\hbar\omega_{0}\sigma_{z}+\hbar g(a\sigma^{+}+a^{+}\sigma^{-}) \qquad (16.8.1)$$

其中，ω 是单模辐射场的频率；a 和 a^{+} 分别是湮没算符和产生算符（$\hbar\omega a^{+}a\equiv H_{F}$ 是

辐射场的哈密顿算符)。另一方面,ω_0 是二能级原子的频率间隔,$\frac{1}{2}\hbar\omega_0\sigma_z \equiv H_A$ 是二能级原子的哈密顿算符(见 10.6.4 节):当 $\langle\sigma_z\rangle=1$ 时,$\langle H_A\rangle=\frac{1}{2}\hbar\omega_0$,表示原子处于高能态 $|a\rangle$;而 $\langle\sigma_z\rangle=-1$ 时,$\langle H_A\rangle=-\frac{1}{2}\hbar\omega_0$,表示原子处于低能态 $|b\rangle$。这样 $\langle\sigma_z\rangle$ 是原子处于高、低能态的概率之差,即所谓原子反转概率(atomic inversion probability),特别是 $\langle\sigma_z\rangle=0$ 表示原子处于高、低能态的概率相等,因此泡利矩阵 σ_z 在这里扮演了一个原子反转算符(atomic inversion operator)的角色。σ^+ 和 σ^- 分别是原子的升阶算符和降阶算符,$a\sigma^+$ 项表示体系中湮没一个光子而原子跃迁到高能态,而 $a^+\sigma^-$ 项表示体系中产生一个光子而原子跃迁到低能态。式(16.8.1)中的 g 是辐射场与原子的耦合系数(coupling coefficient)。现在我们求解 H 的本征方程

$$H|\phi\rangle=E|\phi\rangle \tag{16.8.2}$$

其中,E 和 $|\phi\rangle$ 是本征值和相应的本征态。我们假定 $|\phi\rangle$ 能被写为 $|n,a\rangle$ 和 $|n+1,b\rangle$ 的线性组合:

$$|\phi\rangle=A|n,a\rangle+B|n+1,b\rangle \quad (n=0,1,2,\cdots) \tag{16.8.3}$$

其中,$|n,a\rangle$ 表示原子处于高能态 $|a\rangle$ 而体系中有 n 个光子;$|n+1,b\rangle$ 则表示原子处于低能态 $|b\rangle$ 而体系中有 $n+1$ 个光子;A 和 B 是体系处于态 $|n,a\rangle$ 和态 $|n+1,b\rangle$ 的概率幅,它们满足归一化条件

$$|A|^2+|B|^2=1 \tag{16.8.4}$$

将式(16.8.1)和式(16.8.3)代入式(16.8.2),然后将所得式子分别向 $\langle n,a|$ 和 $\langle n+1,b|$ 投影,得到

$$\left(\hbar\omega n+\frac{1}{2}\hbar\omega_0-E\right)A+\hbar g\sqrt{n+1}B=0 \tag{16.8.5a}$$

$$\hbar g\sqrt{n+1}A+\left[\hbar\omega(n+1)-\frac{1}{2}\hbar\omega_0-E\right]B=0 \tag{16.8.5b}$$

这是关于 A 和 B 的线性齐次方程组,它有非零解的必要充分条件是系数行列式为零:

$$\begin{vmatrix} \hbar\omega n+\frac{1}{2}\hbar\omega_0-E & \hbar g\sqrt{n+1} \\ \hbar g\sqrt{n+1} & \hbar\omega(n+1)-\frac{1}{2}\hbar\omega_0-E \end{vmatrix}=0 \tag{16.8.6a}$$

这个久期方程给出本征值

$$E_n^{\pm}=\hbar\left[\omega\left(n+\frac{1}{2}\right)\pm\Omega_n\right] \tag{16.8.6b}$$

其中

$$\Omega_n=\sqrt{(\Delta/2)^2+g^2(n+1)} \tag{16.8.7}$$

式中,$\Delta=\omega-\omega_0$ 是失谐量(detuning)。将式(16.8.6b)代入式(16.8.5),并利用式(16.8.4),得到系数

$$A^+=\sin\theta_n,\quad B^+=\cos\theta_n \tag{16.8.8a}$$

$$A^-=\cos\theta_n,\quad B^-=-\sin\theta_n \tag{16.8.8b}$$

其中,角度 θ_n 由

$$\tan 2\theta_n=\frac{g\sqrt{n+1}}{\Delta/2}\quad(0\leqslant 2\theta_n\leqslant\pi) \tag{16.8.9}$$

定义(图 16.8.2)。将式(16.8.8)代入式(16.8.3),我们得到本征态

$$|\phi_n^{\pm}\rangle=\begin{pmatrix}\sin\theta_n\\\cos\theta_n\end{pmatrix}|n,a\rangle\pm\begin{pmatrix}\cos\theta_n\\\sin\theta_n\end{pmatrix}|n+1,b\rangle \tag{16.8.10}$$

式中,$|n,a\rangle$和$|n+1,b\rangle$通常被称为裸态(bare states),而$|\phi_n^+\rangle$和$|\phi_n^-\rangle$通过角度 θ_n 包含了原子、辐射场及二者耦合的信息,它们则被称为 JCM 哈密顿的穿衣态(dressed states)。需要指出,$|n\rangle$和$|n+1\rangle$由于光子数不同是宏观可区分的,因此穿衣态(16.8.10)是一种典型的纠缠态。

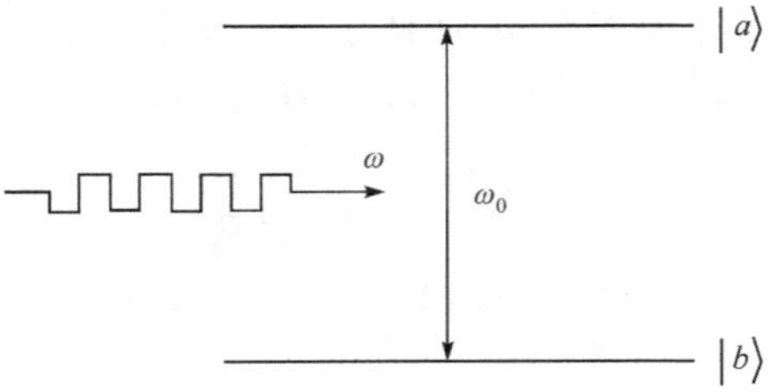

图 16.8.1 单模辐射场与单个二能级原子的相互作用

二者的频率分别为 ω 和 ω_0,原子的高、低能态分别由$|a\rangle$和$|b\rangle$表示

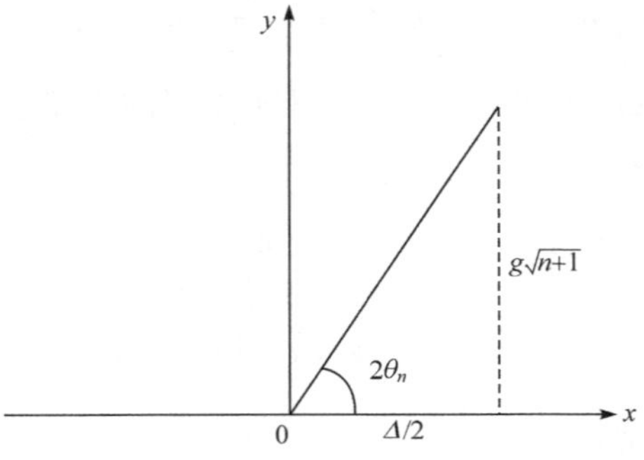

图 16.8.2 角度 θ_n 的定义(来自式(16.8.9)),在共振条件下($\omega=\omega_0$)有 $\theta_n=\pi/4$

利用数态的正交性关系式(16.2.4a)和原子态的正交性$\langle a|b\rangle=0$,我们有

$$\langle \phi_n^+ | \phi_n^- \rangle = 0 \tag{16.8.11a}$$

$$\langle \phi_n^+ | \phi_n^+ \rangle = \langle \phi_n^- | \phi_n^- \rangle = 1 \tag{16.8.11b}$$

可见 $|\phi_n^+\rangle$ 和 $|\phi_n^-\rangle$ 是相互正交的。注意式(16.8.10)所示的穿衣态是不完备的。体系显然还有一个本征态:辐射场中没有光子而原子处于低能态,它被表示为

$$|\phi_g\rangle = |0, b\rangle \tag{16.8.12}$$

它有最低的能量,是体系的基态。由本征方程 $H|\phi_g\rangle = E_g|\phi_g\rangle$ 解出本征值为

$$E_g = -\frac{1}{2}\hbar\omega_0 \tag{16.8.13}$$

这个结果还可以由图 10.6.2 直接看出来。显然,每一个穿衣态 $|\phi_n^\pm\rangle$ 都与基态 $|\phi_g\rangle$ 正交:$\langle \phi_n^\pm | \phi_g \rangle = 0$。现在所有穿衣态以及基态张成一个无限维的希尔伯特空间,相应的完备性关系式为

$$\sum_{n=0}^{\infty} (|\phi_n^+\rangle\langle\phi_n^+| + |\phi_n^-\rangle\langle\phi_n^-|) + |\phi_g\rangle\langle\phi_g| = 1 \tag{16.8.14}$$

利用它可以将 JCM 体系的任意态展开。

16.8.2　含时 JCM 体系的一般解

现在我们考虑含时 JCM 体系(time-dependent JCM system),它的薛定谔方程为

$$\frac{\mathrm{d}}{\mathrm{d}t}|\Phi(t)\rangle = -\frac{\mathrm{i}}{\hbar}H|\Phi(t)\rangle \tag{16.8.15}$$

其中,$|\Phi(t)\rangle$ 是体系的含时态矢量。设体系的初态为 $|\Phi(0)\rangle$,它能按完备性关系式(16.8.14)展开为

$$\begin{aligned} |\Phi(0)\rangle &= \left[\sum_{n=0}^{\infty} (|\phi_n^+\rangle\langle\phi_n^+| + |\phi_n^-\rangle\langle\phi_n^-|) + |\phi_g\rangle\langle\phi_g|\right]|\Phi(0)\rangle \\ &= \sum_{n=0}^{\infty} (\alpha_n|\phi_n^+\rangle + \beta_n|\phi_n^-\rangle) + \gamma_g|\phi_g\rangle \end{aligned} \tag{16.8.16}$$

其中

$$\alpha_n = \langle \phi_n^+ | \Phi(0)\rangle, \quad \beta_n = \langle \phi_n^- | \Phi(0)\rangle, \quad \gamma_g = \langle \phi_g | \Phi(0)\rangle \tag{16.8.17}$$

是展开系数,它们满足归一化条件

$$\sum_{n=0}^{\infty} (|\alpha_n|^2 + |\beta_n|^2) + |\gamma_g|^2 = 1 \tag{16.8.18}$$

因为哈密顿算符(16.8.1)不包含时间,我们可以利用式(2.1.5),将含时薛定谔方程 (16.8.15)的解写为

$$|\Phi(t)\rangle = \exp\left(-\frac{\mathrm{i}}{\hbar}Ht\right)|\Phi(0)\rangle \tag{16.8.19}$$

将式(16.8.16)代入式(16.8.19),并利用本征方程(16.8.2),我们有

$$|\Phi(t)\rangle=\sum_{n=0}^{\infty}(\alpha_n|\phi_n^+\rangle e^{-\frac{i}{\hbar}E_n^+t}+\beta_n|\phi_n^-\rangle e^{-\frac{i}{\hbar}E_n^-t})+\gamma_g|\phi_g\rangle e^{-\frac{i}{\hbar}E_gt} \tag{16.8.20}$$

这就是含时 JCM 体系的一般解，它是在穿衣态$|\phi_n^{\pm}\rangle$和基态$|\phi_g\rangle$的意义上表示的。对于体系的任意初态$|\Phi(0)\rangle$，利用式(16.8.17)求出展开系数$\{\alpha_n,\beta_n\}$和γ_g，则任意t时刻的态矢量$|\Phi(t)\rangle$是(16.8.20)所示的对光子数n的求和。

16.9 JCM 体系的量子统计性质

16.9.1 一般性结果

本节我们将从原子和辐射场两个方面讨论 JCM 体系的量子统计性质。具体来说，就是在任意含时态(16.8.20)中讨论下列量的时间演化特性。

(1) 原子反转概率：

$$W(t)=\langle\sigma_z\rangle \tag{16.9.1a}$$

(2) 平均光子数：

$$N(t)=\langle a^+a\rangle \tag{16.9.1b}$$

(3) Mandel 因子：

$$Q(t)=\frac{(\Delta n)^2-\langle n\rangle}{\langle n\rangle} \tag{16.9.1c}$$

其中，$(\Delta n)^2=\langle n^2\rangle-\langle n\rangle^2$。现在$Q(t)<0$相应于亚泊松光子统计。

(4) 正交分量$X=a+a^+$和$P=-i(a-a^+)$的起伏(式(16.1.26))：

$$\begin{pmatrix}F_1(t)\\F_2(t)\end{pmatrix}=1+2\langle a^+a\rangle\pm2\mathrm{Re}\langle a^2\rangle-4\begin{pmatrix}\mathrm{Re}^2\langle a\rangle\\\mathrm{Im}^2\langle a\rangle\end{pmatrix} \tag{16.9.1d}$$

其中，$F_1(t)\equiv(\Delta X)^2$；$F_2(t)\equiv(\Delta P)^2$；$F_1(t)<1$($F_2(t)<1$)表示X分量(P分量)存在压缩态。在含时态(16.8.20)中我们有

$$\langle\sigma_z\rangle=\sum_{n=0}^{\infty}[(|\beta_n|^2-|\alpha_n|^2)\cos2\theta_n+2\sin2\theta_n\mathrm{Re}(\alpha_n^*\beta_n e^{i2\Omega_nt})]-|\gamma_g|^2 \tag{16.9.2a}$$

$$\langle n\rangle=\sum_{n=0}^{\infty}[n(|\alpha_n|^2+|\beta_n|^2)+|\alpha_n|^2\cos^2\theta_n+|\beta_n|^2\sin^2\theta_n-\sin2\theta_n\mathrm{Re}(\alpha_n^*\beta_n e^{i2\Omega_nt})] \tag{16.9.2b}$$

$$\begin{aligned}\langle n^2\rangle=\sum_{n=0}^{\infty}\{&n^2(|\alpha_n|^2+|\beta_n|^2)\\&+(2n+1)[|\alpha_n|^2\cos^2\theta_n+|\beta_n|^2\sin^2\theta_n-\sin2\theta_n\mathrm{Re}(\alpha_n^*\beta_n e^{i2\Omega_nt})]\}\end{aligned} \tag{16.9.2c}$$

$$\langle a\rangle=\gamma_g^*(\alpha_0\cos\theta_0 e^{-i\Omega_0 t}-\beta_0\sin\theta_0 e^{i\Omega_0 t})\exp(-i\lambda_0 t)+\exp(-i\omega t)$$
$$\cdot\sum_{n=0}^{\infty}\{\alpha_n^*\alpha_{n+1}(\sqrt{n+1}\sin\theta_n\sin\theta_{n+1}+\sqrt{n-2}\cos\theta_n\cos\theta_{n+1})\exp[i(\Omega_n-\Omega_{n+1})t]$$
$$+\alpha_n^*\beta_{n+1}(\sqrt{n+1}\sin\theta_n\cos\theta_{n+1}-\sqrt{n+2}\cos\theta_n\sin\theta_{n+1})\exp[i(\Omega_n+\Omega_{n+1})t]$$
$$+\beta_n^*\alpha_{n+1}(\sqrt{n+1}\cos\theta_n\sin\theta_{n+1}-\sqrt{n+2}\sin\theta_n\cos\theta_{n+1})\exp[-i(\Omega_n+\Omega_{n+1})t]$$
$$+\beta_n^*\beta_{n+1}(\sqrt{n+1}\cos\theta_n\cos\theta_{n+1}+\sqrt{n+2}\sin\theta_n\sin\theta_{n+1})\exp[-i(\Omega_n-\Omega_{n+1})t]\}\tag{16.9.2d}$$

$$\langle a^2\rangle=\sqrt{2}\gamma_g^*(\alpha_1\cos\theta_1 e^{-i\Omega_1 t}-\beta_1\sin\theta_1 e^{i\Omega_1 t})\exp(-i\lambda_1 t)+\exp(-i2\omega t)$$
$$\cdot\sum_{n=0}^{\infty}\{\alpha_n^*\alpha_{n+2}[\sqrt{(n+1)(n+2)}\sin\theta_n\sin\theta_{n+2}+\sqrt{(n+2)(n+3)}\cos\theta_n\cos\theta_{n+2}]$$
$$\cdot\exp[i(\Omega_n-\Omega_{n+2})t]$$
$$+\alpha_n^*\beta_{n+2}[\sqrt{(n+1)(n+2)}\sin\theta_n\cos\theta_{n+2}-\sqrt{(n+2)(n+3)}\cos\theta_n\sin\theta_{n+2}]$$
$$\cdot\exp[i(\Omega_n+\Omega_{n+2})t]$$
$$+\beta_n^*\alpha_{n+2}[\sqrt{(n+1)(n+2)}\cos\theta_n\sin\theta_{n+2}-\sqrt{(n+2)(n+3)}\sin\theta_n\cos\theta_{n+2}]$$
$$\cdot\exp[-i(\Omega_n+\Omega_{n+2})t]$$
$$+\beta_n^*\beta_{n+2}[\sqrt{(n+1)(n+2)}\cos\theta_n\cos\theta_{n+2}+\sqrt{(n+2)(n+3)}\sin\theta_n\sin\theta_{n+2}]$$
$$\cdot\exp[-i(\Omega_n-\Omega_{n+2})t]\}\tag{16.9.2e}$$

其中，$\lambda_0=(\omega+\omega_0)/2$；$\lambda_1=\lambda_0+\omega$。将式(16 9.2)代入式(16.9.1)，我们便得到关于 JCM 体系量子统计性质的所有结果。这些结果具有一般性：①复系数 $\{\alpha_n,\beta_n\}$ 和 γ_g 是任意的；②失谐量 Δ 和耦合系数 g 可以取任意值。因此我们的结果能够用来描述具有任意概率分布的二能级原子与任意单模辐射场的相互作用，例如，真空态、相干态、压缩态、薛定谔猫态等。随后我们将讨论两个具体的初态。

16.9.2　真空态

本节我们讨论具有任意概率分布的二能级原子与真空场的相互作用。体系的初态为

$$|\Phi(0)\rangle=\cos(B/2)|0,a\rangle+\sin(B/2)\exp(i\psi)|0,b\rangle\tag{16.9.3}$$

其中，$B(0\leqslant B\leqslant\pi)$是原子的布洛赫角(Bloch angle)，它表征原子处于高、低能态的概率；$\exp(i\psi)$是一个任意的位相因子。利用式(16.8.10)和式(16.8.17)，可以将式(16.9.3)写成穿衣态$|\phi_0^{\pm}\rangle$和基态$|\phi_g\rangle$的组合：

$$|\Phi(0)\rangle=\alpha_0|\phi_0^+\rangle+\beta_0|\phi_0^-\rangle+\gamma_g|\phi_g\rangle\tag{16.9.4}$$

式中

$$\alpha_0=\cos(B/2)\sin\theta_0,\quad \beta_0=\cos(B/2)\cos\theta_0,\quad \gamma_g=\sin(B/2)\exp(i\psi)\tag{16.9.5}$$

将式(16.9.5)代入式(16.9.2)，再代入式(16.9.1)，我们便得到关于真空态的一般

结果：

$$W(t)=\cos B-2\left[\cos(B/2)\sin 2\theta_n\sin(\Omega_0 t)\right]^2 \tag{16.9.6a}$$

$$N(t)=\cos^2(B/2)\sin^2\theta_0\left(1-\sin 2\theta_n\cos(2\Omega_0 t)\right) \tag{16.9.6b}$$

$$Q(t)=-\left[\cos(B/2)\sin 2\theta_0\sin(\Omega_0 t)\right]^2 \tag{16.9.6c}$$

$$\begin{pmatrix}F_1(t)\\F_2(t)\end{pmatrix}=1+2\left[\cos(B/2)\sin 2\theta_0\sin(\Omega_0 t)\right]^2-\left[\sin B\sin 2\theta_0\sin(\Omega_0 t)\begin{pmatrix}\sin(\psi+\lambda_0 t)\\\cos(\psi+\lambda_0 t)\end{pmatrix}\right]^2 \tag{16.9.6d}$$

我们现在考虑一种简单情况：原子初始时刻处于高能态（$B=0$）而辐射场与原子满足共振条件（$\theta_0=\pi/4$），则式（16.9.6）约化为

$$W(t)=1-2\sin^2(gt) \tag{16.9.7a}$$

$$N(t)=\sin^2(gt) \tag{16.9.7b}$$

$$Q(t)=-\sin^2(gt) \tag{16.9.7c}$$

$$F_1(t)=F_2(t)=1+2\sin^2(gt) \tag{16.9.7d}$$

这里所得的结果在 $t=0$ 时给出 $N(0)=0, Q(0)=0, F_1(0)=F_2(0)=1$，这是真空态的情况。我们知道真空态是光子数态的特例，但也可以是相干态的特例。现在是相干态的特例，因为 Mandel 因子为 $Q(0)=0$（光子数态有 $Q=-1$，见式（16.2.7））。式（16.9.7a）就是众所周知的原子章动（atomic nutation）。式（16.9.7b）表明，体系的平均光子数虽然在初始时刻为零，但在时间演化中变成非零的（除去时间点 $gt=m\pi, m=1,2,\cdots$）。式（16.9.7c）表示，在时间点 $gt_m=(2m+1)\pi/2\ (m=0,1,2,\cdots)$，有 $Q(t_m)=-1$（辐射场呈现最佳亚泊松光子统计），相应于 $N(t_m)=1$（辐射场有一个光子）和 $W(t_m)=-1$（原子处于低能态）。式（16.9.7d）显示体系在演化中不出现压缩态。

16.9.3　相干态

现在我们考虑另一种初态：原子处于高能态 $|a\rangle$ 而光场为相干态 $|\alpha\rangle$。由于 $|\alpha\rangle$ 能被表示为数态 $|n\rangle$ 的叠加（见式（10.3.29）），体系的初态可以写为

$$|\Phi(0)\rangle=\sum_{n=0}^{\infty}p_n|n,a\rangle \tag{16.9.8}$$

其中

$$p_n=\exp\left(-\frac{1}{2}|\alpha|^2\right)\frac{\alpha^n}{\sqrt{n!}} \tag{16.9.9}$$

是相干态 $|\alpha\rangle$ 按数态 $|n\rangle$ 展开的概率幅。将式（16.9.8）中的裸态 $|n,a\rangle$ 按穿衣态（16.8.10）展开，则展开式为（16.8.16）的形式，其中的展开系数为

$$\alpha_n=p_n\sin\theta_n,\quad \beta_n=p_n\cos\theta_n,\quad \gamma_g=0 \tag{16.9.10}$$

在共振条件下（$\theta_n=\pi/4$），式（16.9.1）给出

$$W(t)=\sum_{n=0}^{\infty}|p_n|^2\cos(2\sqrt{n+1}gt) \tag{16.9.11a}$$

$$N(t)=\sum_{n=0}^{\infty}|p_n|^2[n+\sin^2(\sqrt{n+1}gt)] \tag{16.9.11b}$$

$$Q(t)=\frac{\sum_{n=0}^{\infty}|p_n|^2[n^2+(2n+1)\sin^2(\sqrt{n+1}gt)]}{\sum_{n=0}^{\infty}|p_n|^2[n+\sin^2(\sqrt{n+1}gt)]}-\sum_{n=0}^{\infty}|p_n|^2[n+\sin^2(\sqrt{n+1}gt)]-1 \tag{16.9.11c}$$

$$\begin{aligned}\binom{F_1(t)}{F_2(t)}=&1+2\sum_{n=0}^{\infty}|p_n|^2[n+\sin^2(\sqrt{n+1}gt)]\\&-\Big\{\binom{\mathrm{Re}}{\mathrm{Im}}\sum_{n=0}^{\infty}p_n^*p_{n+1}[(\sqrt{n+1}+\sqrt{n+2})\cos(\sqrt{n+1}-\sqrt{n+2})gt\\&+(\sqrt{n+1}-\sqrt{n+2})\cos(\sqrt{n+1}+\sqrt{n+2})gt]\Big\}^2\\&\pm\mathrm{Re}\sum_{n=0}^{\infty}p_n^*p_{n+2}\{[\sqrt{(n+1)(n+2)}+\sqrt{(n+2)(n+3)}]\\&\cdot\cos(\sqrt{n+1}-\sqrt{n+3})gt+[\sqrt{(n+1)(n+2)}-\sqrt{(n+2)(n+3)}]\\&\cdot\cos(\sqrt{n+1}+\sqrt{n+3})gt\}\end{aligned} \tag{16.9.11d}$$

注意到 $F_1(t)$和 $F_2(t)$的共同最小值是

$$F(t)=F_1(t,\phi=0)=F_2(t,\phi=\pi/2) \tag{16.9.12}$$

其中，ϕ 是相干态本征值 α 的位相：$\alpha=|\alpha|\exp(\mathrm{i}\phi)$。我们可以不失一般性地考虑 $F(t)=F_1(t,\phi=0)$的情况，其中，α 为幅度(正实数)。

式(16.9.11)给出了关于相干态 JCM 体系的量子统计性质的一般性结果。现在我们由式(16.9.11)作出一些典型的曲线(图 16.9.1)，并对结果论如下。

(1) 原子反转概率 $W(t)$在开始一段时间呈现“坍缩”(collapse)，然后在相当长时间内保持“平静”(calm)，即 $W(t)=0$，之后又再次“复活”(revival)。这样的坍缩、平静和复活是一种量子行为(没有经典对应)，这些现象已经在单原子微波量子放大器(one-atom maser)中观察到。

(2)在这段时间内，相对平均光子数 $\mathcal{N}(t)\equiv N(t)/\alpha^2$ 和 Mandel 因子 $Q(t)$的行为与 $W(t)$类似(坍缩—平静—复活)。在初始 $t=0$ 时刻，有 $\mathcal{N}(0)=1$ 和 $Q(0)=0$(对应相干态)，当 $t>0$ 时，有 $\mathcal{N}(t)>1$，这意味着光场与原子在作用过程中具有相长干涉特征，而在平静区域则有 $Q(t)<0$，表示光场具有亚泊松光子统计。

(3) 光场正交分量在开始一个很小时间段内有 $F(t)<1$(轻微的压缩)，之后又再度出现轻微的压缩(在 $gt\approx15$)。这些压缩只有理论意义，没有实际应用的价

值。不过对于较大的幅度 α(图 16.9.2)，除了在开始一段时间存在振荡式的轻微压缩之外，在较长时间后出现较强的压缩，它确实具有实际意义。

(4) 作为极限情况，当 $p_n=\delta_{n0}$ 时，式(16.9.11)约化为真空态的情况(式(16.9.7))。

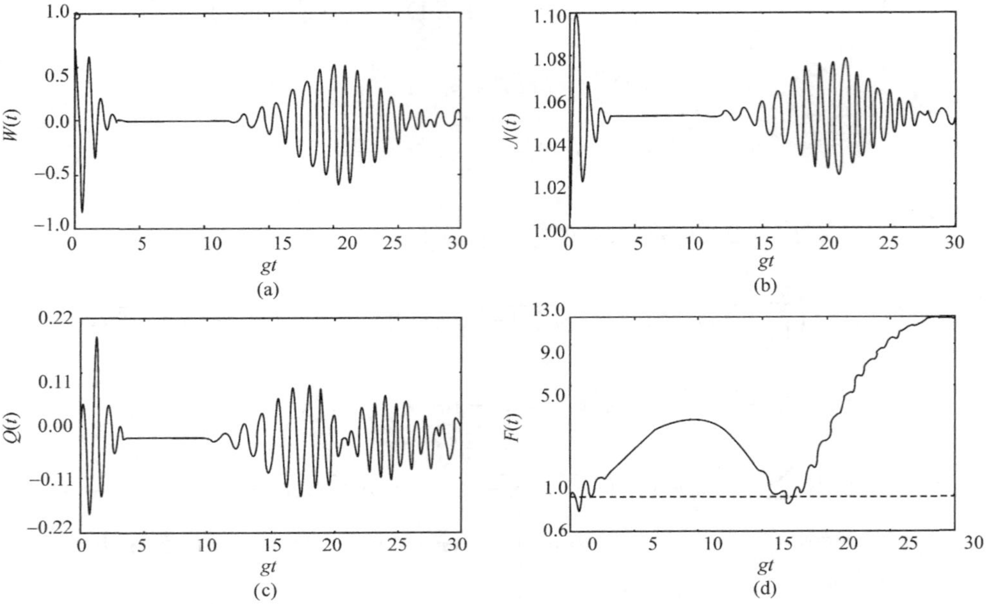

图 16.9.1　相干态 JCM 体系的量子统计性质

图中 α 取阿罗什的实验数据 $\alpha_0=3.1$

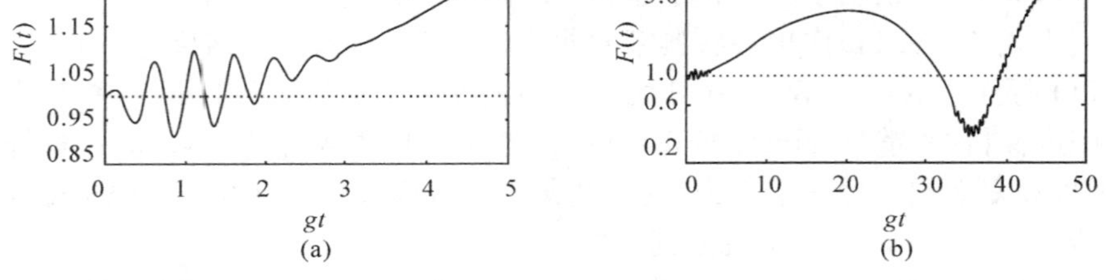

图 16.9.2　相干态 JCM 体系的正交分量起伏：在 $gt\approx35$ 附近出现较强压缩

图中取 $\alpha=20/\pi$

下面我们进一步讨论体系的光子数分布，为此我们将展开系数(16.9.10)代入一般解(16.8.20)，得到

$$|\Phi(t)\rangle = \sum_{n=0}^{\infty} p_n \mathrm{e}^{-\mathrm{i}\omega\left(n+\frac{1}{2}\right)t}\left[\cos(\sqrt{n+1}gt)|n,a\rangle - \mathrm{i}\sin(\sqrt{n+1}gt)|n+1,b\rangle\right] \tag{16.9.13}$$

我们对体系的密度算符 $|\Phi(t)\rangle\langle\Phi(t)|$(见式(9.3.20))关于原子态求迹,得到光场的约化密度算符(reduced density operator)

$$\begin{aligned}\rho_{\mathrm{F}}(t) &= \mathrm{Tr}_{\mathrm{A}}(|\Phi(t)\rangle\langle\Phi(t)|) = \langle a|\Phi(t)\rangle\langle\Phi(t)|a\rangle + \langle b|\Phi(t)\rangle\langle\Phi(t)|b\rangle \\ &= \sum_{m,k=0}^{\infty} p_m^* p_k \mathrm{e}^{\mathrm{i}\omega(m-k)t}\begin{bmatrix}\cos(\sqrt{m+1}gt)\cos(\sqrt{k+1}gt)|k\rangle\langle m| \\ +\sin(\sqrt{m+1}gt)\sin(\sqrt{k+1}gt)|k+1\rangle\langle m+1|\end{bmatrix}\end{aligned} \tag{16.9.14}$$

进而得到光子数分布

$$P_n(t) = \langle n|\rho_{\mathrm{F}}(t)|n\rangle = |p_n|^2\left[\cos^2(\sqrt{n+1}gt) + \frac{n}{\alpha^2}\sin^2(\sqrt{n}gt)\right] \tag{16.9.15}$$

利用式(16.9.15)作出一些典型的光子数分布(图 16.9.3)。一个有趣的现象是,在平静区($W=0$),光子数分布呈现不同的图样。

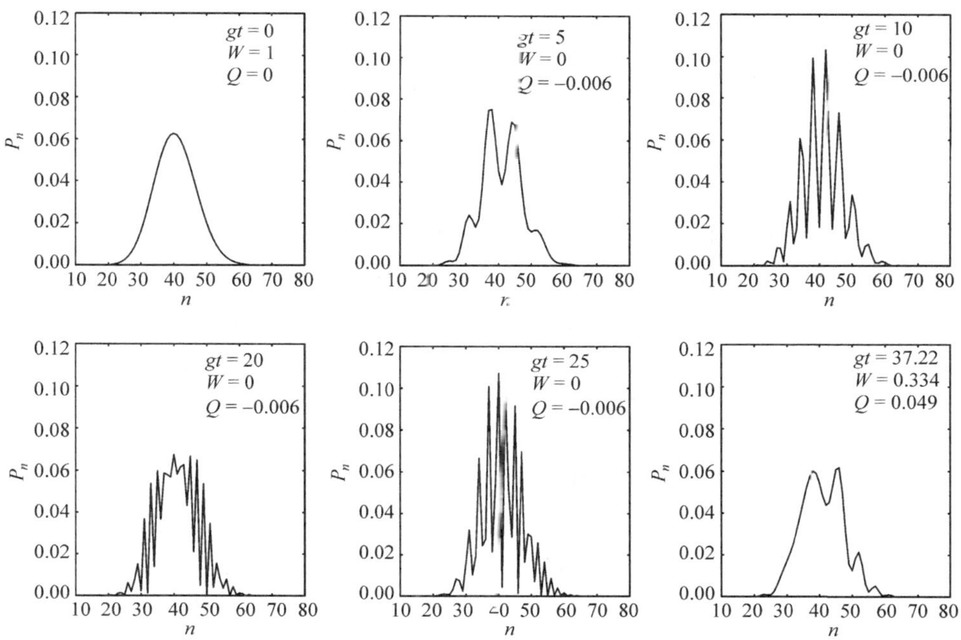

图 16.9.3　相干态 JCM 体系的光子数分布

这里有泊松分布($Q=0$),亚泊松分布($Q<0$),以及超泊松分布($Q>0$)。

不同时刻的分布具有不同的平均光子数(由式(16.9.11b)决定)。图中取 $\alpha=20/\pi$

16.10　腔 QED 和量子计算机

16.10.1　腔 QED

2012 年诺贝尔物理学奖授予在测量和操纵单量子体系(measuring and manipulating individual quantum systems)研究中取得开创性成就的两位科学家(S. Haroche 和 D. Wineland),这表明利用量子技术控制微观体系已经发展到一个新阶段。特别是利用腔 QED(cavity quantum electrical dynamics)不但可以从实验上展示 JCM 中的各种现象,而且可以测量并控制光子场与单原子在微波腔或光学腔中的相互作用动力学,阿罗什的微腔 QED 如图 16.10.1 所示。

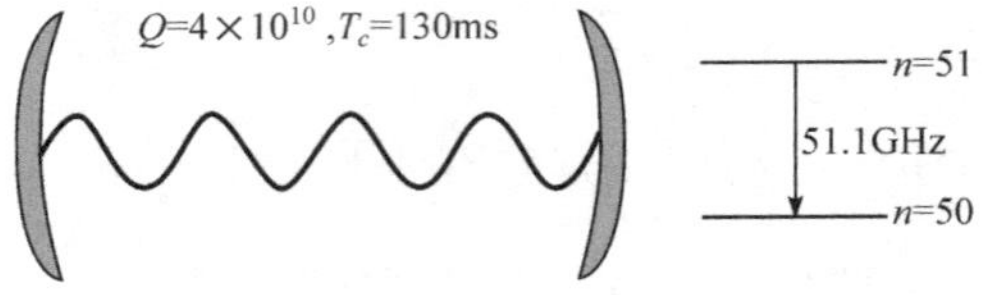

图 16.10.1　阿罗什的微腔 QED
一个(或几个)光子被限制在极高 Q 值的微波腔中,实验中可以测量并控制微波场与高激发态里德伯原子的相互作用动力学

我们知道,腔的 Q 值(Q-value of cavity)与其中光子寿命(photon lifetime)T_c 有如下关系:

$$T_c = \frac{Q}{\omega} \tag{16.10.1}$$

其中,ω 是光子场的频率。在阿罗什研究小组中,一个极高 Q 值(约为 4×10^{10})的微波腔用超导材料(Nb)制成,腔长为 2.7cm,微波腔被冷却到约 0.8K。腔的共振频率为 51.1GHz,微波场在这个腔中的衰变时间长达 130ms。这样,一个光子要在腔中传播 39 000km 才会消失(被吸收或是离开微波腔)。这样的传播距离是必要的,因为通常情况下微波场与原子的耦合非常弱(主要是由于原子的尺度远小于微波波长)。为了增加耦合,实际采用里德伯原子(Rydberg atom),它处于高激发电子态(高激发态比低能态更经典),具有很大的轨道半径(实际为 125nm,约为普通原子的 1000 倍)。在这种情况下微波场与原子的耦合系数高达 $g=51$kHz。

阿罗什利用这样的微波腔把二能级铷原子初始制备在一个 $|a\rangle$ 和 $|b\rangle$ 的叠加态(其量子数分别为 $n=51$ 和 $n=50$),而光子场为相干态 $|\alpha\rangle$,即体系的初态为

$$|\Psi(0)\rangle = \frac{1}{\sqrt{2}}(|a\rangle + |b\rangle)\otimes|\alpha\rangle \tag{16.10.2}$$

由于铷原子的能级间隔与微波场频率有轻微的失谐量,因此铷原子在与微波场相互作用的过程中不吸收光子,不发生 $|b\rangle\to|a\rangle$ 跃迁。但是由于铷原子与微波场的

耦合很强，原子态$|a\rangle$和$|b\rangle$使微波场发生不同的相移（$e^{i\phi/2}$和$e^{-i\phi/2}$），从而形成两个幅度相等、位相相反的相干态（$|\alpha e^{i\phi/2}\rangle$和$|\alpha e^{-i\phi/2}\rangle$）。而这两个相干态分别与铷原子的高、低能态发生关联，最后在t时刻形成原子-腔场的量子纠缠态（见式(16.7.1)）

$$|\Psi(t)\rangle=\frac{1}{\sqrt{2}}\left(|a\rangle\otimes|\alpha e^{i\phi/2}\rangle+|b\rangle\otimes|\alpha e^{-i\phi/2}\rangle\right) \tag{16.10.3}$$

这里，原子态$|a\rangle$和$|b\rangle$是微观态（与图 9.8.3 中的原子态$|\uparrow\rangle$和$|\downarrow\rangle$类似），而光子态$|\alpha e^{i\phi/2}\rangle$和$|\alpha e^{-i\phi/2}\rangle$由于位相相反是宏观可区分的（相当于图 9.8.3 中相距为 80nm 的空间状态$|-a\rangle$和$|+a\rangle$）。

众所周知，纠缠态的形成是实现量子计算机（quantum computers）的前提。正是由于式(16.10.3)所示的纠缠态的成功制备，腔 QED 成为实现量子计算机的一个重要技术方案。

16.10.2　量子计算机

量子计算机的载体是原子（或离子、光子）等量子客体。一个原子有两个能级，这使得量子计算机具有极大的信息容量。现行电子计算机的最小信息单位是经典比特（classical bit），它可以取 0 或 1；而量子计算机的基本信息单位是量子比特（qubit），它可以同时为 0 和 1，因为一个原子可以按一定的概率同时处于两个状态。一个经典比特可以存储一个数，而 1 个量子比特可以同时存储 2 个数（有 2 个可能的状态）：

$$|0\rangle+|1\rangle \tag{16.10.4}$$

2 个量子比特可以同时存储 4 个数（有 4 个可能的状态）：

$$(|0\rangle+|1\rangle)(|0\rangle+|1\rangle)=|00\rangle+|10\rangle+|01\rangle+|11\rangle\equiv|1\rangle+|2\rangle+|3\rangle+|4\rangle \tag{16.10.5}$$

而N个量子比特有2^N个可能的状态：

$$|1\rangle+|2\rangle+|3\rangle+|4\rangle+\cdots+|2^N\rangle \tag{16.10.6}$$

那么由 300 个原子组成的量子计算机，能够同时存储2^{300}个数。这个数大得无法想象，它比现在宇宙中已知的原子数目的总和还要多。

量子计算机由于执行并行运算（parallel computing），具有极快的运算速度。例如，对 16 个数(10,11,12,…,25)进行平方运算。经典运算是逐个进行的，要运算 16 次。量子运算时，用 4 个原子，产生 16 个量子状态：

$$|1\rangle+|2\rangle+|3\rangle+|5\rangle+\cdots+|16\rangle \tag{16.10.7}$$

它们同时执行对 16 个数的平方运算：

$$|1\rangle|10^2\rangle+|2\rangle|11^2\rangle+|3\rangle|12^2\rangle+|4\rangle|13^2\rangle+\cdots+|16\rangle|25^2\rangle \tag{16.10.8}$$

这个纠缠态作为一次性计算操作给出全部结果，这就是所谓并行运算。

量子计算机可以确保信息安全。这是因为在量子纠缠态(见式(9.8.35))

$$|\Psi\rangle=\frac{1}{\sqrt{2}}(|0\rangle|+a\rangle+|1\rangle|-a\rangle) \tag{16.10.9}$$

中，$|0\rangle|+a\rangle$和$|1\rangle|-a\rangle$是一个原子的两个状态，它们是相互关联的，测量了其中一个的状态，就知道另一个的状态。如果试图窃取其中一个状态的信息，将受到另一个状态的牵制，结果两个状态的信息都得不到。这就是量子计算机的保密安全性所在。

量子计算机的运转基于量子关联，因此具有快速数据库搜索功能。例如，一个量子存储器是一个由人名和对应的电话号码组成的庞大数据库，可以将这个量子存储器包含的信息表达为纠缠态：

$$\frac{1}{\sqrt{N}}(|n_1\rangle|p_1\rangle+|n_2\rangle|p_2\rangle+\cdots+|n_i\rangle|p_i\rangle+\cdots+|n_N\rangle|p_N\rangle) \tag{16.10.10}$$

其中，状态$|n_i\rangle|p_i\rangle$包含人名的量子编码$|n_i\rangle$及相应电话的量子编码$|p_i\rangle$，如果要根据人名搜索到对应的电话。用经典方法，搜索次数为 N 的量级，而用量子方法则为$\sqrt{N}$的量级，因为一个原子具有彼此关联的两个状态，测出了其中一个就知道另一个。在全球电话号码的数据库中找到某一个人的号码，超级电脑“深蓝”(deep blue)需要几个月，而量子计算机只需要 20 多分钟。

量子计算机的功能将是革命性的。正像许多人所预言的那样，量子计算机也许会在 21 世纪内问世。如果这样，它将彻底改变全人类的生活，如同经典计算机改变了 20 世纪人类的生活一样。

16.11　纠　缠　态

我们之前多次讲到纠缠态，但尚未涉及它的一般性概念。本节我们以最简单的方式阐述这个最奇特的概念，它确实是量子理论的自然结果。

与一个经典系统相比较，量子系统具有一些独特的性质，比如能量的分立变化，量子态的叠加，隧道贯穿等。所有这些都是单粒子效应，都能在单个粒子所构成的量子系统中观察到。不过量子与经典作用的区别不限于单粒子情况，对于一个组合系统(至少由两个子系统构成)而言，二者之间更有本质性的差别，这表现在子系统之间具有怎样的关联性。在一个经典的组合系统中，子系统之间的关联总可以在经典概率论的意义上描述。但对于量子系统来说并不尽然，它往往呈现一种非经典关联，这会引起 EPR 佯谬(EPR paradox)之类的问题，牵扯到量子力学中的远程作用。一般而言，一个包含非经典关联的量子态就是所谓“纠缠态”(它不能表示为单粒子态的直积)。

16.11.1　纠缠态的一般概念

为了对纠缠态有一个基本的认识，我们首先考虑一个经典系统，它由两个相互独立的子系统构成。如果两个子系统各自出现的概率为 P_1、P_2，则它们同时出现的概率 P 由 P_1 和 P_2 的乘积给出，即

$$P=P_1\cdot P_2 \tag{16.11.1}$$

这是经典概率论的基本结果，等号意味着子系统之间没有关联。

另外我们知道，如果一个量子系统由两个相互独立的子系统（它们的密度算符分别为 ρ_1、ρ_2）构成，则系统的密度算符 ρ 由 ρ_1 和 ρ_2 的直积给出：

$$\rho=\rho_1\otimes\rho_2 \tag{16.11.2}$$

式(16.11.1)和式(16.11.2)表达了经典概率分布与量子密度算符的对应性（见 9.3.2 节）。

纠缠态的基本特征是属于一个量子系统的两个子系统之间存在非经典关联(non-classical correlation)。下面我们用最简单的方式阐述这种非经典关联性的起源及其所包含的各种量子性质。首先考虑一种简单的情况，设一个量子系统相应于希尔伯特空间 $\mathcal{H}$，其中每一个子系统都处于纯态 $|\psi_i\rangle(i=1,2)$（它们分别相应于希尔伯特空间 $\mathcal{H}_1$ 和 $\mathcal{H}_2$），这样 $\mathcal{H}=\mathcal{H}_1\otimes\mathcal{H}_2$ 而组合系统的状态 $|\Psi_s\rangle$ 是 $|\psi_1\rangle$ 和 $|\psi_2\rangle$ 的直积(direct product)

$$|\Psi_s\rangle=|\psi_1\rangle|\psi_2\rangle \tag{16.11.3}$$

现在考虑测量过程（它在量子力学中起着十分奇特而微妙的作用），假定在一个时间点只能对一个子系统进行测量。这样对直积态(16.11.3)而言，两个子系统的测量是不相关的。考查对某个力学量 a 的测量，对第一子系统的测量得到期待值 $\langle a_1\rangle=\mathrm{Tr}_s(a_1\rho_s)$，其中 ρ_s 是系统的密度算符。测量后系统的状态不会发生变化，对第二子系统测量时系统密度算符仍为 ρ_s，所得结果为 $\langle a_2\rangle=\mathrm{Tr}_s(a_2\rho_s)$，它不依赖于第一子系统的测量情况。简言之，每个测量都是在相同的系统状态下进行的。

一般情况下，希尔伯特空间 $\mathcal{H}$ 中的一个纯态能够由形如式(16.11.3)的量子态叠加而成，例如

$$|\Psi\rangle=\frac{1}{\sqrt{2}}(|\psi_1\rangle|\psi_2\rangle+|\phi_1\rangle|\phi_2\rangle) \tag{16.11.4}$$

其中 $|\phi_i\rangle\neq|\psi_i\rangle(i=1,2)$。由式(16.11.4)写出组合系统的密度算符（见式(9.3.20)）

$$\rho=|\Psi\rangle\langle\Psi| \tag{16.11.5}$$

现在考查对力学量 a 的测量，对第一子系统测量得到期待值

$$\langle a_1\rangle=\langle\Psi|a_1|\Psi\rangle=\int\Psi^* a_1\Psi\mathrm{d}\tau \tag{16.11.6}$$

这里求期待值（即统计平均值）的积分运算遍及整个系统 $|\Psi\rangle$。利用算符公式(9.3.8)，然后在直积态(16.11.3)的希尔伯特空间求迹，可将式(16.11.6)变为

$$\langle a_1\rangle=\mathrm{Tr}(a_1|\Psi\rangle\langle\Psi|)=\mathrm{Tr}(a_1\rho)=\sum_{\Psi_s}\langle\Psi_s|a_1\rho|\Psi_s\rangle$$

$$
\begin{aligned}
&= \sum_{\psi_1} \langle \psi_1 | \left(a_1 \sum_{\psi_2} \langle \psi_2 | \rho | \psi_2 \rangle \right) | \psi_1 \rangle \\
&= \sum_{\psi_1} \langle \psi_1 | (a_1 \ \mathrm{Tr}_2 \rho) | \psi_1 \rangle \\
&= \sum_{\psi_1} \langle \psi_1 | (a_1 \rho_1) | \psi_1 \rangle \\
&= \mathrm{Tr}_1 (a_1 \rho_1)
\end{aligned} \tag{16.11.7}
$$

其中

$$\rho_1 = \mathrm{Tr}_2 \rho = \mathrm{Tr}_2 |\Psi\rangle\langle\Psi| \tag{16.11.8a}$$

是第一子系统的约化密度算符。在上述推导过程中，我们从组合系统$|\Psi\rangle$的密度算符ρ出发计算期待值$\langle a_1\rangle = \mathrm{Tr}(a_1\rho)$，所得结果为$\langle a_1\rangle = \mathrm{Tr}_1(a_1\rho_1)$（$\rho \rightarrow \rho_1$约化的物理意义随后讨论）。按照相同的思路，如果测量开始于第二子系统，我们可以给出第二子系统的约化密度算符

$$\rho_2 = \mathrm{Tr}_1 \rho = \mathrm{Tr}_1 |\Psi\rangle\langle\Psi| \tag{16.11.8b}$$

我们的结论是：ρ_1等于组合系统的密度算符ρ在希尔伯特空间$\mathcal{H}_2$求迹，而ρ_2等于ρ在$\mathcal{H}_1$求迹。现在组合系统的状态不等于两个子系统状态的直积：

$$
\begin{aligned}
\rho_1 \otimes \rho_2 &= \sum_{\psi_2} \langle \psi_2 | \rho | \psi_2 \rangle \sum_{\psi_1} \langle \psi_1 | \rho | \psi_1 \rangle = \sum_{\psi_1, \psi_2} \langle \psi_1 | \rho | \psi_1 \rangle \langle \psi_2 | \rho | \psi_2 \rangle \\
&\neq \sum_{\psi_1, \psi_2} \langle \psi_1 | \langle \psi_2 | \rho | \psi_2 \rangle | \psi_1 \rangle = \sum_{\Psi_s} \langle \Psi_s | \rho | \Psi_s \rangle = \rho
\end{aligned} \tag{16.11.9}
$$

式(16.11.9)中的不等号表示上述量子系统的两个子系统之间存在非经典关联（与经典系统的式(16.11.1)不同，也与无关联量子系统的式(16.11.2)不同）。从测量角度看，与直积态(16.11.3)的测量情况不同，现在对两个子系统的测量是在不同的状态下进行的($\rho_1 \neq \rho_2$)。事实上，对第一子系统的测量会导致整个系统状态的约化（密度算符约化为ρ_2，期待值约化为$\langle a_2\rangle = \mathrm{Tr}_2(a_2\rho_2)$）。这意味着，对第二子系统的测量实际上受到先前对第一子系统测量的影响。另一方面我们记得，起初对第一子系统测量所得期待值为$\langle a_1\rangle = \mathrm{Tr}_1(a_1\rho_1)$，这里$\rho_1$的出现意味着对第一子系统测量时整个系统的状态已经发生了约化，也就是说这个测量受到了某种影响，而这个影响只可能来自第二子系统（尽管还没有测量它），所以说第一子系统的测量结果实际上计及了第二子系统的“存在”所产生的影响。我们从上述分析得到的结论是，虽然两个子系统的测量有前后之分，但只要对其中一个测量，就会受到来自另一个的影响，可见两个子系统是相互关联的。在这种情况下，我们说子系统之间存在“量子纠缠”(quantum entanglement)，而组合系统处于“纠缠态”。我们需要强调，纠缠态的出现源于直积态的量子叠加（例如式(16.11.4)所示的叠加态）。

下面我们对这样的纠缠态进行定量讨论，考虑一个双态体系：$|a\rangle$和$|b\rangle$，它们满足正交归一性

$$\langle a|b\rangle = 0, \langle a|a\rangle = \langle b|b\rangle = 1 \tag{16.11.10}$$

假定一个量子系统相应于希尔伯特空间 $\mathcal{H}$,它的两个子系统分别相应于希尔伯特空间 $\mathcal{H}_1$ 和 $\mathcal{H}_2$,则希尔伯特空间 $\mathcal{H}$ 中的一般性纯态能被写为

$$|\Psi\rangle = A|a_1\rangle|b_2\rangle + B|b_1\rangle|a_2\rangle \tag{16.11.11}$$

其中,A 和 B 为复常数($|A|^2+|B|^2=1$)。我们首先由式(16.11.11)求出第一子系统的约化密度算符

$$\begin{aligned}\rho_1 &= \langle a_2|\Psi\rangle\langle\Psi|a_2\rangle + \langle b_2|\Psi\rangle\langle\Psi|b_2\rangle \\ &= \langle a_2|(A|a_1\rangle|b_2\rangle + B|b_1\rangle|a_2\rangle)(B^*\langle a_2|\langle b_1| + A^*\langle b_2|\langle a_1|)|a_2\rangle \\ &\quad + \langle b_2|(A|a_1\rangle|b_2\rangle + B|b_1\rangle|a_2\rangle)(B^*\langle a_2|\langle b_1| + A^*\langle b_2|\langle a_1|)|b_2\rangle \\ &= |A|^2|a_1\rangle\langle a_1| + |B|^2|b_1\rangle\langle b_1|\end{aligned} \tag{16.11.12a}$$

其中的运算用到式(16.11.10)。同理可得第二子系统的约化密度算符

$$\begin{aligned}\rho_2 &= \langle a_1|\Psi\rangle\langle\Psi|a_1\rangle + \langle b_1|\Psi\rangle\langle\Psi|b_1\rangle \\ &= |B|^2|a_2\rangle\langle a_2| + |A|^2|b_2\rangle\langle b_2|\end{aligned} \tag{16.11.12b}$$

现在我们考查子系统的性质,为此写出约化密度算符的平方

$$\rho_1^2 = |A|^4|a_1\rangle\langle a_1| + |B|^4|b_1\rangle\langle b_1| \tag{16.11.13a}$$

$$\rho_2^2 = |B|^4|a_2\rangle\langle a_2| + |A|^4|b_2\rangle\langle b_2| \tag{16.11.13b}$$

我们知道,一个纯态的密度算符 $\rho=|\psi\rangle\langle\psi|$ 满足 $\rho^2=\rho$。现在 $\rho_1^2\neq\rho_1$,$\rho_2^2\neq\rho_2$,所以两个子系统都处于混合态(而组合系统处于纯态,见式(16.11.5))。

我们进而考查式(16.11.11)能否写成式(16.11.3)所示的直积形式

$$|\psi_1\rangle|\psi_2\rangle \tag{16.11.14}$$

为此将 $|\psi_1\rangle$、$|\psi_2\rangle$ 分别写成 $|a\rangle$ 和 $|b\rangle$ 的线性组合:

$$|\psi_1\rangle = \mu_1|a_1\rangle + \nu_1|b_1\rangle,\ |\psi_2\rangle = \mu_2|a_2\rangle + \nu_2|b_2\rangle \tag{16.11.15}$$

其中,μ_i 和 $\nu_i(i=1,2)$ 是相应的展开系数。将(16.11.15)代入式(16.11.14),并注意到 $|\Psi\rangle$ 的表示式(16.11.11),我们有

$$\begin{aligned}|\psi_1\rangle|\psi_2\rangle &= (\mu_1|a_1\rangle + \nu_1|b_1\rangle)(\mu_2|a_2\rangle + \nu_2|b_2\rangle) \\ &= \mu_1\mu_2|a_1\rangle|a_2\rangle + \nu_1\mu_2|b_1\rangle|a_2\rangle + \mu_1\nu_2|a_1\rangle|b_2\rangle + \nu_1\nu_2|b_1\rangle|b_2\rangle \\ &\quad (\text{令 } A=\mu_1\nu_2,\ B=\nu_1\mu_2) \\ &= (A|a_1\rangle|b_2\rangle + B|b_1\rangle|a_2\rangle) + \mu_1\mu_2|a_1\rangle|a_2\rangle + \nu_1\nu_2|b_1\rangle|b_2\rangle \\ &= |\Psi\rangle + [\mu_1\mu_2|a_1\rangle|a_2\rangle + \nu_1\nu_2|b_1\rangle|b_2\rangle] \\ &\neq |\Psi\rangle\end{aligned}$$

可见式(16.11.11)所示的量子叠加态不能写成直积的形式,$|\Psi\rangle$ 确实是一个纠缠态。

现在我们计算子系统的量子熵(见式(16.3.1),这里取 $k_B=1$):

$$S_1 = -\mathrm{Tr}_1\rho_1\ln\rho_1 \tag{16.11.16a}$$

$$S_2 = -\mathrm{Tr}_2\rho_2\ln\rho_2 \tag{16.11.16b}$$

由于组合系统处于纯态,其量子熵为零。首先将式(16.11.12a)代入式(16.11.16a),得到第一子系统的量子熵

$$
\begin{aligned}
S_1 &= -\langle a_1|\rho_1 \ln\rho_1|a_1\rangle - \langle b_1|\rho_1\ln\rho_1|b_1\rangle \\
&= -\langle a_1|(|A|^2|a_1\rangle\langle a_1| + |B|^2|b_1\rangle\langle b_1|)\ln(|A|^2|a_1\rangle\langle a_1| + |B|^2|b_1\rangle\langle b_1|)|a_1\rangle \\
&\quad -\langle b_1|(|A|^2|a_1\rangle\langle a_1| + |B|^2|b_1\rangle\langle b_1|)\ln(|A|^2|a_1\rangle\langle a_1| + |B|^2|b_1\rangle\langle b_1|)|b_1\rangle \\
&= -|A|^2\langle a_1|\ln|A|^2|a_1\rangle - |B|^2\langle b_1|\ln|B|^2|b_1\rangle \\
&= -|A|^2\ln|A|^2 - |B|^2\ln|B|^2 \qquad (16.11.17a)
\end{aligned}
$$

其中的运算用到式(16.11.10)。同理可得第二子系统的量子熵

$$S_2 = -|A|^2\ln|A|^2 - |B|^2\ln|B|^2 \qquad (16.11.17b)$$

可见两个子系统的量子熵相等,这与 Araki-Lieb 定理(Araki-Lieb theorem)相符合。式(16.11.17)是双态系统熵的一般表达式。利用归一化条件将它写为

$$S = -|A|^2\ln|A|^2 - (1-|A|^2)\ln(1-|A|^2) \qquad (16.11.18)$$

由式(16.11.18)作出量子熵 S 随概率 $|A|^2$ 变化的曲线(图 16.11.1)。

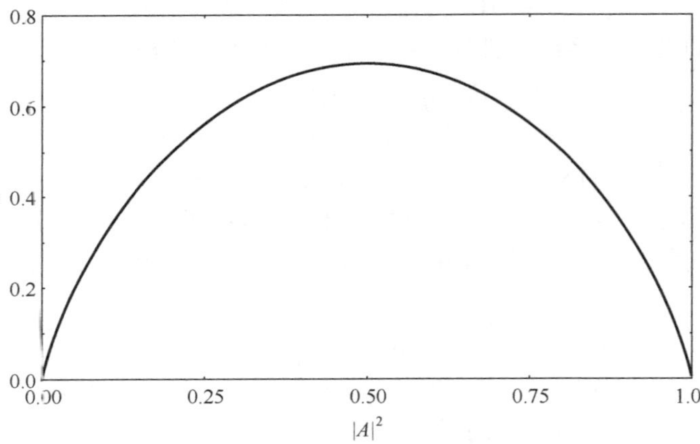

图 16.11.1 纠缠态的量子熵

式(16.11.18)所示的量子熵随概率 $|A|^2$ 的变化

下面我们讨论量子熵与两个子系统之间纠缠程度(简称"纠缠度"(entanglement degree))的关系,事实上量子熵是纠缠度的"度量":熵值越高,纠缠度越高。这个表述可以按一种简明的方式理解如下。纠缠态中两个子系统的状态是不相同的($\rho_1 \neq \rho_2$),但纠缠度只涉及二者之间的相互作用。很明显,两个子系统发生纠缠时,其相互纠缠力度是大小相等的,如同牛顿第三定律所描述的"两个物体之间的相互作用力大小相等、方向相反、作用在两个物体上"。容易想象,两个子系统之间的纠缠度就像两个物体之间的相互作用力一样,它对于两个子系统必须取相等的量值。而量子熵恰好可以扮演这样的角色。

式(16.11.17)在 $|A|^2 = |B|^2 = 1/2$ 时取最大值 ln2(这是双态系统的最大熵值),这意味着当纠缠态 $|\Psi\rangle$ 的两个分量态具有相等的概率时,系统的纠缠度最高。

另一方面，当 $A=0$ 或 $B=0$ 时(这时式(16.11.11)变为直积态 $|b_1\rangle|a_2\rangle$ 或 $|a_1\rangle|b_2\rangle$)，两个子系统的量子熵均为零($S_1=S_2=0$)，二者均处于纯态，系统中的量子纠缠消失，这正是所期待的情况。

我们还注意到，图 16.11.1 中的曲线是关于 $|A|^2=|B|^2=1/2$ 镜像对称的，这是由于在式(16.11.11)中交换系数 A、B 时，量子熵(16.11.17)的取值不变。这说明量子熵不能对这样的两个纠缠态进行“分辨”，一个例子是，相应于 $|A|^2=1/4(|B|^2=3/4)$ 和 $|B|^2=1/4(|A|^2=3/4)$ 的两个纠缠态有相等的熵值 $S=0.562$。

最常见的纠缠态由两个空间上分离的微观粒子(例如光子、电子、离子等)构成。现在我们利用上述一般性结果讨论一个有趣的双粒子纠缠态(它是由大卫·博姆(David J. Bohm)在 1951 年引入的，被称为 EPR 佯谬的博姆版本(Bohm'in-version of EPR))。考虑一个中性 π^0 介子(π^0 meson)衰变为电子-正电子对：

$$\pi^0 \rightarrow e^- + e^+ \qquad (16.11.19)$$

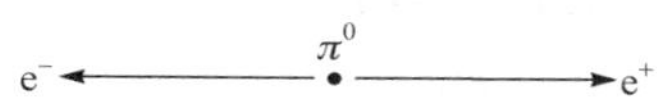

图 16.11.2　EPR 佯谬的博姆版本
一个静止 π^0 介子衰变为电子-正电子对

假设 π^0 介子是静止的，则电子和正电子的运动方向相反(图 16.11.2)。由于 π^0 介子的自旋为零，所以角动量守恒要求电子和正电子处于自旋组合态的叠加

$$|\Psi\rangle=\frac{1}{\sqrt{2}}(|a^-\rangle|b^+\rangle+|b^-\rangle|a^+\rangle) \qquad (16.11.20)$$

其中 $|a\rangle$ 和 $|b\rangle$ 分别表示自旋向上态和自旋向下态(见 10.6.2 节)，如果电子处于自旋向上态 $|a^-\rangle$，则正电子必须处于自旋向下态 $|b^+\rangle$，反之亦然。叠加态(16.11.20)正是式(16.11.11)所示的纠缠态。在任何一个特定的 π^0 介子衰变中，量子力学不能告知电子和正电子产生那一时刻是处于组合态 $|a^-\rangle|b^+\rangle$ 还是 $|b^-\rangle|a^+\rangle$，也无法预言测量结果是哪一种组合态，但式(16.11.20)明确指出：电子和正电子的自旋测量是相关的，每一种组合态出现的概率为 1/2。这种不确定性延续到测量介入之前。

现在假设在一个实验中，电子和正电子沿相反方向均飞行了 10m，然后测量电子的自旋。如果测量到电子自旋向上，便立即知道距离电子 20m 的正电子自旋向下。这样的推断是符合常理的，不过需要指出的是，按照我们之前的论述(纠缠态中两个子系统的测量是相互关联的)，正电子显示这个自旋状态，与之前对电子的测量有关。事实上，量子力学认为在粒子自旋不确定的叠加态(16.11.20)中，是测量使电子的波函数发生坍缩，瞬间变成一个确定的状态($|a^-\rangle$ 或 $|b^-\rangle$)，与此同时 20m 远处正电子的状态也随即确定为 $|b^+\rangle$ 或 $|a^+\rangle$。这样的分析意味着纠缠态中两个粒子之间的关联是非局域性的：如果一个粒子被探测，可以对相距遥远的另一个粒子产生影响(两个粒子的间距原则上没有限制)。而且这种影响是瞬间发生的。纠缠态的这种奇异性被爱因斯坦称为“远距离幽灵作用”(spooky action at a distance)。

16.11.2　纠缠态的典型实验

量子纠缠现象已经在许多实验室被观察到。其中最典型的是 1982 年由阿兰·阿斯拜克特(Alain Aspect)领导的一组法国科学家在南巴黎大学完成的两个光子(作为两个子系统)的纠缠态实验。这是一个非常巧妙的演示,令人信服地证明了"远距离幽灵作用"的存在。

实验采用双光子激发的手段(图 16.11.3 和图 16.11.4):将两束激光(来自两部激光器)垂直聚焦于钙原子束(calcium atomic beam),相互作用区域近似为一个长 1mm、直径为 60μm(激光束的束腰)的圆柱体(这一区域内钙原子的典型密度为 $3\times10^{10}/cm^3$)。在这样一种级联激发(excitation of cascade)作用下,钙原子从基态 $4s^2\ {}^1S_0$ 跃迁到激发态 $4p^2\ {}^1S_0$。随后激发态钙原子经由级联辐射(cascade of radiation)$J=0\to J=1\to J=0$(J 代表总角动量)的方式产生关联光子对(pairs of correlated photons)。这提供了一个高效率、高稳定性的双光子光源,而圆柱体内激发态钙原子的数目仅限于

$$1\times\pi\times\left(\frac{0.06}{2}\right)^2\times3\times10^7=8.5\times10^4 \tag{16.11.21}$$

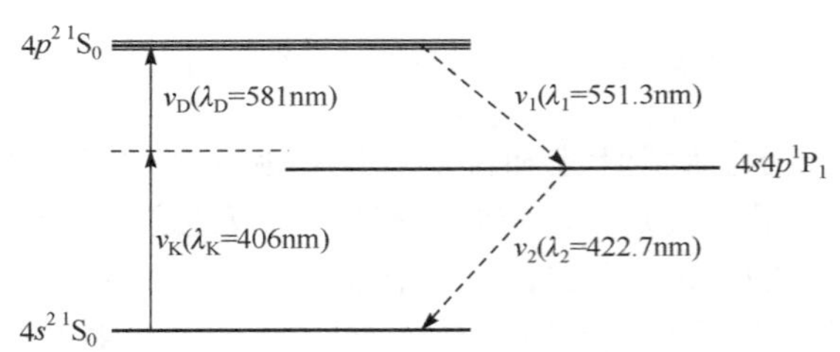

图 16.11.3　钙原子的双光子激发和级联辐射

用波长为 λ_K 的氪离子激光和波长为 λ_D 的染料激光对钙原子进行双光子激发,随后激发态钙原子通过级联辐射的方式产生波长为 λ_1 的绿光光子和波长为 λ_2 的蓝光光子。图中的 4 个 ν 表示相关的能级间隔($\nu=c/\lambda$)

如此低的原子布居数足以避免 $4s4p\ {}^1P_1\to4s^2\ {}^1S_0$ 跃迁中的"光子禁闭"(photon trapping)。在光子对传播方向钙原子是静止的,因此一个光子对必须保持动量守恒,这要求其中两个光子的传播方向相反但它们的动量大小相等,另外量子力学理论指出:级联辐射产生的两个光子的偏振方向相同(设为竖直偏振)。本实验旨在展示这两个光子之间的关联性。

实验装置如图 16.11.4 所示,在光源两侧(A 点和 B 点)各放置一个偏振器,两个偏振器的间距为 $L=13$m,蓝光光子向 A 传播而绿光光子向 B 传播。偏振器像"栅栏"一样允许或阻止光子通过。偏振器后面是用来探测出射光子的光电倍增管(见图 1.3.2),可以形象地将它视为一个感光胶片。通过偏振器的光子在胶片

上留下光点。实验操作和探测结果如下(图 16.11.5)：

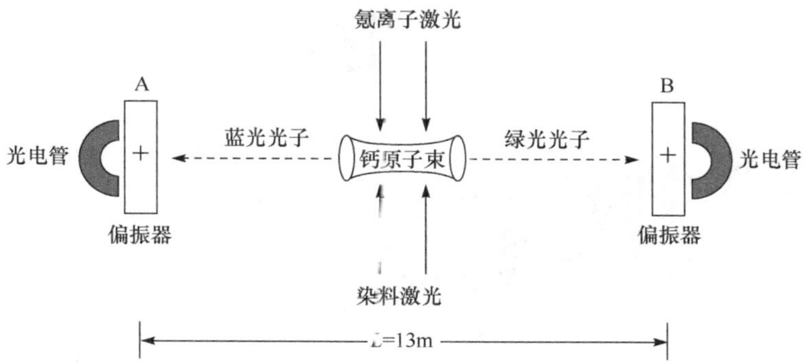

图 16.11.4　实验装置示意图

(1) A、B 两处的偏振器都处于竖直方向(允许光子穿过)，探测到两处的胶片上都留下了光点。这与所期待的情况相符合(见图上部)。

(2) A、B 两处的偏振器都处于水平方向(阻止光子穿过)，两处的胶片上都探测不到光点。这也与所期待的情况相符合(见图中部)。

(3) 从图中部情况(两个偏振器都处于水平方向)开始操作。首先在 B 端探测，由于该处绿光光子沿竖直方向偏振，胶片上探测不到光点，这与所期待的情况相符合(见图下部 B 端)。之后将 A 端偏振器快速调节到竖直方向(随即开始探测)，这时考虑到蓝光光子的偏振方向与偏振器相一致，A 处胶片应该出现光点，但实际情况竟是探测不到光点(见图下部 A 端)！用形象化的示意图来说，阿斯拜克特的实验给出如图 16.11.6 所示的奇异结果。

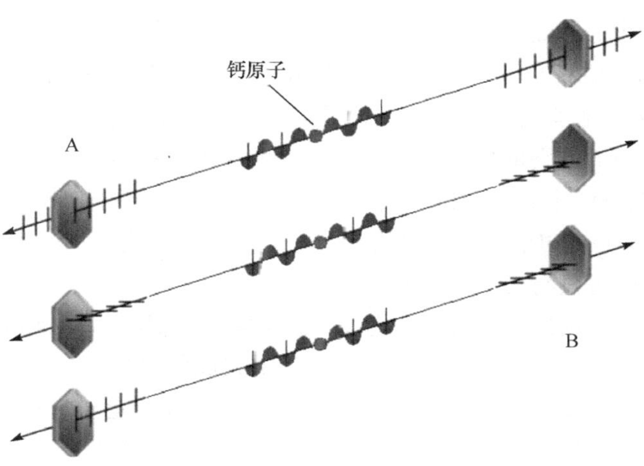

图 16.11.5　阿斯拜克特的双光子纠缠态实验结果

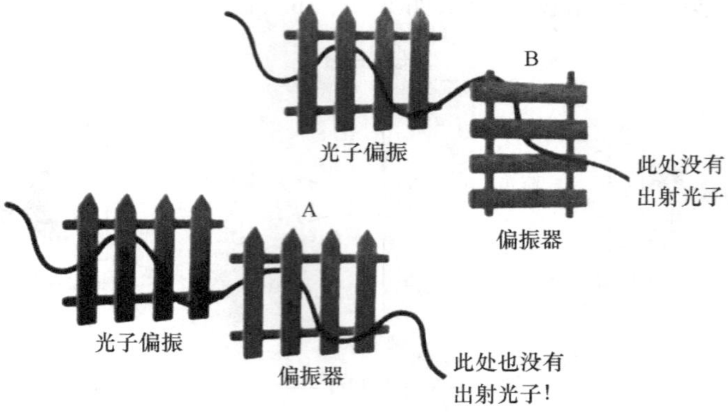

图 16.11.6 双光子纠缠现象的“栅栏”示意图

如何解释这个不可思议的现象呢？由于两个光子来自同一个激发态钙原子的级联辐射，它们之间是相互关联的，A 处蓝光光子冥冥中受到探测 B 处绿光光子这一操作的影响，改变了自身的偏振取向(变为水平偏振方向)，所以不能从 A 端出射(因为此处的偏振器已调节为竖直方向)。这是蓝光光子被绿光光子纠缠所产生的结果(两个光子有偏振取向的关联)。

需要进一步说明的实验细节是，将 A 处偏振器由水平方向调节到竖直方向的延迟时间为 $\Delta t_1=10\text{ns}$；另外，级联辐射的中间能级寿命为 $\Delta t_2=5\text{ns}$(它其实是蓝光光子发射相对于绿光光子发射的延迟时间)。这两个延迟时间之和明显小于 $L/c=43\text{ns}$。至此整个测量过程可以被描述如下。在 B 端探测(探测不到出射光子)和在 A 端探测(探测到光子偏振取向发生变化)，这两个事件是相互关联的。虽然二者在空间上远隔 13m，但前者发生后，后者是“即刻”出现的(滞后时间可由 $\Delta t_1+\Delta t_2=15\text{ns}$ 估算)。可以肯定，B 端探测对 A 端产生的影响不是某个光信号由 B 传播到 A 所施加的。事实上，这个影响产生的深层机制目前尚不清楚，所以也不能认为是一个特别的信号按照比光还快的速度传播这一距离所引起的。从原理上说，如果上述两个延迟时间均为零，则这两个事件会同步出现。所以从“信号传播”(它需要时间)的思路很难理解这样一种非局域性的、瞬间发生的“超距作用”，它的发生一定具有更深奥的物理玄机。

另一个更为生动的纠缠态实验称为“幽灵成像”(ghost imaging)，是由美国马里兰大学华裔物理学家史砚华等人在 1995 年完成的(图 16.11.7)。该实验所用的光源产生不同传播方向但相互纠缠的红光光子和蓝光光子。实验中在红光光子传播途中安放一个光阑。观察显示，在蓝光光子传播所投射的屏幕上，竟然幽灵鬼影似的出现了该光阑的几何成像！这是蓝光光子被红光光子纠缠所产生的结果(确切说，是红光光子测量对蓝光光子产生的影响)，二者之间确实有一种魔幻般的关联。

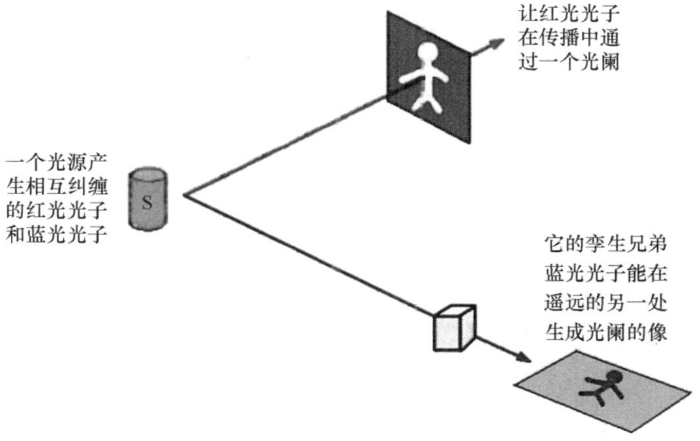

图 16.11.7　"幽灵成像"示意图

上述实验明确显示，利用纠缠态中两个子系统之间的关联性(这种关联是非局域性的和瞬时性的)可以实现长距离量子通讯，这就是纠缠态之所以在量子信息学的研究和应用中扮演最重要角色的原因。

16.11.3　原子与光场的纠缠

以上两节说到的量子纠缠均发生在两个微观粒子之间。在本节的讨论中，发生量子纠缠的两个子系统是原子与光场。我们在相干态 JCM 问题(见 16.9.3 节)的讨论中，利用原子一光场耦合系统的波函数，求出了光场子系统的约化密度算符(如式(16.9.14)所示)。现在我们进一步计算光场子系统的量子熵，旨在展示原子与光场的纠缠度(degree of entanglement between atom and light field)。为此我们首先将式(16.9.14)改写为下面的形式：

$$\rho_F(t)=|A\rangle\langle A|+|B\rangle\langle B| \tag{16.11.22}$$

其中$|A\rangle$和$|B\rangle$是基于相干态$|\alpha\rangle$定义的：

$$|A\rangle=\exp(-\mathrm{i}\omega t a^+ a)\cos[gt\,(aa^+)^{1/2}]|\alpha\rangle \tag{16.11.23a}$$

$$|B\rangle=a^+(aa^+)^{-1/2}\exp(-\mathrm{i}\omega t a^- a)\sin[gt\,(aa^+)^{1/2}]|\alpha\rangle \tag{16.11.23b}$$

实际上，将(16.11.23)中的相干态$|\alpha\rangle$按数态$|n\rangle$展开，再代入式(16.11.22)即得式(16.9.14)。为了计算光场的量子熵，我们需要求解本征方程

$$\rho_F(t)|\Psi\rangle=R|\Psi\rangle \tag{16.11.24}$$

其中 R 和$|\Psi\rangle$是本征值和相应的本征态，一旦得到本征值 R，在计算量子熵 $S(t)$ 时，就可以在$\{|\Psi\rangle\}$空间求迹：

$$\begin{aligned}S(t)&=-\mathrm{Tr}\rho_F(t)\ln\rho_F(t)\\&=-\sum_{\Psi}\langle\Psi|\rho_F(t)\ln\rho_F(t)|\Psi\rangle\end{aligned}$$

$$= -\sum_R R\ln R \tag{16.11.25}$$

考虑到式(16.11.22)所示的算符涉及量子态$|A\rangle$和$|B\rangle$，故将本征态$|\Psi\rangle$表示为$|A\rangle$和$|B\rangle$的线性组合

$$|\Psi\rangle = \xi|A\rangle + \zeta|B\rangle \tag{16.11.26}$$

其中ξ和ζ是相应的展开系数，满足归一化条件

$$|\xi|^2 + |\zeta|^2 = 1 \tag{16.11.27}$$

将式(16.11.22)和式(16.11.26)代入式(16.11.24)，得到

$$\begin{aligned}\rho_F(t)|\Psi\rangle &= \left(\langle A|A\rangle + \langle A|B\rangle\frac{\zeta}{\xi}\right)\xi|A\rangle + \left(\langle B|B\rangle + \langle B|A\rangle\frac{\xi}{\zeta}\right)\zeta|B\rangle \\ &= R\xi|A\rangle + R\zeta|B\rangle\end{aligned} \tag{16.11.28}$$

式(16.11.28)后一个等号两边分别向$\langle A|$和$\langle B|$投影，我们得到关于ξ和ζ的线性齐次方程组

$$(\langle A|A\rangle - R)\xi + \langle A|B\rangle\zeta = 0 \tag{16.11.29a}$$

$$\langle B|A\rangle\xi + (\langle B|B\rangle - R)\zeta = 0 \tag{16.11.29b}$$

它有非零解的必要充分条件是系数行列式为零

$$\begin{vmatrix}\langle A|A\rangle - R & \langle A|B\rangle \\ \langle B|A\rangle & \langle B|B\rangle - R\end{vmatrix} = 0 \tag{16.11.30}$$

式(16.11.30)展开后给出关于R的二次代数方程，它的根为

$$R^{\pm} = \frac{1}{2}\left[\langle A|A\rangle + \langle B|B\rangle \pm \sqrt{(\langle A|A\rangle - \langle B|B\rangle)^2 + 4\,|\langle A|B\rangle|^2}\right] \tag{16.11.31}$$

相应的本征态$|\Psi^{\pm}\rangle$继而由方程组(16.11.29)和归一化条件(16.11.27)给出。现在我们在态矢量$|\Psi^{+}\rangle$和$|\Psi^{-}\rangle$构成的希尔伯特空间求迹，由式(16.11.25)得到

$$\begin{aligned}S(t) &= -\langle\Psi^{+}|\rho_F(t)\ln\rho_F(t)|\Psi^{+}\rangle - \langle\Psi^{-}|\rho_F(t)\ln\rho_F(t)|\Psi^{-}\rangle \\ &= -R^{+}\ln R^{+} - R^{-}\ln R^{-}\end{aligned} \tag{16.11.32}$$

这就是光场的量子熵(只包含两项)。由于组合系统处于纯态，根据 Araki-Lieb 定理，式(16.11.32)还代表原子子系统的量子熵。进而利用式(16.11.23)求出式(16.11.31)中所含的矩阵元

$$\langle A|A\rangle = \sum_{n=0}^{\infty}|p_n|^2\cos^2(\sqrt{n+1}gt) \tag{16.11.33a}$$

$$\langle B|B\rangle = \sum_{n=0}^{\infty}|p_n|^2\sin^2(\sqrt{n+1}gt) \tag{16.11.33b}$$

$$\langle A|B\rangle = \exp(\mathrm{i}\omega t)\sum_{n=0}^{\infty}p_n p_{n+1}^{*}\sin(\sqrt{n+1}gt)\cos(\sqrt{n+2}gt) \tag{16.11.33c}$$

很明显，对光场熵的贡献不仅有$\langle A|A\rangle$和$\langle B|B\rangle$，还包含量子态$|A\rangle$和$|B\rangle$之间的“相干项”$\langle A|B\rangle$。由式(16.11.31)和式(16.11.32)可以看出，在$\langle A|A\rangle=\langle B|B\rangle=1/2$和$\langle A|B\rangle=0$情况下(有$R^{\pm}=1/2$)，光场熵取最大值 ln2(这是双态系统的最大熵值)。这意味着，原子-光场系统的“有序性”(用$(R^{+}-R^{-})$度量)来自量子态$|A\rangle$和$|B\rangle$之间的“相干性”。

为了显示光场熵随时间变化的细节，我们利用式(16.11.32)作出$S(t)\sim t$曲线(图 16.11.8)，而图 16.11.9 则显示光场熵与原子反转概率(见式(16.9.11a)和图 16.9.1(a))的比较。显然，光场熵是原子-光场纠缠度的“度量”(熵值高时，纠缠度也高)。初始光场熵$S(0)=0$相应于初始的相干态$|\alpha\rangle$(它是一个纯态，原子也处于纯态$|a\rangle$(高能态)，于是组合系统为直积态$|\alpha\rangle|a\rangle$)，此时原子与光场之间不存在纠缠。然后$S(t)$急剧上升(对应原子反转概率$W(t)$的坍缩)，并达到它的最大值 ln2(原子-光场纠缠度也达到最大值)。随后在$W(t)$的平静区，$S(t)$首先下降，然后再次上升，这期间在$gt\approx20$时刻出现它的最小值(约为 0.033)，这意味着此刻原子与光场几乎没有纠缠(二者都接近纯态)。随着时间的推移，$S(t)$的极小值和极大值均以准周期行为出现(极小值逐渐升高而极大值维持在 ln2)，二者之间的差值变得越来越小。但$t\to\infty$时，$S(t)$并非趋于一个稳定值(因为式(16.11.32)中的矩阵元都是振荡的)。总的变化趋势是：光场熵越来越高，即原子-光场的纠缠度越来越高。一个明显的情况是，在时间演化中，光场熵$S(t)$与原子反转概率$W(t)$保持高度关联性。另外，图 16.11.8 与图 16.9.2 相比较可以看出，原子-光场纠缠度跟光场正交分量起伏$F(t)$也有很强的关联。特别是，光场的最佳压缩相应于最高的纠缠度。

以上讨论说明，在一个纠缠态系统中，利用子系统的量子熵不但可以描述纠缠度的行为，还可以将纠缠度与系统的其他性质相联系。这是一个简单有效的方法，期待应用于更多的纠缠态系统。

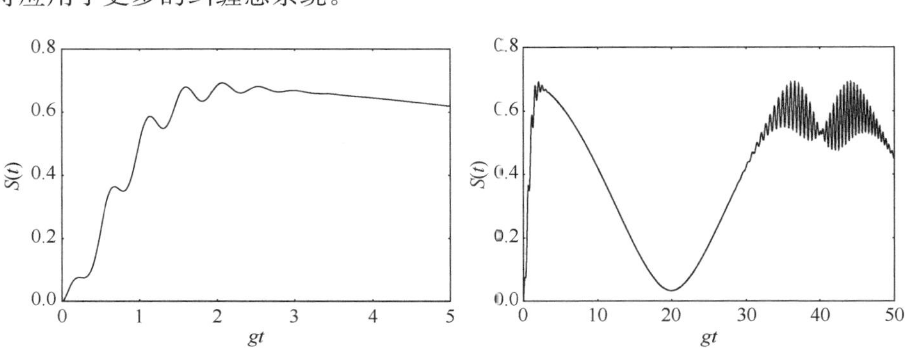

图 16.11.8　相干态 JCM 系统的量子熵

在$gt\approx20$附近纠缠度最低，而压缩效应很差；在$gt\approx35$附近压缩最佳，而纠缠度很高，图中取$\alpha=20/\pi$

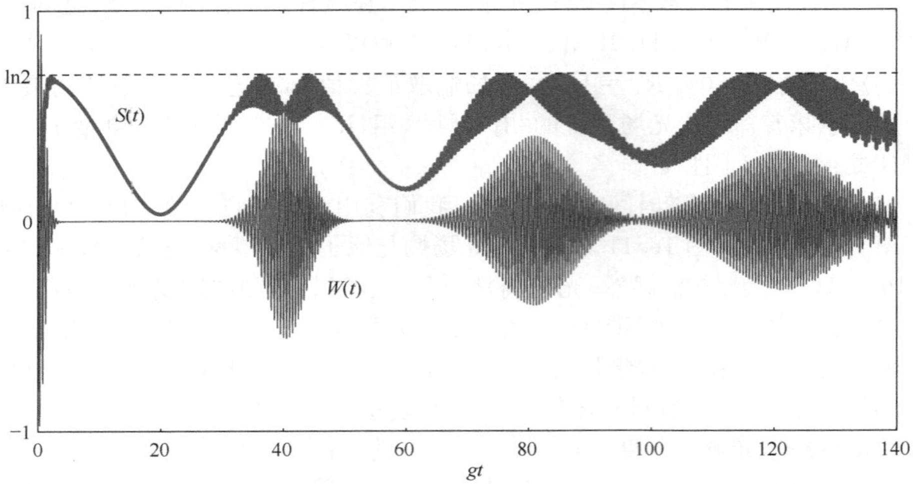

图 16.11.9　相干态 JCM 系统中的光场熵 $S(t)$与原子反转概率 $W(t)$

二者在时间演化中保持高度关联性，图中取 $\alpha=20/\pi$

16.11.4　生命运动中的量子纠缠机制

量子纠缠不仅在量子信息学(量子通讯和量子计算)中有重要的应用，在生命运动中也能扮演一个奇妙的角色。一个典型的例子是知更鸟导航(robot navigation)。我们知道，知更鸟在几千公里的长途迁徙中，利用微弱的地球磁场辨别方向，它体内有一个类似于“磁倾角罗盘”(inclination compass)的特殊指南针(如图 16.11.10 所示)。但一直以来人们不清楚这种指南针探测地球磁场的极度敏感

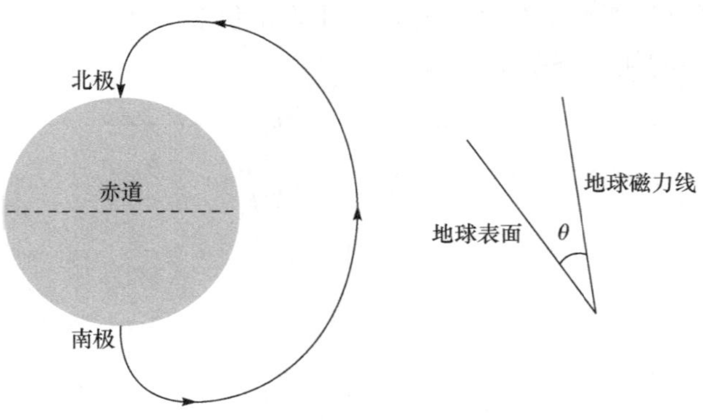

图 16.11.10　磁倾角罗盘的工作原理

地球磁力线在南、北极附近是垂直于地球表面的，而在赤道附近是平行于地表的。磁倾角罗盘可以测量磁倾角(地球磁力线与地球表面的夹角 $\theta(0<\theta<90°)$)。这种罗盘在南、北半球纬度相等的地方给出相同的测量值，因此不能区分南、北两极。它的作用是辨别方向(朝向地极还是朝向赤道)并提供关于地球纬度的信息

性从何而来。

深入的研究发现，答案原来藏在当代最惊人的科学理论中，其机制正是量子纠缠。这一想法最初是由德国科学家克劳斯·舒尔滕(Klaus Schulten)在 1978 年提出来的(比阿斯拜克特的双光子纠缠态实验早 4 年)。现已查明，知更鸟导航的第一步是大气中的一个蓝光光子射入知更鸟的眼睛(知更鸟在夜间迁徙，飞行中可以“看见”极其微弱的光量子)，被视网膜中一个称为隐花色素(eryptochrome)的光受体(一种蛋白分子)吸收，由此激发一个特殊的光化学反应(photochemical reaction)，使隐花色素分子的一个共价键发生均裂(hemolytic bond cleavage)，生成一对相互分离的自由基(free radical)：

$$\text{隐花色素分子} + h\nu \longrightarrow \text{自由基对} \tag{16.11.34}$$

这就是著名的舒尔滕自由基对模型(radical pair model)在隐花色素分子作为光受体情况下的表述。按照这一模型，在整个光化学反应中，电子的转移特性及最终状态能被描述如下：①当光化学反应尚未发生时，共价键的共用电子对处于近距离的关联状态(它是一种自旋单态，如式(16.11.36)所示)；②伴随着共价键的均裂，两个电子分别处于两个自由基碎片中，变成空间上相互分离的两个孤电子(lone electrons)；③虽然如此，由于这两个孤电子来源于隐花色素分子的同一条共价键，因此分离后依旧能够保持纠缠态(如图 16.11.11 所示)。

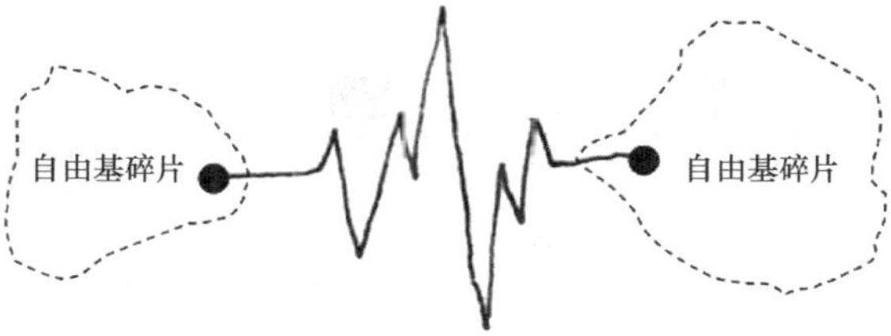

图 16.11.11　自由基碎片中的两个孤电子处于纠缠态

按照量子力学的自旋理论，两个电子构成的耦合系统有自旋态$|s,m_s\rangle$(来自式(14.3.5)和式(14.3.6))：

$$|1,1\rangle = |a\rangle|a\rangle \tag{16.11.35a}$$

$$|1,0\rangle = \frac{1}{\sqrt{2}}(|a\rangle|b\rangle + |b\rangle|a\rangle) \tag{16.11.35b}$$

$$|1,-1\rangle = |b\rangle|b\rangle \tag{16.11.35c}$$

$$|0,0\rangle = \frac{1}{\sqrt{2}}(|a\rangle|b\rangle - |b\rangle|a\rangle) \tag{16.11.36}$$

其中，$|a\rangle$和$|b\rangle$代表单个电子的自旋向上态和自旋向下态，式(16.11.36)是自旋单态而式(16.11.35)是自旋三重态。一般情况下，两个相互纠缠的电子构成的量子

系统必须用量子叠加态来描述，为此利用式(16.11.36)与式(16.11.35b)将组合系统的状态写为

$$|\Psi\rangle = A|0,0\rangle + B|1,0\rangle \tag{16.11.37}$$

对于上述光化学反应而言，量子叠加态$|\Psi\rangle$可以理解为生成物，其中$|A|^2$和$|B|^2$分别是单态$|0,0\rangle$和三重态$|1,0\rangle$出现的概率。这个量子叠加态有一个显著的特征：由于自由基具有磁矩，而自旋态本身也是以“磁”为特征的量子态，所以$|A|^2$和$|B|^2$极易受到外加磁场的影响(即便是微弱的地球磁场)。换言之，两个分量态出现的概率$|A|^2$和$|B|^2$实际上维持在一种微妙的动态平衡中，而这种平衡性强烈依赖于外加磁场的强度和角度。这是知更鸟导航机制中的绝妙之处，原来知更鸟体内的“磁倾角罗盘”用的是对地球磁场极其敏感的“量子纠缠指针”。

上述分析可以用化学-生物学的表述方式总结为：知更鸟在空间飞行时，地球磁场的强度和角度精准地调控其体内光化学反应生成物的份额，这作为一种信号传递给大脑，最终支配知更鸟的飞行方向(图16.11.12)。

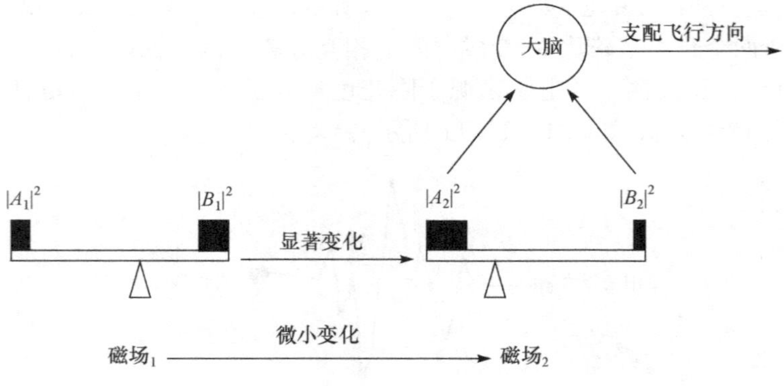

图16.11.12　知更鸟导航的量子纠缠机制

相信生命运动中存在更多的量子纠缠作用(包括同一个有机体内部和同类有机个体之间)，它们很有可能在维持生物关联性、合作性、整体性和生物通讯中扮演重要的角色(相关的知识可参阅*Radiation and Bioinformation*，顾樵，科学出版社，2003年)。

第 17 章　相对论量子力学与反物质

我们之前所讨论的量子力学体系中，粒子的质量都取为常数(没有考虑粒子质量随速度的变化)。也就是说，这个理论体系是非相对论的。本章我们要将非相对论薛定谔波动方程加以推广，使之能够描述运动速度接近光速的粒子。推广的基本要求是符合狭义相对论的洛伦兹变换。这样的相对论方程有两个，它们分别适用于自旋为零和自旋为 1/2 的粒子。在讨论这两个方程时，我们把注意力集中于考查由它们所能得到的结论，而不是证明它们的洛伦兹不变性。因为一个方程的不变性通常可以非常简单地从它对空间和时间的对称性来判定。我们首先推导出自旋为零的粒子所满足的克莱因-戈尔登方程，并指出它的负概率困难。狄拉克相对论波动方程不但避免了负概率困难，而且粒子的自旋从一开始就包含在理论体系之中，而不是像之前那样把自旋附加到通常的波函数之中。我们进而求解中心势场的定态狄拉克方程，并利用所得的结果讨论氢原子能级的精细结构。接下来我们讨论狄拉克方程的负能量解并引出正电子的重要概念。最后我们介绍反物质的特性及其在若干领域的应用。

17.1　非相对论量子力学

以薛定谔波动方程

$$i\hbar\frac{\partial\Psi}{\partial t}=-\frac{\hbar^2}{2m}\boldsymbol{\nabla}^2\Psi+V(\boldsymbol{r})\Psi \tag{17.1.1}$$

为核心的非相对论量子力学(non-relativistic quantum mechanics)有如下基本特征：①粒子的运动速度远小于光速，因此在每个体系的薛定谔方程中，粒子的质量都取它的静止质量 m(常数)。②薛定谔方程具有保持波函数 $\Psi(\boldsymbol{r},t)$归一化的性质，也就是说$|\Psi(\boldsymbol{r},t)|^2$ 可以扮演概率密度的角色，这与波函数的概率解释是相一致的，表明粒子数的自动守恒(式(2.1.19b))。③利用自由粒子的能量-动量关系

$$E=\frac{p^2}{2m} \tag{17.1.2}$$

和能量、动量的算符表示

$$E\rightarrow i\hbar\frac{\partial}{\partial t},\quad \boldsymbol{p}\rightarrow -i\hbar\boldsymbol{\nabla} \tag{17.1.3}$$

建立自由粒子的波动方程

$$i\hbar\frac{\partial\Psi}{\partial t}=-\frac{\hbar^2}{2m}\nabla^2\Psi \tag{17.1.4}$$

然后在动能算符位置并列地加入势函数$V(\boldsymbol{r})$就得到薛定谔方程(17.1.1)。

非相对论量子力学的上述三个基本特征(即"低能性","粒子数守恒"和"力学量的算符表示")在逻辑上是相一致的,所以就"力学"而言,非相对论量子力学是一个严格、自洽、完整的理论体系。

不过薛定谔波动方程(17.1.1)对于空间坐标和时间变量是不对称的(不具有洛伦兹协变性)。为了能够描述高能粒子的运动,必须对它加以推广,使之符合狭义相对论的原理。也就是说,应当寻找一个能代替非相对论薛定谔方程并具有洛伦兹协变性(Lorentz covariance)的波动方程。在历史上有两个这样的方程,即1926年提出的克莱因-戈尔登方程和狄拉克1928年建立的相对论量子力学方程。

17.2 克莱因-戈尔登方程

克莱因-戈尔登方程(Klein-Gordon equation)是按照相对论和"力学量的算符表示"十分自然地推导出来的。首先,在相对论力学中,自由粒子的能量和动量满足关系式(见式(1.3.6))

$$E^2=c^2p^2+m^2c^4 \tag{17.2.1}$$

现在式中包括粒子的静质量能mc^2。我们继续采用能量和动量的算符表示(17.1.3),将它们代入式(17.2.1),并作用于波函数$\Psi(\boldsymbol{r},t)$,得到

$$-\hbar^2\frac{\partial^2\Psi}{\partial t^2}=-\hbar^2c^2\nabla^2\Psi+m^2c^4\Psi \tag{17.2.2}$$

这就是克莱因-戈尔登方程。这个方程对于空间和时间是对称的(都是二阶微商,具有洛伦兹协变性)。它适用于自旋为零的粒子(如π介子)。

方程(17.2.2)具有形如

$$e^{i(\boldsymbol{k}\cdot\boldsymbol{r}-\omega t)} \tag{17.2.3}$$

的平面波解,它是式(17.1.3)中能量算符和动量算符的本征函数,本征值分别为$\hbar\omega$和$\hbar\boldsymbol{k}$。显然,平面波解(17.2.3)满足方程(17.2.2),条件是

$$\hbar\omega=\pm\sqrt{\hbar^2c^2k^2+m^2c^4} \tag{17.2.4}$$

这意味着克莱因-戈尔登相对论方程(17.2.2)导致正、负能量两种解。这种情况与式(17.2.1)是一样的。

现在讨论粒子运动的连续性(见2.1.2节)。以Ψ^*左乘方程(17.2.2),以Ψ左乘式(17.2.2)的复共轭方程,再将二式相减,即得连续性方程

$$\frac{\partial\rho}{\partial t}+\nabla\cdot\boldsymbol{J}=0 \tag{17.2.5}$$

它与非相对论形式(2.1.19b)相一致(具有洛伦兹协变性),其中

$$\rho(\boldsymbol{r},t)=\frac{\mathrm{i}\hbar}{2mc^2}\left(\Psi^*\frac{\partial\Psi}{\partial t}-\frac{\partial\Psi^*}{\partial t}\Psi\right) \tag{17.2.6a}$$

$$\boldsymbol{J}(\boldsymbol{r},t)=-\frac{\mathrm{i}\hbar}{2m}(\Psi^*\nabla\Psi-\Psi\nabla\Psi^*) \tag{17.2.6b}$$

式(17.2.6b)的 $\boldsymbol{J}(\boldsymbol{r},t)$ 与非相对论形式(2.1.18b)是相同的,它代表粒子的概率流密度。但必须注意,由于克莱因-戈尔登方程是时间的二阶微分方程,初始条件

$$\Psi(\boldsymbol{r},t)\Big|_{t=t_0} \text{ 和 } \frac{\partial}{\partial t}\Psi(\boldsymbol{r},t)\Big|_{t=t_0} \tag{17.2.7}$$

的取值是彼此独立的,一般情况下 $\rho(\boldsymbol{r},t)$ 不一定是正值,因此它不能表示粒子的概率密度。克莱因-戈尔登方程可能导致负概率密度(negative probability density),这是一个无法解决的困难。

17.3　狄拉克相对论方程

17.3.1　狄拉克方程

狄拉克建立相对论方程的出发点是薛定谔方程

$$\mathrm{i}\hbar\frac{\partial}{\partial t}\Psi(\boldsymbol{r},t)=H\Psi(\boldsymbol{r},t) \tag{17.3.1}$$

这是时间的一阶微分方程,可以避免负概率密度问题(确保概率密度的正定性)。接下来的问题是如何确定其中的哈密顿算符 H。现在相对论自由粒子的哈密顿来自式(17.2.1)右边的正平方根

$$E=\sqrt{c^2p^2+m^2c^4} \tag{17.3.2}$$

然而如果将其中的 $\boldsymbol{p}$ 换成 $-\mathrm{i}\hbar\nabla$,所得的波动方程对于空间和时间是不对称的,因而不是相对论的方程。现在波函数对时间的导数已经确定为一阶的,因此 H 所含的空间导数也必须是一阶的。那么基于式(17.3.2),可以最简单地将哈密顿算符取为

$$H=c\boldsymbol{\alpha}\cdot\boldsymbol{p}+\beta mc^2 \tag{17.3.3}$$

将它代入方程(17.3.1),得到

$$\mathrm{i}\hbar\frac{\partial}{\partial t}\Psi(\boldsymbol{r},t)=(-\mathrm{i}\hbar c\boldsymbol{\alpha}\cdot\nabla+\beta mc^2)\Psi(\boldsymbol{r},t) \tag{17.3.4}$$

这就是狄拉克相对论方程(relativistic Dirac equation),它适用于费米子。不难证明,式(17.3.3)中的 β 和 $\boldsymbol{\alpha}=\{\alpha_x,\alpha_y,\alpha_z\}$ 为矩阵

$$\beta=\begin{pmatrix}I & 0\\ 0 & -I\end{pmatrix},\quad \boldsymbol{\alpha}=\begin{pmatrix}0 & \boldsymbol{\sigma}\\ \boldsymbol{\sigma} & 0\end{pmatrix} \tag{17.3.5}$$

其中的每一个“元素”都是一个二行二列的矩阵:

$$\beta=\begin{pmatrix}1&0&0&0\\0&1&0&0\\0&0&-1&0\\0&0&0&-1\end{pmatrix},\quad \boldsymbol{\alpha}_x=\begin{pmatrix}0&0&0&1\\0&0&1&0\\0&1&0&0\\1&0&0&0\end{pmatrix} \tag{17.3.6a}$$

$$\boldsymbol{\alpha}_y=\begin{pmatrix}0&0&0&-\mathrm{i}\\0&0&\mathrm{i}&0\\0&-\mathrm{i}&0&0\\\mathrm{i}&0&0&0\end{pmatrix},\quad \boldsymbol{\alpha}_z=\begin{pmatrix}0&0&1&0\\0&0&0&-1\\1&0&0&0\\0&-1&0&0\end{pmatrix} \tag{17.3.6b}$$

这里

$$\boldsymbol{\sigma}_x=\begin{pmatrix}0&1\\1&0\end{pmatrix},\quad \boldsymbol{\sigma}_y=\begin{pmatrix}0&-\mathrm{i}\\\mathrm{i}&0\end{pmatrix},\quad \boldsymbol{\sigma}_z=\begin{pmatrix}1&0\\0&-1\end{pmatrix} \tag{17.3.7}$$

是泡利矩阵。这样方程(17.3.4)中的波函数 $\Psi(\boldsymbol{r},t)$便是一个四行一列的矩阵

$$\Psi(\boldsymbol{r},t)=\begin{pmatrix}\Psi_1(\boldsymbol{r},t)\\\Psi_2(\boldsymbol{r},t)\\\Psi_3(\boldsymbol{r},t)\\\Psi_4(\boldsymbol{r},t)\end{pmatrix} \tag{17.3.8}$$

换言之,方程(17.3.4)是关于 $\Psi_j(\boldsymbol{r},t)(j=1,2,3,4)$的线性齐次方程组。

17.3.2　平面波解

现在我们求狄拉克方程(17.3.4)的平面波解

$$\Psi_j(\boldsymbol{r},t)=u_j\mathrm{e}^{\mathrm{i}(\boldsymbol{k}\cdot\boldsymbol{r}-\omega t)}\quad(j=1,2,3,4) \tag{17.3.9}$$

其中,u_j 是待求的平面波振幅。这些解是式(17.1.3)中能量算符和动量算符的本征函数(本征值分别为 $\hbar\omega$ 和 $\hbar\boldsymbol{k}$)。将式(17.3.9)和式(17.3.6)代入狄拉克方程(17.3.4),得到

$$(E-mc^2)u_2-c(p_x+\mathrm{i}p_y)u_3+cp_zu_4=0 \tag{17.3.10a}$$

$$(E-mc^2)u_1-cp_zu_3-c(p_x-\mathrm{i}p_y)u_4=0 \tag{17.3.10b}$$

$$-c(p_x+\mathrm{i}p_y)u_1-cp_zu_2+(E+mc^2)u_4=0 \tag{17.3.10c}$$

$$-cp_zu_1-c(p_x-\mathrm{i}p_y)u_2+(E+mc^2)u_3=0 \tag{17.3.10d}$$

其中,$E=\hbar\omega$;$\{p_x,p_y,p_z\}=\boldsymbol{p}=\hbar\boldsymbol{k}$。式(17.3.10)是关于 u_1、u_2、u_3、u_4 的线性齐次方程组,它有非零解的必要充分条件是系数行列式为零:

$$\begin{vmatrix}0&E-mc^2&-c(p_x+\mathrm{i}p_y)&cp_z\\E-mc^2&0&-cp_z&-c(p_x-\mathrm{i}p_y)\\-c(p_x+\mathrm{i}p_y)&-cp_z&0&E+mc^2\\-cp_z&-c(p_x-\mathrm{i}p_y)&E+mc^2&0\end{vmatrix}=0 \tag{17.3.11}$$

这个久期方程的解为

$$E^{\pm}=\pm\sqrt{c^2p^2+m^2c^4} \tag{17.3.12}$$

这就是相应于平面波解(17.3.9)的本征值。可见狄拉克方程与克莱因-戈尔登方程一样,也存在正、负能量两种解。

对于正能量 $E^+=+\sqrt{c^2p^2+m^2c^4}$,利用式(17.3.10)可得两组线性无关的振幅:

$$u_1=1,\quad u_2=0,\quad u_3=\frac{cp_z}{E^++mc^2},\quad u_4=\frac{c(p_x+\mathrm{i}p_y)}{E^++mc^2} \tag{17.3.13a}$$

$$u_1=0,\quad u_2=1,\quad u_3=\frac{c(p_x-\mathrm{i}p_y)}{E^++mc^2},\quad u_4=-\frac{cp_z}{E^++mc^2} \tag*{(17.3.13a)}$$

对于负能量 $E^-=-\sqrt{c^2p^2+m^2c^4}$,也有两组线性无关的振幅:

$$u_1=\frac{cp_z}{E^--mc^2},\quad u_2=\frac{c(p_x+\mathrm{i}p_y)}{E^--mc^2},\quad u_3=1,\quad u_4=0 \tag{17.3.14a}$$

$$u_1=\frac{c(p_x-\mathrm{i}p_y)}{E^--mc^2},\quad u_2=-\frac{cp_z}{E^--mc^2},\quad u_3=0,\quad u_4=1 \tag{17.3.14b}$$

对每一组振幅乘以因子

$$\frac{1}{\sqrt{1+\dfrac{c^2p^2}{(\sqrt{c^2p^2+m^2c^4}+mc^2)^2}}} \tag{17.3.15}$$

则各组波函数都按条件

$$(\Psi_1^*(\boldsymbol{r},t)\quad\Psi_2^*(\boldsymbol{r},t)\quad\Psi_3^*(\boldsymbol{r},t)\quad\Psi_4^*(\boldsymbol{r},t))\begin{pmatrix}\Psi_1(\boldsymbol{r},t)\\ \Psi_2(\boldsymbol{r},t)\\ \Psi_3(\boldsymbol{r},t)\\ \Psi_4(\boldsymbol{r},t)\end{pmatrix}=1 \tag{17.3.16}$$

被归一化。

17.3.3　连续性方程

现在我们讨论粒子运动的连续性。以 Ψ^+ 左乘方程(17.3.4),以 Ψ 左乘式(17.3.4)的复共轭方程,再将二式相减,即得连续性方程(与式(17.2.5)相同)

$$\frac{\partial\rho}{\partial t}+\nabla\cdot\boldsymbol{J}=0 \tag{17.3.17}$$

其中

$$\rho(\boldsymbol{r},t)=\Psi^+\Psi \tag{17.3.18a}$$

$$\boldsymbol{J}(\boldsymbol{r},t)=c\Psi^+\boldsymbol{\alpha}\Psi \tag{17.3.18b}$$

现在式(17.3.18a)的$\rho(\boldsymbol{r},t)$与非相对论形式(2.1.18a)是相同的,它代表粒子的概率密度(在任何情况下都不会是负值)。另一方面可以证明,在非相对论极限情况下,式(17.3.18b)化为非相对论形式(2.1.18b),因此它代表概率流密度。

现在我们进一步考查式(17.3.18b)中$c\boldsymbol{\alpha}$的物理意义。利用哈密顿算符(17.3.3)和对易关系(9.4.2),由坐标算符x的海森伯运动方程(见式(9.7.5)),得到

$$\frac{\mathrm{d}x}{\mathrm{d}t}=\frac{1}{\mathrm{i}\hbar}[x,H]=c\boldsymbol{\alpha}_x \tag{17.3.19}$$

可见

$$\frac{\mathrm{d}\boldsymbol{r}}{\mathrm{d}t}=c\{\boldsymbol{\alpha}_x,\boldsymbol{\alpha}_y,\boldsymbol{\alpha}_z\}=c\boldsymbol{\alpha}=\frac{\boldsymbol{J}(\boldsymbol{r},t)}{\rho(\boldsymbol{r},t)} \tag{17.3.20}$$

是粒子的速度算符(speed operator),如式(2.2.8)所示。

至此我们可以看出,狄拉克方程(17.3.4)满足相对论协变性,且具有非相对论形式的概率密度和概率流密度,不存在任何不自洽性。事实上狄拉克方程在描述高能粒子的运动中扮演核心的角色。狄拉克由此获得了1933年的诺贝尔物理学奖。

17.4 狄拉克方程的应用:中心势场问题

17.4.1 中心势场问题

作为狄拉克方程的应用,本节求解粒子在中心势场中的定态狄拉克方程(time-independent Dirac equation)

$$(c\boldsymbol{\alpha}\cdot\boldsymbol{p}+\beta mc^2+V)\psi=E\psi \tag{17.4.1}$$

其中,V是势函数(只依赖于径向变量r);E是粒子的本征能量;本征函数ψ可以在式(17.3.5)的意义上表示为二分量波函数

$$\psi=\begin{pmatrix}\psi_1\\ \psi_2\end{pmatrix}\mathrm{e}^{\mathrm{i}\boldsymbol{k}\cdot\boldsymbol{r}} \tag{17.4.2}$$

其中

$$\psi_1=\begin{pmatrix}u_1\\ u_2\end{pmatrix},\quad \psi_2=\begin{pmatrix}u_3\\ u_4\end{pmatrix} \tag{17.4.3}$$

这样方程(17.4.1)中的$\boldsymbol{\alpha}\cdot\boldsymbol{p}$表示为$\boldsymbol{\sigma}\cdot\boldsymbol{p}\begin{pmatrix}0 & I\\ I & 0\end{pmatrix}$。另外,为便于使问题的结果过渡到非相对论情况,把粒子的静能量mc^2从E中分出来:

$$E=E'+mc^2 \tag{17.4.4}$$

在非相对论近似(non-relativistic approximation)下,有$E'\ll mc^2$,$V\ll mc^2$,将式(17.4.2)代入方程(17.4.1),得到

$$(E'-V)\psi_1-c\boldsymbol{\sigma}\cdot\boldsymbol{p}\psi_2=0 \tag{17.4.5a}$$

$$(E'-V+2mc^2)\psi_2-c\boldsymbol{\sigma}\cdot\boldsymbol{p}\psi_1=0 \tag{17.4.5b}$$

由式(17.4.5b)解出 $\psi_2=(E'-V+2mc^2)^{-1}c\boldsymbol{\sigma}\cdot\boldsymbol{p}\psi_1$，代入式(17.4.5a)，得到

$$E'\psi_1=\frac{1}{2m}(\boldsymbol{\sigma}\cdot\boldsymbol{p})\left(1+\frac{E'-V}{2mc^2}\right)^{-1}(\boldsymbol{\sigma}\cdot\boldsymbol{p})\psi_1+V\psi_1 \tag{17.4.6}$$

至此尚未作任何近似。

现在考虑到 $E'-V\ll 2mc^2$，因此可以取

$$\left(1+\frac{E'-V}{2mc^2}\right)^{-1}\approx 1-\frac{E'-V}{2mc^2} \tag{17.4.7}$$

再利用恒等式

$$\boldsymbol{p}V-V\boldsymbol{p}=-\mathrm{i}\hbar\nabla V \tag{17.4.8a}$$

$$(\boldsymbol{\sigma}\cdot\nabla V)(\boldsymbol{\sigma}\cdot\boldsymbol{p})=(\nabla V)\cdot\boldsymbol{p}+\mathrm{i}\boldsymbol{\sigma}\cdot(\nabla V\times\boldsymbol{p}) \tag{17.4.8b}$$

方程(17.4.6)变成

$$\begin{aligned}E'\psi_1 &=\left[\left(1-\frac{E'-V}{2mc^2}\right)\frac{p^2}{2m}+V\right]\psi_1\\ &\quad-\frac{\hbar^2}{4m^2c^2}(\nabla V)\cdot(\nabla\psi_1)+\frac{\hbar^2}{4m^2c^2}\boldsymbol{\sigma}\cdot[(\nabla V)\times\boldsymbol{p}\psi_1]\end{aligned} \tag{17.4.9}$$

由于 V 是球对称的，有

$$(\nabla V)\cdot\nabla=\frac{\mathrm{d}V}{\mathrm{d}r}\frac{\partial}{\partial r},\quad \nabla V=\frac{1}{r}\frac{\mathrm{d}V}{\mathrm{d}r}\boldsymbol{r} \tag{17.4.10}$$

并注意到 $E'-V$ 是非相对论动能：$E'-V\approx\frac{p^2}{2m}$，因此 $(E'-V)p^2\approx\frac{p^4}{2m}$，这样方程(17.4.9)可以写成

$$\left(\frac{p^2}{2m}+V-\frac{p^4}{8m^3c^2}-\frac{\hbar^2}{4m^2c^2}\frac{\mathrm{d}V}{\mathrm{d}r}\frac{\partial}{\partial r}+\frac{1}{2m^2c^2}\frac{1}{r}\frac{\mathrm{d}V}{\mathrm{d}r}\boldsymbol{S}\cdot\boldsymbol{L}\right)\psi_1=E'\psi_1 \tag{17.4.11}$$

其中

$$\boldsymbol{S}=\frac{1}{2}\hbar\boldsymbol{\sigma},\ \boldsymbol{L}=\boldsymbol{r}\times\boldsymbol{p} \tag{17.4.12}$$

分别是粒子的自旋角动量和轨道角动量。方程(17.4.11)是非相对论极限(non-relativistic limit)下的定态薛定谔方程，它适用于自旋为 1/2 的粒子。该方程左端括号中的五项即为粒子的哈密顿算符。它的前两项是熟知的非相对论部分，决定体系能级的基本结构。其余三项是相对论修正，它们刻画能级的精细结构。其中第三项表示动能的相对论修正，它含在式(17.3.2)的级数展开中：

$$E'=E-mc^2=\sqrt{c^2p^2+m^2c^4}-mc^2\approx\frac{p^2}{2m}-\frac{p^4}{8m^3c^2} \tag{17.4.13}$$

这正是式(11.2.76)所示的动能二级近似式。而最后一项则是自旋-轨道耦合能

(对于氢原子情况,见式(14.3.22)),现在它是作为狄拉克相对论方程的一个组成部分而自动出现的,并不像非相对论量子力学那样把自旋附加到通常的波函数之中。第四项表示势能的相对论修正,称为达尔文项(Darwin term)。这是一种相对论量子效应,没有经典对应。我们将会看到,这个势只对体系的 s 态($l=0$)有作用。而自旋-轨道耦合能恰好相反(如 14.3.2 节所述),它对 s 态没有作用,仅对 $l>0$的态有意义。

17.4.2 氢原子能级的精细结构

现在我们利用方程(17.4.11),按微扰论方法计算氢原子的能量修正。体系的哈密顿算符为

$$H=H_0+H_1'+H_2'+H_3' \tag{17.4.14}$$

其中

$$H_0=\frac{p^2}{2m}+V \quad \left(V=-\frac{e^2}{r}\right) \tag{17.4.15}$$

是无微扰体系的哈密顿算符,而微扰哈密顿算符为

$$H_1'=-\frac{p^4}{8m^3c^2} \tag{17.4.16a}$$

$$H_2'=-\frac{\hbar^2}{4m^2c^2}\frac{\mathrm{d}V}{\mathrm{d}r}\frac{\partial}{\partial r}=-\frac{\hbar^2e^2}{4m^2c^2}\frac{1}{r^2}\frac{\partial}{\partial r} \tag{17.4.16b}$$

$$H_3'=\frac{1}{2m^2c^2}\frac{1}{r}\frac{\mathrm{d}V}{\mathrm{d}r}\boldsymbol{S}\cdot\boldsymbol{L}=\frac{e^2}{2m^2c^2}\frac{1}{r^3}\boldsymbol{S}\cdot\boldsymbol{L} \tag{17.4.16c}$$

注意:我们在 11.2.4 节的例 5 中已经计算过 H_1'在无微扰态(H_0 的本征态)中的期待值(见式(11.2.89))

$$\langle H_1'\rangle=-\frac{E_n^2}{2mc^2}\left(\frac{4n}{l+\dfrac{1}{2}}-3\right) \tag{17.4.17}$$

另外我们在 14.3.2 节计算过 H_3'在无微扰态$|nljm_j\rangle$的期待值(见式(14.3.33))

$$\langle H_3'\rangle=\frac{E_n^2}{mc^2}\begin{cases}\dfrac{n}{j\left(j+\dfrac{1}{2}\right)} & \left(j=l+\dfrac{1}{2},l\neq 0\right) \quad (17.4.18\text{a})\\[2ex] -\dfrac{n}{\left(j+\dfrac{1}{2}\right)(j+1)} & \left(j=l-\dfrac{1}{2},l\neq 0\right) \quad (17.4.18\text{b})\end{cases}$$

我们还将式(17.4.17)和式(17.4.18)合并起来,得到关于氢原子能量精细结构的表示式(见式(14.3.34)):

$$\langle H_1'\rangle+\langle H_3'\rangle=-\frac{E_n^2}{2mc^2}\left(\frac{4n}{j+\frac{1}{2}}-3\right)\tag{17.4.19}$$

这个结果不包括 $l=0$ 情况。

现在我们计算 H_2'在径向波函数(式(8.3.51))

$$R_{nl}(r)=\sqrt{\left(\frac{2}{an}\right)^3\frac{(n-l-1)!}{2n(n+l)!}}\exp\left(-\frac{r}{an}\right)\left(\frac{2r}{an}\right)^l L_{n-l-1}^{2l+1}\left(\frac{2r}{an}\right)\tag{17.4.20}$$

中的期待值$\langle H_2'\rangle$。为此首先计算

$$\begin{aligned}\int_0^\infty R_{nl}(r)\left(\frac{1}{r^2}\frac{\partial}{\partial r}\right)R_{nl}(r)r^2\,\mathrm{d}r&=\int_0^\infty R_{nl}(r)\frac{\partial}{\partial r}R_{nl}(r)\,\mathrm{d}r\\&=\int R_{nl}\,\mathrm{d}R_{nl}=\frac{1}{2}\left[R_{nl}^2(\infty)-R_{nl}^2(0)\right]\\&=-\frac{1}{2}R_{nl}^2(0)\end{aligned}$$

由式(17.4.20)可以看出,当 $r=0,l\neq0$ 时,$\left(\frac{2r}{an}\right)^l=0$,因此有 $R_{nl}(0)=0$;而当 $r=0,l=0$ 时,$\left(\frac{2r}{an}\right)^l=1$,因此

$$R_{n0}(0)=\sqrt{\left(\frac{2}{an}\right)^3\frac{1}{2n^2}}L_{n-1}^1(0)=\sqrt{\frac{1}{2}\left(\frac{2}{an}\right)^3}\tag{17.4.21}$$

所以

$$\langle H_2'\rangle=\begin{cases}\dfrac{\hbar^2e^2}{2m^2c^2}\left(\dfrac{1}{an}\right)^3 & (l=0)\\ 0 & (l\neq0)\end{cases}\tag{17.4.22}$$

它可以写为

$$\langle H_2'\rangle=\frac{2E_n^2}{mc^2}n\quad(l=0)\tag{17.4.23}$$

现在可以看出,式(17.4.23)所示的能量修正正好纳入式(17.4.18a)的表示。具体来说,式(17.4.16b)所示的达尔文项 H_2'对体系能量的修正归结为式(17.4.18a)在 $l=0$ 的取值。换言之,H_2'在形式上描述了 s 态体系的自旋-轨道耦合。这是一种美妙的恰合!

这样体系能量的精细结构在形式上仍由式(17.4.19)表示,而氢原子总能量在形式上仍由式(14.3.35)表示:

$$E_{nj}=-\frac{13.6\,\mathrm{eV}}{n^2}\left[1+\frac{\alpha^2}{n^2}\left(\frac{n}{j+\frac{1}{2}}-\frac{3}{4}\right)\right]\tag{17.4.24}$$

这就是相对论量子力学微扰论对于氢原子能级的结果，其中，$\alpha=1/137$ 是精细结构常数。现在对于一个主量子数 n，角量子数 l 的取值为

$$l=0,1,2,\cdots,n-1 \tag{17.4.25}$$

j 的取值为

$$j=\frac{1}{2}\quad(l=0);\quad j=l\pm\frac{1}{2}\quad(l\neq 0) \tag{17.4.26}$$

可见

$$j+\frac{1}{2}=1,2,3,\cdots,n \tag{17.4.27}$$

共取 n 个值。对于一个主量子数 n（非相对论情况下的一个能级），现在分裂成由式(17.4.27)所确定的 n 个能级(图 17.4.1)：j 大者在上，j 小者在下。而能级裂距(energy level splitting)为

$$\Delta E_n=E_{n,n-\frac{1}{2}}-E_{n,\frac{1}{2}}=\frac{13.6\text{eV}}{n^2}\alpha^2\,\frac{n-1}{n^2} \tag{17.4.28}$$

相对裂距随 n 的变化如图 17.4.2 所示。很明显，基态($n=1$)不出现能级分裂($\Delta E_1=0$)。当 $n=2$ 时，裂距取最大值

$$\Delta E_2=\frac{13.6\text{eV}}{16}\alpha^2\approx 4.5\times 10^{-5}\,\text{eV} \tag{17.4.29}$$

之后，随着 n 的增大裂距迅速减小并趋于零，即能级分裂消失，回到非相对论的情况。作为一个例子，图 17.4.3 显示了氢原子莱曼系 α 线的分裂。

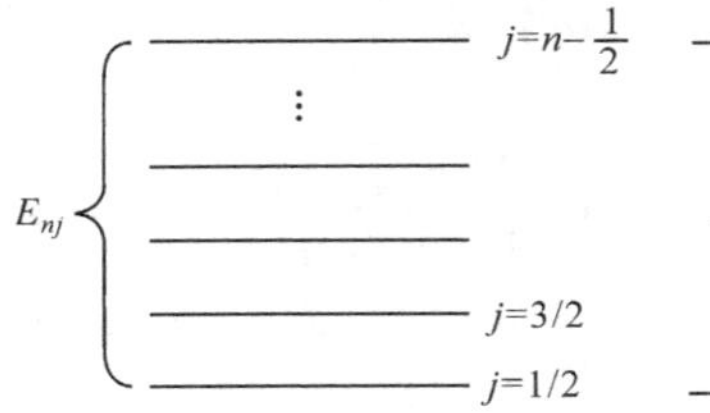

图 17.4.1　氢原子能级的相对论量子力学微扰论结果

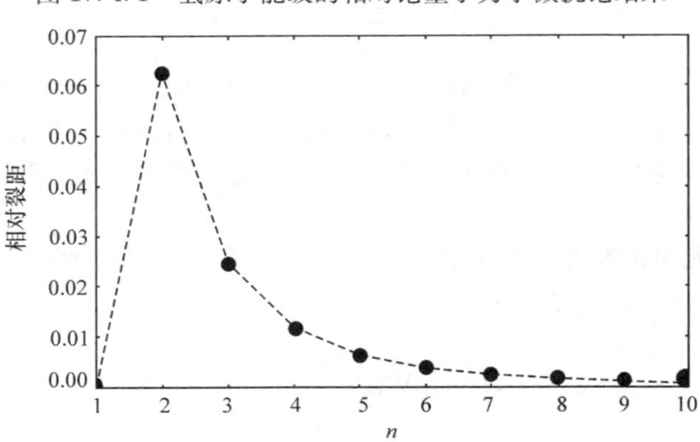

图 17.4.2　氢原子能级在不同主量子数 n 之下的裂距(相对于 $13.6\alpha^2$ eV)

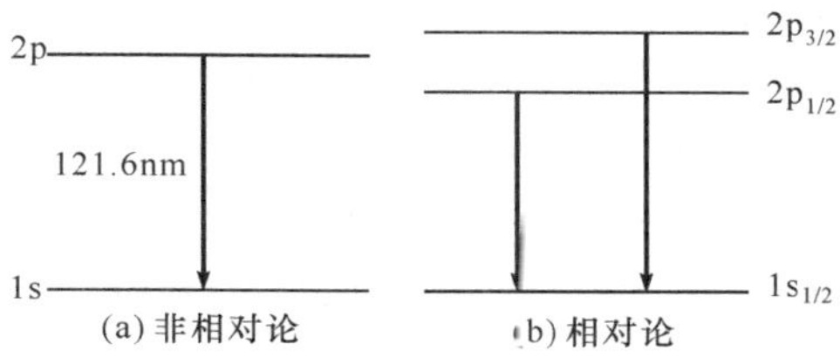

图 17.4.3　氢原子莱曼系 α 线的分裂：$2p_{3/2}-2p_{1/2}\approx 0.36\ \mathrm{cm}^{-1}$（来自式(17.4.29)）

最后需要说明，在相对论量子力学范畴内（不考虑量子电动力学），氢原子能级的精确结果（直接由狄拉克方程求出而不是利用微扰论）为

$$E_{nj}=mc^2\left\{\left[1+\left(\frac{\alpha}{n-\left(j+\frac{1}{2}\right)+\sqrt{\left(j+\frac{1}{2}\right)^2-\alpha^2}}\right)^2\right]^{-1/2}-1\right\} \tag{17.4.30}$$

将它作为 α^2 的幂级数展开至 α^4 项（注意到 $\alpha\ll 1$），所得结果与微扰论结果(17.4.24)相同。

17.5　负能量与正电子

17.5.1　负能量诠释与正电子预言

求解狄拉克方程自然得到粒子能量 E 和动量 p 的相对论性关系式（见式(17.3.12)）

$$E^{\pm}=\pm\sqrt{c^2p^2+m^2c^4} \tag{17.5.1}$$

对于一个给定的动量 p，能量有正、负两个可能值。正能量情况跟我们预计的一样。负能量情况是非常奇怪的。它暗藏着什么样的物理玄机？时年只有 26 岁的狄拉克，正是凭借这样一个“怪异”的负能量解(negative energy solution)，预言了反物质(anti-matter)的存在，将量子力学引领到一个新的里程碑！

狄拉克的天才思想是，那些负能级 E^- 确实存在，但通常已经被电子占据了，这些电子也是通常（带负电）的电子，它们处在一个“真空”的量子盒子里。所谓“真空”，是指盒子里不含有通常正能态 E^+ 的电子，而所有负能态 E^- 都被电子填满，它们汇成了一个电子的“海洋”（图 17.5.1）。由于体系的电荷和能量是相对于真空盒子的状态来测量的，因此狄拉克空盒子中的负电荷和负能量是不可观测的。如果把一个正能态的电子放进真空盒子，由于负能态已经填满，根据泡利不相容原理，它不会跃迁到负能级海中而放出光子，只能处于正能态区域。这个电子的电荷和能量是可观测的。这时盒子不再是真空的。

我们知道，如果用光照射到原子上，原子中的电子会吸收光子的能量而跃迁到一个激发态上。让我们设想,一个高能光子入射到狄拉克真空盒子里会发生什么情况。事实上,光子会将一个负能态上的电子激发到正能态上,使负能级海中出现一个空穴。也就是说,一个光子变成了正能态上的一个电子和负能级海中的一个空穴(图 17.5.2)。海中出现空穴时,与正常的真空情况相比较,是少了一个负能量(负电荷)的电子。换言之,空穴具有正能量(正电荷),它被称为正电子(positron),正电子是电子的反粒子(anti-particle),反粒子与粒子的质量相同,但电荷相反。总之,高能光子入射到真空盒子里产生一个正负电子对。

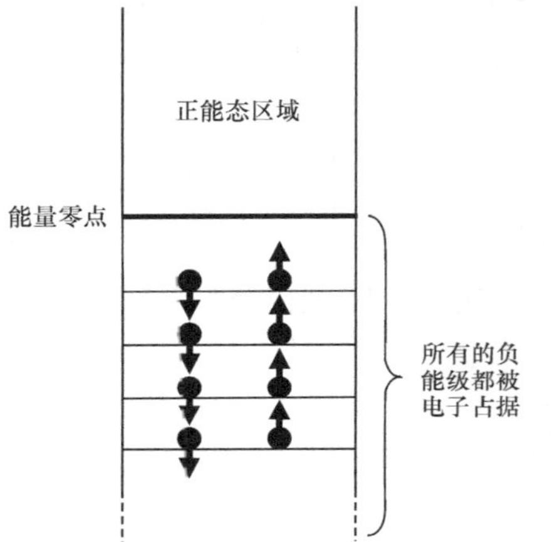

图 17.5.1　狄拉克电子海(Dirac sea of electrons)
求解狄拉克方程得到一个正能级和一个负能级。狄拉克认为所有负能级都被电子占据(处于一个真空盒子中)

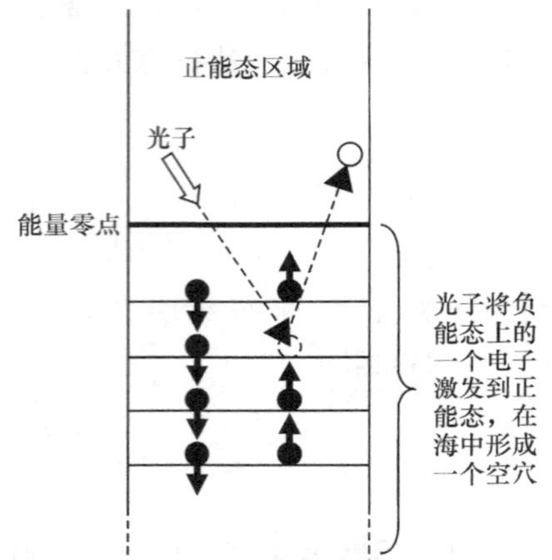

图 17.5.2　高能光子入射到真空盒子里产生一个正负电子对

狄拉克也预言了上述作用的反过程。如果在量子盒里同时有一个正能态上的电子和一个负能态海中的空穴,会发生什么情况呢?事实上,电子会跃迁到海里,填充那个空穴,体系变成了一个空盒子。而电子跃迁时会释放出光子。这就是所谓正负电子对湮没(annihilation of electron pairs)而产生光子的过程。

17.5.2　正电子的发现

就像物理学一贯要求的那样,一个理论预言,只有被实验验证之后,才能确认其正确性。狄拉克提出相对论量子力学方程、预言正电子四年之后,美国科学家安德森(Anderson)于 1932 年在实验中发现了正电子。

安德森的实验采用最常用的宇宙射线(cosmic rays)。他让垂直向上的宇宙射线进入威尔逊云室(Wilson cloud chamber)。弯曲的小水滴线显示了云室中带电粒子的径迹。小水滴线的成因是带电粒子可使周围潮湿的空气凝结成水滴(类似雨滴的形成)。径迹的弯曲是因为云室中存在磁场,不同的弯曲方向表明粒子带正电或是带负电。云室中间有一块铅板，粒子自下而上运动穿过铅板。铅板之前，粒子的速度较大，径迹的曲率小，粒子在通过铅板之后，速度减小，导致径迹的曲率增大。安德森由所观察的小水滴线的弯曲方向（朝左）确认了宇宙射线中正电子的存在（图 17.5.3）。安德森因这一发现而获得 1936 年诺贝尔物理学奖。

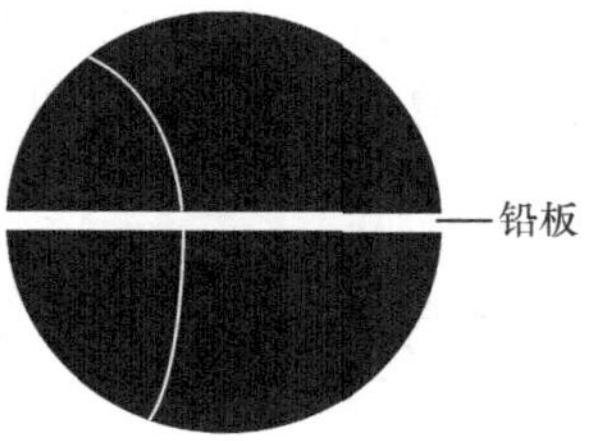

图 17.5.3　发现正电子的示意图

正电子是人们发现的第一个反粒子，现已发现：所有基本粒子（elementary particle）都有反粒子。

在安德森发现正电子短短几个月后，英国物理学家布莱克特（Blackett）用改进的威尔逊云室观察宇宙射线，发现了电子-正电子成对产生和湮没的现象，并由此获得 1948 年诺贝尔物理学奖。

17.6　反　物　质

本节讨论正负电子对湮没以及正反质子对湮没，并进一步介绍有关反物质的概念和它的基本特性。

17.6.1　正负电子对湮没

我们首先考查正负电子对湮没、产生光子的过程。一个基本的问题是：一个正负电子对湮没产生的光子数 n 是多少？如果一个正负电子对湮没前的总动量为零，则湮没后不可能只产生一个光子，因为一个光子的动量 $p=h/\lambda\neq 0$，必须有 $n\geqslant 2$，才能确保所产生光子的总动量为零。

当正负电子对湮没前的总动量为零时，正、负电子具有相等的动量值，进而有相等的能量：

$$E=\frac{mc^2}{\sqrt{1-\frac{v^2}{c^2}}} \tag{17.6.1}$$

其中，m 是电子的静止质量；v 是电子的速度。如果湮没后产生两个光子，则它们的总动量也一定为零（图 17.6.1），且两个光子具有相等的能量：

$$h\nu=\frac{mc^2}{\sqrt{1-\frac{v^2}{c^2}}} \tag{17.6.2}$$

这意味着：正负电子对发生湮没作用时，它们的质量全部转化成了光子能量。下面我们计算光子能量的大小。

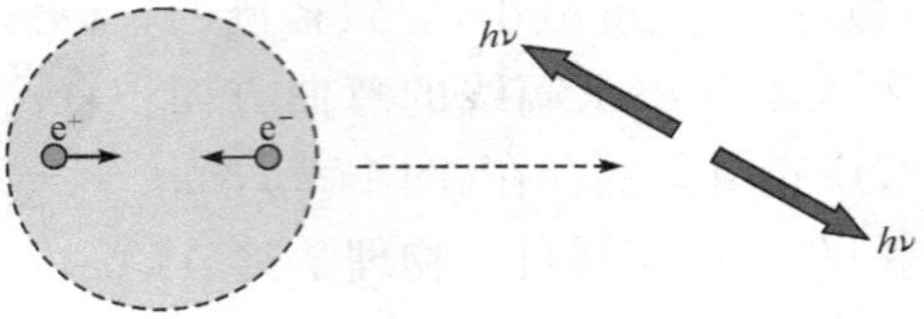

图 17.6.1　正负电子对湮没时要保持体系的动量守恒

(1) 我们首先考查正、负电子湮没前处于静止状态的情况($v=0$)。这时所产生的光子能量为(见式(1.5.12))

$$h\nu_0 = mc^2 \approx 0.511\text{MeV} \tag{17.6.3}$$

我们知道对于一个可见光光子，例如，波长 $\lambda=600\text{nm}$，其能量为 2.1eV。则静止正负电子对湮没产生的光子能量与可见光光子能量的比值为

$$\frac{0.511\text{MeV}}{2.1\text{eV}} \approx 2.5\times10^5 \tag{17.6.4}$$

由式(17.6.3)得到相应的波长为 $\lambda_0 \approx 2.4\times10^{-3}\,\text{nm}$(典型的 γ 射线)，可见静止的正负电子对湮没产生两个 γ 光子：

$$e^+ + e^- \longrightarrow \gamma + \gamma \tag{17.6.5}$$

(2) 如果湮没发生时，正、负电子的速度不为零，而二者的大小相等，如图 17.6.2 所示。这时所产生的光子能量等于电子的运动能量：

$$h\nu = \frac{mc^2}{\sqrt{1-\dfrac{v^2}{c^2}}} = \frac{0.511}{\sqrt{1-\dfrac{v^2}{c^2}}}(\text{MeV}) \tag{17.6.6}$$

如果 $v/c=0.995$，则 $h\nu \approx 5.12\text{MeV}$，是静止情况的 10 倍。

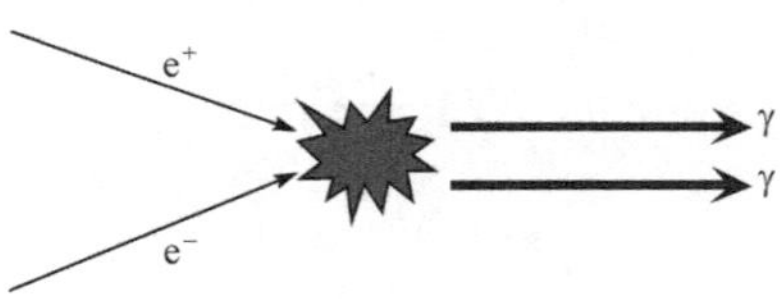

图 17.6.2　高速运动的正负电子对湮没产生两个高能 γ 光子

17.6.2　反质子

发现正电子之后，科学家又尝试在宇宙射线中寻找反质子(anti-proton)，但多次努力一直未能获得成功。1954 年美国加利福尼亚伯克利的质子加速器建造成功，借助这台加速器，终于在 1955 年首次发现了带负电的反质子。实际上，两路质

子束被加速到能量足够大时，让它们发生对撞，通过下列作用产生“质子-反质子对”：

$$p_H + p_H \longrightarrow p_L + p_L + p + \bar{p} \tag{17.6.7}$$

其中，p_H 和 p_L 分别为高能和低能质子，$p+\bar{p}$ 为正反质子对。

而一个正反质子对湮没产生的能量(静止情况)为

$$m_p c^2 = 940\text{MeV} \approx 10^9 \text{eV} \tag{17.6.8}$$

它是一个正负电子对湮没作用的 1840 倍，其中，m_p 是质子的静止质量。

1995 年，美国费米实验室正是利用正反质子对湮没所产生的巨大能量发现了理论所预言的最后一种夸克(quark)，即顶夸克(top quark)。顶夸克的能量为 172.5GeV，因此实验中质子和反质子的阈值速度 v_T 必须满足

$$172.5\text{GeV} = \frac{940\text{MeV}}{\sqrt{1-\frac{v_T^2}{c^2}}} \tag{17.6.9}$$

由此得到

$$v_T = 0.99999c \tag{17.6.10}$$

17.6.3　自然界的 γ 射线爆

1979 年 3 月 5 日，9 颗人造地球卫星同时接收到来自大麦哲伦星云(large Magellanic cloud)的超新星(supernova)遗迹中的中子星(neutron star)发射的 γ 射线爆(γ-ray bursts)，持续时间为 0.12s，辐射光子能量为 0.511MeV(见式(17.6.3))，根据探测器记录的光子流量(光子数/(s · cm²))和 γ 射线爆各向同性的特点，可以计算出这次 γ 射线爆所释放出的总能量约为 5×10^{37}J，相当于太阳在 4000 年里释放出的能量总和。这在当时是所探测到的自然界最强的 γ 射线爆。由光子能量推测是中子星上的正负电子对的湮没所产生的。

1997 年 4 月，美国海军实验室、西北大学和加利福尼亚大学伯克利分校等五个著名研究机构的天文学家宣布，在离银河系中心约 3500 光年处发现了一个 γ 射线爆。美国的康普顿卫星探测到释放出来的强 γ 射线光子，其能量为可见光子强度的 25 万倍(见式(17.6.4))，由此推测，正负电子对的湮没在该 γ 射线爆中起主要作用。

2008 年 9 月，美国国家航空航天局费米望远镜探测到一次太空中巨大的爆炸，此次 γ 射线爆发生在 122 亿光年的遥远区域。科学家称这是迄今探测到的最大能量的 γ 射线爆，其强度至少是太阳的 1000 倍。其光子能量为 $5\times10^6\text{eV} < h\nu < 5\times10^9\text{eV}$。由式(17.6.8)推测，正反质子对的湮没在该 γ 射线爆中起主要作用。天文学家认为这样的 γ 射线爆是超大质量恒星耗尽自身的核能量，开始崩溃时所形成的，之后成为黑洞(black hole)。

17.6.4　反物质

有了正电子和反质子,进一步就有反原子。一个正电子与一个反质子结合起来就形成一个反氢原子(anti-hydrogen atom)。反氢原子是最简单的反物质。

1996年,欧洲核子研究中心(CERN)首次成功制造出9个反氢原子。这曾经是轰动全球的科技新闻,标志人类已经由反粒子跨入反物质时代。实验中科学家利用加速器,使反质子流达到极高的速度,然后射向氙原子核。反质子与氙原子核相撞后会产生正电子,而生成的一个正电子如果恰好与反质子流中的某一个反质子结合,就会形成一个反氢原子。在累计15h的实验中,共记录到9个反氢原子。反氢子处于正物质包围之中,经历短暂的3×10^{-8}s之后,正反物质发生湮没,反氢原子消失。2005年CERN成功制造出约5万个反氢原子——这是人类首次在可控条件下大批量制造出反物质。被认为是反物质研究的"一个重要里程碑"。

现在可以想象出:反物质是由带正电荷的正电子与带负电荷的反原子核组成的。重元素也同样可由反粒子组成,如反碳原子,它的原子核包含六个反质子和六个反中子,围绕着原子核转的是六个正电子(图17.6.3)。按这样的方式,一直可以构成最重的反铀原子。而且反元素可以按不同的方式结合成各种反物质。各种反物质会构成一个反物质世界,原则上这世界里也当然可以有反生命存在。

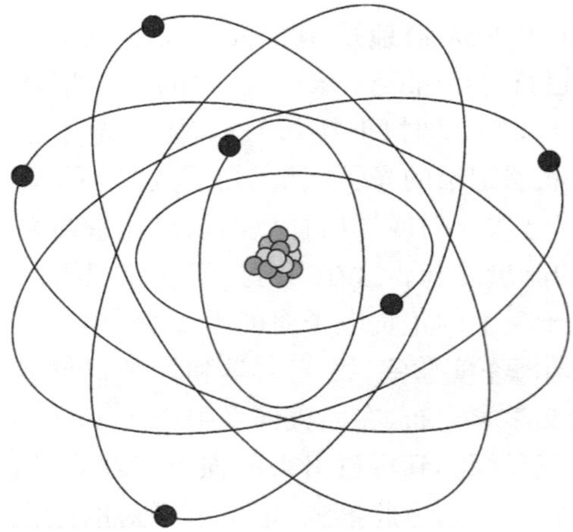

图17.6.3　一个反碳原子:它的原子核包含六个反质子和六个反中子,外围有六个正电子

17.7　反物质的应用

17.7.1　肿瘤的诊断和治疗

利用正负电子对湮没产生γ光子的原理所设计和制造的正电子扫描(positron

emission tomography,PET)是目前最先进的医疗诊断设备。它不但能对器官、组织等进行断层扫描,特别是用于肿瘤的早期诊断(early diagnosis of cancer)。事实上,在细胞及器官出现功能性及结构上的病变之前,人体的新陈代谢已经出现变化,而正电子扫描正是通过检测新陈代谢的变化而发现早期的细胞癌变。

操作中将葡萄糖与放射性正电子的同位素组成的示踪剂注入病人身体,葡萄糖会迅速输送到人体全身。由于癌细胞的新陈代谢速度比正常细胞快,因而受癌细胞影响的身体部位比正常细胞汇集了更多的示踪剂。病人休息 45～60min 后,示踪剂会被人体的细胞组织吸收,正电子同位素随之发出特殊的信号,该信号反映有关体内新陈代谢的信息(如细胞及组织密度的改变等)。然后利用正电子扫描仪接收该信号,并转换成分子影像图,利用该影像图能诊断出:①病人是否有肿瘤?②肿瘤在哪里?③肿瘤是良性还是恶性?④癌细胞是否在扩散?⑤目前的治疗是否有效?⑥以前的癌症有无复发?可见 PET 能给出多方位的信息。

我们知道,无论是显示器官、组织的断层扫描结果,还是显示新陈代谢的变化,最终都需要成像。PET 的成像原理是非常巧妙的(图 17.7.1)。放射性同位素在体内释放出正电子。一个正电子在传播几毫米后,会与生物体中的一个电子相遇并湮没,产生一对 γ 光子(它们的传播方向相反,每个光子的能量为 0.511MeV)。当它们射入探测器内的闪烁物质时,会造成一点光亮,从而被光电倍增管或光电二极管探测到,经过符合计数回路处理后输入给计算机,最终形成影像图。PET 技术只记录同时到达的一对高能光子,非同时抵达探测器(即相差几纳秒以上)的光子将被视为背景而不予考虑。

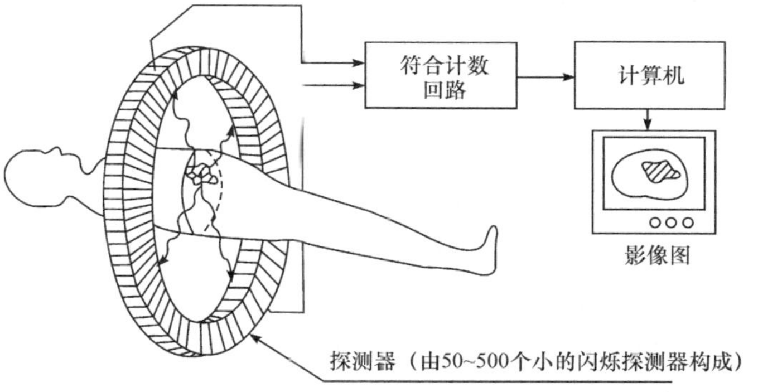

图 17.7.1　正电子扫描成像原理

我们知道,利用质子束治疗癌症已经有几十年的历史。该技术的特点是:质子束在传输时不释放能量,只在到达特定的病灶时才放出能量(将质子的能量发射峰控制在肿瘤靶区的中心,实现"定向爆破")。而 X 射线治疗癌症的情况与此大为不同,它的能量在表面附近最大,但随着深度的增加以指数方式减少,到达病灶时则大大减小。

2006 年 CERN 发现：反质子杀死癌细胞的能力比质子强。实验中研究者将灌满仓鼠(hamster)肿瘤细胞的管子悬挂在胶质中。他们将质子束和反质子束分别从管子两端输入，深度均为 2cm(图 17.7.2)。然后测定受到辐射后两部分样品中仍然存活的肿瘤细胞的比值。结果显示，反质子的效率是质子的四倍。报道说："为了在同样的程度下杀死目标区域的肿瘤细胞，反质子所需要的剂量只是质子的四分之一。"反质子治疗的优越性是由于入射的反质子和肿瘤细胞中的质子发生湮没。而释放出来的能量可以接着杀死邻近的肿瘤细胞。

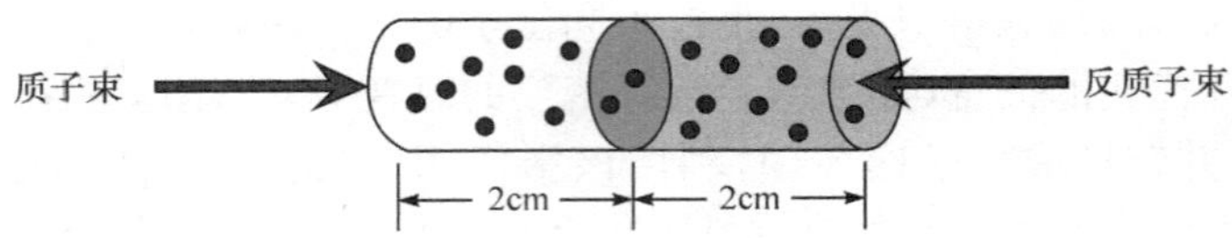

图 17.7.2　质子束和反质子束作用效率的比较

17.7.2　反物质燃料

由于反物质和物质相遇后会发生湮没，正反物质的质量全部转化为能量，按照爱因斯坦的质能公式 $E=mc^2$，将释放巨大的能量。就目前所知道的物理作用而言，反物质燃料是能量转换效率最高的。用这样的燃料来推动火箭将会如何？计算表明，如果用物质-反物质(如氢原子-反氢原子)的湮没所产生的能量来推动火箭，则火箭的速度可以达到光速的 2/3。按这样的速度，用几十毫克反物质作燃料推动飞船，则四个星期就可以到达火星(from earth to mars in one month)；一片阿司匹林那么大的反物质与物质湮没产生的能量足以让一艘飞船巡弋太空几百光年；而普通航天飞机那么巨大的燃料箱和推进器中的燃料完全可以用 100mg 的反物质取而代之。

不过，反物质的制备非常困难。目前除了加速器之外还没有其他制造反物质的办法。利用高能量制造出反物质的做法消耗能量太高，因而造价极为昂贵。另外一个困难是储存，因为反物质遇到正物质会即刻湮没爆炸，所以无法使用任何正物质制作的容器来存放它，现在都是用磁场来保存这些反物质粒子。使用最多的是超冷真空的彭宁离子阱，它的原理是利用电磁场的叠加来控制反物质。从效果来看，它适用于反质子，但正电子难以用这种方式存放。

17.7.3　反物质武器

像许多重大科学发现一样，反物质的极端特性早已引起军方的关注。很明显，这种正反物质湮没爆炸的物理过程可能会导致一种前所未有的新式炸弹。它的出现将会使现今所有的核武器黯然失色(反物质炸弹的杀伤力是原子弹的 1054 倍，是氢弹的 266 倍)。有报道说，科学家已经发明了一种产生反物质的新方法，使得产生百万分之一克反物质的成本从 10 亿美元降低到了 1 亿美元。这意味着反物质炸弹的研究已经取得了实质性的进展。

17.8　宇宙的对称性

狄拉克主张宇宙是对称的，宇宙应当有一半的物质，一半的反物质，二者在数量上是相等的。1933 年他在荣获诺贝尔奖的演讲中说道："地球，也可能整个太阳系中，电子和质子占优势。但对某些星球来说，情况很可能并非如此，也就是说这些星球主要是由正电子和反质子构成的。事实上，可能每种星体在宇宙中各占一半。"

按照狄拉克的说法，反物质虽然在地球上只能出现在实验室里，但在茫茫无垠的宇宙中，反物质星系可能存在于某些天际，在那些星体上反物质的存在是极其"正常"的，而正物质却是极其稀罕的。但是，至今科学家还没有在太阳系范围内(或更广袤的星系范围内)观察到"反物质"星系。因此提出各种理论来解释"为什么正物质多于反物质"。

狄拉克还说道："两种星球所发出的电磁波谱是完全相同的，用现行的天文测量方法不可能将二者区分开来。"在我们所探测到的宇宙射线中，很可能已经存在来自"反物质"星系的成分，只是因为它与通常的电磁波谱毫无二致而无法分辨它究竟来自何种星球。狄拉克的宇宙对称性(symmetry of the universe)思想是深刻的，同时也是简单的。但是用目前仅限于电磁波测量和分析的手段是无法检验的。让我们期待未来的更先进的宇宙学测量方法——或许是引力波。

索　引

A

B

C

D

E

F

G

J

K

L

M

N

O

P

Q

R

S

T

W

X

Y

Z